△

수학을 쉽게 만들어 주는 자

풍산자 필수유형

중학수학 3-1

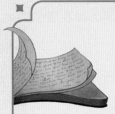

구성과 특징

» 풍쌤비법으로 모든 유형을 대비하는 문제기본서!
풍산자 필수유형으로 수학 문제 앞에서 당당하게!

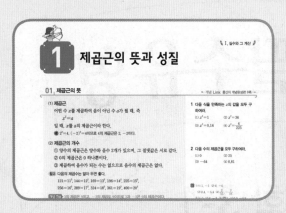

◆ 개념 다지기

- 각 중단원별로 개념을 정리하고, **예**, **주의**, **개념 Tip**을 추가하여 개념의 이해가 쉽습니다.
- 개념을 확인하고, 기본 문제를 풀면서 스스로 개념의 이해도를 확인할 수 있습니다.
- ►─개념 Link─►에서 연계된 '풍산자 개념완성'으로 부족한 개념을 보충할 수 있습니다.

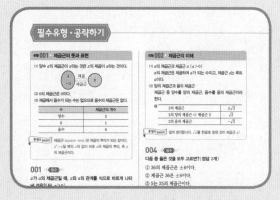

◆ 필수유형 공략하기

- 꼭 풀어보아야 할 유형들을 분석하여 선정된 유형들과 체계적으로 선별된 문제들을 제시하였습니다.
- 각 유형의 문제들은 **필수**, **서술형**, **창의** 문제로 구분하여 체계적 학습이 가능합니다.
- 각 유형별 **풍쌤의 point**를 제시하여 문제 해결력을 기를 수 있습니다.

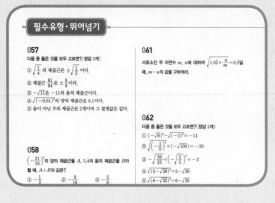

◆ 필수유형 뛰어넘기

- 각 중단원별로 심화문제를 별도로 제공하여 학습 수준에 따른 심화 학습이 가능합니다.

풍산자 필수유형에서는

유형북으로 꼭 필요한 유형의 흐름을 잡고
실전북을 통해 서술형 문제와 학교 시험에 완벽하게 대비할 수 있습니다.

실전북

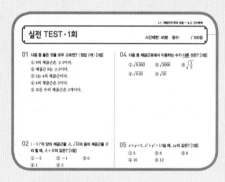

◆ 서술유형 집중연습

· 대표 서술유형과 서술유형 실전대비로
  서술형 문제 해결력을 탄탄히 기를 수 있습니다.

◆ 최종점검 TEST

· 실전 TEST를 통해 자신의 실력을 점검을
  할 수 있습니다.

정답과 해설

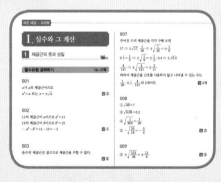

◆ 빨간 정답

· 빨리 간편하게 정답을 확인할 수 있습니다.

◆ 파란 해설

· 파란 바닷가처럼 시원하게 문제를 해결할
  수 있습니다.

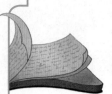

이 책의 차례

I 실수와 그 계산

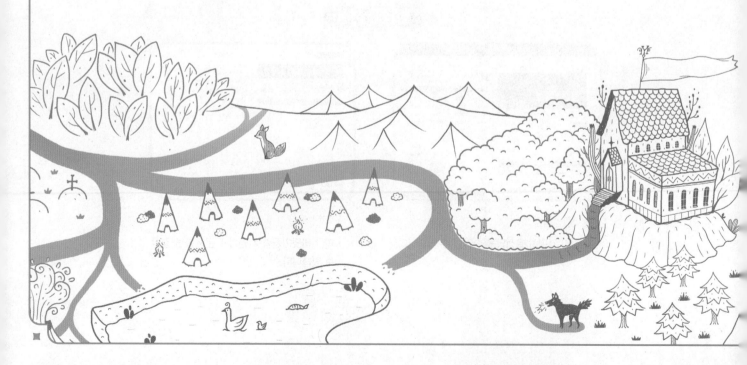

≫ 실전북이 책 속의 책으로 들어 있어요.

성공한 사람이 될 수 있는데
왜 평범한 이에 머무르려 하는가?

- 베르톨트 브레히트 -

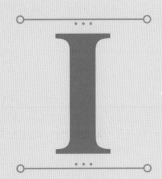

I ◆ 실수와 그 계산

1 제곱근의 뜻과 성질

01 제곱근의 뜻

→ 개념 Link 풍산자 개념완성편 8쪽 →

(1) 제곱근
어떤 수 x를 제곱하여 음이 아닌 수 a가 될 때, 즉
$$x^2 = a$$
일 때, x를 a의 제곱근이라 한다.

예 $2^2 = 4$, $(-2)^2 = 4$이므로 4의 제곱근은 2, -2이다.

(2) 제곱근의 개수
① 양수의 제곱근은 양수와 음수 2개가 있으며, 그 절댓값은 서로 같다.
② 0의 제곱근은 0 하나뿐이다.
③ 제곱하여 음수가 되는 수는 없으므로 음수의 제곱근은 없다.

참고 다음의 제곱수는 알아 두면 좋다.
$121 = 11^2$, $144 = 12^2$, $169 = 13^2$, $196 = 14^2$, $225 = 15^2$,
$256 = 16^2$, $289 = 17^2$, $324 = 18^2$, $361 = 19^2$, $400 = 20^2$

개념 Tip 3의 제곱은 9이고, -3의 제곱도 9이므로 3과 -3은 9의 제곱근이다.

1 다음 식을 만족하는 x의 값을 모두 구하여라.
(1) $x^2 = 1$ (2) $x^2 = 36$
(3) $x^2 = 0.16$ (4) $x^2 = \dfrac{4}{225}$

2 다음 수의 제곱근을 모두 구하여라.
(1) 0   (2) 25
(3) -64 (4) 0.81

답 1 (1) 1, -1 (2) 6, -6
(3) 0.4, -0.4 (4) $\dfrac{2}{15}$, $-\dfrac{2}{15}$
2 (1) 0 (2) 5, -5 (3) 없다. (4) 0.9, -0.9

02 제곱근의 표현

→ 개념 Link 풍산자 개념완성편 10쪽 →

(1) 근호 $\sqrt{\ }$
제곱근은 기호 $\sqrt{\ }$ (근호)를 사용하여 나타내고, $\sqrt{a}$를 '제곱근 a' 또는 '루트 a'라 읽는다.

(2) 제곱근의 표현
양수 a의 제곱근 중 양수인 것을 양의 제곱근, 음수인 것을 음의 제곱근이라 하고 각각 $\sqrt{a}$, $-\sqrt{a}$와 같이 나타낸다. 또 $\sqrt{a}$와 $-\sqrt{a}$를 한꺼번에 $\pm\sqrt{a}$로 나타내기도 한다.

주의 제곱근 a와 a의 제곱근의 차이
① 제곱근 a $\Rightarrow$ $\sqrt{a}$
② a의 제곱근 $\Rightarrow$ $\pm\sqrt{a}$

개념 Tip 양수 a의 제곱근과 같은 말
① 제곱하여 a가 되는 수
② $x^2 = a$를 만족하는 x
③ $\pm\sqrt{a}$
예를 들어 제곱하여 9가 되는 수는 3과 -3이므로 9의 양의 제곱근은 3, 음의 제곱근은 -3이다.

1 다음 수의 제곱근을 모두 구하여라.
(1) 6   (2) $\sqrt{16}$
(3) $(-1)^2$ (4) $\left(\dfrac{1}{3}\right)^2$

2 다음 표의 빈칸에 알맞은 수를 써넣어라.

a	7
제곱근 a	(1)
a의 양의 제곱근	(2)
a의 음의 제곱근	(3)
a의 제곱근	(4)

답 1 (1) $\pm\sqrt{6}$ (2) ± 2 (3) ± 1 (4) $\pm\dfrac{1}{3}$
2 (1) $\sqrt{7}$ (2) $\sqrt{7}$ (3) $-\sqrt{7}$ (4) $\pm\sqrt{7}$

03 제곱근의 성질 (1)

➤ 개념 Link 풍산자 개념완성편 12쪽 ➤

$a>0$일 때

(1) $(\sqrt{a})^2=a$, $(-\sqrt{a})^2=a$

(2) $\sqrt{a^2}=a$, $\sqrt{(-a)^2}=a$ └ 마이너스$(-)$기호는 제곱을 하면
플러스$(+)$기호가 된다.

개념 Tip (1) 근호 밖에 제곱이 있으면 근호 안의 것이 그대로 나온다.

예) $(\sqrt{2})^2=2$, $(-\sqrt{2})^2=(-\sqrt{2})\times(-\sqrt{2})=(\sqrt{2})^2=2$

(2) 근호 안에 제곱이 있으면 근호를 없앨 수 있다.

예) $\sqrt{2^2}=2$, $\sqrt{(-2)^2}=\sqrt{(-2)\times(-2)}=\sqrt{2^2}=2$

1 다음 수를 근호를 사용하지 않고 나타내어라.

(1) $(\sqrt{11})^2$ (2) $(-\sqrt{2.3})^2$

(3) $-\left(\sqrt{\dfrac{4}{3}}\right)^2$ (4) $-(-\sqrt{53})^2$

(5) $\sqrt{\left(\dfrac{1}{7}\right)^2}$ (6) $\sqrt{(-12)^2}$

(7) $-\sqrt{29^2}$ (8) $-\sqrt{(-30)^2}$

답 1 (1) 11 (2) 2.3 (3) $-\dfrac{4}{3}$ (4) -53 (5) $\dfrac{1}{7}$
(6) 12 (7) -29 (8) -30

---

04 제곱근의 성질 (2)

➤ 개념 Link 풍산자 개념완성편 12쪽 ➤

(1) $a\geq0$일 때, $\sqrt{a^2}=a$

(2) $a<0$일 때, $\sqrt{a^2}=-a$

개념 Tip $\sqrt{a^2}$은 a^2의 양의 제곱근이므로 a의 부호에 관계없이 결과는 항상 양수이다.

$$\sqrt{a^2}=(a의\ 절댓값)=\begin{cases} a\ (a\geq0) \\ -a\ (a<0) \end{cases}$$

예) $5>0$이므로 $\sqrt{5^2}=5$
부호 그대로

$-5<0$이므로 $\sqrt{(-5)^2}=-(-5)=5$
부호 반대로

1 $a\geq0$일 때, 다음 식을 간단히 하여라.

(1) $\sqrt{(3a)^2}$
(2) $\sqrt{(2a)^2}+\sqrt{(-4a)^2}$

2 $a<0$일 때, 다음 식을 간단히 하여라.

(1) $\sqrt{(3a)^2}$
(2) $\sqrt{(2a)^2}+\sqrt{(-4a)^2}$

답 1 (1) $3a$ (2) $6a$
2 (1) $-3a$ (2) $-6a$

---

05 제곱근의 대소 관계

➤ 개념 Link 풍산자 개념완성편 12쪽 ➤

$a>0$, $b>0$일 때

(1) $a<b$이면 $\sqrt{a}<\sqrt{b}$

(2) $\sqrt{a}<\sqrt{b}$이면 $a<b$

(3) $\sqrt{a}<\sqrt{b}$이면 $-\sqrt{a}>-\sqrt{b}$

예) $\sqrt{3}$과 2의 크기를 비교하기 위해 다음 두 가지 방법을 이용할 수 있다.

[방법 1] $\sqrt{3}$과 2를 각각 제곱하면 $(\sqrt{3})^2=3$, $2^2=4$

이때, $3<4$이므로 $\sqrt{3}<2$

[방법 2] 2를 근호를 사용하여 나타내면 $2=\sqrt{4}$

이때 $\sqrt{3}<\sqrt{4}$이므로 $\sqrt{3}<2$

1 다음 □ 안에 $<$ 또는 $>$를 써넣어라.

(1) $\sqrt{\dfrac{1}{6}}$ □ $\sqrt{\dfrac{1}{5}}$

(2) $-\sqrt{12}$ □ $-\sqrt{10}$

(3) 4 □ $\sqrt{17}$

(4) $\sqrt{0.4}$ □ 0.6

답 1 (1) $<$ (2) $<$ (3) $<$ (4) $>$

유형 001 ◆ 제곱근의 뜻과 표현

(1) 양수 a의 제곱근이 x라는 것은 x의 제곱이 a라는 것이다.

(2) 0의 제곱근은 0이다.

(3) 제곱해서 음수가 되는 수는 없으므로 음수의 제곱근은 없다.

수	제곱근의 개수
양수	2
0	1
음수	0

풍쌤의 **point** 제곱근(square root)은 제곱의 뿌리가 되는 값이다. $x^2=a$일 때의 x의 값이 바로 a의 제곱의 뿌리, 즉 a의 제곱근이다.

001 ◀필수▶

x가 a의 제곱근일 때, x와 a의 관계를 식으로 바르게 나타낸 것은? (단, $a \geq 0$)

① $x=\sqrt{a}$ ② $x=a^2$ ③ $x^2=a$
④ $x=-\sqrt{a}$ ⑤ $\sqrt{x}=a$

002

11의 제곱근을 a, 13의 제곱근을 b라 할 때, a^2-b^2의 값은?

① -2 ② -1 ③ 0
④ 1 ⑤ 2

003

다음 중 제곱근을 구할 수 없는 수는?

① 0 ② $\frac{1}{7}$ ③ 0.2
④ 300 ⑤ -4

유형 002 ◆ 제곱근의 이해

(1) a의 제곱근과 제곱근 a ($a>0$)

a의 제곱근은 제곱하여 a가 되는 수이고, 제곱근 a는 루트 a이다.

(2) 양의 제곱근과 음의 제곱근

제곱근 중 양수를 양의 제곱근, 음수를 음의 제곱근이라 한다.

예		
2의 제곱근	$\pm\sqrt{2}$
2의 양의 제곱근 ⇨ 제곱근 2	$\sqrt{2}$
2의 음의 제곱근	$-\sqrt{2}$

풍쌤의 **point** 쉽게 생각합시다. $\sqrt{a}$를 한글로 읽은 것이 제곱근 a!

004 ◀필수▶

다음 중 옳은 것을 모두 고르면? (정답 2개)

① 36의 제곱근은 ±6이다.
② 제곱근 36은 ±6이다.
③ 5는 25의 제곱근이다.
④ 25의 제곱근은 5이다.
⑤ 모든 수의 제곱근은 2개이며 그 절댓값은 같다.

005

다음 중 옳지 않은 것은?

① 제곱근 4는 2이다.
② 1은 1의 제곱근이다.
③ 1의 제곱근은 ±1이다.
④ $-\sqrt{9}$의 제곱근은 없다.
⑤ 양수의 제곱근은 양수이다.

006

다음 중 그 값이 나머지 넷과 다른 하나는?

① $\sqrt{64}$의 제곱근 ② 제곱근 8
③ 8의 제곱근 ④ 제곱하여 8이 되는 수
⑤ $x^2=8$을 만족하는 x의 값

유형 003 ◆ 근호를 사용하지 않고 나타내기

(1) 제곱수: 자연수의 제곱으로 나타낼 수 있는 수

　⬛ $1(=1^2)$, $4(=2^2)$, $9(=3^2)$, …

(2) $a>0$일 때, a^2의 제곱근 ⇨ $\pm\sqrt{a^2}=\pm a$

　⬛ 16의 제곱근 ⇨ $\pm\sqrt{16}=\pm\sqrt{4^2}=\pm 4$

풍쌤의 point 어떤 수의 제곱인 수들의 제곱근은 근호를 사용하지 않고 나타낼 수 있다.

007 ⬥필수⬥

다음 수 중 제곱근을 근호를 사용하지 않고 나타낼 수 있는 것은 모두 몇 개인지 구하여라.

$$17, \ \frac{1}{36}, \ 0.\dot{1}, \ 0.4, \ \frac{4}{121}$$

008

다음 수 중 근호를 사용하지 않고 나타낼 수 없는 것은?

① $\sqrt{49}$ 　　② $\sqrt{125}$ 　　③ $\sqrt{0.09}$

④ $\sqrt{\dfrac{1}{900}}$ 　　⑤ $-\sqrt{\dfrac{25}{16}}$

009

다음 수 중 제곱근을 근호를 사용하지 않고 나타낼 수 있는 것은?

① $\dfrac{6}{49}$ 　　② 91 　　③ $\dfrac{121}{36}$

④ 0.2 　　⑤ 0.9

010

다음 수 중 제곱근을 근호를 사용하지 않고 나타낼 수 없는 것을 모두 고르면?(정답 2개)

① $\sqrt{0.16}$ 　　② $\sqrt{625}$ 　　③ $\sqrt{\dfrac{9}{64}}$

④ $0.\dot{4}$ 　　⑤ $\dfrac{625}{9}$

유형 004 ◆ 제곱근 구하기

$a>0$일 때, 제곱근 구하기

a의 제곱근	$\pm\sqrt{a}$
a의 양의 제곱근 ⇨ 제곱근 a	$\sqrt{a}$
a의 음의 제곱근	$-\sqrt{a}$

풍쌤의 point 복잡한 수의 제곱근을 구할 때에는 먼저 주어진 수를 간단히 한 후 제곱근을 구한다.

011 ⬥필수⬥

$(-6)^2$의 양의 제곱근을 A, $\sqrt{81}$의 음의 제곱근을 B라 할 때, $A+B$의 값을 구하여라.

012

제곱근 144를 A, $(-7)^2$의 음의 제곱근을 B라 할 때, $A+B$의 값을 구하여라.

013 서술형

$\sqrt{16}$의 양의 제곱근을 A, $\dfrac{49}{4}$의 음의 제곱근을 B라 할 때, $A-2B$의 제곱근을 구하여라.

014

$\sqrt{64}$의 양의 제곱근을 A, $\left(-\dfrac{3}{2}\right)^2$의 음의 제곱근을 B라 할 때, A^2B의 값을 구하여라.

유형 005 ◆ 제곱근의 성질

$a > 0$일 때
(1) a의 제곱근의 제곱 또는 a제곱의 제곱근은 원래의 수 a와 같다.
$$(\sqrt{a})^2 = \sqrt{a^2} = a$$
(2) 마이너스($-$) 기호는 제곱을 하면 플러스($+$) 기호가 된다.
$$(-\sqrt{a})^2 = (\sqrt{a})^2, \sqrt{(-a)^2} = \sqrt{a^2}$$

풍쌤의 point 제곱과 근호가 만나면 없어진다.

015 ─ 필수 ─
다음 중 옳은 것은?

① $-\left(\sqrt{\dfrac{2}{3}}\right)^2 = \dfrac{2}{3}$ ② $\sqrt{\left(-\dfrac{1}{6}\right)^2} = -\dfrac{1}{6}$

③ $-\sqrt{\left(-\dfrac{9}{4}\right)^2} = \dfrac{9}{4}$ ④ $(-\sqrt{0.7})^2 = 0.7$

⑤ $-(-\sqrt{8})^2 = 8$

016
다음 중 그 값이 나머지 넷과 다른 하나는?

① $-\sqrt{5^2}$ ② $-\sqrt{(-5)^2}$ ③ $-(\sqrt{5})^2$
④ $(-\sqrt{5})^2$ ⑤ $-(-\sqrt{5})^2$

017
다음 중 가장 큰 수는?

① $\sqrt{\dfrac{1}{9}}$ ② $\sqrt{\left(-\dfrac{1}{4}\right)^2}$ ③ $\left(-\dfrac{1}{3}\right)^2$

④ $\left(-\sqrt{\dfrac{1}{2}}\right)^2$ ⑤ $\sqrt{\left(\dfrac{1}{8}\right)^2}$

018
$(-\sqrt{16})^2$의 양의 제곱근을 A, $\sqrt{(-25)^2}$의 음의 제곱근을 B라 할 때, $\sqrt{-45AB}$의 값을 구하여라.

유형 006 ◆ 제곱근의 성질을 이용한 계산

풍쌤의 point 제곱근의 성질을 이용하여 먼저 각 항의 근호를 없 앤 후 사칙계산을 수행한다.

019 ─ 필수 ─
다음 중 옳은 것은?

① $\sqrt{25} + \sqrt{(-3)^2} = 2$

② $(-\sqrt{6})^2 - \sqrt{(-2)^2} = -8$

③ $\sqrt{\left(-\dfrac{1}{3}\right)^2} \times (-\sqrt{36}) = -2$

④ $(-\sqrt{10})^2 \div \sqrt{5^2} = -2$

⑤ $-\sqrt{\dfrac{9}{16}} \div (-\sqrt{4})^2 = -3$

020
$-\sqrt{16} - (-\sqrt{7})^2 + \sqrt{(-5)^2} - \sqrt{144}$를 계산하면?

① -18 ② -14 ③ 0
④ 4 ⑤ 14

021
$\sqrt{169} + \left(\sqrt{\dfrac{1}{2}}\right)^2 \times (-\sqrt{6})^2 - 2\sqrt{(-4)^2}$을 계산하여라.

022 서술형
$A = (-\sqrt{16})^2 - \sqrt{\left(-\dfrac{9}{10}\right)^2} \times \sqrt{400}$,

$B = \sqrt{(-8)^2} - (-\sqrt{3})^2 \div \sqrt{\dfrac{1}{16}}$일 때, $2AB$의 양의 제곱근을 구하여라.

유형 007 ◆ $\sqrt{a^2}$의 꼴의 식을 간단히 하기

$\sqrt{\blacksquare^2}$의 꼴의 식을 간단히 하려면

(1) 마이너스($-$) 기호는 제곱을 하여 플러스($+$) 기호로 만든다.

$$\sqrt{(-\blacksquare)^2}=\sqrt{\blacksquare^2}$$

(2) $\blacksquare \geq 0$이면 $\sqrt{\blacksquare^2}=\blacksquare$ (부호 그대로)

$\blacksquare < 0$이면 $\sqrt{\blacksquare^2}=-\blacksquare$ (부호 반대로)

예 $a<0$일 때, $2a<0$이므로

$$\sqrt{(2a)^2}+\sqrt{(-a)^2}=\sqrt{(2a)^2}+\sqrt{a^2}$$
$$=-2a-a=-3a$$

풍쌤의 point 근호를 없앨 때에는 부호에 주의한다.

023 ─필수─

$a>0$, $b<0$일 때, $(-\sqrt{2a})^2-\sqrt{(-4a)^2}+\sqrt{9b^2}$을 간단히 하면?

① $-2a-3b$ ② $-2a+3b$ ③ $2a-3b$
④ $2a+3b$ ⑤ $3a+2b$

024

$a>0$일 때, 다음 보기 중 간단히 한 결과가 같은 것끼리 짝 지은 것은?

보기

ㄱ. $(\sqrt{a})^2$ ㄴ. $-\sqrt{a^2}$
ㄷ. $(-\sqrt{a})^2$ ㄹ. $-\sqrt{(-a)^2}$

① ㄱ, ㄴ   ② ㄱ, ㄷ   ③ ㄴ, ㄷ
④ ㄷ, ㄹ   ⑤ ㄱ, ㄷ, ㄹ

025

$a<0$일 때, 다음 중 옳지 않은 것은?

① $\sqrt{(3a)^2}=-3a$ ② $-\sqrt{(-5a)^2}=5a$
③ $\sqrt{(-8a)^2}=-8a$ ④ $-\sqrt{16a^2}=4a$
⑤ $\sqrt{121a^2}=11a$

026

$a>0$, $b<0$일 때, 다음 중 옳지 않은 것을 모두 고르면?

(정답 2개)

① $-(-\sqrt{a})^2=-a$ ② $\sqrt{(-a)^2}=-a$
③ $-\sqrt{(-a)^2}=-a$ ④ $\sqrt{(-b)^2}=-b$
⑤ $-\sqrt{(-b)^2}=-b$

027

$a>0$일 때, 다음 □ 안에 알맞은 수는?

$$\sqrt{16a^2}+\sqrt{(-2a)^2}-\sqrt{(-8a)^2}=\square \times a$$

① -2 ② -1 ③ 0
④ 1 ⑤ 2

028

$x<0$일 때, $\sqrt{(-5x)^2}-\sqrt{(6x)^2}-\sqrt{9x^2}$을 간단히 하여라.

029

$x<0$, $y>0$일 때, 다음 식을 간단히 하여라.

$$-\sqrt{36x^2}-\sqrt{(-y)^2}+\sqrt{4x^2}+\sqrt{(-5y)^2}$$

유형 008 ◆ $\sqrt{(a-b)^2}$의 꼴의 식을 간단히 하기

$\sqrt{(a-b)^2}$의 꼴의 식을 간단히 하려면 $a-b$의 부호를 조사하면 된다.

(1) $a>b$이면 $a-b>0$이므로 $\sqrt{(a-b)^2}=a-b$

(2) $a<b$이면 $a-b<0$이므로 $\sqrt{(a-b)^2}=-(a-b)$

⊙ $1<a<2$일 때, $a-1>0$, $a-2<0$이므로
$$\sqrt{(a-1)^2}+\sqrt{(a-2)^2}=a-1-(a-2)$$
$$=a-1-a+2$$
$$=1$$

풍쌤의 point 유형 **007**과 같이 $\sqrt{(a-b)^2}$의 꼴에도 $a-b$를 하나의 문자로 생각하자.

030 ─ 필수 ─

$0<x<6$일 때, $\sqrt{(-x)^2}+\sqrt{(x-6)^2}$을 간단히 하면?

① 0 ② 6 ③ $2x$

④ $2x-6$ ⑤ $2x+6$

031

$-7<a<7$일 때, $\sqrt{(a+7)^2}-\sqrt{(a-7)^2}$을 간단히 하면?

① -14 ② $-2a$ ③ $2a$

④ 14 ⑤ $2a+14$

032

$-3<a<2$일 때, $\sqrt{(-a-3)^2}+\sqrt{(2-a)^2}$을 간단히 하면?

① -5 ② $-2a-1$ ③ 0

④ $2a+1$ ⑤ 5

033

$-1<x<3$일 때, $\sqrt{(x+1)^2}+\sqrt{(3-x)^2}-\sqrt{(x-4)^2}$을 간단히 하면?

① $-3x-2$ ② $-x-8$ ③ $-x$

④ $x-6$ ⑤ x

034

$2<a<b$일 때, $\sqrt{(a-b)^2}-\sqrt{(2-a)^2}+\sqrt{(b-2)^2}$을 간단히 하여라.

035

$a<0$, $b>0$일 때, $\sqrt{a^2}-\sqrt{4b^2}+\sqrt{(2a-b)^2}$을 간단히 하여라.

036

두 수 a, b에 대하여 $a-b>0$, $ab<0$일 때, $\sqrt{a^2}+\sqrt{b^2}-\sqrt{(b-a)^2}$을 간단히 하여라.

유형 009 ✦ $\sqrt{Ax}$가 자연수가 될 조건

풍쌤의 point $\sqrt{\blacksquare \times x}$가 자연수가 되려면 $\blacksquare \times x$가 제곱수이어야 한다. 제곱수가 되려면 소인수분해하였을 때 소인수의 지수가 모두 짝수이어야 한다.

037 ─ 필수
$\sqrt{504x}$가 자연수가 되도록 하는 가장 작은 자연수 x의 값은?

① 6 ② 7 ③ 14
④ 21 ⑤ 42

038
$\sqrt{\dfrac{75a}{2}}$가 자연수가 되도록 하는 가장 작은 자연수 a의 값을 구하여라.

039
다음 중 $\sqrt{160x}$가 자연수가 되도록 하는 x의 값을 모두 고르면?(정답 2개)

① 10 ② 20 ③ 30
④ 40 ⑤ 50

040
$\sqrt{48x}$가 자연수가 되도록 하는 가장 작은 두 자리의 자연수 x의 값을 구하여라.

유형 010 ✦ $\sqrt{\dfrac{A}{x}}$가 자연수가 될 조건

풍쌤의 point $\sqrt{\dfrac{\blacksquare}{x}}$가 자연수가 되려면 $\dfrac{\blacksquare}{x}$가 제곱수이어야 한다. 제곱수가 되려면 분모가 사라지고 분자의 소인수의 지수가 모두 짝수이어야 한다.

041 ─ 필수
$\sqrt{\dfrac{540}{x}}$이 자연수가 되도록 하는 가장 작은 자연수 x의 값은?

① 2 ② 3 ③ 5
④ 10 ⑤ 15

042
$\sqrt{\dfrac{96}{x}}$이 가장 큰 자연수가 되도록 하는 자연수 x의 값을 구하여라.

043 서술형
$\sqrt{\dfrac{360}{m}}=n$이라 할 때, n이 자연수가 되도록 하는 가장 작은 자연수 m과 그때의 n의 값의 합 $m+n$의 값을 구하여라.

044 창의
넓이가 $\dfrac{168}{x}$인 정사각형 모양의 색종이의 한 변의 길이가 자연수가 되도록 하는 x의 값 중 가장 작은 자연수의 값을 구하여라.

유형 011 ◆ $\sqrt{A+x}$가 자연수가 될 조건

자연수 x에 대하여 $\sqrt{\blacksquare + x}$가 자연수가 되려면 $\blacksquare + x$가 제곱수이어야 한다. 즉, $\blacksquare$보다 큰 제곱수를 찾으면 된다.

⑩ $\sqrt{10 + x}$가 자연수가 되려면

$10 + x = 16, 25, 36, \cdots$

$\therefore x = 6, 15, 26, \cdots$

풍쌤의 point 제곱수의 양의 제곱근은 자연수이다.

045 필수

$\sqrt{56 + x}$가 자연수가 되도록 하는 가장 작은 자연수 x의 값을 구하여라.

046

다음 중 $\sqrt{28 + x}$가 자연수가 되도록 하는 자연수 x의 값이 아닌 것은?

① 8 ② 21 ③ 36

④ 53 ⑤ 68

047

$\sqrt{14 + m} = n$이라 할 때, n이 자연수가 되도록 하는 가장 작은 자연수 m과 그때의 n의 값의 합 $m + n$의 값은?

① 5 ② 6 ③ 7

④ 8 ⑤ 9

유형 012 ◆ $\sqrt{A-x}$가 자연수 또는 정수가 될 조건

자연수 x에 대하여 $\sqrt{\blacksquare - x}$가 자연수가 되려면 $\blacksquare - x$가 제곱수이어야 한다. 즉, $\blacksquare$보다 작은 제곱수를 찾으면 된다.

⑩ ① $\sqrt{10 - x}$가 자연수가 되려면

$10 - x = 1, 4, 9$

$\therefore x = 9, 6, 1$

② $\sqrt{10 - x}$가 정수가 되려면

$10 - x = 0, 1, 4, 9$ ⇦ 0도 정수

$\therefore x = 10, 9, 6, 1$

풍쌤의 point $\sqrt{\blacksquare - x}$가 자연수 ⇨ $\blacksquare - x = 1, 4, 9, 16, \cdots$

$\sqrt{\blacksquare - x}$가 정수 ⇨ $\blacksquare - x = 0, 1, 4, 9, 16, \cdots$

048 필수

$\sqrt{24 - n}$이 자연수가 되도록 하는 모든 자연수 n의 값의 합은?

① 62 ② 64 ③ 66

④ 68 ⑤ 70

049

$\sqrt{19 - x}$가 자연수가 되도록 하는 자연수 x의 최댓값과 최솟값의 합을 구하여라.

050

$\sqrt{32 - n}$이 정수가 되도록 하는 자연수 n의 개수를 구하여라.

유형 013 ◆ 제곱근의 대소 관계

근호를 포함한 양수의 크기를 비교하려면 각 수를 제곱하여 비교하거나 각 수를 근호를 사용해 나타내어 비교하면 된다.

풍쌤의 point 제곱을 하든지, 근호를 사용해 나타내든지 두 수를 같은 형태로 나타내어 비교한다.

051 ◀필수▶

다음 중 두 수의 대소 관계가 옳은 것은?

① $-\sqrt{5} > -\sqrt{3}$

② $\sqrt{6} > 3$

③ $-\sqrt{35} < -6$

④ $\sqrt{0.4} > 0.2$

⑤ $\dfrac{1}{3} > \sqrt{\dfrac{1}{3}}$

052

다음 수 중 가장 큰 수를 a, 가장 작은 수를 b라 할 때, $a^2 + b^2$의 값을 구하여라.

$$\sqrt{11},\ 4,\ -\sqrt{21},\ \sqrt{7},\ -\sqrt{17},\ 3$$

053

다음 수를 큰 수부터 차례로 나열할 때, 세 번째에 오는 수를 구하여라.

$$\sqrt{4},\ \frac{3}{2},\ \sqrt{3},\ -\sqrt{(-5)^2},\ \sqrt{\frac{1}{2}}$$

유형 014 ◆ 제곱근의 성질과 대소 관계

$\sqrt{(a-b)^2}$의 꼴을 간단히 할 때 먼저 두 수 a, b의 대소를 비교한다.

(1) $a > b$이면 $\sqrt{(a-b)^2} = a - b$

(2) $a < b$이면 $\sqrt{(a-b)^2} = -(a-b)$

예 (1) $\sqrt{(\sqrt{2}-1)^2}$에서 $\sqrt{2} > 1$이므로

$\sqrt{(\sqrt{2}-1)^2} = \sqrt{2} - 1$

(2) $\sqrt{(1-\sqrt{2})^2}$에서 $1 < \sqrt{2}$이므로

$\sqrt{(1-\sqrt{2})^2} = -(1-\sqrt{2}) = \sqrt{2} - 1$

054 ◀필수▶

$\sqrt{(2-\sqrt{2})^2} - \sqrt{(\sqrt{2}-3)^2}$을 간단히 하여라.

055

$\sqrt{(1-\sqrt{3})^2} + \sqrt{(2-\sqrt{3})^2}$을 간단히 하여라.

056

$x = 3$, $y = 1 - \sqrt{15}$일 때, $\sqrt{(x+y)^2} + \sqrt{(x-y)^2}$의 값을 구하여라.

057

다음 중 옳은 것을 모두 고르면? (정답 2개)

① $\sqrt{\dfrac{1}{4}}$ 의 제곱근은 $\pm\sqrt{\dfrac{1}{2}}$ 이다.

② 제곱근 $\dfrac{81}{64}$ 은 $\pm\dfrac{9}{8}$ 이다.

③ $-\sqrt{11}$ 은 -11의 음의 제곱근이다.

④ $\sqrt{(-0.01)^2}$ 의 양의 제곱근은 0.1이다.

⑤ 음이 아닌 수의 제곱근은 2개이며 그 절댓값은 같다.

058

$\left(-\dfrac{21}{16}\right)^2$ 의 양의 제곱근을 A, $5.\dot{4}$의 음의 제곱근을 B라 할 때, $A \div B$의 값은?

① $-\dfrac{1}{2}$ 　　② $-\dfrac{9}{16}$ 　　③ $-\dfrac{5}{8}$

④ $-\dfrac{11}{16}$ 　　⑤ $-\dfrac{3}{4}$

059

오른쪽 사다리꼴과 넓이가 같은 정사각형의 한 변의 길이를 구하여라.

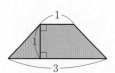

060 `서술형`

반지름의 길이가 각각 4, 5인 두 원의 넓이의 합과 같은 넓이를 가지는 원의 반지름의 길이를 구하여라.

061

서로소인 두 자연수 m, n에 대하여 $\sqrt{1.0\dot{2}\times\dfrac{n}{m}}=0.\dot{2}$일 때, $m-n$의 값을 구하여라.

062

다음 중 옳은 것을 모두 고르면? (정답 2개)

① $(-\sqrt{8})^2-\sqrt{(-3)^2}=-11$

② $\sqrt{\left(-\dfrac{1}{5}\right)^2}\times(-\sqrt{100})=-20$

③ $-\sqrt{\dfrac{36}{25}}\div\left(-\sqrt{\dfrac{2}{5}}\right)^2=-3$

④ $\sqrt{(5-\sqrt{30})^2}=5-\sqrt{30}$

⑤ $\sqrt{(6-\sqrt{35})^2}=6-\sqrt{35}$

063

$\sqrt{(x-4)^2}=2$를 만족하는 모든 x의 값의 합을 구하여라.

064

$a<0$이고 $b=\sqrt{(-a)^2}$, $c=-\sqrt{9b^2}$일 때, $a+b-c$를 간단히 하면?

① $-3a$ 　　② $-a$ 　　③ 0

④ a 　　⑤ $3a$

065

두 실수 a, b에 대하여 $a<b$, $ab<0$일 때,
$|a|+(-\sqrt{b})^2-\sqrt{(-3a)^2}-\sqrt{(2a-b)^2}$을 간단히 하여라.

066

$\sqrt{\dfrac{63m}{4}}=n$이라 할 때, n이 자연수가 되도록 하는 가장 작은 자연수 m과 그때의 n의 값의 합 $m+n$의 값을 구하여라.

067

$\sqrt{45-a}-\sqrt{12+b}$의 값이 가장 큰 정수가 되도록 하는 자연수 a, b에 대하여 $a+b$의 값을 구하여라.

068

$0<a<1$일 때, 다음 중 가장 큰 수는?

① $\sqrt{a}$ ② a ③ $\dfrac{1}{\sqrt{a}}$

④ $\dfrac{1}{a}$ ⑤ a^2

069

$A=\sqrt{(x-1)^2}+\sqrt{(x+1)^2}$일 때, 다음 보기 중 옳은 것을 모두 골라라.

> **보기**
> ㄱ. $x>1$이면 $A=2x$
> ㄴ. $-1<x<1$이면 $A=-2$
> ㄷ. $x<-1$이면 $A=-2x$

070

$0<a<1$일 때, $\sqrt{\left(a+\dfrac{1}{a}\right)^2}+\sqrt{\left(a-\dfrac{1}{a}\right)^2}$을 간단히 하여라.

071 서술형

$1<a<3$일 때, $\sqrt{(a-1)^2}-\sqrt{(\sqrt{3}-2)^2}+\sqrt{(a-3)^2}$을 간단히 하여라.

072

다음 식을 간단히 하여라.

$$\sqrt{(3-\sqrt{10})^2}-\sqrt{(\sqrt{10}-3)^2}+(\sqrt{7})^2+(-\sqrt{6})^2$$

2 무리수와 실수

01 무리수와 실수

▶ 개념 Link 풍산자 개념완성편 18쪽 →

(1) **무리수**: 유리수가 아닌 수, 즉 순환하지 않는 무한소수로 나타내어지는 수를 무리수라 한다.

(2) **소수의 분류**

$$소수 \begin{cases} 유한소수 \\ 무한소수 \begin{cases} 순환소수 \\ 순환하지 않는 무한소수 \end{cases} \end{cases}$$ ⇨ 유리수 / 무리수

(3) **실수**: 유리수와 무리수를 통틀어 실수라 한다.

(4) **실수의 분류**

$$실수 \begin{cases} 유리수 \begin{cases} 정수 \begin{cases} 양의 정수(자연수): 1, 2, 3, \cdots \\ 0 \\ 음의 정수: -1, -2, -3, \cdots \end{cases} \\ 정수가 아닌 유리수: 0.2, \frac{1}{3}, \cdots \\ \text{유한소수, 순환소수} \end{cases} \\ 무리수(순환하지 않는 무한소수): \pi, \sqrt{2}, -\sqrt{3}, \cdots \end{cases}$$

개념 Tip 근호를 사용하여 나타낸 수 중에서 근호를 없앨 수 있는 수는 유리수이다.
$$\sqrt{9}=\sqrt{3^2}=3, \quad -\sqrt{4}=-\sqrt{2^2}=-2$$

1 다음 수가 유리수인 것은 '유', 무리수인 것은 '무'를 ( ) 안에 써넣어라.

(1) 0 ( ) (2) $\sqrt{10}$ ( )

(3) $-\sqrt{\dfrac{1}{4}}$ ( ) (4) $\sqrt{120}$ ( )

2 다음 중 옳은 것은 ○표, 옳지 않은 것은 ×표를 ( ) 안에 써넣어라.

(1) 무한소수는 모두 무리수이다. ( )
(2) 순환소수는 모두 유리수이다. ( )
(3) $\dfrac{\pi}{3}$ 는 순환하지 않는 무한소수이다. ( )
(4) 유리수는 모두 정수 또는 유한소수이다. ( )

답 1 (1) 유 (2) 무 (3) 유 (4) 무
2 (1) × (2) ○ (3) ○ (4) ×

02 실수와 수직선

▶ 개념 Link 풍산자 개념완성편 20쪽 →

(1) 모든 실수는 각각 수직선 위의 한 점에 대응한다.
(2) 수직선은 실수에 대응하는 점으로 완전히 메워져 있다.
(3) 서로 다른 두 실수 사이에는 무수히 많은 실수가 있다.

참고 수(數)직선은 실수를 나타내는 직선이다.

1 수직선 위의 구간 A, B, C, D, E, F 중에서 다음 수에 대응하는 점이 있는 구간을 말하여라.

```
   A  B C D  E  F
←─┴──┴─┴─┴──┴──┴─→
 -3 -2 -1  0  1  2  3
```

(1) $\sqrt{3}$ (2) $-\sqrt{3}$
(3) $\sqrt{3}-1$ (4) $-\sqrt{3}+1$

답 1 (1) E (2) B (3) D (4) C

03 실수의 대소 관계

▶ 개념 Link 풍산자 개념완성편 22쪽 →

두 실수 a, b의 크기를 비교하려면 $a-b$를 구해 양수인지 음수인지 알아보면 된다.

(1) $a-b>0$이면 $a>b$
(2) $a-b=0$이면 $a=b$
(3) $a-b<0$이면 $a<b$

참고 세 실수 a, b, c에 대하여 $a>b$이고 $b>c$이면 $a>b>c$이다.

1 다음 □ 안에 < 또는 >를 써넣어라.

(1) $\sqrt{3}+3$ □ 5
(2) $\sqrt{12}-8$ □ $\sqrt{12}-7$
(3) $-\sqrt{5}-4$ □ $-4-\sqrt{7}$
(4) $-\sqrt{8}+\sqrt{2}$ □ $-3+\sqrt{2}$

답 1 (1) < (2) < (3) > (4) >

중요한
유형 015 ◆ 유리수와 무리수 구별하기

유리수	$\dfrac{(정수)}{(0이\ 아닌\ 정수)}$의 꼴인 분수
	정수, 유한소수, 순환소수
	근호를 없앨 수 있는 수
무리수	유리수가 아닌 실수
	순환하지 않는 무한소수
	근호를 없앨 수 없는 수

풍쌤의 **point** 근호가 있다고 해서 모두 무리수는 아니다. 근호 안의 수가 어떤 유리수의 제곱이면 유리수이다.

073 ◆필수◆

다음 수 중 무리수의 개수를 구하여라.

$$\sqrt{144},\ \ -\sqrt{12},\ \ 5.\dot{6},\ \ -\sqrt{0.09},\ \ \pi,\ \ \sqrt{\left(-\dfrac{2}{3}\right)^2}$$

074

다음 중 무리수가 <u>아닌</u> 것은?

① $-\dfrac{\pi}{12}$ ② $0.101001000\cdots$

③ $\sqrt{3.24}$ ④ $\sqrt{4.9}$

⑤ $\sqrt{2}+\sqrt{9}$

075

다음 수 중에서 그 제곱근이 무리수가 <u>아닌</u> 것은?

① 2 ② 7 ③ 90

④ 144 ⑤ 300

076

다음 중 순환하지 않는 무한소수로 나타내어지는 것은?

① $-\left(-\sqrt{\dfrac{1}{2}}\right)^2$ ② $-\sqrt{0.\dot{1}}$

③ $\sqrt{0.4}$ ④ $\sqrt{\dfrac{25}{9}}$

⑤ $\sqrt{36}-\sqrt{16}$

077

다음 중 ☐ 안의 수에 해당하는 것은?

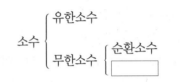

① $-\sqrt{1}$ ② $\sqrt{\dfrac{1}{4}}$ ③ $\sqrt{2.25}$

④ $2.\dot{1}4\dot{3}$ ⑤ $\sqrt{15}$

078

다음 중 무리수로만 짝지어진 것은?

① $\sqrt{0.\dot{4}},\ \dfrac{\sqrt{2}}{2},\ \dfrac{\sqrt{3}}{3}$

② $0.\dot{5},\ -\pi,\ \sqrt{7}$

③ $\sqrt{6},\ -\sqrt{10},\ -\dfrac{\pi}{3}$

④ $-3.14,\ \dfrac{1}{2},\ \dfrac{2}{3}$

⑤ $\sqrt{1.69},\ \sqrt{12},\ \sqrt{(-5)^2}$

유형 016 ◆ 유리수와 무리수의 이해

(1) 유리수 ⇨ 정수, 유한소수, 순환소수

　무리수 ⇨ 순환하지 않는 무한소수

(2) 유리수 ⇨ 분수 $\frac{n}{m}$의 꼴로 나타낼 수 있는 수

　　　　　　　(단, m, n은 정수이고, $m \neq 0$)

　무리수 ⇨ 분수 $\frac{n}{m}$의 꼴로 나타낼 수 없는 수

　　　　　　　(단, m, n은 정수이고, $m \neq 0$)

> **풍쌤의 point** 유리수는 무리수가 아닌 수이고, 무리수는 유리수가 아닌 수이다.

079 ─ 필수 ─

다음 중 옳지 <u>않은</u> 것은?

① 유한소수는 모두 유리수이다.

② 무한소수는 모두 무리수이다.

③ 순환소수는 모두 유리수이다.

④ 순환하지 않는 무한소수는 모두 무리수이다.

⑤ 실수 중에서 유리수가 아닌 수는 모두 무리수이다.

080

다음 중 옳은 것을 모두 고르면? (정답 2개)

① 순환소수는 유한소수이다.

② 근호가 있는 수는 무리수이다.

③ 무한소수 중에는 유리수인 것도 있다.

④ 0은 유리수이면서 동시에 무리수이다.

⑤ 유한소수는 모두 분수로 나타낼 수 있다.

081

다음 중 $\sqrt{3}$에 대한 설명으로 옳지 <u>않은</u> 것은?

① 무리수이다.

② 3의 양의 제곱근이다.

③ 제곱하면 유리수가 된다.

④ 순환하지 않는 무한소수이다.

⑤ $\dfrac{(정수)}{(0이\ 아닌\ 정수)}$의 꼴로 나타낼 수 있다.

유형 017 ◆ 실수의 분류

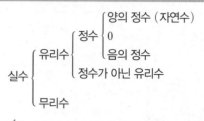

> **풍쌤의 point** 실수는 유리수와 무리수로 구성되어 있고, 유리수 안에는 정수, 정수 안에는 자연수가 있다.

082 ─ 필수 ─

다음 중 □ 안의 수에 해당하는 것은?

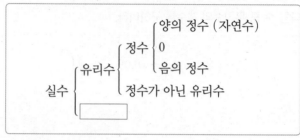

① $\sqrt{\dfrac{9}{16}}$　　② $\dfrac{3}{\sqrt{49}}$　　③ $-\sqrt{121}$

④ $\sqrt{1.96}$　　⑤ $\sqrt{6.4}$

083

다음 수에 대한 설명으로 옳은 것은?

$$-\sqrt{\frac{32}{2}}, \quad 0.\dot{2}\dot{1}, \quad -8.65, \quad \sqrt{4}-1, \quad \frac{7}{8}, \quad -2\pi$$

① 자연수는 없다.

② 정수는 없다.

③ 정수가 아닌 유리수는 2개이다.

④ 유리수는 3개이다.

⑤ 순환하지 않는 무한소수는 1개이다.

파란 해설 8~9쪽

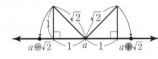

유형018 ◆ 무리수를 수직선 위에 나타내기 (1)

다음 그림에서 a를 기준으로 $\sqrt{2}$만큼 오른쪽의 수는 $a \oplus \sqrt{2}$
이고, 왼쪽의 수는 $a \ominus \sqrt{2}$이다.

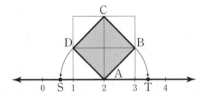

084 ◀필수▶

다음 그림에서 모눈 한 칸은 한 변의 길이가 1인 정사각형이
고, $\overline{AD}=\overline{AS}$, $\overline{AB}=\overline{AT}$가 되도록 점 S와 점 T를 각각
잡은 것이다.

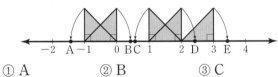

다음 보기 중 옳은 것을 모두 고른 것은?

> **보기**
> ㄱ. 점 S의 좌표는 $S(3-\sqrt{2})$이다.
> ㄴ. 점 T의 좌표는 $T(2+\sqrt{2})$이다.
> ㄷ. 점 S와 점 T에 대응하는 두 수의 합은 4이다.

① ㄱ   ② ㄴ   ③ ㄱ, ㄷ
④ ㄴ, ㄷ   ⑤ ㄱ, ㄴ, ㄷ

085

다음 그림과 같이 수직선 위에 직각을 사이에 둔 두 변의 길
이가 1인 직각이등변삼각형이 다섯 개 있을 때, $-1+\sqrt{2}$에
대응하는 점은?

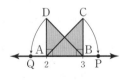

① A   ② B   ③ C
④ D   ⑤ E

086

다음 그림과 같이 수직선 위에 $\angle B = \angle E = 90°$,
$\overline{BC}=\overline{EF}=1$인 두 직각이등변삼각형 ABC, DEF가 있다.
$\overline{CA}=\overline{CP}$이고 $\overline{FD}=\overline{FQ}$일 때, 점 P와 점 Q에 대응하는
수를 차례로 적은 것은?

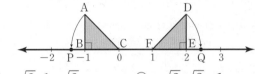

① $-\sqrt{2}$, $1-\sqrt{2}$ ② $-\sqrt{2}$, $\sqrt{2}-1$
③ $-\sqrt{2}$, $1+\sqrt{2}$ ④ $-1+\sqrt{2}$, $\sqrt{2}-1$
⑤ $-1+\sqrt{2}$, $3-\sqrt{2}$

087 ◀서술형▶

다음 그림과 같이 $\angle A = \angle B = 90°$인 두 직각이등변삼각형
DAO, CBO가 반원 O와 두 점 C, D에서 접한다. $\overline{BC}=1$
일 때, $P(a)$, $Q(b)$에 대하여 $a+b$의 값을 구하여라.

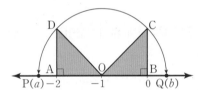

088

오른쪽 그림과 같이 수직선 위에
$\angle A = \angle B = 90°$, $\overline{AB}=1$인 직각
이등변삼각형 ABC, ABD를 그
렸다. $\overline{AC}=\overline{AP}$, $\overline{BD}=\overline{BQ}$일 때,
다음 중 옳지 <u>않은</u> 것을 모두 고르면? (정답 2개)

① 점 P의 좌표는 $P(2+\sqrt{2})$이다.
② 점 Q의 좌표는 $Q(2-\sqrt{2})$이다.
③ 점 P와 점 Q에 대응하는 두 수의 합은 5이다.
④ $\overline{AQ}=\sqrt{2}-1$
⑤ $\overline{BP}=\sqrt{2}+1$

유형 019 ◆ 무리수를 수직선 위에 나타내기 (2)

① 피타고라스 정리를 이용하여 정사각형의 한 변의 길이를 구한다.

② 기준점에서

ㅤ 오른쪽 ⇨ (기준점) + (정사각형의 한 변의 길이)

ㅤ 왼쪽 ⇨ (기준점) − (정사각형의 한 변의 길이)

풍쌤의 point 정사각형의 한 변을 회전하여 얻은 점의 좌표를 쉽게 구하려면 다음 그림을 기억하자.

  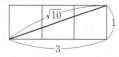

089 ═필수═

오른쪽 그림에서 모눈 한 칸은 한 변의 길이가 1인 정사각형이고 $\overline{AB}=\overline{AP}$, $\overline{AD}=\overline{AQ}$일 때, 다음 중 옳은 것을 모두 고르면? (정답 2개)

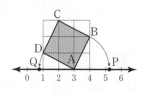

① $\overline{AD}=\sqrt{5}$

② $\overline{AP}=3+\sqrt{5}$

③ 정사각형 ABCD의 넓이는 3이다.

④ 점 P에 대응하는 수는 $3+\sqrt{3}$이다.

⑤ 점 Q에 대응하는 수는 $3-\sqrt{5}$이다.

090

다음 그림에서 모눈 한 칸은 한 변의 길이가 1인 정사각형이다. 수직선 위의 점 A, B, C, D, E의 좌표를 바르게 나타낸 것을 모두 고르면? (정답 2개)

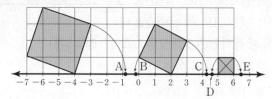

① A($-4+\sqrt{5}$)

② B($2-\sqrt{5}$)

③ C($2+\sqrt{3}$)

④ D($6-\sqrt{2}$)

⑤ E($6+\sqrt{2}$)

091 서술형

오른쪽 그림에서 모눈 한 칸은 한 변의 길이가 1인 정사각형이고 $\overline{AB}=\overline{AP}$, $\overline{AD}=\overline{AQ}$일 때, 두 점 P, Q에 각각 대응하는 수를 구하여라.

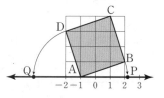

092

오른쪽 그림에서 모눈 한 칸은 한 변의 길이가 1인 정사각형이다. $\overline{AB}=\overline{AP}$, $\overline{AD}=\overline{AQ}$이고 점 P에 대응하는 수가 $2+\sqrt{5}$일 때, 점 Q에 대응하는 수를 구하여라.

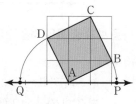

093

오른쪽 그림에서 모눈 한 칸은 한 변의 길이가 1인 정사각형이다. 세 점 A, B, C에 대응하는 수를 각각 a, b, c라 할 때, $b-ac$의 값을 구하여라.

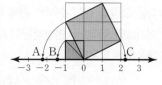

유형 020 ◆ 실수와 수직선

(1) 모든 유리수, 무리수, 실수는 각각 수직선 위의 한 점에 대응한다.
(2) 수직선은 유리수에 대응하는 점만으로(무리수에 대응하는 점만으로)는 완전히 메울 수 없지만 실수에 대응하는 점으로는 완전히 메울 수 있다.
(3) 서로 다른 두 수 사이에 자연수, 정수는 유한개이지만 유리수, 무리수, 실수는 무수히 많다.

풍쌤의 point 점이 모이면 선이 된다. 실수라는 점이 모이면 수직선이 빈틈없이 메워진다.

094 ─ 필수 ─

다음 중 옳지 않은 것은?

① 1과 2 사이에는 무수히 많은 무리수가 있다.
② 1과 1000 사이에는 무수히 많은 정수가 있다.
③ $\sqrt{2}$와 $\sqrt{3}$ 사이에는 무수히 많은 유리수가 있다.
④ 모든 유리수는 각각 수직선 위의 한 점에 대응한다.
⑤ 수직선은 실수에 대응하는 점으로 완전히 메울 수 있다.

095

다음 중 옳지 않은 것은?

① 0과 $\sqrt{2}$ 사이의 자연수는 하나뿐이다.
② $\frac{1}{3}$과 $\frac{1}{2}$ 사이에는 무수히 많은 유리수가 있다.
③ $\sqrt{2}-1$은 수직선 위에서 원점의 왼쪽에 위치한다.
④ 유리수이면서 동시에 무리수인 실수는 없다.
⑤ 서로 다른 두 유리수 사이에는 무수히 많은 무리수가 있다.

096

다음 중 옳지 않은 것은?

① 1에 가장 가까운 무리수는 $\sqrt{2}$이다.
② -3과 3 사이에는 5개의 정수가 있다.
③ 0과 $\frac{1}{2}$ 사이에는 무수히 많은 무리수가 있다.
④ 3.14와 π 사이에는 무수히 많은 유리수가 있다.
⑤ 수직선은 유리수와 무리수에 대응하는 점으로 완전히 메울 수 있다.

유형 021 ◆ 두 실수 사이의 수 구하기

임의의 두 실수 a, b 사이의 실수를 구하려면

① a, b의 평균을 구한다. ⇨ $\frac{a+b}{2}$

② a, b 중 작은 수에 a, b의 차보다 작은 수를 더하거나 a, b 중 큰 수에서 a, b의 차보다 작은 수를 뺀다.

풍쌤의 point 두 수 a, b 사이의 수를 구하려면 두 수의 차보다 작은 수를 a, b 중 작은 수에 더하거나 큰 수에서 빼면 된다.

097 ─ 필수 ─

다음 중 $\sqrt{6}$과 $\sqrt{7}$ 사이에 있는 수가 아닌 것은?
(단, $\sqrt{6}=2.449$, $\sqrt{7}=2.646$으로 계산한다.)

① $\sqrt{6}+0.1$ ② $\sqrt{6}+0.01$ ③ $\frac{\sqrt{6}+\sqrt{7}}{2}$
④ $\frac{\sqrt{6}-\sqrt{7}}{2}$ ⑤ $\sqrt{7}-0.01$

098

다음 중 $\sqrt{3}$과 $\sqrt{5}$ 사이에 있는 수가 아닌 것은?
(단, $\sqrt{3}=1.732$, $\sqrt{5}=2.236$으로 계산한다.)

① $\sqrt{3}+1$ ② $\sqrt{3}+0.5$ ③ 2
④ $\sqrt{5}-0.5$ ⑤ $\frac{\sqrt{3}+\sqrt{5}}{2}$

099

다음 중 $\sqrt{7}$과 $\sqrt{35}$ 사이에 있는 수가 아닌 것은?

① $\sqrt{7}+2$ ② $\sqrt{7}+4$ ③ $\sqrt{35}-2$
④ $\sqrt{35}-1$ ⑤ $\frac{\sqrt{7}+\sqrt{35}}{2}$

중요한

유형 022 ◆ 두 실수의 대소 관계

a, b가 실수일 때
(1) $a-b>0$이면 $a>b$
(2) $a-b=0$이면 $a=b$
(3) $a-b<0$이면 $a<b$

풍쌤의 point 두 실수의 크기를 비교하려면 두 수의 차를 구해 양수 인지 음수인지 알아보면 된다.

100 필수

다음 중 두 수의 대소 관계가 옳지 <u>않은</u> 것은?

① $\sqrt{3}-1<1$ ② $\sqrt{7}-3<\sqrt{7}-\sqrt{10}$
③ $\sqrt{3}+\sqrt{7}>\sqrt{3}+2$ ④ $\sqrt{9}+\sqrt{2}>4$
⑤ $\sqrt{5}-3<\sqrt{6}-3$

101

다음 중 두 수의 대소 관계가 옳은 것은?

① $3>\sqrt{5}+1$ ② $\sqrt{7}+3>\sqrt{8}+3$
③ $\sqrt{3}+\sqrt{2}>\sqrt{2}+2$ ④ $2-\sqrt{6}<2-\sqrt{5}$
⑤ $\sqrt{3}+3<\sqrt{7}+\sqrt{3}$

102

다음 보기 중 옳은 것을 모두 고른 것은?

보기

ㄱ. $1<\sqrt{\dfrac{1}{2}}+\dfrac{1}{2}$ ㄴ. $5-\sqrt{\dfrac{1}{5}}>5-\sqrt{\dfrac{1}{6}}$
ㄷ. $\sqrt{3}+3<\sqrt{10}+\sqrt{3}$

① ㄱ   ② ㄱ, ㄴ   ③ ㄱ, ㄷ
④ ㄴ, ㄷ   ⑤ ㄱ, ㄴ, ㄷ

유형 023 ◆ 세 실수의 대소 관계

풍쌤의 point 세 수의 크기를 비교하려면 두 수끼리 비교하여 종합 하면 된다.
$$a>b이고\ b>c이면\ a>b>c$$

103 필수

다음 세 수 a, b, c의 대소 관계를 옳게 나타낸 것은?

$$a=\sqrt{6}+\sqrt{8}, \quad b=2+\sqrt{8}, \quad c=\sqrt{6}+3$$

① $a<b<c$ ② $a<c<b$ ③ $b<a<c$
④ $b<c<a$ ⑤ $c<a<b$

104 서술형

세 수 $\sqrt{5}+1, 3, \sqrt{5}+\sqrt{2}$ 중에서 가장 큰 수를 M, 가장 작은 수를 m이라 할 때, $M-m$의 값을 구하여라.

105

다음 수를 수직선 위에 나타낼 때, 오른쪽에서 두 번째에 위치하는 수는?

$$\sqrt{10}+1, \quad 4, \quad -\sqrt{2}-1, \quad \sqrt{8}+1, \quad -\sqrt{3}$$

① $\sqrt{10}+1$ ② 4 ③ $-\sqrt{2}-1$
④ $\sqrt{8}+1$ ⑤ $-\sqrt{3}$

필수유형・뛰어넘기

106

다음 중 순환하지 않는 무한소수로 나타내어지는 것을 모두 고르면?(정답 2개)

① 2.5의 제곱근

② $\dfrac{36}{49}$의 양의 제곱근

③ 넓이가 4π인 원의 반지름의 길이

④ 넓이가 0.16인 정사각형의 한 변의 길이

⑤ 한 변의 길이가 1인 정사각형의 대각선의 길이

107 서술형

다음 조건을 만족하는 x의 개수를 구하여라.

$$2<\sqrt{x}<5, \quad x\text{는 자연수}, \quad \sqrt{x}\text{는 무리수}$$

108

다음 중 옳지 <u>않은</u> 것을 모두 고르면?(정답 2개)

① $\sqrt{3}+\sqrt{7}=\dfrac{n}{m}$ 을 만족하는 정수 m, n은 존재하지 않는다.

② 모든 무한소수는 무리수이다.

③ 0.1과 0.2 사이에는 무수히 많은 무리수가 존재한다.

④ 서로 다른 두 무리수의 곱은 항상 무리수이다.

⑤ 수직선은 실수에 대응하는 점들로 완전히 메울 수 있다.

109

다음 수 중 정수가 아닌 유리수의 개수를 A, 무리수의 개수를 B라 할 때, $A-B$의 값은?

$$\sqrt{\dfrac{1}{16}}, \quad 0.2\dot{3}, \quad \sqrt{2}+3, \quad -\pi, \quad \sqrt{\dfrac{1}{2}}, \quad -\sqrt{(-9)^2}$$

① 2   ② 1   ③ 0

④ -1 ⑤ -2

110

다음 식을 만족하는 x의 값 중에서 □ 안의 수에 해당하는 것은?

① $2-3x=11$ ② $x^2=25$ ③ $\dfrac{x}{\sqrt{6}}=\sqrt{6}$

④ $\sqrt{5}x=-1$ ⑤ $7x=\sqrt{(-7)^2}$

111

다음 중 A에 관한 설명으로 옳지 <u>않은</u> 것을 모두 고르면?

(정답 2개)

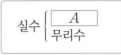

① π는 A에 해당하지 않는다.

② $-\sqrt{(-5)^2}$은 A에 해당한다.

③ 자연수는 A에 해당한다.

④ A에 대응하는 점들로 수직선을 완전히 메울 수 있다.

⑤ 곱하여 나온 결과가 A에 해당하면 곱한 수들도 반드시 A에 해당한다.

112

다음 중 x의 개수가 유한개인 것을 모두 고르면?(정답 2개)

① $-4<x<4$인 자연수 x

② $1 \leq x < \sqrt{3}$인 유리수 x

③ $-\sqrt{3}<x<\sqrt{3}$인 무리수 x

④ $-\sqrt{5}<x<3$인 정수 x

⑤ $-2<x \leq 0$인 실수 x

113

오른쪽 그림과 같은 정사각형 OABC에서 $\overline{\mathrm{OA}}=\overline{\mathrm{OQ}}$, $\overline{\mathrm{BC}}=\overline{\mathrm{BP}}$이다. 두 점 P, Q의 x좌표를 각각 p, q라 할 때, $p+q$의 값을 구하여라.

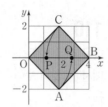

114

다음 그림과 같이 수직선 위에 직각을 사이에 둔 두 변의 길이가 1인 직각이등변삼각형이 네 개있을 때, 다음 중 옳지 않은 것은?

① $\mathrm{B}(1-\sqrt{2})$ ② $\mathrm{C}(2-\sqrt{2})$

③ $\mathrm{D}(2+\sqrt{2})$ ④ $\overline{\mathrm{AD}}=3$

⑤ $\overline{\mathrm{BC}}=1$

115 [창의]

오른쪽 그림과 같이 직사각형 ABCD가 반원 O와 접하고 있다. $\overline{\mathrm{AB}}=2$, $\overline{\mathrm{BC}}=1$일 때, 반원의 호의 길이를 구하여라.(단, 점 O는 원의 중심)

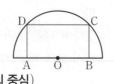

116

다음 중 2와 3 사이에 있는 수가 아닌 것은?

① $\sqrt{5}$ ② $\sqrt{7}$ ③ $\sqrt{8}$

④ $\sqrt{5}+1$ ⑤ $\dfrac{\sqrt{7}+\sqrt{8}}{2}$

117

$\sqrt{6}<x<\sqrt{10}$인 실수 x에 대하여 다음 보기 중 옳은 것을 모두 골라라.

> **보기**
>
> ㄱ. x의 값이 될 수 있는 정수는 1개이다.
>
> ㄴ. x의 값이 될 수 있는 유리수는 유한개이다.
>
> ㄷ. $\sqrt{6}+2$는 x의 값이 될 수 있다.

118

$a=\sqrt{3}-2$, $b=-\sqrt{5}+\sqrt{3}$일 때, 다음 중 옳은 것은?

① $a<b$ ② $a+1<0$ ③ $a<\sqrt{3}-\sqrt{6}$

④ $b>2-\sqrt{5}$ ⑤ $b>\sqrt{3}-\sqrt{7}$

119 [서술형]

다음 수 중에서 가장 큰 수를 a, 가장 작은 수를 b라 할 때, $a+b$의 값을 구하여라.

$$\sqrt{5}+2, \ -\sqrt{6}-\sqrt{5}, \ \sqrt{3}+\sqrt{5}, \ 2+\sqrt{3}, \ -3-\sqrt{5}$$

3 근호를 포함한 식의 계산

01. 제곱근의 곱셈과 나눗셈
▶개념 Link 풍산자 개념완성편 32쪽➡

(1) **제곱근의 곱셈**

$a>0$, $b>0$일 때, $\sqrt{a}\sqrt{b}=\sqrt{ab}$

(2) **제곱근의 나눗셈**

$a>0$, $b>0$일 때, $\dfrac{\sqrt{b}}{\sqrt{a}}=\sqrt{\dfrac{b}{a}}$

개념 Tip $a>0$, $b>0$이고 m, n이 유리수일 때

(1) $m\sqrt{a}\times n\sqrt{b}=mn\sqrt{ab}$

(2) $m\sqrt{a}\div n\sqrt{b}=m\sqrt{a}\times\dfrac{1}{n\sqrt{b}}=\dfrac{m}{n}\sqrt{\dfrac{a}{b}}$

예 (1) $2\sqrt{3}\times3\sqrt{2}=2\times3\times\sqrt{3\times2}=6\sqrt{6}$

(2) $2\sqrt{3}\div3\sqrt{2}=2\sqrt{3}\times\dfrac{1}{3\sqrt{2}}=\dfrac{2}{3}\times\sqrt{\dfrac{3}{2}}=\dfrac{2}{3}\sqrt{\dfrac{3}{2}}$

1 다음을 간단히 하여라.

(1) $\sqrt{3}\times\sqrt{12}$ (2) $\sqrt{\dfrac{2}{3}}\times\sqrt{\dfrac{27}{2}}$

(3) $\sqrt{2}\times\sqrt{3}\times\sqrt{5}$ (4) $2\sqrt{7}\times3\sqrt{10}$

2 다음을 간단히 하여라.

(1) $\dfrac{\sqrt{20}}{\sqrt{2}}$ (2) $\dfrac{\sqrt{54}}{\sqrt{6}}$

(3) $\sqrt{30}\div\sqrt{5}$ (4) $\sqrt{21}\times\sqrt{3}$

답 1 (1) 6 (2) 3 (3) $\sqrt{30}$ (4) $6\sqrt{70}$
2 (1) $\sqrt{10}$ (2) 3 (3) $\sqrt{6}$ (4) $3\sqrt{7}$

02. 근호가 있는 식의 변형
▶개념 Link 풍산자 개념완성편 32쪽➡

(1) **곱셈**

$a>0$, $b>0$일 때, $\sqrt{a^2b}=a\sqrt{b}$

(2) **나눗셈**

$a>0$, $b>0$일 때, $\sqrt{\dfrac{b}{a^2}}=\dfrac{\sqrt{b}}{a}$

개념 Tip (1) 근호 안의 제곱수는 근호 밖으로 나올 수 있다.

(2) 근호 밖의 양수가 근호 안으로 들어가면 제곱수가 된다.

근호 밖으로 $\sqrt{a^2b}=a\sqrt{b}$ 근호 안으로

1 다음을 $a\sqrt{b}$의 꼴로 나타내어라.

(단, b는 가장 작은 자연수)

(1) $\sqrt{18}$ (2) $\sqrt{20}$

(3) $5\sqrt{63}$ (4) $2\sqrt{48}$

2 다음을 $\sqrt{a}$의 꼴로 나타내어라.

(1) $2\sqrt{6}$ (2) $2\sqrt{7}$

(3) $5\sqrt{2}$ (4) $10\sqrt{3}$

답 1 (1) $3\sqrt{2}$ (2) $2\sqrt{5}$ (3) $15\sqrt{7}$ (4) $8\sqrt{3}$
2 (1) $\sqrt{24}$ (2) $\sqrt{28}$ (3) $\sqrt{50}$ (4) $\sqrt{300}$

03. 분모의 유리화
▶개념 Link 풍산자 개념완성편 34쪽➡

(1) 분수의 분모가 근호를 포함한 무리수일 때, 분모, 분자에 0이 아닌 수를 곱하여 분모를 유리수로 고치는 것을 분모의 유리화라 한다.

(2) $a>0$, $b>0$일 때

① $\dfrac{b}{\sqrt{a}}=\dfrac{b\times\sqrt{a}}{\sqrt{a}\times\sqrt{a}}=\dfrac{b\sqrt{a}}{a}$ ② $\dfrac{\sqrt{b}}{\sqrt{a}}=\dfrac{\sqrt{b}\times\sqrt{a}}{\sqrt{a}\times\sqrt{a}}=\dfrac{\sqrt{ab}}{a}$

예 ① $\dfrac{1}{3\sqrt{2}}=\dfrac{\sqrt{2}}{3\sqrt{2}\times\sqrt{2}}=\dfrac{\sqrt{2}}{6}$ ② $\dfrac{\sqrt{2}}{\sqrt{7}}=\dfrac{\sqrt{2}\times\sqrt{7}}{\sqrt{7}\times\sqrt{7}}=\dfrac{\sqrt{14}}{7}$

1 다음 수의 분모를 유리화하여라.

(1) $\dfrac{1}{\sqrt{3}}$ (2) $\dfrac{\sqrt{5}}{\sqrt{7}}$

(3) $\dfrac{2}{3\sqrt{6}}$ (4) $\dfrac{3}{\sqrt{12}}$

답 1 (1) $\dfrac{\sqrt{3}}{3}$ (2) $\dfrac{\sqrt{35}}{7}$ (3) $\dfrac{\sqrt{6}}{9}$ (4) $\dfrac{\sqrt{3}}{2}$

04 제곱근의 덧셈과 뺄셈

개념 Link 풍산자 개념완성편 38쪽

제곱근의 덧셈과 뺄셈은 다항식에서 동류항끼리 더하거나 빼는 것처럼 근호 안의 수가 같은 항끼리 더하거나 빼면 된다.

$a > 0$이고, m, n이 실수일 때

(1) $m\sqrt{a} + n\sqrt{a} = (m+n)\sqrt{a}$

(2) $m\sqrt{a} - n\sqrt{a} = (m-n)\sqrt{a}$

주의 근호 안에 수가 서로 다른 무리수끼리의 덧셈과 뺄셈은 더 이상 계산할 수 없다.

$a > 0$, $b > 0$일 때 $\sqrt{a} + \sqrt{b} \neq \sqrt{a+b}$, $\sqrt{a} - \sqrt{b} \neq \sqrt{a-b}$

1 다음을 간단히 하여라.

(1) $5\sqrt{6} + 4\sqrt{6}$

(2) $2\sqrt{7} - 5\sqrt{7}$

(3) $3\sqrt{2} + 8\sqrt{2} - 4\sqrt{2}$

(4) $6\sqrt{5} - 2\sqrt{5} - 9\sqrt{5}$

(5) $\sqrt{63} + \sqrt{28}$

(6) $\sqrt{32} + \sqrt{50} - \sqrt{72}$

답 1 (1) $9\sqrt{6}$ (2) $-3\sqrt{7}$ (3) $7\sqrt{2}$
(4) $-5\sqrt{5}$ (5) $5\sqrt{7}$ (6) $3\sqrt{2}$

---

05 제곱근의 사칙계산

개념 Link 풍산자 개념완성편 40쪽

(1) 사칙계산 중 곱셈과 나눗셈을 먼저 한 후 덧셈과 뺄셈을 한다.

(2) 복잡한 식의 곱셈은 분배법칙을 이용한다.

(3) 분모에 무리수가 있는 경우에는 분모를 유리화한다.

참고 $a > 0$, $b > 0$, $c > 0$일 때

(1) 근호가 있는 식의 분배법칙

① $\sqrt{a}(\sqrt{b} \pm \sqrt{c}) = \sqrt{a}\sqrt{b} \pm \sqrt{a}\sqrt{c} = \sqrt{ab} \pm \sqrt{ac}$

② $(\sqrt{a} \pm \sqrt{b})\sqrt{c} = \sqrt{a}\sqrt{c} \pm \sqrt{b}\sqrt{c} = \sqrt{ac} \pm \sqrt{bc}$

(2) 분배법칙을 이용한 분모의 유리화

$$\frac{\sqrt{b} + \sqrt{c}}{\sqrt{a}} = \frac{(\sqrt{b} + \sqrt{c}) \times \sqrt{a}}{\sqrt{a} \times \sqrt{a}} = \frac{\sqrt{ab} + \sqrt{ac}}{a}$$

1 분배법칙을 이용하여 다음을 간단히 하여라.

(1) $\sqrt{2}(\sqrt{5} + \sqrt{7})$

(2) $(\sqrt{2} - \sqrt{3})\sqrt{6}$

(3) $(2\sqrt{3} - 3\sqrt{5})\sqrt{3}$

(4) $2\sqrt{5}(\sqrt{5} - 2\sqrt{10})$

2 다음 수의 분모를 유리화하여라.

(1) $\dfrac{1 + \sqrt{2}}{\sqrt{2}}$

(2) $\dfrac{\sqrt{2} - \sqrt{3}}{\sqrt{6}}$

답 1 (1) $\sqrt{10} + \sqrt{14}$ (2) $2\sqrt{3} - 3\sqrt{2}$
(3) $6 - 3\sqrt{15}$ (4) $10 - 20\sqrt{2}$

2 (1) $\dfrac{\sqrt{2} + 2}{2}$ (2) $\dfrac{2\sqrt{3} - 3\sqrt{2}}{6}$

---

06 제곱근의 값

개념 Link 풍산자 개념완성편 44, 46쪽

(1) 1.00부터 99.9까지의 수에 대한 양의 제곱근의 값은 제곱근표를 보고 구한다.

(2) 제곱근표에 없는 수의 제곱근의 값은 제곱근의 성질을 이용하여 구한다.

① 100 이상인 수 $\Rightarrow \sqrt{100a} = 10\sqrt{a}$, $\sqrt{10000a} = 100\sqrt{a}$, $\cdots$

② 0과 1 사이의 수 $\Rightarrow \sqrt{\dfrac{a}{100}} = \dfrac{\sqrt{a}}{10}$, $\sqrt{\dfrac{a}{10000}} = \dfrac{\sqrt{a}}{100}$, $\cdots$

개념 Tip 오른쪽 제곱근표에서 $\sqrt{6.12}$의 값은 6.1의 가로줄과 2의 세로줄이 만나는 곳의 수인 2.474이다. 즉,

$\sqrt{6.12} = 2.474$이므로 $\sqrt{612}$의 값은

$\sqrt{612} = \sqrt{6.12 \times 100} = 10\sqrt{6.12}$
$= 10 \times 2.474 = 24.74$

수	0	1	2	...
⋮	⋮	⋮	⋮	...
6.0	2.449	2.452	2.454	...
6.1	2.470	2.472	2.474	...
⋮	⋮	⋮	⋮	...

1 제곱근표를 보고 다음 수의 값을 구하여라.

수	0	1	2	3
5.9	2.429	2.431	2.433	2.435
6.0	2.449	2.452	2.454	2.456

(1) $\sqrt{5.9}$

(2) $\sqrt{5.93}$

(3) $\sqrt{6}$

(4) $\sqrt{6.02}$

답 1 (1) 2.429 (2) 2.435 (3) 2.449 (4) 2.454

유형 024 ◆ 제곱근의 곱셈

$a>0$, $b>0$이고, m, n이 유리수일 때
$$m\sqrt{a} \times n\sqrt{b} = mn\sqrt{ab}$$

풍쌤의 point 근호 안의 수는 근호 안의 수끼리, 근호 밖의 수는 근호 밖의 수끼리 곱한다.

120 =필수=

다음 중 옳지 않은 것은?

① $\sqrt{3}\sqrt{12} = 6$

② $(-\sqrt{2}) \times (-\sqrt{5}) = \sqrt{10}$

③ $2\sqrt{5} \times \sqrt{7} = 2\sqrt{35}$

④ $\sqrt{\dfrac{7}{8}} \times \sqrt{\dfrac{24}{7}} = 3$

⑤ $\sqrt{\dfrac{2}{3}} \times 3\sqrt{\dfrac{5}{4}} = 3\sqrt{\dfrac{5}{6}}$

121

다음을 만족하는 양수 a, b에 대하여 $\sqrt{ab}$의 값을 구하여라.

$$\sqrt{0.5} \times \sqrt{1.8} = \sqrt{a},\quad \sqrt{\dfrac{5}{2}} \times 5\sqrt{\dfrac{8}{5}} = b$$

122

$\sqrt{a} \times 5\sqrt{10a} \times 2\sqrt{\dfrac{32}{5}} = 20$을 만족하는 양수 a의 값을 구하여라.

유형 025 ◆ 제곱근의 나눗셈

$a>0$, $b>0$, $c>0$, $d>0$일 때

(1) $\sqrt{a} \div \sqrt{b} = \dfrac{\sqrt{a}}{\sqrt{b}} = \sqrt{\dfrac{a}{b}}$

(2) $\dfrac{\sqrt{a}}{\sqrt{b}} \div \dfrac{\sqrt{c}}{\sqrt{d}} = \dfrac{\sqrt{a}}{\sqrt{b}} \times \dfrac{\sqrt{d}}{\sqrt{c}} = \sqrt{\dfrac{a}{b} \times \dfrac{d}{c}} = \sqrt{\dfrac{ad}{bc}}$

풍쌤의 point 간단한 나눗셈은 분수로 고쳐 계산하면 되고, 복잡한 나눗셈은 역수의 곱셈으로 고쳐 계산하면 된다.

123 =필수=

다음 중 옳지 않은 것은?

① $-\dfrac{\sqrt{10}}{\sqrt{5}} = -\sqrt{2}$

② $\dfrac{\sqrt{18}}{\sqrt{9}} = \sqrt{2}$

③ $\sqrt{24} \div \sqrt{8} = \sqrt{3}$

④ $\sqrt{12} \div 2\sqrt{6} = 2\sqrt{2}$

⑤ $\dfrac{\sqrt{40}}{\sqrt{14}} \div \dfrac{\sqrt{5}}{\sqrt{7}} = 2$

124

다음 중 그 값이 가장 큰 것은?

① $\dfrac{\sqrt{35}}{\sqrt{5}}$

② $\dfrac{\sqrt{42}}{\sqrt{7}}$

③ $\dfrac{2\sqrt{27}}{3\sqrt{3}}$

④ $\sqrt{48} \div \sqrt{6}$

⑤ $\sqrt{18} \div 2\sqrt{2}$

125 서술형

다음을 만족하는 양수 a, b에 대하여 $\sqrt{a} \div \sqrt{b}$의 값을 구하여라.

$$\dfrac{\sqrt{90}}{\sqrt{5}} = \sqrt{a},\quad \sqrt{\dfrac{6}{7}} \div \sqrt{\dfrac{15}{35}} = \sqrt{b}$$

유형 026 ◆ 제곱근의 곱셈과 나눗셈의 혼합 계산

풍쌤의 point 곱셈과 나눗셈이 섞여 있을 때에는 나눗셈을 역수의 곱셈으로 고친 후 앞에서부터 차례로 계산한다.

126 필수

$\dfrac{\sqrt{24}}{3} \div \sqrt{\dfrac{1}{12}} \times \left(-\dfrac{3}{5\sqrt{2}}\right)$을 간단히 하면?

① $-\dfrac{12}{5}$ ② $-\dfrac{11}{5}$ ③ -2

④ $-\dfrac{9}{5}$ ⑤ $-\dfrac{8}{5}$

127

$2\sqrt{\dfrac{2}{7}} \times \sqrt{\dfrac{21}{4}} \div \left(-\sqrt{\dfrac{3}{8}}\right)$을 간단히 하면?

① -4 ② -2 ③ -1

④ $-\dfrac{1}{2}$ ⑤ $-\dfrac{1}{4}$

128

$4\sqrt{3} \times \sqrt{24} \div (-3\sqrt{2})$를 간단히 하여라.

129

$\dfrac{\sqrt{27}}{\sqrt{2}} \div \dfrac{\sqrt{6}}{\sqrt{5}} \div \dfrac{\sqrt{15}}{\sqrt{8}}$를 간단히 하여라.

유형 027 ◆ 근호가 있는 식의 변형

$a > 0,\ b > 0$일 때
(1) $\sqrt{a^2 b} = a\sqrt{b}$
(2) $\sqrt{\dfrac{b}{a^2}} = \dfrac{\sqrt{b}}{a}$

풍쌤의 point 근호 안의 제곱수는 근호 밖으로 나올 수 있고, 근호 밖의 양수가 근호 안으로 들어가면 제곱수가 된다.

130 필수

다음 보기에서 근호 안의 수가 가장 작은 자연수가 되도록 $a\sqrt{b}$의 꼴로 바르게 나타낸 것을 모두 고르면?

보기
ㄱ. $\sqrt{28} = 2\sqrt{7}$ ㄴ. $\sqrt{72} = 3\sqrt{8}$
ㄷ. $\sqrt{216} = 4\sqrt{6}$ ㄹ. $\sqrt{245} = 7\sqrt{5}$

① ㄱ, ㄴ   ② ㄱ, ㄷ   ③ ㄱ, ㄹ
④ ㄴ, ㄹ   ⑤ ㄷ, ㄹ

131

$\sqrt{48} = a\sqrt{3},\ \sqrt{\dfrac{7}{36}} = \dfrac{\sqrt{7}}{b},\ 5\sqrt{2} = \sqrt{c}$일 때, $\dfrac{c}{a+b}$의 값을 구하여라. (단, $a,\ b,\ c$는 양수)

132

다음 중 가장 큰 수는?

① $2\sqrt{6}$ ② 5 ③ $\sqrt{30}$
④ $3\sqrt{3}$ ⑤ $4\sqrt{2}$

133

$\sqrt{112}=a\sqrt{7}$, $\sqrt{\dfrac{10}{162}}=\dfrac{\sqrt{5}}{b}$일 때, $\sqrt{ab}$의 값을 구하여라.

(단, a, b는 유리수)

134

다음을 만족하는 양수 a, b, c에 대하여 $\sqrt{\dfrac{a^2b}{c}}$의 값을 구하여라.

$$\sqrt{18}=a\sqrt{2}, \quad 5\sqrt{3}=\sqrt{b}, \quad \sqrt{108}=6\sqrt{c}$$

135

$\sqrt{12}\times\sqrt{15}\times\sqrt{35}=a\sqrt{7}$을 만족하는 자연수 a의 값은?

① 10   ② 15   ③ 30
④ 90   ⑤ 900

136 서술형

$\sqrt{0.0032}=a\sqrt{2}$, $\sqrt{5}\times\sqrt{30}\div\sqrt{2}=b\sqrt{3}$을 만족하는 유리수 a, b의 곱 ab의 값을 구하여라.

유형 028 ◆ 문자를 이용한 제곱근의 표현

(1) 소인수분해를 이용하는 경우
$\sqrt{2}=a$, $\sqrt{3}=b$일 때
$\sqrt{6}=\sqrt{2\times3}=\sqrt{2}\times\sqrt{3}=ab$

(2) 10의 거듭제곱을 이용하는 경우
$\sqrt{2}=a$일 때
$\sqrt{0.02}=\sqrt{\dfrac{2}{100}}=\dfrac{\sqrt{2}}{10}=\dfrac{a}{10}$

> **풍쌤의 point** 소인수분해 또는 10의 거듭제곱을 이용하여 근호 안의 수를 주어진 문자로 나타낸다.

137 필수

$\sqrt{2}=a$, $\sqrt{3}=b$일 때, 다음 중 옳지 않은 것은?

① $\sqrt{18}=ab^2$ ② $\sqrt{\dfrac{3}{2}}=\dfrac{b}{a}$

③ $\sqrt{0.03}=\dfrac{b}{10}$ ④ $\sqrt{\dfrac{8}{3}}=\dfrac{a^3}{b}$

⑤ $\sqrt{60}=10ab$

138

$\sqrt{3}=a$, $\sqrt{5}=b$일 때, $\sqrt{1.35}$를 a, b를 이용하여 나타내어라.

139

$\sqrt{3}=a$, $\sqrt{30}=b$일 때, $\sqrt{0.3}+\sqrt{300}$을 a, b를 이용하여 나타낸 것은?

① $10a+\dfrac{1}{10}b$ ② $\dfrac{1}{10}a+\dfrac{1}{10}b$

③ $10a+10b$ ④ $\dfrac{1}{10}a+10b$

⑤ $10a+100b$

유형 **029** ◆ 분모의 유리화

(1) 항이 1개인 분모를 유리화하려면 분모의 무리수를 분모, 분자에 곱하면 된다.

(2) 근호 안의 제곱수는 먼저 근호 밖으로 꺼낸 후 유리화하는 것이 좋다.

풍쌤의 point 분모가 무리수이면 분자를 무리수로 나누어야 하므로 계산하기가 불편하다. 이럴 때 분모의 근호를 없애주는 과정이 분모의 유리화이다.

140 ═ 필수 ═

$\dfrac{3\sqrt{5}}{\sqrt{2}} = a\sqrt{10}$, $\dfrac{2}{\sqrt{18}} = b\sqrt{2}$일 때, $\sqrt{ab}$의 값을 구하여라.

(단, a, b는 유리수)

141

다음 중 분모를 유리화한 것으로 옳지 <u>않은</u> 것은?

① $\dfrac{1}{\sqrt{13}} = \dfrac{\sqrt{13}}{13}$　　② $\dfrac{\sqrt{3}}{\sqrt{7}} = \dfrac{\sqrt{21}}{7}$

③ $\dfrac{\sqrt{5}}{\sqrt{12}} = \dfrac{\sqrt{15}}{6}$　　④ $\dfrac{2\sqrt{7}}{\sqrt{2}\sqrt{3}} = \dfrac{\sqrt{42}}{3}$

⑤ $\dfrac{3}{2\sqrt{5}} = \dfrac{3\sqrt{5}}{2}$

142

$\sqrt{\dfrac{8}{75}} = \dfrac{b\sqrt{2}}{a\sqrt{3}} = c\sqrt{6}$일 때, a, b, c의 곱 abc의 값은?

(단, a, b는 서로소인 자연수, c는 유리수)

① $\dfrac{8}{3}$　　② 2　　③ $\dfrac{4}{3}$

④ $\dfrac{2}{3}$　　⑤ $\dfrac{1}{3}$

143

다음 중 그 값이 나머지 넷과 <u>다른</u> 하나는?

① $\sqrt{18}$　　② $\dfrac{18}{\sqrt{18}}$　　③ $\dfrac{6}{\sqrt{2}}$

④ $\dfrac{2\sqrt{6}}{\sqrt{2}}$　　⑤ $\dfrac{6\sqrt{3}}{\sqrt{6}}$

144

$\dfrac{3\sqrt{a}}{2\sqrt{6}}$의 분모를 유리화하였더니 $\dfrac{3\sqrt{2}}{4}$가 되었다. 이때, 자연수 a의 값은?

① 1　　② 2　　③ 3

④ 4　　⑤ 5

145

다음 수를 큰 수부터 차례로 나열할 때, 두 번째에 오는 수를 구하여라.

$$\dfrac{3}{\sqrt{6}}, \quad \dfrac{2}{\sqrt{8}}, \quad \dfrac{\sqrt{5}}{\sqrt{2}}, \quad \dfrac{7}{\sqrt{28}}, \quad \dfrac{\sqrt{15}}{\sqrt{12}}$$

유형 **030** ◆ 제곱근의 덧셈과 뺄셈 – 동류항

풍쌤의 **point** 다항식에서 동류항끼리 더하거나 빼는 것처럼 근호 안의 수가 같은 항끼리 더하거나 빼면 된다.

146 필수

$\dfrac{\sqrt{6}}{6}-\dfrac{\sqrt{3}}{3}-\dfrac{2\sqrt{6}}{3}+\dfrac{3\sqrt{3}}{2}=a\sqrt{3}+b\sqrt{6}$을 만족하는 유리수 a, b의 합 $a+b$의 값은?

① $\dfrac{1}{6}$ ② $\dfrac{1}{3}$ ③ $\dfrac{1}{2}$

④ $\dfrac{2}{3}$ ⑤ $\dfrac{5}{6}$

147

다음 식을 만족하는 유리수 a, b에 대하여 $\sqrt{ab}$의 값은?

$$6\sqrt{7}+5\sqrt{3}+3\sqrt{7}-\sqrt{3}=a\sqrt{3}+b\sqrt{7}$$

① 4 ② 5 ③ 6
④ 7 ⑤ 8

148

$6\sqrt{a}-5=2\sqrt{a}+7$을 만족하는 양수 a의 값은?

① 1 ② 4 ③ 9
④ 16 ⑤ 25

149

$a=9\sqrt{2}-2\sqrt{2}-5\sqrt{2}$, $b=2\sqrt{3}+7\sqrt{3}-8\sqrt{3}$일 때, a^2+b^2의 값은?

① 11 ② 12 ③ 13
④ 14 ⑤ 15

유형 **031** ◆ 제곱근의 덧셈과 뺄셈 – 근호가 있는 식의 변형

풍쌤의 **point** 근호 안의 큰 수를 소인수분해해서 제곱수를 근호 밖으로 나오게 하여 가장 작은 수로 만든 후 덧셈과 뺄셈을 한다.

150 필수

$2\sqrt{48}-\sqrt{54}-3\sqrt{12}+\sqrt{24}=a\sqrt{3}+b\sqrt{6}$을 만족하는 유리수 a, b에 대하여 $a-b$의 값은?

① 1 ② 3 ③ 5
④ 7 ⑤ 9

151

$4\sqrt{5}+3\sqrt{20}-\sqrt{45}=A\sqrt{5}$일 때, 유리수 A의 값을 구하여라.

152

$3\sqrt{8}-4\sqrt{12}+\sqrt{108}-\sqrt{98}$을 간단히 하면 $a\sqrt{2}+b\sqrt{3}$이 된다. 이때, 유리수 a, b의 합 $a+b$의 값을 구하여라.

153 서술형

다음 식을 만족하는 유리수 a, b에 대하여 $\sqrt{2ab}$의 값을 구하여라.

$$2\sqrt{27}-\sqrt{75}+2\sqrt{45}-\sqrt{80}=a\sqrt{3}+b\sqrt{5}$$

유형 032 ✦ 제곱근의 덧셈과 뺄셈 – 분모의 유리화

❶ 근호 안의 큰 수는 소인수분해를 이용하여 가장 작은 수로 만든다.
❷ 분모의 무리수는 유리화한다.
❸ 근호 안의 수가 같은 항끼리 덧셈과 뺄셈을 한다.

풍쌤의 point 식이 복잡하다고 당황할 것 없다. 소인수분해와 분모의 유리화를 이용하여 동류항을 만들면 끝.

154 ═◀필수▶═

$\sqrt{27}-\dfrac{12}{\sqrt{3}}-\dfrac{4}{\sqrt{8}}+\sqrt{72}=a\sqrt{2}+b\sqrt{3}$을 만족하는 유리수 a, b의 합 $a+b$의 값은?

① 1   ② 2   ③ 3
④ 4   ⑤ 5

155

$2\sqrt{50}-\dfrac{12}{\sqrt{8}}=A\sqrt{2}$일 때, 유리수 A의 값을 구하여라.

156

$a=\dfrac{49}{\sqrt{7}}+\dfrac{84}{\sqrt{63}}-2\sqrt{28}$일 때, $\dfrac{a^2}{49}$의 값은?

① 5   ② 6   ③ 7
④ 8   ⑤ 9

157

$ab=16$일 때, $\dfrac{a\sqrt{b}}{\sqrt{a}}+\dfrac{b\sqrt{a}}{\sqrt{b}}$의 값을 구하여라.

(단, $a>0$, $b>0$)

유형 033 ✦ 분배법칙을 이용한 제곱근의 계산

풍쌤의 point 괄호 안에 제곱근의 덧셈, 뺄셈이 있는 식에 제곱근을 곱할 때에는 분배법칙을 이용하여 전개하면 된다.

158 ═◀필수▶═

$3\sqrt{3}(2-\sqrt{3})+\dfrac{6}{\sqrt{3}}-\sqrt{48}+\sqrt{81}$을 간단히 하면?

① $-4\sqrt{3}$ ② $\sqrt{3}-6$ ③ $-4\sqrt{3}+9$
④ $4\sqrt{3}$ ⑤ $4\sqrt{3}-3$

159

$2\sqrt{2}(1-\sqrt{2})-\dfrac{6}{\sqrt{2}}$을 간단히 하여라.

160

$\sqrt{27}-\sqrt{3}(\sqrt{15}+7)+\sqrt{125}=-4\sqrt{3}+a\sqrt{5}$일 때, 유리수 a의 값은?

① -2 ② -1 ③ 0
④ 1   ⑤ 2

161

다음 식을 만족하는 유리수 a, b의 합 $a+b$의 값을 구하여라.

$$\sqrt{2}\left(\dfrac{2}{\sqrt{6}}-\dfrac{10}{\sqrt{12}}\right)+\sqrt{3}\left(\dfrac{6}{\sqrt{18}}-3\right)=a\sqrt{3}+b\sqrt{6}$$

유형 034 ◆ 분배법칙을 이용한 분모의 유리화

풍쌤의 point 항이 1개인 분모를 유리화하려면 분모의 무리수를 분모, 분자에 곱한다.

162 ═필수═

$\dfrac{2\sqrt{12}-2\sqrt{6}}{\sqrt{24}}=a+b\sqrt{2}$를 만족하는 유리수 a, b의 곱 ab의 값은?

① -2 ② -1 ③ 0

④ 1 ⑤ 2

163

$\dfrac{\sqrt{75}-2\sqrt{10}}{3\sqrt{5}}$ 의 분모를 유리화하여라.

164

다음 식을 만족하는 유리수 a, b의 합 $a+b$의 값은?

$$\sqrt{45}+\dfrac{18}{\sqrt{12}}-\dfrac{3-\sqrt{15}}{\sqrt{3}}=a\sqrt{3}+b\sqrt{5}$$

① 5 ② 6 ③ 7

④ 8 ⑤ 9

165

$A=\dfrac{\sqrt{3}+4}{\sqrt{2}}$, $B=\dfrac{\sqrt{3}-4}{\sqrt{2}}$ 일 때, $\dfrac{A+B}{A-B}$ 의 값을 구하여라.

유형 035 ◆ 제곱근의 계산 결과가 유리수가 될 조건

a, b가 유리수이고 $\sqrt{m}$이 무리수일 때 $a+b\sqrt{m}$이 유리수가 되려면 $b=0$이어야 한다.
예 a가 유리수일 때, $3+(a-5)\sqrt{2}$가 유리수가 되려면
$a-5=0$ ∴ $a=5$

풍쌤의 point 제곱근의 계산 결과가 유리수가 되려면 무리수 부분이 사라져야 된다는 소리!

166 ═필수═

$(3\sqrt{15}-1)a+15-\sqrt{15}$가 유리수가 되도록 하는 유리수 a의 값을 구하여라.

167

$2\sqrt{2}(\sqrt{2}-3)+\dfrac{a(1-\sqrt{2})}{\sqrt{2}}$가 유리수가 되도록 하는 유리수 a의 값은?

① 11 ② 12 ③ 13

④ 14 ⑤ 15

168 서술형

유리수 P에 대하여 다음 물음에 답하여라.

$$P=\dfrac{2}{\sqrt{2}}(\sqrt{32}-5)-a(2-\sqrt{2})$$

(1) 유리수 a의 값을 구하여라.

(2) P의 값을 구하여라.

유형 036 ◆ 실수의 대소 관계

(1) $a-b>0$이면 $a>b$

(2) $a-b=0$이면 $a=b$

(3) $a-b<0$이면 $a<b$

풍쌤의 point 두 실수 a, b의 대소를 비교하려면 $a-b$의 값이 양수인지 음수인지 알아본다.

169 =◆필수◆=

다음 중 두 실수의 대소 관계가 옳은 것은?

① $3-\sqrt{2}<3-\sqrt{3}$　　② $3\sqrt{2}-1<2\sqrt{3}-1$

③ $4\sqrt{2}-1>2\sqrt{2}+1$　　④ $2\sqrt{5}+1>3\sqrt{3}+1$

⑤ $2\sqrt{2}+\sqrt{3}>3+\sqrt{3}$

170

다음 □ 안에 들어갈 부등호의 방향이 나머지 넷과 다른 하나는?

① $3\sqrt{5}+2$ □ $4\sqrt{5}-2$

② $2\sqrt{3}+4$ □ $\sqrt{11}+4$

③ $5\sqrt{3}+3\sqrt{2}$ □ $3\sqrt{2}+7$

④ $3\sqrt{5}-1$ □ $4\sqrt{3}-1$

⑤ $2\sqrt{5}+\sqrt{7}$ □ $\sqrt{7}+3\sqrt{2}$

171

세 수 $a=3\sqrt{2}+1$, $b=5\sqrt{2}-2$, $c=4\sqrt{3}-2$의 대소 관계를 옳게 나타낸 것은?

① $a<c<b$　　② $b<a<c$　　③ $b<c<a$

④ $c<a<b$　　⑤ $c<b<a$

유형 037 ◆ 제곱근표를 이용한 제곱근의 값 구하기

풍쌤의 point 처음 두 자리 수의 가로줄과 끝자리 수의 세로줄이 만나는 곳에 있는 수가 바로 제곱근의 값이다.

172 =◆필수◆=

다음 제곱근표를 이용하여 $\sqrt{152}$의 값을 구하여라.

수	0	1	2	3	4
1.5	1.225	1.229	1.233	1.237	1.241
1.6	1.265	1.269	1.273	1.277	1.281
1.7	1.304	1.308	1.311	1.315	1.319

173

다음은 제곱근표의 일부분이다. 다음 중 주어진 표를 이용하여 제곱근의 값을 구할 수 없는 것은?

수	0	1	2	3
2.4	1.549	1.552	1.556	1.559
2.5	1.581	1.584	1.587	1.591
2.6	1.612	1.616	1.619	1.622
2.7	1.643	1.646	1.649	1.652

① $\sqrt{2.63}$　　② $\sqrt{272}$　　③ $\sqrt{250}$

④ $\sqrt{0.024}$　　⑤ $\sqrt{2410}$

174 창의

넓이가 0.0483 m^2인 정사각형 모양의 스케치북의 한 변의 길이를 다음 제곱근표를 이용하여 구하여라.

수	0	1	2	3	4	⋯
4.7	2.168	2.170	2.173	2.175	2.177	⋯
4.8	2.191	2.193	2.195	2.198	2.200	⋯
⋯	⋮	⋮	⋮	⋮	⋮	⋮
47	6.856	6.863	6.870	6.877	6.885	⋯
48	6.928	6.935	6.943	6.950	6.957	⋯

유형 038 ◆ 제곱근의 값 구하기

(1) 100 이상인 수

$\sqrt{100a}=10\sqrt{a},\ \sqrt{10000a}=100\sqrt{a},\ \cdots$

(2) 0과 1 사이의 수

$\sqrt{\dfrac{a}{100}}=\dfrac{\sqrt{a}}{10},\ \sqrt{\dfrac{a}{10000}}=\dfrac{\sqrt{a}}{100},\ \cdots$

풍쌤의 point 주어진 제곱근의 값을 이용하여 제곱근의 값을 구하려면 10의 거듭제곱을 이용하여 근호 안의 수를 변형해야 한다.

175 ◆필수◆

제곱근표에서 $\sqrt{7}=2.646$, $\sqrt{70}=8.367$일 때, 다음 중 옳지 않은 것은?

① $\sqrt{700}=26.46$ ② $\sqrt{7000}=83.67$

③ $\sqrt{70000}=264.6$ ④ $\sqrt{0.7}=0.2646$

⑤ $\sqrt{0.007}=0.08367$

176

제곱근표에서 $\sqrt{1.2}=1.095$, $\sqrt{12}=3.464$일 때, $\sqrt{12000}$의 값을 구하여라.

177

제곱근표에서 $\sqrt{5.4}=2.324$, $\sqrt{54}=7.348$일 때, $\sqrt{0.0054}$의 값을 구하여라.

178

다음 중 제곱근표에서 $\sqrt{2.01}=1.418$임을 이용하여 제곱근의 값을 계산할 수 없는 것은?

① $\sqrt{201}$ ② $\sqrt{20100}$ ③ $\sqrt{0.201}$

④ $\sqrt{0.0201}$ ⑤ $\sqrt{0.000201}$

유형 039 ◆ 제곱근의 값을 이용한 계산

풍쌤의 point 분모가 무리수일 때에는 분모를 유리화한 후 제곱근의 값을 구한다.

179 ◆필수◆

제곱근표에서 $\sqrt{5}=2.236$일 때, $\sqrt{0.2}+\sqrt{\dfrac{1}{80}}$의 값은?

① 0.551 ② 0.553 ③ 0.555

④ 0.557 ⑤ 0.559

180

제곱근표에서 $\sqrt{2}=1.414$, $\sqrt{6}=2.449$일 때, $\dfrac{\sqrt{3}+1}{\sqrt{2}}$의 값은?

① 1.3942 ② 1.4942 ③ 1.9285

④ 1.9315 ⑤ 1.9986

181

다음 중 제곱근표에서 $\sqrt{5}=2.236$임을 이용하여 제곱근의 값을 계산할 수 없는 것은?

① $\sqrt{2000}$ ② $\sqrt{0.002}$ ③ $\sqrt{0.8}$

④ $\sqrt{20}$ ⑤ $\dfrac{5}{\sqrt{2}}$

182

제곱근표에서 $\sqrt{3}=1.732$일 때,

$\dfrac{3}{2\sqrt{3}}+\sqrt{0.75}-\dfrac{\sqrt{6}}{\sqrt{50}}$의 값을 구하여라.

유형 040 ◆ 무리수의 정수 부분과 소수 부분

무리수는 순환하지 않는 무한소수이므로 정수 부분과 소수 부분으로 나눌 수 있다.
(1) (무리수) = (정수 부분) + (소수 부분)
(2) (소수 부분) = (무리수) − (정수 부분)

풍쌤의 point 무리수 ■의 정수 부분은 ■의 값에서 알 수 있고, 소수 부분은 ■에서 정수 부분을 빼면 된다.

183 ═◂필수▸═

$\sqrt{7}+2$의 정수 부분을 a, $\sqrt{13}$의 소수 부분을 b라 할 때, $a+b$의 값은?

① $\sqrt{7}-1$　　② $\sqrt{7}$　　③ $\sqrt{13}-1$
④ $\sqrt{13}$　　⑤ $\sqrt{13}+1$

184

$2\sqrt{5}$의 정수 부분을 a, 소수 부분을 b라 할 때, $\dfrac{10a}{b+4}$의 값을 구하여라.

185

$5-\sqrt{7}$의 정수 부분을 a, 소수 부분을 b라 할 때, $\sqrt{7}a+2b$의 값은?

① 6　　② 7　　③ 8
④ 9　　⑤ 10

186

$4-\sqrt{3}$의 정수 부분을 a, 소수 부분을 b라 할 때, $a^2+(2-b)^2$의 값은?

① $6-\sqrt{3}$　　② 5　　③ 6
④ 7　　⑤ $5+2\sqrt{3}$

187 서술형

$\sqrt{10}-2$의 정수 부분을 a, $6-\sqrt{6}$의 소수 부분을 b라 할 때, $a-b$의 값을 구하여라.

188

자연수 n에 대하여 $\sqrt{n}$의 정수 부분을 $f(n)$이라 할 때, $f(26)-f(12)$의 값은?

① 2　　② 5　　③ 10
④ 13　　⑤ 16

189

$\sqrt{2n}$의 정수 부분이 3이 되게 하는 자연수 n은 몇 개인가?

① 1개　　② 2개　　③ 3개
④ 4개　　⑤ 5개

풍쌤의 point 도형 문제라고 당황할 것 없다. 넓이나 길이를 구하는
단순한 문제인데 주어진 수가 무리수일 뿐이다.

190 필수

다음 그림의 삼각형과 직사각형의 넓이가 서로 같을 때, 직
사각형의 가로의 길이 x는?

① $2\sqrt{2}$ ② $2\sqrt{5}$ ③ $5\sqrt{2}$

④ $5\sqrt{5}$ ⑤ $10\sqrt{2}$

191

오른쪽 그림과 같은 사다리꼴
ABCD의 넓이는?

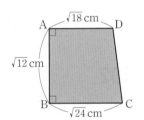

① $(3\sqrt{6}+6\sqrt{2})$ cm²

② $(4\sqrt{3}+2\sqrt{6})$ cm²

③ $(6\sqrt{3}+3\sqrt{6})$ cm²

④ $(12\sqrt{2}+6\sqrt{6})$ cm²

⑤ $(6\sqrt{2}+4\sqrt{3})$ cm²

192

넓이가 36 cm²인 정사각형의 한 변의 길이는 넓이가
3π cm²인 원의 반지름의 길이의 몇 배인가?

① $\sqrt{3}$배   ② 2배   ③ 3배

④ $2\sqrt{3}$배   ⑤ 4배

193

오른쪽 그림과 같이 세로의 길이가
$\sqrt{6}$ cm, 높이가 $\sqrt{8}$ cm인 직육면체
의 부피가 $4\sqrt{21}$ cm³일 때, 이 직육
면체의 가로의 길이를 구하여라.

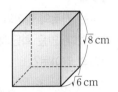

194

가로, 세로, 높이의 길이가 각각 $\sqrt{6}$, $\sqrt{12}$, $\sqrt{24}$인 직육면체
의 모든 모서리의 길이의 합이 $a\sqrt{6}+b\sqrt{3}$일 때, 유리수 a, b
의 합 $a+b$의 값은?

① 16   ② 17   ③ 18

④ 19   ⑤ 20

195 창의

오른쪽 그림과 같이 중심이 O인 원
3개가 있다. 가장 작은 원부터 넓이
는 차례로 3배씩 커지고 가장 큰 원
의 넓이가 45π일 때, 가장 큰 원과
가장 작은 원의 반지름의 길이의 합
을 구하여라.

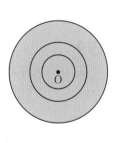

196

민주는 가로의 길이와 세로의 길이의 비가 $\sqrt{3}$: 1인 화단을 만들었다. 만든 화단의 가로의 길이가 $\sqrt{39}$ m일 때, 화단의 세로의 길이는?

① $\sqrt{11}$ m   ② $2\sqrt{3}$ m   ③ $\sqrt{13}$ m

④ $\sqrt{14}$ m   ⑤ $\sqrt{15}$ m

197

$\sqrt{3000}$ 은 $\sqrt{30}$ 의 A배이고, $\sqrt{0.2}$ 는 $\sqrt{20}$ 의 B배일 때, AB 의 값을 구하여라.

198

$\sqrt{2}=a$, $\sqrt{3}=b$일 때, $\sqrt{0.015}$ 를 a, b를 이용하여 나타내면 $\dfrac{n}{m}\times ab$이다. 이때, 서로소인 자연수 m, n에 대하여 $m+n$의 값을 구하여라.

199

$\sqrt{2.14}=a$, $\sqrt{21.4}=b$일 때, 다음 보기 중 옳은 것을 모두 골라라.

보기

ㄱ. $\sqrt{21400}=10a$ ㄴ. $\sqrt{2140}=10b$

ㄷ. $\sqrt{0.0214}=\dfrac{a}{10}$ ㄹ. $\sqrt{0.214}=\dfrac{b}{100}$

200

$a>0$, $b>0$이고 $ab=4$일 때, $\dfrac{1}{a}\sqrt{\dfrac{a}{b}}+\dfrac{2}{b}\sqrt{\dfrac{b}{a}}$의 값은?

① 1   ② $\dfrac{3}{2}$ ③ 2

④ $\dfrac{5}{2}$ ⑤ 3

201

다음 그림의 수직선에서 점 M은 선분 AB의 중점이고, 점 N은 선분 MB의 중점이다. 두 점 A, B에 대응하는 수가 각각 $\sqrt{2}$, $\sqrt{2}+1$일 때, 점 N에 대응하는 수를 구하여라.

A($\sqrt{2}$)   M   N B($\sqrt{2}+1$)

202

$\sqrt{6}\div\dfrac{\sqrt{48}}{3}-\dfrac{\sqrt{6}}{2}\left(\dfrac{1}{2\sqrt{2}}+\dfrac{1}{\sqrt{3}}\right)=a\sqrt{2}+b\sqrt{3}$을 만족하는 유리수 a, b에 대하여 $a-b$의 값을 구하여라.

203

$A=\sqrt{12}-3$, $B=A\sqrt{3}-3$, $C=B\sqrt{3}-3$일 때, $2A+B-C=x+y\sqrt{3}$을 만족하는 유리수 x, y에 대하여 x^2+y^2의 값을 구하여라.

204

$f(x)=\sqrt{x+1}-\sqrt{x}$라 할 때,
$f(1)+f(2)+f(3)+\cdots+f(99)$의 값을 구하여라.

205

$\sqrt{3}(a\sqrt{2}-\sqrt{3})+\sqrt{2}\left(\dfrac{3}{\sqrt{3}}+\sqrt{8}\right)$이 유리수가 되게 하는 유리수 a의 값은?

① -1 ② 1 ③ 3
④ 5 ⑤ 7

206

다음을 계산한 결과가 유리수일 때, 유리수 a, b 사이의 관계식은?

$$a(2+3\sqrt{5})+\sqrt{5}(\sqrt{5}-3b)$$

① $2a+b=0$ ② $a+b=0$ ③ $a+2b=0$
④ $a-2b=0$ ⑤ $a-b=0$

207 서술형

세 수 $a=3\sqrt{3}$, $b=3\sqrt{2}+\sqrt{3}$, $c=8-2\sqrt{3}$의 대소 관계를 부등호를 사용하여 나타내어라.

208

다음은 제곱근표의 일부분이다. 이 표를 이용하여 $(1.825\div1.732)^2$의 값을 구하여라.

수	0	1	2	3
3.0	1.732	1.735	1.738	1.741
3.1	1.761	1.764	1.766	1.769
3.2	1.789	1.792	1.794	1.797
3.3	1.817	1.819	1.822	1.825

209

제곱근표에서 $\sqrt{8}=2.828$, $\sqrt{80}=8.944$일 때, 다음 중 옳은 것은?

① $\sqrt{800}=282.8$ ② $\sqrt{\dfrac{8}{1000}}=0.8944$
③ $\sqrt{3200}=56.56$ ④ $\sqrt{2000}=447.2$
⑤ $\sqrt{0.08}=0.02828$

210

제곱근표에서 $\sqrt{6}=2.449$, $\sqrt{60}=7.746$일 때,
$\sqrt{7.26}-\left(\sqrt{0.02}\times5\sqrt{3}+\dfrac{3}{\sqrt{6}}\right)$의 값을 구하여라.

211

$\sqrt{2}$의 소수 부분을 a라 할 때, $\sqrt{18}$의 소수 부분을 a를 이용하여 나타내어라.

212

$\sqrt{5}-1$의 정수 부분을 a라 할 때, 다음 세 실수의 대소 관계를 부등호를 써서 나타내어라.

$$P=\sqrt{27}+a, \quad Q=\sqrt{48}-a, \quad R=\sqrt{75}-\frac{5a}{2}$$

213 서술형

$\sqrt{a}$의 정수 부분을 $\langle a \rangle$, 소수 부분을 a^*로 나타내기로 한다. 예를 들면 $\sqrt{7}$은 $2<\sqrt{7}<3$이므로 $\langle 7 \rangle=2$, $7^*=\sqrt{7}-2$이다. 이때, $\langle 15 \rangle - 27^* \times \sqrt{3}$의 값을 구하여라.

214

다음 그림에서 모눈 한 칸은 한 변의 길이가 1인 정사각형이다. □ABCD는 정사각형이고 점 P에 대응하는 수의 정수 부분을 a, 점 Q에 대응하는 수의 소수 부분을 b라 할 때, $a+b$의 값을 구하여라.

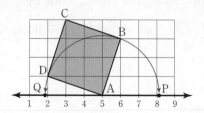

215

다음 그림에서 사각형 A, B, C, D는 모두 정사각형이고, 각 사각형의 넓이 사이에 C는 D의 2배, B는 C의 2배, A는 B의 2배인 관계가 있다고 한다. 정사각형 A의 넓이가 $1 \ cm^2$일 때, 정사각형 D의 한 변의 길이를 구하여라.

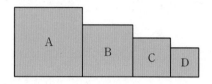

216

다음 그림과 같이 넓이가 각각 $20 \ cm^2$, $80 \ cm^2$, $125 \ cm^2$인 정사각형 모양의 색종이를 이어 붙였다. 이때, 이 색종이로 이루어진 도형의 둘레의 길이를 구하여라.

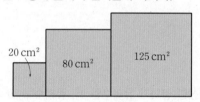

217 창의

A0 용지는 반씩 계속 접어도 항상 닮은 모양이 된다고 한다. 다음 그림과 같이 반씩 접을 때마다 A1, A2, A3, A4, …용지가 된다. $\overline{DE}=8$이라 할 때, $\overline{PQ}$의 길이를 구하여라.
(단, □DEFG는 A0 용지이다.)

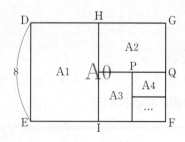

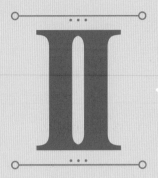

II ◆ 인수분해와 이차방정식

1 다항식의 곱셈

01 다항식의 곱셈

→ 개념 Link 풍산자 개념완성편 54쪽 →

분배법칙을 이용하여 전개한 후 동류항이 있으면 동류항끼리 모아서 간단히 정리한다.

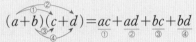

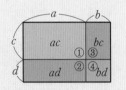

예 $(2a+b)(a+3b)=2a^2+6ab+ab+3b^2$ ⇦ 전개
$\qquad\qquad\qquad = 2a^2+7ab+3b^2$ ⇦ 동류항

1 다음 식을 전개하여라.

(1) $(a+2)(b+5)$

(2) $(x-2y+3)(3y-1)$

답 **1** (1) $ab+5a+2b+10$
(2) $3xy-x-6y^2+11y-3$

02 곱셈 공식

→ 개념 Link 풍산자 개념완성편 54, 56쪽 →

(1) **곱셈 공식** (1) – 합의 제곱, 차의 제곱

① $(a+b)^2=a^2+2ab+b^2$ ② $(a-b)^2=a^2-2ab+b^2$

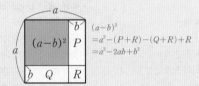

$(a-b)^2$
$=a^2-(P+R)-(Q+R)+R$
$=a^2-2ab+b^2$

(2) **곱셈 공식** (2) – 합의 제곱, 차의 제곱

$(a+b)(a-b)=a^2-b^2$

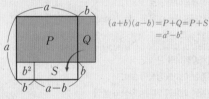

$(a+b)(a-b)=P+Q=P+S$
$\qquad\qquad\quad =a^2-b^2$

(3) **곱셈 공식** (3) – x의 계수가 1인 두 일차식의 곱

$(x+a)(x+b)=x^2+(a+b)x+ab$

(4) **곱셈 공식** (4) – x의 계수가 1이 아닌 두 일차식의 곱

$(ax+b)(cx+d)=acx^2+(ad+bc)x+bd$

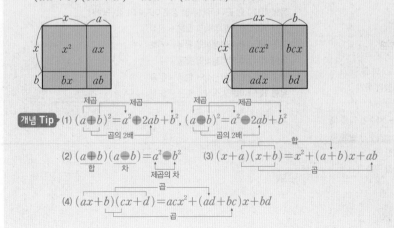

1 다음 식을 전개하여라.

(1) $(x+1)^2$

(2) $(2x+3y)^2$

(3) $(x-2)^2$

(4) $\left(x-\dfrac{1}{2}y\right)^2$

(5) $(x+5)(x-5)$

(6) $(3x+4y)(3x-4y)$

(7) $(x-3)(x+5)$

(8) $(x+2y)(x-7y)$

(9) $(x+2)(4x-1)$

(10) $(2x-5y)(3x-2y)$

답 **1** (1) x^2+2x+1
(2) $4x^2+12xy+9y^2$
(3) x^2-4x+4
(4) $x^2-xy+\dfrac{1}{4}y^2$
(5) x^2-25
(6) $9x^2-16y^2$
(7) $x^2+2x-15$
(8) $x^2-5xy-14y^2$
(9) $4x^2+7x-2$
(10) $6x^2-19xy+10y^2$

03 곱셈 공식의 활용

→ 개념 Link 풍산자 개념완성편 60, 62쪽 →

(1) 복잡한 식의 전개

❶ 공통부분을 하나의 문자 A로 놓는다.

❷ 곱셈 공식을 이용하여 전개한다.

❸ A를 원래의 식으로 바꾼다.

❹ 곱셈 공식을 이용하여 ❸의 식을 전개한다.

(2) 수의 계산

① 수의 제곱

$(a+b)^2=a^2+2ab+b^2$ 또는 $(a-b)^2=a^2-2ab+b^2$을 이용한다.

② 서로 다른 두 수의 곱

$(a+b)(a-b)=a^2-b^2$ 또는 $(x+a)(x+b)=x^2+(a+b)x+ab$

를 이용한다.

개념 Tip 곱셈 공식을 이용하여 수의 계산을 할 때, a, b의 값은 계산이 편리한 수로 정한다.

예 ① $101^2=(100+1)^2=100^2+2\times100\times1+1^2=10201$

$99^2=(100-1)^2=100^2-2\times100\times1+1^2=9801$

② $101\times99=(100+1)(100-1)=100^2-1^2=9999$

$101\times102=(100+1)(100+2)=100^2+(1+2)\times100+1\times2=10302$

1 $A=x-y$일 때, $(x-y+2)(x-y+3)$을 A에 관한 식으로 나타내어라.

2 곱셈 공식을 이용하여 다음을 계산하여라.

(1) 102^2

(2) 98^2

(3) 3.1×2.9

(4) 99×102

답 1 $(A+2)(A+3)$

2 (1) 10404 　　(2) 9604

　 (3) 8.99 　　(4) 10098

04 곱셈 공식을 이용한 분모의 유리화

→ 개념 Link 풍산자 개념완성편 60쪽 →

$a>0, b>0, a\ne b$일 때

① $\dfrac{c}{\sqrt{a}+\sqrt{b}}=\dfrac{c(\sqrt{a}-\sqrt{b})}{(\sqrt{a}+\sqrt{b})(\sqrt{a}-\sqrt{b})}=\dfrac{c(\sqrt{a}-\sqrt{b})}{a-b}$

② $\dfrac{c}{\sqrt{a}-\sqrt{b}}=\dfrac{c(\sqrt{a}+\sqrt{b})}{(\sqrt{a}-\sqrt{b})(\sqrt{a}+\sqrt{b})}=\dfrac{c(\sqrt{a}+\sqrt{b})}{a-b}$

1 다음 수의 분모를 유리화하여라.

(1) $\dfrac{1}{\sqrt{3}-\sqrt{2}}$ 　(2) $\dfrac{1}{\sqrt{5}+2}$

(3) $\dfrac{7}{3-\sqrt{2}}$ 　(4) $\dfrac{1}{3+2\sqrt{2}}$

답 1 (1) $\sqrt{3}+\sqrt{2}$ 　　(2) $\sqrt{5}-2$

　(3) $3+\sqrt{2}$ 　　(4) $3-2\sqrt{2}$

05 곱셈 공식의 변형

→ 개념 Link 풍산자 개념완성편 62쪽 →

(1) $a^2+b^2=(a+b)^2-2ab$ 　　(2) $a^2+b^2=(a-b)^2+2ab$

(3) $(a+b)^2=(a-b)^2+4ab$ 　　(4) $(a-b)^2=(a+b)^2-4ab$

참고 곱셈 공식의 변형식에서 b 대신 $\dfrac{1}{a}$을 대입하면

(1) $a^2+\dfrac{1}{a^2}=\left(a+\dfrac{1}{a}\right)^2-2$ 　　(2) $a^2+\dfrac{1}{a^2}=\left(a-\dfrac{1}{a}\right)^2+2$

(3) $\left(a+\dfrac{1}{a}\right)^2=\left(a-\dfrac{1}{a}\right)^2+4$ 　　(4) $\left(a-\dfrac{1}{a}\right)^2=\left(a+\dfrac{1}{a}\right)^2-4$

1 $x+y=5$, $xy=3$일 때, 다음 식의 값을 구하여라.

(1) x^2+y^2 　　(2) $(x-y)^2$

답 1 (1) 19 (2) 13

1. 다항식의 곱셈 **47**

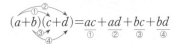

유형 042 ◆ 다항식의 곱셈

$$(a+b)(c+d)=\underset{①}{ac}+\underset{②}{ad}+\underset{③}{bc}+\underset{④}{bd}$$

풍쌤의 point 분배법칙을 이용하여 전개한 후 동류항이 있으면 동류항끼리 모아서 간단히 정리한다.

218 ◆ 필수
$(2x-y)(-3x+4y)$를 전개하면?

① $-6x^2+8xy-4y^2$ ② $-6x^2+11xy+4y^2$

③ $-6x^2+11xy-4y^2$ ④ $6x^2+8xy+4y^2$

⑤ $6x^2+11xy-4y^2$

219
$(x+3y)(3x-5y)=ax^2+bxy+cy^2$일 때, 상수 a, b, c 에 대하여 $a+b-c$의 값을 구하여라.

220
다음 식을 전개하였을 때, x의 계수가 가장 큰 것은?

① $(x+2)(y+6)$ ② $(x-3)(y+7)$

③ $(x-1)(2x+y+3)$ ④ $(x+2y-3)(2x+5)$

⑤ $(x-y+1)(x+3y+4)$

221 서술형
$(x-2y+3)(5x+Ay+9)$의 전개식에서 xy의 계수가 -3일 때, y의 계수를 구하여라.(단, A는 상수)

유형 043 ◆ 곱셈 공식 (1) – 합의 제곱, 차의 제곱

$$(a\oplus b)^2=a^2\overset{\text{각각의 제곱}}{+2ab+b^2}, (a\ominus b)^2=a^2\overset{\text{각각의 제곱}}{-2ab+b^2}$$
곱의 2배   곱의 2배

풍쌤의 point 합의 제곱에는 $\oplus 2ab$가 들어가고, 차의 제곱에는 $\ominus 2ab$가 들어간다.

222 ◆ 필수
다음 중 옳은 것은?

① $(x+2)^2=x^2+4$

② $(x-1)^2=x^2-x+1$

③ $(-x-2)^2=x^2-4x+4$

④ $(-2x+3y)^2=4x^2+12xy+9y^2$

⑤ $\left(\dfrac{1}{3}x+3\right)^2=\dfrac{1}{9}x^2+2x+9$

223
$\left(\dfrac{1}{5}x-\dfrac{1}{2}y\right)^2$의 전개식에서 xy의 계수는?

① $-\dfrac{1}{2}$ ② $-\dfrac{1}{5}$ ③ $-\dfrac{1}{25}$

④ $\dfrac{1}{5}$ ⑤ $\dfrac{1}{2}$

224
다음 중 전개식이 나머지 넷과 다른 하나는?

① $(x+1)^2$ ② $(x-1)^2$ ③ $(1-x)^2$

④ $(-x+1)^2$ ⑤ $(x+1)^2-4x$

225
$(3x-a)^2=bx^2-cx+16$일 때, 양수 a, b, c에 대하여 $a+b+c$의 값을 구하여라.

$$\underset{\text{합}}{(a+b)}\ \underset{\text{차}}{(a-b)}=\underset{\text{제곱의 차}}{a^2-b^2}$$

풍쌤의 point 주어진 식에서 '합과 곱'을 찾는 능력을 길러야 한다.

226 =필수=

$(-3x+4y)(-3x-4y)$를 전개하면?

① $-9x^2-16y^2$ 　　② $-9x^2+24xy+16y^2$

③ $9x^2-16y^2$ 　　④ $9x^2+16y^2$

⑤ $9x^2+24xy-16y^2$

227

다음 중 전개식이 나머지 넷과 <u>다른</u> 하나는?

① $(a-b)(a+b)$ 　　② $-(b+a)(b-a)$

③ $(-b+a)(b+a)$ 　　④ $(-b-a)(b-a)$

⑤ $(a+b)(-a-b)$

228

$(5x-a)(5x+a)=bx^2-4$일 때, 양수 a, b에 대하여 $a+b$의 값은?

① 25 　　② 27 　　③ 29

④ 30 　　⑤ 32

229

$5(x-2y)(x+2y)-(y+3x)(y-3x)=ax^2+by^2$일 때, 상수 a, b에 대하여 $a+b$의 값을 구하여라.

230

$a^2=12$, $b^2=\dfrac{1}{3}$일 때, $\left(\dfrac{1}{2}a-3b\right)\left(\dfrac{1}{2}a+3b\right)$의 값을 구하여라.

231

$(1-x)(1+x)(1+x^2)$을 전개하면?

① $1-x^2$ 　　② x^2+1 　　③ x^2-x

④ $1-x^4$ 　　⑤ x^4-1

232 서술형

$(a-1)(a+1)(a^2+1)(a^4+1)(a^8+1)=a^m-n$일 때, 상수 m, n에 대하여 $m+n$의 값을 구하여라.

유형 **045** ✦ 곱셈 공식 (3)
─ x의 계수가 1인 두 일차식의 곱

$$\overset{\text{합}}{(x+a)(x+b)}=x^2+(a+b)x+ab$$
곱

풍쌤의 point 두 일차식의 상수항의 합과 곱만 알면 끝난다.

233 ═⟨필수⟩═

$(x-3)\left(x+\dfrac{3}{2}\right)$을 전개하면?

① $x^2-9x-\dfrac{9}{2}$ ② $x^2-\dfrac{9}{2}x-\dfrac{3}{2}$

③ $x^2-\dfrac{3}{2}x-\dfrac{9}{2}$ ④ $x^2+\dfrac{3}{2}x-\dfrac{9}{2}$

⑤ $x^2+\dfrac{9}{2}x-\dfrac{3}{2}$

234

다음 식을 전개하였을 때, x의 계수가 상수항보다 작은 것은?

① $(x+2)(x-5)$ ② $(x+4)(x-3)$

③ $(x+2)(x+3)$ ④ $\left(x+\dfrac{3}{2}\right)(x+2)$

⑤ $\left(x-\dfrac{2}{3}\right)\left(x+\dfrac{1}{2}\right)$

235

$(x+6)(x+A)=x^2+Bx-48$일 때, 상수 A, B에 대하여 $B-A$의 값을 구하여라.

236 창의

$(x+a)(x+b)=x^2+cx-12$일 때, 다음 중 c의 값이 될 수 없는 것은?(단, a, b, c는 정수)

① -11 ② -1 ③ 1

④ 3 ⑤ 4

유형 **046** ✦ 곱셈 공식 (4)
─ x의 계수가 1이 아닌 두 일차식의 곱

$$\overset{\text{곱}}{(ax+b)(cx+d)}=acx^2+(ad+bc)x+bd$$
곱

237 ═⟨필수⟩═

$(3x-a)(4x+7)=12x^2+bx-35$일 때, 상수 a, b에 대하여 $a+b$의 값을 구하여라.

238

다음 식을 전개하였을 때, x의 계수가 가장 큰 것은?

① $(x-2)(2x+7)$ ② $(x-1)(3x+7)$

③ $(x+2)(2x+3)$ ④ $(3x-4)(2x+5)$

⑤ $(5x-1)(x+2)$

239

$(ax-3)(5x+b)=20x^2-3x+c$일 때, 상수 a, b, c에 대하여 $a+b+c$의 값을 구하여라.

240 서술형

$(ax+1)(ax-5)$의 전개식에서 x의 계수가 120이고, $(x-a)(3x+b)$의 전개식에서 x의 계수가 -5일 때, 상수 a, b에 대하여 $a-b$의 값을 구하여라.

유형 047 ◆ 곱셈 공식 - 종합

(1) $(a+b)^2=a^2+2ab+b^2$, $(a-b)^2=a^2-2ab+b^2$
(2) $(a+b)(a-b)=a^2-b^2$
(3) $(x+a)(x+b)=x^2+(a+b)x+ab$
(4) $(ax+b)(cx+d)=acx^2+(ad+bc)x+bd$

풍쌤의 point 공식을 모르면 전개할 때마다 일일이 분배법칙을 써야하므로 몹시 번거롭다. 곱셈 공식을 외우는 것이 좋다.

241 =필수=
다음 중 옳지 <u>않은</u> 것은?

① $(3x+2y)^2=9x^2+12xy+4y^2$
② $(-x-4)^2=x^2-8x+16$
③ $(-3-2x)(3-2x)=4x^2-9$
④ $(x-3)(x-4)=x^2-7x+12$
⑤ $(x+y)(2x-3y)=2x^2-xy-3y^2$

242
다음 중 A의 값이 가장 큰 것은?(단, $A>0$)

① $(x+3)^2=x^2+Ax+9$
② $(3x-A)^2=9x^2-24x+16$
③ $(x+A)(x-A)=x^2-1$
④ $(x+2)(x+5)=x^2+Ax+10$
⑤ $(x+3)(2x-5)=2x^2+Ax-15$

243
$(2x-3y)(2x+3y)+3(2y-x)(-2y+x)$를 전개하여 간단히 하여라.

244
$(x+3y)^2-(x+y)(ax+2y)$를 전개하여 간단히 하면 xy의 계수가 1이다. 이때, 상수 a의 값을 구하여라.

유형 048 ◆ 곱셈 공식을 이용한 제곱근의 계산

예 $(\sqrt{3}+\sqrt{2})^2=(\sqrt{3})^2+2\sqrt{3}\sqrt{2}+(\sqrt{2})^2$
$=3+2\sqrt{6}+2$
$=5+2\sqrt{6}$

풍쌤의 point 곱셈 공식을 이용하여 제곱근을 계산할 때에는 제곱근을 문자로 생각하여 적용하면 된다.

245 =필수=
$(2\sqrt{2}-3)(5\sqrt{2}+4)+7\sqrt{2}$를 계산하면?

① 6　② $6+\sqrt{2}$　③ 8
④ $8+\sqrt{3}$　⑤ 10

246
$(3\sqrt{2}+2)^2=a+b\sqrt{2}$를 만족하는 유리수 a, b에 대하여 $a-b$의 값을 구하여라.

247 서술형
$\dfrac{(2\sqrt{6}-3)^2+12\sqrt{6}}{(3\sqrt{3}+4)(3\sqrt{3}-4)}$을 계산하여라.

248
$(\sqrt{5}+3\sqrt{2})(\sqrt{5}-2\sqrt{2})=a+b\sqrt{10}$을 만족하는 유리수 a, b에 대하여 ab의 값을 구하여라.

유형 049 ◆ 곱셈 공식과 도형의 넓이

풍쌤의 point 직사각형의 가로의 길이와 세로의 길이를 문자를 사용하여 나타낸 후 직사각형의 넓이에 대한 식을 세워 곱셈 공식으로 마무리한다.

249 ◀필수▶

오른쪽 그림에서 색칠한 직사각형의 넓이는?

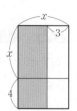

① $x^2-7x-12$

② x^2-x-12

③ x^2+x-12

④ $x^2+7x-12$

⑤ $x^2+7x+12$

250

오른쪽 그림과 같이 가로, 세로의 길이가 각각 $6a$, $5a$인 직사각형 모양의 땅에 폭이 2인 길을 만들었다. 이때 길을 제외한 땅의 넓이를 구하여라.

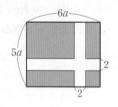

251 ◀서술형▶

다음 그림과 같이 직사각형 모양의 두 밭 A, B가 있다. 각각의 밭에 4개의 합동인 직사각형 모양의 나무판으로 울타리를 만들었을 때, A, B의 색칠한 부분의 넓이의 차를 구하여라.

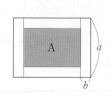 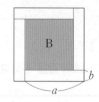

유형 050 ◆ 곱셈 공식의 활용 – 복잡한 식의 전개 (1)

예 $(a+b)(a+b+2)$
 공통부분 $a+b$를 A로 놓는다.
$=A(A+2)$
 식을 전개한다.
$=A^2+2A$
 A에 원래의 식 $a+b$를 대입한다.
$=(a+b)^2+2(a+b)$
 식을 전개한다.
$=a^2+2ab+b^2+2a+2b$

풍쌤의 point 항이 3개 이상인 다항식의 곱셈에서는 공통부분을 찾아 다른 문자로 놓은 다음 곱셈 공식을 이용하여 전개한다.

252 ◀필수▶

$(x+y-1)(x+y+1)$을 전개하면?

① $x^2-2xy-y^2-1$ ② $x^2-2xy+y^2-1$

③ $x^2+2xy-y^2-1$ ④ $x^2+2xy+y^2-1$

⑤ $x^2+2xy+y^2+1$

253

$(x-y-3)^2$을 전개하여라

254 ◀서술형▶

$(-5+3x-4y)(5+3x-4y)$의 전개식에서 xy의 계수를 a, 상수항을 b라고 할 때, $b-a$의 값을 구하여라.

255

다음 식을 전개하여 간단히 하여라.

$$(x-3y-5)^2-(x+1-3y)(x-1-3y)$$

유형 051 ◆ 곱셈 공식의 활용 – 복잡한 식의 전개 (2)

예 $(x-1)(x-2)(x-3)(x-4)$

합(−5)
합(−5)

$=\{(x-1)(x-4)\}\{(x-2)(x-3)\}$

$=(x^2-5x+4)(x^2-5x+6)$

풍쌤의 point ( )( )( )( )의 꼴은 상수항의 합이나 곱이 같아지는 두 식을 찾아 짝지어 곱한다.

256 ─ 필수 ─

$(x-2)(x-1)(x+3)(x+4)$의 전개식에서 x^3의 계수를 a, x의 계수를 b라고 할 때, $a+b$의 값을 구하여라.

257

$A=x^2+3x$일 때, $x(x+1)(x+2)(x+3)$을 A에 관한 식으로 나타내면?

① $(A+2)(A+3)$ ② $(A-3)(A+5)$
③ $A(A-3)$ ④ $A(A+2)$
⑤ $(A+5)^2$

258

$(x-4)(x+2)(x-3)(x+6)$을 전개하여라.

유형 052 ◆ 곱셈 공식의 활용 – 수의 계산

(1) 수의 제곱에 이용되는 곱셈 공식
$(a+b)^2=a^2+2ab+b^2$, $(a-b)^2=a^2-2ab+b^2$

(2) 서로 다른 두 수의 곱에 이용되는 곱셈 공식
$(a+b)(a-b)=a^2-b^2$
$(x+a)(x+b)=x^2+(a+b)x+ab$

259 ─ 필수 ─

다음 중 주어진 수의 계산을 하는 데 가장 편리한 곱셈 공식을 잘못 짝지은 것은?

① $1999^2 \Rightarrow (a-b)^2=a^2-2ab+b^2$
② $2010^2 \Rightarrow (a+b)^2=a^2+2ab+b^2$
③ $199\times201 \Rightarrow (a+b)(a-b)=a^2-b^2$
④ $101\times102 \Rightarrow (x+a)(x+b)=x^2+(a+b)x+ab$
⑤ 197×203
$\Rightarrow (ax+b)(cx+d)=acx^2+(ad+bc)x+bd$

260

다음 중 곱셈 공식 $(x+a)(x+b)=x^2+(a+b)x+ab$를 이용하여 계산하면 편리한 것은?

① 997^2 ② 203^2 ③ 56×44
④ 103×105 ⑤ 10.2×9.8

261

곱셈 공식을 이용하여 $301^2-296\times304$를 계산하여라.

262 서술형

곱셈 공식을 이용하여 21^2+19^2을 계산하여라.

중요한

유형 **053** ◆ 곱셈 공식을 이용한 분모의 유리화

(1) 분모의 더하기에는 빼기를 분모, 분자에 곱한다.

예 $\dfrac{1}{\sqrt{3}+\sqrt{2}}=\dfrac{\sqrt{3}-\sqrt{2}}{(\sqrt{3}+\sqrt{2})(\sqrt{3}-\sqrt{2})}$

$=\dfrac{\sqrt{3}-\sqrt{2}}{(\sqrt{3})^2-(\sqrt{2})^2}=\sqrt{3}-\sqrt{2}$

(2) 분모의 빼기에는 더하기를 분모, 분자에 곱한다.

예 $\dfrac{1}{\sqrt{2}-1}=\dfrac{\sqrt{2}+1}{(\sqrt{2}-1)(\sqrt{2}+1)}$

$=\dfrac{\sqrt{2}+1}{(\sqrt{2})^2-1^2}=\sqrt{2}+1$

풍쌤의 **point** 항이 2개인 분모를 유리화하려면 곱셈 공식 $(a+b)(a-b)=a^2-b^2$을 이용하면 된다.

263 ═◀필수▶═

$x=\dfrac{4}{2-\sqrt{3}}$, $y=\dfrac{4}{2+\sqrt{3}}$일 때, $\dfrac{x+y}{x-y}$의 값은?

① $\dfrac{\sqrt{3}}{3}$ ② $\dfrac{2\sqrt{3}}{3}$ ③ $\sqrt{3}$

④ $\dfrac{4\sqrt{3}}{3}$ ⑤ $\dfrac{5\sqrt{3}}{3}$

264

다음 중 옳지 <u>않은</u> 것은?

① $\dfrac{1}{3-2\sqrt{2}}=3+2\sqrt{2}$ ② $\dfrac{1}{4+\sqrt{2}}=\dfrac{4-\sqrt{2}}{4}$

③ $\dfrac{4}{\sqrt{7}-\sqrt{3}}=\sqrt{7}+\sqrt{3}$ ④ $\dfrac{2}{\sqrt{3}+1}=\sqrt{3}-1$

⑤ $\dfrac{2}{3-\sqrt{5}}=\dfrac{3+\sqrt{5}}{2}$

265

$\dfrac{3}{2\sqrt{3}-3}+\dfrac{12}{3+\sqrt{3}}$를 계산하여라.

266

$x=\dfrac{1}{\sqrt{6}-2}$일 때, $2x+\dfrac{1}{x}$의 값을 구하여라.

267

$x=\dfrac{\sqrt{5}-2}{\sqrt{5}+2}$, $y=\dfrac{\sqrt{5}+2}{\sqrt{5}-2}$일 때, $x+y$의 값은?

① $4\sqrt{5}$ ② 9 ③ $8\sqrt{5}$

④ 18 ⑤ 27

268

$x=\dfrac{\sqrt{3}-\sqrt{2}}{\sqrt{3}+\sqrt{2}}$일 때, $x+\dfrac{1}{x}$의 값을 구하여라.

269

$\dfrac{\sqrt{2}}{3+2\sqrt{2}}+\dfrac{3+2\sqrt{2}}{3-2\sqrt{2}}=a+b\sqrt{2}$를 만족하는 유리수 a, b에 대하여 $a-b$의 값을 구하여라.

(1) $a^2+b^2=(a+b)^2-2ab$, $a^2+b^2=(a-b)^2+2ab$

(2) $(a+b)^2=(a-b)^2+4ab$, $(a-b)^2=(a+b)^2-4ab$

풍쌤의 point 곱셈 공식을 이렇게도 바꿔 보고, 저렇게도 바꿔 본다.

270 필수

$a+b=6$, $ab=4$일 때, a^2+b^2의 값은?

① 8   ② 20   ③ 22

④ 24   ⑤ 28

271

$x-y=7$, $xy=-11$일 때, $(x+y)^2$의 값은?

① 5   ② 6   ③ 7

④ 8   ⑤ 9

272

$x-y=3$, $x^2+y^2=15$일 때, $\dfrac{y}{x}+\dfrac{x}{y}$의 값을 구하여라.

273

$x+y=7$, $(x+1)(y+1)=12$일 때, x^2+y^2의 값을 구하여라.

(1) $a^2+\dfrac{1}{a^2}=\left(a+\dfrac{1}{a}\right)^2-2$, $a^2+\dfrac{1}{a^2}=\left(a-\dfrac{1}{a}\right)^2+2$

(2) $x^2+x+1=0$의 양변을 x로 나누면

$x+1+\dfrac{1}{x}=0$ $\therefore\ x+\dfrac{1}{x}=-1$

274 필수

$a+\dfrac{1}{a}=3$일 때, 다음 식의 값을 구하여라.

(1) $a^2+\dfrac{1}{a^2}$ (2) $\left(a-\dfrac{1}{a}\right)^2$

275

$x-\dfrac{1}{x}=-6$일 때, $x^2+\dfrac{1}{x^2}$의 값을 구하여라.

276

$x^2-4x+1=0$일 때, 다음 식의 값을 구하여라.

(1) $x+\dfrac{1}{x}$ (2) $x^2+\dfrac{1}{x^2}$

277 서술형

$a^2-6a+2=0$일 때, $a^2+\dfrac{4}{a^2}$의 값을 구하여라.

유형 056◆ 곱셈 공식의 변형의 활용

(1) x, y의 값이 주어진 경우
$\Rightarrow$ $x+y$, xy의 값을 구한 후 곱셈 공식을 이용한다.
(2) $x=a+\sqrt{b}$ (a는 유리수, $\sqrt{b}$는 무리수)가 주어진 경우
$\Rightarrow$ $x=a+\sqrt{b}$를 $x-a=\sqrt{b}$로 변형한 후 양변을 제곱하여 정리한다.

278 ━ 필수 ━

$x=\sqrt{3}-\sqrt{2}$, $y=\sqrt{3}+\sqrt{2}$일 때, x^2+y^2+xy의 값은?

① $4\sqrt{3}$　　② $5\sqrt{2}$　　③ $3\sqrt{6}$

④ 9　　⑤ 11

279

$a=\dfrac{1}{\sqrt{2}-1}$, $b=\dfrac{1}{\sqrt{2}+1}$일 때, $\dfrac{2}{a}+\dfrac{2}{b}$의 값을 구하여라.

280

$a=2+\sqrt{5}$, $b=2-\sqrt{5}$일 때, $a(a-b)+b(a+b)-ab$의 값을 구하여라.

281

$x=\dfrac{1}{\sqrt{5}-\sqrt{3}}$, $y=\dfrac{1}{\sqrt{5}+\sqrt{3}}$일 때, x^2+y^2+6xy의 값을 구하여라.

282

$x=-2$, $y=2\sqrt{3}$일 때, 다음 식의 값은?

$$(x-2y)^2-(3x+y)(3x-y)+4xy$$

① 26　　② 27　　③ 28

④ $26\sqrt{3}$　　⑤ $27\sqrt{3}$

283

$x=\sqrt{7}+3$일 때, x^2-6x+5의 값을 구하여라.

284

$x=\dfrac{1}{5-2\sqrt{6}}$일 때, $x^2-10x+7$의 값은?

① -6　　② -2　　③ 2

④ 3　　⑤ 6

285

$(2a-3b+1)(a+2b-4)$의 전개식에서 a의 계수를 A, b의 계수를 B라 할 때, $A+B$의 값을 구하여라.

286

연속하는 세 홀수가 있다. 가장 큰 수의 제곱은 나머지 두 수의 곱보다 58만큼 크다고 할 때, 세 홀수의 합은?

① 9　　　　② 15　　　　③ 21

④ 27　　　　⑤ 33

287

$(x-y)^2(x+y)^2(x^2+y^2)^2$을 전개하여라.

288

$(x+a)(x-3)$을 전개하면 x의 계수가 2이고,
$(x+b)(x-3)$을 전개하면 상수항이 6이다. 이때
$(x+a)(x+b)$를 전개하면?(단, a, b는 상수)

① $x^2-3x-10$　　　② $x^2-7x-10$

③ $x^2+3x-10$　　　④ x^2+x-6

⑤ x^2+7x+6

289

$(x+2)(x-5)$에서 -5를 A로 잘못 보고 전개하였더니 x^2-4x+B가 되었다. 이때 상수 A, B에 대하여 $A+B$의 값을 구하여라.

290

$(2x+1)^2(2x-1)^2$의 전개식에서 x^2의 계수는?

① -8　　　　② -5　　　　③ -2

④ 1　　　　⑤ 4

291

두 수 $a+\sqrt{3}$, $2+b\sqrt{3}$의 합과 곱이 모두 유리수가 되도록 하는 유리수 a, b에 대하여 $a+b$의 값을 구하여라.

292

오른쪽 그림과 같이 가로의 길이, 세로의 길이가 각각 $(4x-1)$m, $(3x+2)$m인 직사각형 모양의 화단 안에 폭이 1 m인 길을 만들었다. 이때 길을 제외한 화단의 넓이를 구하여라.

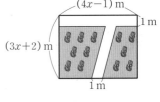

293 창의

다음 그림은 가로의 길이가 $(3x+4)$cm, 세로의 길이가 $(2x+1)$cm인 직사각형 ABCD를 $\overline{DC}$가 $\overline{FC}$에, $\overline{AG}$가 $\overline{HG}$에 겹치도록 접은 것이다. 이때 색칠한 부분의 넓이를 x에 관한 식으로 나타내어라.(단, $x>2$)

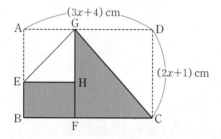

294

$x^2-x-3=0$일 때, $(x-4)(x-2)(x+1)(x+3)$의 값은?

① -9 ② -6 ③ -3

④ 3 ⑤ 6

295

$(2+1)(2^2+1)(2^4+1)(2^8+1)=2^{\square}-1$일 때, □ 안에 알맞은 수를 구하여라.

296

$A=\left(1+\dfrac{1}{2}\right)\left(1+\dfrac{1}{2^2}\right)\left(1+\dfrac{1}{2^4}\right)\left(1+\dfrac{1}{2^8}\right)$일 때, $\dfrac{1}{2-A}$의 값은?

① 2^7 ② 2^8 ③ 2^{15}

④ 2^{16} ⑤ 2^{31}

297

곱셈 공식을 이용하여 다음을 계산하여라.

$$\frac{2013^2-2010-2012\times2014}{2009}$$

298

$x=\sqrt{3}+\sqrt{2}$, $y=\sqrt{3}-\sqrt{2}$일 때, $\dfrac{\sqrt{x}-\sqrt{y}}{\sqrt{x}+\sqrt{y}}$의 값을 구하여라.

299 서술형

$x^2-5x+1=0$일 때, $x^2+x+3+\dfrac{1}{x}+\dfrac{1}{x^2}$의 값을 구하여라.

300

$x=\sqrt{5}-\sqrt{2}+3$일 때, x^2-6x+2의 값은?

① $-2\sqrt{10}$ ② 0 ③ $5-\sqrt{2}$

④ $2+\sqrt{5}$ ⑤ $2+\sqrt{10}$

2 인수분해

01 인수분해의 뜻

→ 개념 Link 풍산자 개념완성편 72쪽 →

(1) **인수분해**: 하나의 다항식을 2개 이상의 다항식의 곱으로 나타내는 것

(2) **인수**: 인수분해하였을 때 곱해진 각각의 다항식

개념 Tip (1) 수의 세계에 구구단과 소인수분해가 있다면 식의 세계에는 곱셈 공식과 인수분해가 있다.

| 구구단 | 곱셈 공식 | a^2-b^2의 인수는 |

$2 \times 3 = 6$ ⇒ 6의 약수는 1, 2, 3, 6
소인수분해

$(a+b)(a-b) = a^2-b^2$ ⇒ $1, a+b, a-b, (a+b)(a-b)$
인수분해
└1과 자기 자신도 인수이다.┘

즉, 인수는 약수와 같은 개념이다.

(2) 인수분해를 할 때는 더 이상 인수분해되지 않을 때까지 한다.

1 다음은 어떤 다항식을 인수분해한 것인지 구하여라.

(1) $(x+1)(x-1)$

(2) $(x+1)^2$

2 다음 식의 인수를 모두 구하여라.

(1) $(a-2)(a-3)$

(2) abc

답 1 (1) x^2-1　(2) x^2+2x+1
　 2 (1) $1, a-2, a-3, (a-2)(a-3)$
　　 (2) $1, a, b, c, ab, ac, bc, abc$

02 공통인수를 이용한 인수분해

→ 개념 Link 풍산자 개념완성편 72쪽 →

(1) **공통인수**: 다항식의 각 항에 공통으로 들어 있는 인수

(2) **공통인수를 이용한 인수분해**: 다항식의 각 항에 공통인수가 있을 때에는 분배법칙을 이용하여 공통인수로 묶어서 인수분해한다.

$$ma + mb - mc = m(a+b-c)$$

공통인수

개념 Tip 다른 공식을 쓰기 전에 공통인수가 있는지를 먼저 살피도록 하자.

예를 들어, $a^2b - ab^2 = ab \times a - ab \times b = ab(a-b)$
└공통인수

1 다음 식을 인수분해 하여라.

(1) $ax + bx - 3x$

(2) $9x^2y + 3xy^2$

(3) $(a-b)(x-y) + (a-b)(x+y)$

(4) $a(b-1) + 3(1-b)$

답 1 (1) $x(a+b-3)$
　　 (2) $3xy(3x+y)$
　　 (3) $2x(a-b)$
　　 (4) $(b-1)(a-3)$

03 인수분해 공식 (1)

→ 개념 Link 풍산자 개념완성편 74쪽 →

(1) **완전제곱식**: 다항식의 제곱으로 된 식 또는 그 식에 상수를 곱한 식

(2) **완전제곱식을 이용한 인수분해**

① $a^2 + 2ab + b^2 = (a+b)^2$　　② $a^2 - 2ab + b^2 = (a-b)^2$
　　　 같은 부호　　　　　　　　　　　　 같은 부호

(3) **완전제곱식이 될 조건**

① $x^2 \pm ax + \square$가 완전제곱식일 조건: $\square = \left(\dfrac{\pm a}{2}\right)^2$ ← 일차항 계수의 반의 제곱

② $x^2 + \square x + a^2$이 완전제곱식일 조건: $\square = \pm 2a$ ← 상수항의 제곱근의 2배

주의 $2(x+3)^2$은 완전제곱식이고, $x(x+3)^2$은 완전제곱식이 아니다.

1 다음 식을 인수분해하여라.

(1) $a^2 + 8a + 16$

(2) $64x^2 - 32xy + 4y^2$

2 다음 식이 완전제곱식이 되도록 □ 안에 알맞은 수를 써넣어라.

(1) $x^2 + 14x + \square$

(2) $x^2 + \square x + \dfrac{1}{9}$

답 1 (1) $(a+4)^2$　　　　 (2) $4(4x-y)^2$
　　 2 (1) 49　 (2) $\pm \dfrac{2}{3}$

04 | 인수분해 공식 (2)

▶ 개념 Link 풍산자 개념완성편 74쪽 ▶

합과 차의 곱으로 변형하는 인수분해

$$a^2-b^2=\underset{\text{합}}{(a+b)}\underset{\text{차}}{(a-b)}$$

> **개념 Tip** 제곱의 차는 합과 차의 곱이 된다.

1 다음 식을 인수분해하여라.

(1) x^2-9

(2) $16x^2-25y^2$

답 1 (1) $(x+3)(x-3)$
    (2) $(4x+5y)(4x-5y)$

---

05 | 인수분해 공식 (3)

▶ 개념 Link 풍산자 개념완성편 76쪽 ▶

(1) x^2의 계수가 1인 이차식의 인수분해

$$x^2+(a+b)x+ab=(x+a)(x+b)$$

(2) x^2+px+q의 인수분해 방법

❶ 곱해서 상수항 q가 되는 두 수 a, b를 모두 찾는다.

❷ ❶의 두 수 중 더해서 일차항의 계수 p가 되는 두 수 a, b를 찾는다.

❸ $(x+a)(x+b)$의 꼴로 나타낸다.

> **개념 Tip** x^2+5x+6을 인수분해하려면 곱이 6인 두 수 중에서 합이 5인 것을 찾으면 된다.

곱이 6인 두 수	1, 6	−1, −6	2, 3	−2, −3
합	7	−7	5	−5

$$\therefore x^2+5x+6=(x+2)(x+3)$$

1 다음 식을 인수분해하여라.

(1) x^2+3x+2

(2) $x^2-8x+12$

(3) x^2+x-2

(4) $x^2-4x-12$

(5) $x^2+5xy+6y^2$

(6) $x^2-5xy-6y^2$

답 1 (1) $(x+1)(x+2)$
    (2) $(x-2)(x-6)$
    (3) $(x-1)(x+2)$
    (4) $(x+2)(x-6)$
    (5) $(x+2y)(x+3y)$
    (6) $(x+y)(x-6y)$

---

06 | 인수분해 공식 (4)

▶ 개념 Link 풍산자 개념완성편 76쪽 ▶

(1) x^2의 계수가 1이 아닌 이차식의 인수분해

$$acx^2+(ad+bc)x+bd=(ax+b)(cx+d)$$

(2) px^2+qx+r의 인수분해 방법

❶ 곱해서 x^2의 계수 p가 되는 두 수 a, c를 세로로 나열한다.

❷ 곱해서 상수항 r이 되는 두 수 b, d를 세로로 나열한다.

❸ 대각선으로 곱한 후 더한 것이 x의 계수 q가 되는 것을 찾는다.

❹ $(ax+b)(cx+d)$의 꼴로 나타낸다.

> **개념 Tip** $2x^2-5x+3$을 인수분해하려면 아래와 같이 대각선으로 곱한 후 더한 것이 −5가 되는 것을 찾으면 된다.

 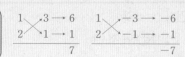

$$\therefore 2x^2-5x+3=(x-1)(2x-3)$$

1 다음 식을 인수분해하여라.

(1) $2x^2+5x+2$

(2) $4x^2-13x+3$

(3) $2x^2+x-1$

(4) $4x^2-4x-3$

(5) $4x^2+8xy+3y^2$

(6) $6x^2-13xy+6y^2$

답 1 (1) $(x+2)(2x+1)$
    (2) $(x-3)(4x-1)$
    (3) $(x+1)(2x-1)$
    (4) $(2x-3)(2x+1)$
    (5) $(2x+3y)(2x+y)$
    (6) $(2x-3y)(3x-2y)$

07 치환을 이용한 인수분해

개념 Link 풍산자 개념완성편 82쪽

주어진 식에 공통부분이 있으면 한 문자로 치환하여 인수분해한다.
❶ 공통부분을 A로 치환한다.
❷ 인수분해한다.
❸ A에 원래의 식을 대입하여 정리한다.

개념 Tip 치환은 어려운 문제를 쉬운 문제로 바꾸는 도깨비 방망이!

$$(x-y)^2-2\underbrace{(x-y)}_{A로\ 치환}+1=A^2-2A+1=(A-1)^2=\underset{원래의\ 식\ 대입}{(x-y-1)^2}$$

1 다음 식을 인수분해하여라.
(1) $(x+3)^2+2(x+3)+1$
(2) $(a+b)^2-4(a+b)+4$

답 1 (1) $(x+4)^2$
(2) $(a+b-2)^2$

---

08 항이 4개인 식의 인수분해

개념 Link 풍산자 개념완성편 82쪽

(1) (항 2개)＋(항 2개)로 묶기
❶ 공통인수가 생기도록 두 항씩 묶는다.
❷ 공통인수로 묶어 내어 인수분해한다.
예 $xy+2x+y+2=x(y+2)+y+2=(y+2)(x+1)$
공통인수

(2) (항 3개)＋(항 1개)로 묶기
❶ 3개의 항을 완전제곱식으로 변형한다.
❷ $a^2-b^2=(a+b)(a-b)$를 이용해 인수분해한다.
예 $x^2-y^2+2y-1=x^2-(y^2-2y+1)=x^2-(y-1)^2=(x+y-1)(x-y+1)$

개념 Tip 항이 5개 이상인 식을 인수분해하려면 차수가 가장 낮은 문자에 대하여 내림차순으로 정리한다.
예 $x^2+xy+2x+y+1=y(x+1)+(x^2+2x+1)$
차수가 가장 낮은 문자 y에 대하여 정리
$=y(x+1)+(x+1)^2=(x+1)(x+y+1)$

1 다음 식을 인수분해하여라.
(1) $ab+a+b+1$
(2) $ab-ac-b+c$
(3) $x^2+xy-3x-3y$
(4) $x^2+4x+4-y^2$
(5) $a^2-b^2-8b-16$
(6) x^2-y^2-2x+1

답 1 (1) $(b+1)(a+1)$
(2) $(b-c)(a-1)$
(3) $(x+y)(x-3)$
(4) $(x+y+2)(x-y+2)$
(5) $(a+b+4)(a-b-4)$
(6) $(x+y-1)(x-y-1)$

---

09 인수분해 공식의 활용

개념 Link 풍산자 개념완성편 84쪽

(1) **수의 계산**
복잡한 수를 계산할 때, 그냥 계산하는 것보다 인수분해한 후 계산하면 쉽다.

(2) **식의 계산**
주어진 수를 식에 대입할 때, 그냥 대입하는 것보다 식을 인수분해한 후 대입하여 계산하면 쉽다.

개념 Tip 인수분해 공식의 활용 문제에서는 다음 공식이 흔히 사용된다.
(1) $ma+mb=m(a+b)$
(2) $a^2+2ab+b^2=(a+b)^2$, $a^2-2ab+b^2=(a-b)^2$
(3) $a^2-b^2=(a+b)(a-b)$

1 인수분해 공식을 이용하여 다음을 계산하여라.
(1) $96^2+2\times96\times4+4^2$
(2) 63^2-62^2

2 인수분해 공식을 이용하여 다음 식의 값을 구하여라.
(1) $x=97$일 때, x^2+6x+9
(2) $a=3+\sqrt{2}$, $b=3-\sqrt{2}$일 때 a^2-b^2

답 1 (1) 10000 (2) 125
2 (1) 10000 (2) $12\sqrt{2}$

다른 공식을 쓰기 전에 먼저 공통인수가 있는지를 살피도록 하자.

$$ma+mb-mc=m(a+b-c)$$

풍쌤의 point 인수분해의 기본은 공통인수로 묶어 내는 것이다.

301 〈필수〉

$ab(x-y)+b(y-x)$를 인수분해하여라.

302

다음 중 인수분해가 <u>잘못된</u> 것은?

① $x^2-4x=x(x-4)$

② $a^3-a^2=a^2(a-1)$

③ $4a^2-2ab=2a(2a-b)$

④ $2x^2y^2+8xy^3=2xy^2(x+4y)$

⑤ $3a^2b^2-6ab^2+3b^3=3ab^2(a-2+b)$

303

다음 중 $(x-1)(x+2)-3(x+2)$의 인수를 모두 고르면?(정답 2개)

① $x-1$ ② $x-3$

③ $x-4$ ④ $(x+2)(x-3)$

⑤ $(x+2)(x-4)$

304

$(a-2)(a+8)-7(a+8)$은 a의 계수가 1인 두 일차식의 곱으로 인수분해된다. 이때, 두 일차식의 합을 구하여라.

항이 3개이고 상수항이 제곱수인 식을 인수분해할 때에는 다음 공식을 떠올린다.

⑴ $a^2+2ab+b^2=(a+b)^2$

⑵ $a^2-2ab+b^2=(a-b)^2$

305 〈필수〉

다음 중 인수분해가 <u>잘못된</u> 것은?

① $a^2+14a+49=(a+7)^2$

② $\dfrac{1}{4}x^2-x+1=\left(\dfrac{1}{2}x-1\right)^2$

③ $\dfrac{4}{9}y^2+2y+\dfrac{9}{4}=\left(\dfrac{2}{3}y+\dfrac{3}{2}\right)^2$

④ $9x^2-12xy+4y^2=(3x-2y)^2$

⑤ $36a^2+36ab+9b^2=(6a+b)^2$

306

$8x^2-40xy+50y^2$이 $2(2x-\square)^2$으로 인수분해될 때, $\square$ 안에 알맞은 것을 구하여라.

307

다음 중 $(x-1)^2-(2x-3)$의 인수인 것은?

① $x-3$ ② $x-2$ ③ $x-1$

④ $x+1$ ⑤ $x+2$

308 서술형

다음 등식을 만족하는 상수 a, b에 대하여 $a-b$의 값을 구하여라.(단, $a>0$)

$$2x(8x-36)+81=(ax+b)^2$$

유형 059 ◆ 완전제곱식이 될 조건

식	완전제곱식일 조건
(1) $x^2 \pm ax + \boxed{}$ 반의 제곱	$\boxed{} = \left(\dfrac{\pm a}{2}\right)^2$
(2) $x^2 + \boxed{}x + a^2$ 제곱근의 2배	$\boxed{} = \pm 2a$
(3) $a^2x^2 + \boxed{}xy + b^2y^2$ 제곱근의 곱의 2배	$\boxed{} = \pm 2 \times a \times b$

풍쌤의 point $a^2 + 2ab + b^2 = (a+b)^2$, $a^2 - 2ab + b^2 = (a-b)^2$을 떠올린다.

309 ◆필수◆

다음 두 식이 모두 완전제곱식이 되도록 하는 양수 a, b의 합 $a+b$의 값을 구하여라.

$$x^2 + 18x + a, \quad 4x^2 + bxy + 25y^2$$

310

$x^2 + (6a+2)xy + 49y^2$이 완전제곱식이 되도록 하는 양수 a의 값을 구하여라.

311

다음 중 $x^2 + mx + n$이 완전제곱식이 되도록 하는 m, n의 값이 아닌 것은?

① $m=2$, $n=1$
② $m=-10$, $n=25$
③ $m=1$, $n=\dfrac{1}{4}$
④ $m=\dfrac{6}{5}$, $n=\dfrac{9}{25}$
⑤ $m=-\dfrac{2}{3}$, $n=\dfrac{4}{9}$

유형 060 ◆ 근호 안이 완전제곱식으로 인수분해되는 식

$$\sqrt{a^2} = \begin{cases} a & (a \geq 0) \\ -a & (a < 0) \end{cases}$$

예 $1 < a < 2$일 때 $a-1 > 0$, $a-2 < 0$이므로
$$\sqrt{(a-1)^2} + \sqrt{(a-2)^2} = a-1-(a-2)$$
$$= a-1-a+2$$
$$= 1$$

풍쌤의 point 근호 안의 식이 완전제곱식이면 근호를 없앨 수 있다. 이때, 부호에 주의해야 한다.

312 ◆필수◆

$-2 < a < 0$일 때, $\sqrt{a^2} + \sqrt{a^2 + 4a + 4}$를 간단히 하여라.

313

$-5 < a < 2$일 때, $\sqrt{a^2 - 4a + 4} - \sqrt{a^2 + 10a + 25}$를 간단히 하여라.

314

$1 < x < 4$일 때, $\sqrt{x^2 - 2x + 1} + \sqrt{x^2 - 8x + 16}$을 간단히 하면?

① $-2x-5$
② -3
③ $-2x$
④ 3
⑤ $2x-5$

315 서술형

$x = \sqrt{5}$일 때, $\sqrt{x^2 - 4x + 4} + \sqrt{x^2 - 6x + 9}$의 값을 구하여라.

유형 061 ◆ 인수분해 공식 (2) – 합과 차의 곱

항이 2개인 식을 인수분해할 때에는 다음 공식을 떠올린다.

$$a^2-b^2=(a+b)(a-b)$$
⇧
제곱의 차는 합과 차의 곱

316 =◀ 필수 ▶=

다음 중 인수분해가 바르게 된 것은?

① $4a^2-b^2=(4a+b)(4a-b)$

② $4x^2-9=(2x+9)(2x-9)$

③ $-x^2+y^2=(x+y)(x-y)$

④ $4x^2-36=4(x+3)(x-3)$

⑤ $25x^3-x=(5x+1)(5x-1)$

317

다음 중 $8x^2-18y^2$의 인수를 모두 고르면?(정답 2개)

① $2x+3y$ ② $2x-5y$ ③ $4x-6y$

④ $4x+9y$ ⑤ $8x-18y$

318

다음 중 a^3-a의 인수가 <u>아닌</u> 것은?

① $a+1$ ② a^2+1 ③ a

④ $a-1$ ⑤ a^2-1

319

$(a+b)^2-(a-b)^2$을 인수분해하여라.

320

$(x-y)a^2+(y-x)b^2$을 인수분해하여라.

321 서술형

$(3x-4)^2-(x+3)^2=(ax-1)(2x+b)$일 때, 상수 a, b의 합 $a+b$의 값을 구하여라.

322

x^4-y^4을 인수분해하면?

① $(x^2+y^2)(x^2-y^2)$ ② $(x^2+y^2)^2$

③ $(x+y)^2(x-y)^2$ ④ $(x^2-y^2)^2$

⑤ $(x^2+y^2)(x+y)(x-y)$

유형 062 ◆ 인수분해 공식 (3)
− x^2의 계수가 1인 일차식의 곱

$$x^2+(a+b)x+ab=(x+a)(x+b)$$

합

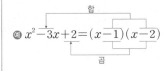 $x^2-3x+2=(x-1)(x-2)$

곱

풍쌤의 **point** x^2의 계수가 1인 이차식 x^2+px+q를 인수분해하려
면 곱이 q인 두 수 중에서 합이 p인 것을 찾는다.

323 ─필수─
$x^2+ax-21=(x+b)(x-3)$일 때, 상수 a, b의 합 $a+b$
의 값은?

① 10 ② 11 ③ 12
④ 13 ⑤ 14

324
일차항의 계수가 1인 두 일차식의 곱이 x^2+x-2일 때, 두
일차식의 합을 구하여라.

325
x^2+x-6과 $x^2+7x+10$을 각각 인수분해하였을 때, 나오
지 않는 인수는?

① $x-3$ ② $x-2$ ③ $x+2$
④ $x+3$ ⑤ $x+5$

326
다음 중 $x^2+4xy-12y^2$의 인수를 모두 고르면?

(정답 2개)

① $x-6y$ ② $x-2y$ ③ $x+2y$
④ $x+4y$ ⑤ $x+6y$

327
다음 중 a^3-2a^2-3a의 인수가 아닌 것은?

① a ② $a+1$ ③ a^2
④ $a-3$ ⑤ $(a+1)(a-3)$

328 서술형
다항식 $(x+4)(x-2)-7$은 일차항의 계수가 1인 두 일차
식의 곱으로 인수분해된다. 이 두 일차식의 합을 구하여라.

329
다항식 $x^2+Ax+18$이 $(x+a)(x+b)$로 인수분해될 때,
다음 중 상수 A의 값이 될 수 없는 것은?

(단, $a>b$인 정수)

① -19 ② -11 ③ -9
④ 6 ⑤ 9

유형 063 ◆ 인수분해 공식 (4)
$-x^2$의 계수가 1이 아닌 일차식의 곱

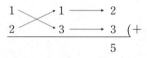

$$acx^2+(ad+bc)x+bd=(ax+b)(cx+d)$$

예 $2x^2+5x+3=(x+1)(2x+3)$

330 ―필수―
다음 보기 중 $x-3$을 인수로 갖는 것을 모두 골라라.

보기

ㄱ. $2x^2+x-21$ ㄴ. $2x^2-9x+9$

ㄷ. $3x^2+8x-3$

331
다음 중 $3x^2-10xy-8y^2$의 인수인 것은?

① $x-4y$ ② $x-y$ ③ $x+4y$

④ $x+y$ ⑤ $3x-2y$

332
다음 중 $8x^2-10x-12$의 인수를 모두 고르면?(정답 2개)

① $x-1$ ② $x-2$ ③ $2x+4$

④ $4x-3$ ⑤ $4x+3$

333
일차항의 계수가 자연수인 두 일차식의 곱이 $15x^2-7x-2$ 일 때, 두 일차식의 합을 구하여라.

334
$(x+5)(2x-1)-13$을 인수분해하여라.

335 서술형
다항식 $2x^2+(3a-2)x-15$를 인수분해하면 $(2x-3)(x+b)$가 될 때, 상수 a, b의 곱 ab의 값을 구하여라.

336
$9x^3y-6x^2y^2-3xy^3$을 인수분해하여라.

유형 064 ◆ 인수분해 공식의 종합

(1) $a^2+2ab+b^2=(a+b)^2$

(2) $a^2-2ab+b^2=(a-b)^2$

(3) $a^2-b^2=(a+b)(a-b)$

(4) $x^2+(a+b)x+ab=(x+a)(x+b)$

(5) $acx^2+(ad+bc)x+bd=(ax+b)(cx+d)$

337 ─필수─

다음 중 인수분해가 잘못된 것은?

① $x^2+10x+25=(x+5)^2$

② $16x^2-y^2=(4x+y)(4x-y)$

③ $x^2+2x-8=(x+4)(x-2)$

④ $5x^2+7x-6=(x-2)(5x+3)$

⑤ $3x^2-14x+8=(x-4)(3x-2)$

338

다음 중 □ 안에 들어갈 수가 다른 하나는?

① $9x^2+6x+1=(\square x+1)^2$

② $x^2-\square x-10=(x+2)(x-5)$

③ $9x^2-4=(3x+2)(\square x-2)$

④ $3x^2-10x+8=(x-2)(\square x-4)$

⑤ $4x^2-12x+\square=(2x-3)^2$

339 서술형

다음 등식을 만족하는 상수 a, b, c, d의 합 $a+b+c+d$의 값을 구하여라.

$16x^2-40x+25=(4x+a)^2$

$4x^2-121=(2x+11)(2x+b)$

$x^2-5x-24=(x+c)(x+3)$

$3x^2-16x-12=(3x+d)(x-6)$

유형 065 ◆ 두 다항식의 공통인수 구하기

풍쌤의 point 두 다항식의 공통인수를 구하려면 각 다항식을 인수분해하여 공통으로 들어있는 인수를 찾으면 된다.

340 ─필수─

다음 두 다항식의 1이 아닌 공통인수를 구하여라.

(1) x^2-5x+6, x^2+x-12

(2) x^2-6x-7, $6x^2+11x+5$

341

다음 두 다항식의 1이 아닌 공통인수를 구하여라.

$x^2+3x-10, \quad 2x^2+7x-15$

342

두 다항식 $5x^2-80$, $3x^2-5x-28$의 공통인수는?

① $3x+7$ ② $x+6$ ③ $x+4$

④ $x-4$ ⑤ $x-6$

343

다음 중 나머지 넷과 같은 인수를 갖지 않는 것은?

① x^2+2x ② x^2-4 ③ x^2+x-2

④ x^2+3x+2 ⑤ $2x^2-5x+2$

유형 066 ◆ 일차식의 인수가 주어지는 경우

다항식 ax^2+bx+c가 $x+m$을 인수로 가질 때,
$ax^2+bx+c=(x+m)(ax+n)$으로 놓는다.

⑩ 다항식 x^2+ax+2가 $x+2$를 인수로 가질 때,
$x^2+ax+2=(x+2)(x+m)$이므로
$a=2+m$, $2=2m$ ∴ $m=1$, $a=3$

풍쌤의 point 일차식의 인수를 가지는 이차식은 일차식과 일차식의 곱으로 나타낼 수 있다.

344 ◁필수▷

다항식 x^2-9x+a가 $x-3$을 인수로 가질 때, 상수 a의 값을 구하여라.

345

다항식 $x^2-ax-20$이 $x-5$로 나누어떨어질 때, 상수 a의 값을 구하여라.

346

다항식 $3x^2+2xy+ay^2$이 $x-y$를 인수로 가질 때, 다음 중 이 다항식의 인수는?(단, a는 상수)

① $3x-5y$ ② $3x-2y$ ③ $3x-y$
④ $3x+y$ ⑤ $3x+5y$

347 서술형

$x-2$가 두 다항식 x^2+ax-6, $3x^2-5x+b$의 공통인수일 때, 상수 a, b의 합 $a+b$의 값을 구하여라.

유형 067 ◆ 치환을 이용한 인수분해 - 공통부분

❶ 공통부분을 A로 치환한다.
❷ 인수분해한다.
❸ A에 원래의 식을 대입하여 정리한다.

⑩ $(x-3)^2+2(x-3)+1$에서
$x-3=A$라 하면
$A^2+2A+1=(A+1)^2=(x-3+1)^2=(x-2)^2$

풍쌤의 point 주어진 식에 공통부분이 있으면 한 문자로 치환하여 인수분해한다.

348 ◁필수▷

$(x-y)(x-y-2)-24$를 인수분해하면?

① $(x-y+4)(x-y-6)$
② $(x+y+4)(x+y-6)$
③ $(x-y+6)(x-y-4)$
④ $(x+y+6)(x+y-4)$
⑤ $(x-y+2)(x-y-2)$

349

$(2x-1)^2+8(2x-1)+12$는 x의 계수가 2인 두 일차식의 곱으로 인수분해된다. 이 두 일차식의 합을 구하여라.

350

$6(x-2)^2+7(x-2)-3$을 인수분해하여라.

351

$(x+y-2)(x+y+5)-30$을 인수분해하면?

① $(x+y+4)(x+y-7)$

② $(x+y+8)(x+y-5)$

③ $(x+y+8)(x+y+5)$

④ $(x+y-4)(x+y+7)$

⑤ $(x+y-4)(x+y+2)$

352

$3(x-2y)^2-x+2y-4$를 인수분해하면?

① $(x-2y-4)(3x-6y-1)$

② $(x+2y-1)(3x+6y-4)$

③ $(x-6y-1)(3x-2y+4)$

④ $(x+2y-1)(3x-6y+4)$

⑤ $(x-2y+1)(3x-6y-4)$

353

$(x-5)^2-(x-5)(x+5)-6(x+5)^2$을 인수분해하여라.

354

다항식 $2(x+1)^2-(x+1)(y-1)-6(y-1)^2$을 인수분해하면 $(ax+by-1)(x+cy+3)$이 된다고 한다. 이때, 상수 a, b, c의 합 $a+b+c$의 값을 구하여라.

유형 068 ◆ 치환을 이용한 인수분해 — ( )( )( )( )+k의 꼴

예 $(x-1)(x-2)(x+3)(x+4)-14$

$=\{(x-1)(x+3)\}\{(x-2)(x+4)\}-14$

상수항의 합이 같아지도록 묶는다.

$=(x^2+2x-3)(x^2+2x-8)-14$

공통부분

풍쌤의 point ( )( )( )( )+k의 꼴을 인수분해하려면 공통부분이 생기도록 2개씩 묶어 전개하여 치환한다.

355 ─◀필수▶─

다음 중 $(x+1)(x+2)(x+3)(x+4)-24$의 인수가 아닌 것은?

① x ② $x+3$ ③ $x+5$

④ x^2+5x ⑤ $x^2+5x+10$

356

다음 중 $(x^2+3x-3)(x^2+3x+1)-5$의 인수가 아닌 것은?

① $x+4$ ② $x+2$ ③ $x+1$

④ $x-1$ ⑤ $x-3$

357

다음 중 $(x-2)(x+3)(x^2+x-4)-8$의 인수가 아닌 것은?

① $x-1$ ② $x+2$ ③ $x-3$

④ x^2+x-2 ⑤ x^2+x-8

유형 069 ◆ 항이 4개인 식의 인수분해 – 두 항씩 묶기

❶ 공통인수가 생기도록 두 항씩 묶는다.

$A+B+C+D$ 또는 $A+B+C+D$

또는 $A+B+C+D$

❷ 공통인수로 묶어 내어 인수분해한다.

예 $xy+x+y+1=(xy+x)+(y+1)$
$=x(y+1)+(y+1)$
$=(y+1)(x+1)$

358 ─ 필수 ─

다음 중 a^3-a^2-a+1의 인수가 아닌 것은?

① $a+1$ ② $(a+1)^2$ ③ $a-1$

④ $(a-1)^2$ ⑤ $(a+1)(a-1)$

359

$ab-a-2b+2$를 인수분해하여라.

360

다음 보기 중 x^2y+x^2-y-1의 인수를 모두 고르면?

보기

ㄱ. $x+1$	ㄴ. $x-1$	ㄷ. $2x-3$
ㄹ. $x-2$	ㅁ. $y+1$	ㅂ. $y-1$

① ㄱ, ㄴ, ㅁ ② ㄱ, ㄴ, ㅂ ③ ㄱ, ㄹ, ㅁ

④ ㄴ, ㄹ, ㅂ ⑤ ㄷ, ㄹ, ㅂ

361

다음 중 $a^3+3a^2-4a-12$의 인수가 아닌 것은?

① $a-2$ ② $a+3$

③ $(a+2)(a+3)$ ④ $(a-2)(a+3)$

⑤ $(a+2)(a-3)$

362

$x^2-yz+xy-xz$가 두 일차식의 곱으로 인수분해될 때, 두 일차식의 합을 구하여라.

363 서술형

다항식 $x^2+4x+4y-y^2$을 인수분해하면 $(x+ay)(x+by+c)$가 된다고 한다. 이때, 상수 a, b, c의 합 $a+b+c$의 값을 구하여라.

364

다음 중 옳지 않은 것은?

① $xy-x+y-1=(x+1)(y-1)$

② $ab+ac-b-c=(a-1)(b+c)$

③ $a^2-ab-a+b=(a-1)(a-b)$

④ $x^2-x+y-y^2=(x-y)(x+y+1)$

⑤ $a^2-2ab+4b-2a=(a-2)(a-2b)$

유형 070 ◆ 항이 4개인 식의 인수분해 – ( )²−( )²

항이 4개인 식을 두 항씩 묶었을 때 인수분해가 안되면
다음과 같이 생각한다.

❶ 3개의 항을 완전제곱식으로 변형한다.

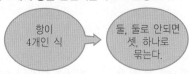

항이
4개인 식

둘, 둘로 안되면
셋, 하나로
묶는다.

❷ $a^2-b^2=(a+b)(a-b)$를 이용하여 인수분해한다.

365 ─ 필수 ─

다음 중 $x^2-16-8y-y^2$의 인수인 것은?

① $x-y$ ② $x+y$ ③ $x+y-4$

④ $x-y+4$ ⑤ $x-y-4$

366

$x^2-y^2+10x+25$를 인수분해하여라.

367

다음 중 $9-x^2-y^2+2xy$의 인수를 모두 고르면?

(정답 2개)

① $3-x-y$ ② $3+x-y$ ③ $3-x+y$

④ $3+x+y$ ⑤ $9+x-y$

368

$9x^2-6xy+y^2-4z^2$을 인수분해하여라.

유형 071 ◆ 항이 5개 이상인 식의 인수분해
－ 차수가 다를 때

예 $a^2+ab+2a+b+1=b(a+1)+(a^2+2a+1)$

차수가 가장 낮은 문자 b에 대하여 정리

$=b(a+1)+(a+1)^2$

$=(a+1)(a+b+1)$

풍쌤의 point 항이 5개 이상인 식을 인수분해하려면 차수가 가장 낮
은 문자에 대하여 내림차순으로 정리한다.

369 ─ 필수 ─

$a^2+2ab+2a-2b-3$을 인수분해하여라.

370

다음 중 $-y^2+xy-2x+3y-2$의 인수인 것은?

① $x-1$ ② $y+2$ ③ $x+y-1$

④ $x-y+1$ ⑤ $x-y-1$

371

$x^2+xy-4xz-yz+3z^2$을 인수분해하면?

① $(x-z)(x+y-3z)$

② $(x-z)(x-y-3z)$

③ $(x-z)(x+y+3z)$

④ $(x+z)(x+y-3z)$

⑤ $(x+z)(x-y+3z)$

유형 072 ◆ 항이 5개 이상인 식의 인수분해 – 차수가 같을 때

예 $x^2+y^2+2xy+3x+3y+2$
$=x^2+(2y+3)x+(y^2+3y+2)$
$=x^2+(2y+3)x+\underbrace{(y+1)(y+2)}_{곱}$
        $\underbrace{\qquad}_{합}$
$=(x+y+1)(x+y+2)$

풍쌤의 point 모든 문자의 차수가 같으면 어느 한 문자에 대하여 내림차순으로 정리한다.

372 ◆필수◆

$x^2-3xy+2y^2-x+3y-2$를 인수분해하면?

① $(x+y+2)(x+2y-1)$
② $(x-y+2)(x+2y-1)$
③ $(x-y-2)(x-2y-1)$
④ $(x-y-2)(x-2y+1)$
⑤ $(x+y-2)(x-2y+1)$

373 서술형

다항식 $x^2-y^2+3x-y+2$를 인수분해하면
$(x-y+a)(x+by+c)$가 된다고 한다. 이때, 상수 a, b, c의 합 $a+b+c$의 값을 구하여라.

374

다음 중 $2x^2+3xy+y^2-5x-4y+3$의 인수인 것은?

① $x-y-1$　　② $x-y+1$　　③ $x+y+1$
④ $2x+y+3$　　⑤ $2x+y-3$

유형 073 ◆ 인수분해 공식을 이용한 수의 계산

수의 계산에서 많이 사용되는 인수분해 공식
(1) $ma+mb=m(a+b)$
(2) $a^2+2ab+b^2=(a+b)^2$, $a^2-2ab+b^2=(a-b)^2$
(3) $a^2-b^2=(a+b)(a-b)$
예 $9^2+2\times 9+1=(9+1)^2=10^2=100$
　$19^2-18^2=(19+18)(19-18)=37\times 1=37$

풍쌤의 point 복잡한 수를 계산할 때, 그냥 계산하는 것보다 인수분해한 후 계산하면 쉽다.

375 ◆필수◆

$7.5^2\times 0.12-2.5^2\times 0.12$의 값을 구하여라.

376

$256^2-255^2=256+255$로 계산하는 데 이용되는 인수분해 공식은?

① $a^2+2ab+b^2=(a+b)^2$
② $a^2-2ab+b^2=(a-b)^2$
③ $a^2-b^2=(a+b)(a-b)$
④ $x^2+(a+b)x+ab=(x+a)(x+b)$
⑤ $acx^2+(ad+bc)x+bd=(ax+b)(cx+d)$

377

$201^2-2\times 201+1$의 값을 구하여라.

378

$\sqrt{58^2 \times \dfrac{1}{16} - 42^2 \times \dfrac{1}{16}}$의 값은?

① 7   ② 8   ③ 9

④ 10   ⑤ 11

379

$\dfrac{2015^2 - 1}{2017^2 - 1} \times \dfrac{2018^2}{2014^2}$의 값을 구하여라.

380

$13^2 - 11^2 + 97^2 + 2 \times 97 \times 3 + 3^2$의 값은?

① 10000   ② 10024   ③ 10048

④ 10096   ⑤ 10108

381 서술형

인수분해 공식을 이용하여 $A + B$의 값을 구하여라.

$$A = \frac{998 \times 996 + 998 \times 4}{999^2 - 1}$$
$$B = 12.5^2 - 5 \times 12.5 + 2.5^2$$

유형 **074** 인수분해 공식을 이용하여 식의 값 구하기

예 $x = 3 + \sqrt{2}$일 때,
$$x^2 - 6x + 9 = (x-3)^2 = (3 + \sqrt{2} - 3)^2 = (\sqrt{2})^2 = 2$$

풍쌤의 **point**   주어진 수를 식에 대입할 때, 그냥 대입하는 것보다
식을 인수분해한 후 대입하면 계산이 쉽다.

382 필수

$x = \dfrac{1}{2 + \sqrt{3}}$, $y = \dfrac{1}{2 - \sqrt{3}}$일 때, $x^4 y^2 - x^2 y^4$의 값은?

① $-16\sqrt{3}$ ② $-8\sqrt{3}$ ③ $\sqrt{3}$

④ $8\sqrt{3}$ ⑤ $16\sqrt{3}$

383

$a = 105$일 때, $a^2 - 10a + 25$의 값은?

① 1   ② 10   ③ 100

④ 1000   ⑤ 10000

384

$a = 1.75$, $b = 0.25$일 때, $a^2 - 2ab - 3b^2$의 값을 구하여라.

385

$x=5+\sqrt{3}$일 때, $(x+1)^2-12(x+1)+36$의 값을 구하여라.

386

$x+2y=\sqrt{2}$, $x-2y=3\sqrt{2}$일 때, $100x^2-400y^2$의 값은?

① $15\sqrt{2}$ ② 60 ③ $60\sqrt{2}$

④ 120 ⑤ 600

387

$x+y=\sqrt{2}-3$, $x-y=2\sqrt{2}$일 때, $x^2-y^2+3x-3y$의 값은?

① $\sqrt{2}$ ② 2 ③ $2\sqrt{2}$

④ 4 ⑤ $4\sqrt{2}$

388

$a^2b+ab^2+7a+7b=30$이고 $ab=3$일 때, a^2+b^2의 값을 구하여라.

유형 075 ◆ 잘못 보고 인수분해한 경우

상수항을 잘못 본 식	x의 계수를 잘못 본 식
x^2+ax+b	x^2+cx+d
제대로 본 수　잘못 본 수	잘못 본 수　제대로 본 수
∴ (처음 이차식)$=x^2+ax+d$	

풍쌤의 point 잘못 본 수를 제외한 나머지 값은 제대로 본 것임을 이용하면 원래의 다항식을 유추할 수 있다.

389 =■필수■=

x^2의 계수가 1인 이차식을 대송이는 x의 계수를 잘못 보고 $(x+8)(x-3)$으로 인수분해하였고, 찬우는 상수항을 잘못 보고 $(x-4)(x+2)$로 인수분해하였다. 다음 중 처음 이차식을 바르게 인수분해한 것은?

① $(x+2)(x-3)$ ② $(x-2)(x+3)$

③ $(x-4)(x+6)$ ④ $(x+4)(x-6)$

⑤ $(x-4)(x+8)$

390

x^2의 계수가 1인 이차식을 영수는 x의 계수를 잘못 보고 $(x+3)(x-4)$로 인수분해하였고, 철수는 상수항을 잘못 보고 $(x+7)(x-6)$으로 인수분해하였다. 다음 중 처음 이차식을 바르게 인수분해한 것은?

① $(x+1)(x-12)$ ② $(x-1)(x+12)$

③ $(x-3)(x+4)$ ④ $(x+3)(x-4)$

⑤ $(x-2)(x+6)$

391 서술형

x^2의 계수가 1인 이차식을 성림이는 x의 계수를 잘못 보고 $(x-2)(x-8)$로 인수분해하였고, 민지는 상수항을 잘못 보고 $(x-2)(x-6)$으로 인수분해하였다. 처음 이차식을 바르게 인수분해하여라.

유형 076 ◆ 도형에서 인수분해 공식의 활용

⑩ 넓이가 x^2-4인 직사각형의 가로의 길이가 $x+2$일 때, $x^2-4=(x+2)(x-2)$이므로 직사각형의 세로의 길이는 $x-2$이다.

풍쌤의 point 도형의 넓이가 식으로 주어지면 인수분해 공식을 이용하여 변의 길이를 구할 수 있다.

392 ─필수─

넓이가 $8x^2-2x-3$인 직사각형 모양의 종이가 있다. 이 종이의 가로의 길이가 $4x-3$일 때, 이 종이의 둘레의 길이를 구하여라.

393

오른쪽 그림과 같은 사다리꼴의 넓이가 $12x^2+19x+5$일 때, 이 사다리꼴의 높이는?

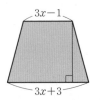

① $4x-3$ ② $3x-5$
③ $3x+5$ ④ $4x+5$
⑤ $5x+4$

394 서술형

다음 그림에서 두 도형 ㈎, ㈏의 넓이가 같을 때, 도형 ㈏의 세로의 길이를 구하여라.

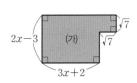

유형 077 ◆ 인수분해 공식을 응용한 도형의 넓이의 합

직사각형의 조각이 주어지는 도형 문제는 각 직사각형의 넓이의 합을 구해 놓고 인수분해 공식을 떠올리면 된다.

⑩ 다음과 같이 직사각형 4개를 재조합하면 하나의 정사각형을 만들 수 있다.

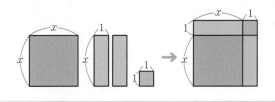

395 ─필수─

다음 직사각형을 모두 사용하여 하나의 직사각형을 만들 때, 그 직사각형의 둘레의 길이는?

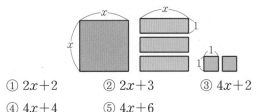

① $2x+2$ ② $2x+3$ ③ $4x+2$
④ $4x+4$ ⑤ $4x+6$

396 창의

다음 직사각형을 모두 사용하여 하나의 직사각형을 만들 때, 그 직사각형의 한 변의 길이가 될 수 있는 것을 모두 고르면? (정답 2개)

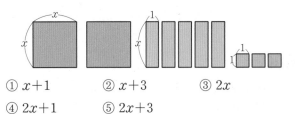

① $x+1$ ② $x+3$ ③ $2x$
④ $2x+1$ ⑤ $2x+3$

397

다음 중 $(x^2-4)^2+5(4-x^2)$의 인수가 <u>아닌</u> 것은?

① $x-2$ ② $x-3$ ③ $x-4$

④ $x+2$ ⑤ $x+3$

398

다음 중 완전제곱식으로 인수분해할 수 <u>없는</u> 것은?

① $2(x+2)(x-6)+32$ ② $9x^2+4y^2-12xy$

③ $4a(a+3)+8$ ④ $\dfrac{1}{4}-x+x^2$

⑤ $3x^2-24x+48$

399

$(2x-1)(2x+3)+k$가 완전제곱식이 되도록 하는 상수 k의 값을 구하여라.

400

$\sqrt{x}=a-3$일 때, $\sqrt{x-6a+27}-\sqrt{x+2a-5}$를 간단히 하여라. (단, $3<a<6$)

401

$0<x<1$일 때, 다음 식을 간단히 하여라.

$$\sqrt{(-x)^2}-\sqrt{\left(x-\dfrac{1}{x}\right)^2+4}+\sqrt{\left(x+\dfrac{1}{x}\right)^2-4}$$

402

《$x,\ y$》$=(2x-y)^2$이라 할 때, 다음 식을 인수분해하여라.

$$《a,\ 3b》-《3a,\ -11b》$$

403

다항식 x^2+6x+k가 $(x+a)(x+b)$로 인수분해될 때, 상수 k의 최솟값을 구하여라. (단, a, b는 자연수)

404

$(2x+3)^2-(x-1)(x+6)-21$을 인수분해하여라.

405

다음 중 유리수의 범위에서 인수분해할 수 없는 식은?

① $2x^2-5x-3$　　　② $4x^2-7$

③ $x^2+x+\dfrac{1}{4}$　　　④ x^2-2x-8

⑤ $9x^2-30x+25$

406

다음 세 다항식의 공통인수를 구하여라.

$$x^3y-x^2y-2xy$$
$$(x+1)x^2-4(x+1)x+4(x+1)$$
$$(x+2)^2-4(x+1)-1$$

407

다항식 $4x^2-(5a-7)x+3$의 인수가 $2x-1$일 때, 상수 a의 값을 구하여라.

408 창의

$2n^2-5n-12$가 소수가 되도록 하는 자연수 n의 값을 구하여라.

409 서술형

두 다항식 $x^2-3x-10$, $3x^2-ax-20$이 공통인수를 갖도록 하는 모든 상수 a의 값의 합을 구하여라.

410

$4(3x-2)^2-(y+1)^2-2(3x-2)+y+1$을 인수분해하여라.

411

$(x+1)(x+3)(x+5)(x+7)+a$가 완전제곱식이 되도록 하는 상수 a의 값을 구하여라.

412

$ab+a-5b-8=0$을 만족하는 정수 a, b에 대하여 ab의 최댓값은?

① 0　　　② 4　　　③ 8

④ 12　　　⑤ 16

413

세 다항식 $(2x+3)^2-2(2x+3)-24$,
$8x^2y-14xy+3y$, $4x^2+Ax-3$이 x에 대한 일차식을 공통인수로 가질 때, 상수 A의 값을 구하여라.

414

다음 두 다항식의 공통인수는?

$$x^2-y^2+4x+4$$
$$2(x+2)^2+(x+2)y-y^2$$

① $x+2$ ② $x-2$ ③ $x+y+2$
④ $x-y+2$ ⑤ $2x-y+4$

415

$x^2-10xy+25y^2-8x+40y+16$을 인수분해하면?

① $(x+5y+4)^2$ ② $(x-5y-4)^2$
③ $(x-5y+4)^2$ ④ $(x+5y-4)^2$
⑤ $(x-5y+16)^2$

416

7^4-16의 약수의 개수를 구하여라.

417

$\sqrt{\dfrac{8^{10}+4^{10}}{8^4+4^{11}}}$의 값은?

① 2   ② 4   ③ 8
④ 16   ⑤ 32

418

$1^2-2^2+3^2-4^2+\cdots+9^2-10^2$의 값을 구하여라.

419

$2015\times2017+1$이 어떤 자연수의 제곱일 때, 어떤 자연수를 구하여라.

420 창의

자연수 $2^{40}-1$은 30과 40 사이에 있는 두 자연수에 의하여 나누어떨어진다. 이 두 자연수의 합을 구하여라.

421 서술형

$\left(1-\dfrac{1}{2^2}\right)\left(1-\dfrac{1}{3^2}\right)\left(1-\dfrac{1}{4^2}\right)\times\cdots\times\left(1-\dfrac{1}{10^2}\right)$ 의 값을

구하여라.

422

$a+b=\sqrt{2}+2$, $a-b=\sqrt{2}$일 때, a^2-2a-b^2+2b의 값
은?

① -2 ② $-\sqrt{2}$ ③ $\sqrt{2}$

④ 2 ⑤ $2\sqrt{2}$

423

$x-2y=-3$일 때, $x^2-4xy-4+4y^2$의 값은?

① -5 ② -3 ③ 0

④ 3 ⑤ 5

424

$a=2+3\sqrt{2}$, $b=5-2\sqrt{2}$일 때, $\dfrac{a^2b-2ab+a^2-2a}{(a-2)(b+2\sqrt{2})}$ 의 값

을 구하여라.

425

$\sqrt{7}$의 소수 부분을 a, $2\sqrt{2}$의 정수 부분을 b라 할 때,

$\dfrac{a^3-b^3+a^2b-ab^2}{a-b}$의 값을 구하여라.

426

$x^2+2x-5=0$일 때, $\dfrac{x^3+2x^2+15}{x+3}$의 값을 구하여라.

427

오른쪽 그림과 같이 반지름의 길이가
각각 a, b인 두 반원에 의하여 큰 원
이 A, B의 두 부분으로 나누어져 있
을 때, A, B의 넓이의 비를 구하여라.

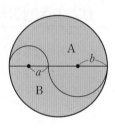

428

다음은 정사각기둥의 가운데에 구멍이 뚫린 모양이다. 이 입
체도형의 부피를 구하여라.

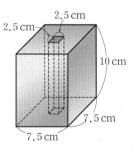

3 이차방정식

01 이차방정식의 뜻

▶개념 Link 풍산자 개념완성편 94쪽→

(1) x에 관한 이차방정식

등식에서 우변의 모든 항을 좌변으로 이항하여 정리한 식이

　(x에 관한 이차식)$=0$

의 꼴로 변형되는 방정식

(2) **이차방정식의 일반형**: $ax^2+bx+c=0$ $(a\neq0,\ a,\ b,\ c$는 상수$)$

　예 $x^2-3x+2=0,\ x^2+1=0,\ \dfrac{1}{2}x^2+x=0$

　개념 Tip 이차항을 포함해도 모든 항을 좌변으로 이항하여 정리하였을 때, 이차항이 소거되는 경우는 이차방정식이 아니다.

　예 $x^2+4x=x^2,\ 2x^2+x-1=2x^2$

1 다음 중 이차방정식인 것은 ○표, 이차방정식이 아닌 것은 ×표를 ( ) 안에 써넣어라.

(1) $-3x+4=0$ 　　　(　)

(2) $2x^2=5x-6$ 　　　(　)

(3) $x^3+x=x^2+2$ 　　(　)

(4) $x^2-2x+1=3+x^2$ (　)

답 1 (1) × 　(2) ○ 　(3) × 　(4) ×

02 이차방정식의 해(근)

▶개념 Link 풍산자 개념완성편 94쪽→

(1) **이차방정식의 해(근)**

이차방정식 $ax^2+bx+c=0$을 참이 되게 하는 x의 값

> x에 관한 이차방정식 $ax^2+bx+c=0$의 한 근이 p이다. ⟺ $x=p$를 $ax^2+bx+c=0$에 대입하면 등식이 성립한다.

(2) 이차방정식의 해를 모두 구하는 것을 이차방정식을 푼다고 한다.

　개념 Tip "이차방정식을 풀어라."="이차방정식의 해를 구하여라."

　　　　　　="이차방정식을 만족하는 x의 값을 모두 구하여라."

1 다음 [ ] 안의 수가 주어진 이차방정식의 해이면 ○표, 해가 아니면 ×표를 ( ) 안에 써넣어라.

(1) $(x+1)(x-3)=0$ [1] (　)

(2) $x^2-9=0$ [-3] 　　(　)

(3) $x^2-2x-3=0$ [3] 　(　)

(4) $2x^2-3x-2=0$ [1] (　)

답 1 (1) × 　(2) ○ 　(3) ○ 　(4) ×

03 인수분해를 이용한 이차방정식의 풀이

▶개념 Link 풍산자 개념완성편 96쪽→

(1) **$AB=0$의 성질**: $AB=0$이면 $A=0$ 또는 $B=0$

　참고 $AB=0$이 되는 경우는

　　① $A=0$이고 $B\neq0$　② $A\neq0$이고 $B=0$　③ $A=0$이고 $B=0$

　　즉, A와 B 중에서 적어도 하나는 0이어야 한다.

(2) **인수분해를 이용한 이차방정식의 풀이**

❶ 이차방정식을 정리한다. 　　　⇨ $ax^2+bx+c=0$

❷ 좌변을 인수분해한다. 　　　　⇨ $(px-q)(rx-s)=0$

❸ $AB=0$의 성질을 이용한다. 　⇨ $px-q=0$ 또는 $rx-s=0$

❹ 해를 구한다. 　　　　　　　　⇨ $x=\dfrac{q}{p}$ 또는 $x=\dfrac{s}{r}$

　개념 Tip 이차방정식을 풀려면 일단 모든 항을 좌변으로 이항하여 정리한다.

1 다음 이차방정식을 인수분해를 이용하여 풀어라.

(1) $2x^2-10x=0$

(2) $x^2-25=0$

(3) $x^2-4x+3=0$

(4) $2x^2+5x+2=0$

답 1 (1) $x=0$ 또는 $x=5$

(2) $x=-5$ 또는 $x=5$

(3) $x=1$ 또는 $x=3$

(4) $x=-2$ 또는 $x=-\dfrac{1}{2}$

04 | 이차방정식의 중근

▶︎개념 Link 풍산자 개념완성편 98쪽 ▶︎

(1) **이차방정식의 중근**

이차방정식의 두 근이 중복되어 있을 때, 이 근을 이차방정식의 중근이라 한다.

(2) **이차방정식이 중근을 가질 조건**

이차방정식을 인수분해하였을 때

(완전제곱식)$=0$

의 꼴로 나타내어지면 중근을 갖는다.

개념 Tip 중근은 완전제곱식에서 발생하는 근이므로 중근을 가질 조건은 완전제곱식이 되는 조건과 같다.

$x^2+ax+b=0$의 근이 중근 $\iff x^2+ax+b$가 완전제곱식

$\iff b=\left(\dfrac{a}{2}\right)^2$

1 다음 이차방정식을 풀어라.

(1) $(x+3)^2=0$

(2) $(4x+1)^2=0$

(3) $x^2-4x+4=0$

(4) $9x^2-6x+1=0$

답 1 (1) $x=-3$ (중근)

(2) $x=-\dfrac{1}{4}$ (중근)

(3) $x=2$ (중근)

(4) $x=\dfrac{1}{3}$ (중근)

---

05 | 제곱근을 이용한 이차방정식의 풀이

▶︎개념 Link 풍산자 개념완성편 100쪽 ▶︎

(1) **이차방정식 $x^2=q$의 해**

① $q>0$일 때, $x=\pm\sqrt{q}$

② $q=0$일 때, $x=0$ (중근)

③ $q<0$일 때, 해는 없다.

(2) **이차방정식 $(x+p)^2=q$의 해**

① $q>0$일 때, $x=-p\pm\sqrt{q}$

② $q=0$일 때, $x=-p$ (중근)

③ $q<0$일 때, 해는 없다.

개념 Tip 이차방정식 $x^2=q$에서

(i) 해를 가질 조건 ⇨ $q\geq0$

(ii) 해를 갖지 않을 조건 ⇨ $q<0$

1 다음 이차방정식을 제곱근을 이용하여 풀어라.

(1) $x^2=3$

(2) $2x^2-12=0$

(3) $(x-1)^2=2$

(4) $4(x-3)^2=20$

답 1 (1) $x=\pm\sqrt{3}$

(2) $x=\pm\sqrt{6}$

(3) $x=1\pm\sqrt{2}$

(4) $x=3\pm\sqrt{5}$

---

06 | 완전제곱식을 이용한 이차방정식의 풀이

▶︎개념 Link 풍산자 개념완성편 100쪽 ▶︎

이차방정식 $ax^2+bx+c=0(a\neq0)$의 좌변이 인수분해가 되지 않을 때에는 완전제곱식으로 고쳐서 푼다.

❶ 양변을 a로 나누어 x^2의 계수를 1로 만든다.

❷ 상수항을 우변으로 이항한다.

❸ 양변에 $\left(\dfrac{x의\ 계수}{2}\right)^2$을 더한다.

❹ 정리하여 $(x+p)^2=q$의 꼴로 나타낸다.

❺ 제곱근의 성질을 이용하여 해를 구한다.

개념 Tip 이차방정식 $ax^2+bx+c=0$에서 좌변이 인수분해될 때에는 인수분해를 이용하여 해를 구하는 것이 더 편리하다.

1 다음은 완전제곱식을 이용하여 이차방정식 $x^2-4x-2=0$의 해를 구하는 과정이다. (가)~(마)에 알맞은 수를 써넣어라.

$x^2-4x-2=0$에서

$x^2-4x+\boxed{(가)}=2+\boxed{(가)}$

$(x-\boxed{(나)})^2=\boxed{(다)}$

$x-\boxed{(나)}=\boxed{(라)}$

$\therefore x=\boxed{(마)}$

답 1 (가) 4 (나) 2 (다) 6 (라) $\pm\sqrt{6}$ (마) $2\pm\sqrt{6}$

유형 078 · 이차방정식의 뜻

이차방정식은 우변의 모든 항을 좌변으로 이항하였을 때,

(x에 관한 이차식)$=0$

의 꼴로 변형되는 방정식이다.

예 (1) $x+1=x^2+2$ ⇨ $-x^2+x-1=0$

⇨ 이차방정식이다.

(2) $x+x^2=x^2+2$ ⇨ $x-2=0$

⇨ 이차방정식이 아니다.

 풍쌤의 point 이차식 → $ax^2+bx+c=0$ ← 이차방정식

429 ᐊ필수▸

다음 중 x에 관한 이차방정식은?

① $2x^2-3x+1$

② $0 \times x^2+2x=2$

③ $\dfrac{1}{x^2}-2x+1=x-2$

④ $x(x+1)-3=(1+x)(1-x)$

⑤ $x^2-x-3=\dfrac{1}{2}(2x^2-2x)+4$

430

다음 중 x에 관한 이차방정식이 <u>아닌</u> 것은?

① $\dfrac{1}{2}x^2=0$ ② $x(x-1)=x$

③ $(x-2)^2=x^2$ ④ $(2x-1)^2=2x^2$

⑤ $x^3+x^2=2x+x^3$

431 서술형

다음 중 방정식 $x(ax-3)=2x^2+1$이 x에 관한 이차방정식이 되도록 하는 상수 a의 값이 될 수 <u>없는</u> 것은?

① -2 ② -1 ③ 0

④ 1 ⑤ 2

유형 079 · 이차방정식의 해

| x에 관한 이차방정식 $ax^2+bx+c=0$의 한 근이 p이다. | ⟺ | $x=p$를 $ax^2+bx+c=0$에 대입하면 등식이 성립한다. |

예 이차방정식 $x^2+x-6=0$에 대하여

(1) $x=2$일 때, $2^2+2-6=0$이므로 해이다.

(2) $x=1$일 때, $1^2+1-6 \neq 0$이므로 해가 아니다.

풍쌤의 point 이차방정식을 참이 되게 하는 미지수 x의 값을 이차방정식의 해 또는 근이라 한다.

432 ᐊ필수▸

다음 중 [ ] 안의 수가 주어진 방정식의 해인 것을 모두 고르면?(정답 2개)

① $x^2-\sqrt{2}=0$ $[\sqrt{2}]$

② $x^2+4x=0$ $[-1]$

③ $2x^2-3x+3=0$ $[3]$

④ $x^2-4x-5=0$ $[5]$

⑤ $(x+2)(x-1)=0$ $[-2]$

433

다음 이차방정식 중 $x=-3$을 근으로 갖는 것은?

① $x^2-2x-3=0$ ② $x^2-5x+6=0$

③ $2x^2+3x=6$ ④ $(x-2)^2=x$

⑤ $(x+1)(x+2)=2$

434

x의 값이 1, 2, 3, 4일 때, 이차방정식 $x^2-5x+4=0$의 해를 구하여라.

유형 080 ◆ 이차방정식의 한 근이 주어지는 경우

근이란 방정식에 대입하면 등식이 성립하는 수이다.
- 예 이차방정식 $x^2-x+a=0$의 한 근이 $x=3$일 때
  $3^2-3+a=0$ ∴ $a=-6$

풍쌤의 point 근이 주어지면 일단 주어진 식에 대입하여 미지수를 구한다.

435 －필수－
이차방정식 $x^2-(2a+3)x+3a-9=0$의 한 근이 $x=-3$일 때, 상수 a의 값은?

① -2 ② -1 ③ 0
④ 1 ⑤ 2

436
$x=2$가 다음 이차방정식의 한 근일 때, 상수 a의 값을 구하여라.

(1) $x^2-(a+3)x+4=0$
(2) $x^2+(5-2a)x-a+6=0$

437
$x=3$이 두 이차방정식 $x^2-4x+a=0$, $x^2+bx=6$의 공통인 근일 때, 상수 a, b의 곱 ab의 값은?

① -3 ② -1 ③ 0
④ 1 ⑤ 3

438 서술형
두 이차방정식 $x^2+ax-4=0$, $x^2+3x+b=0$의 공통인 근이 $x=-1$일 때, 상수 a, b에 대하여 $a-b$의 값을 구하여라.

유형 081 ◆ 이차방정식의 한 근이 문자로 주어지는 경우

이차방정식의 한 근이 문자로 주어지면 일단 주어진 식에 대입하여 식을 변형한다.
- 예 이차방정식 $x^2-3x+1=0$의 한 근을 $x=a$라 할 때
  $a^2-3a+1=0$ ······ ㉠
  ❶ $a^2-3a=-1$
  ❷ ㉠의 양변을 a로 나누면
  $a-3+\frac{1}{a}=0$ ∴ $a+\frac{1}{a}=3$

439 －필수－
이차방정식 $x^2-4x+1=0$의 한 근을 $x=a$라 할 때, 다음 중 옳지 않은 것은?

① $a^2-4a=-1$ ② $4-4a+a^2=3$
③ $1+4a-a^2=2$ ④ $3a^2-12a+6=2$
⑤ $a+\frac{1}{a}=4$

440
$x=a$가 이차방정식 $3x^2-6x+1=0$의 한 근일 때, $2a-a^2$의 값을 구하여라.

441
이차방정식 $x^2+2x-1=0$의 한 근을 $x=a$, 이차방정식 $2x^2-x-4=0$의 한 근을 $x=b$라 할 때, a^2-2b^2+2a+b의 값은?

① -3 ② -2 ③ 0
④ 2 ⑤ 4

442

$x=a$가 이차방정식 $x^2+5x-1=0$의 한 근일 때,

$a-\dfrac{1}{a}$의 값을 구하여라.

443

$x=a$가 이차방정식 $x^2+x-1=0$의 한 근일 때,
$a^5+a^4-a^3+a^2+a-3$의 값은?

① -4 ② -2 ③ 0
④ 2 ⑤ 4

444 서술형

이차방정식 $x^2-6x+1=0$의 한 근을 $x=a$라 할 때,

$a^2+\dfrac{1}{a^2}$의 값을 구하여라.

445

이차방정식 $x^2+x-3=0$의 한 근을 $x=a$라 할 때,

$\dfrac{a^2}{3-a}+\dfrac{a}{a^2-3}$의 값은?

① -3 ② -1 ③ 0
④ 1 ⑤ 3

유형 082 ✦ 인수분해를 이용한 이차방정식의 풀이 (1)

$AB=0$이면 $A=0$ 또는 $B=0$이라는 성질을 이용하여 이차방정식의 해를 구할 수 있다.

풍쌤의 **point** $(px-q)(rx-s)=0$
$\Rightarrow x=\dfrac{q}{p}$ 또는 $x=\dfrac{s}{r}$

446 필수

다음 이차방정식을 풀어라.

(1) $(x+1)(5x-6)=0$ (2) $(7x+4)(x-2)=0$
(3) $(3x-4)(2x+1)=0$ (4) $(8x-5)(9x+1)=0$

447

다음 중 해가 $x=3$ 또는 $x=-\dfrac{2}{5}$인 이차방정식은?

① $(x+3)(2x-5)=0$ ② $(x+3)(5x+2)=0$
③ $(x-3)(2x-5)=0$ ④ $(x-3)(5x+2)=0$
⑤ $(x-3)(2x+5)=0$

448

다음 이차방정식 중 해가 <u>다른</u> 하나는?

① $(9x+1)(3x-1)=0$
② $\left(x-\dfrac{1}{3}\right)\left(x+\dfrac{1}{9}\right)=0$
③ $(2-6x)(2+18x)=0$
④ $\left(\dfrac{1}{9}+x\right)\left(\dfrac{1}{3}-x\right)=0$
⑤ $(9x-1)(3x+1)=0$

유형 083 ◆ 인수분해를 이용한 이차방정식의 풀이 (2)

이차방정식이 주어지면 일단 모든 항을 좌변으로 이항하여 정리한 후 좌변을 인수분해하여 이차방정식의 해를 구한다.

풍쌤의 point $ax^2+bx+c=0 \Rightarrow (px-q)(rx-s)=0$
$$\Rightarrow x=\frac{q}{p} \text{ 또는 } x=\frac{s}{r}$$

449 =필수=

다음 이차방정식을 인수분해를 이용하여 풀어라.

(1) $3x^2-11x-4=0$ (2) $5x^2-2x-3=0$

(3) $6x^2-5x=6x-3$ (4) $(x-3)^2=4x$

450

이차방정식 $3x^2-10x-8=0$의 두 근을 a, b라 할 때, $a-3b$의 값을 구하여라.(단, $a>b$)

451 서술형

이차방정식 $2x^2-3x-9=0$의 두 근 사이에 있는 모든 정수의 합을 구하여라.

452

이차방정식 $x(x-2)-(2x+1)(2x-1)=0$을 풀면?

① $x=-1$ 또는 $x=\frac{1}{3}$ ② $x=-3$ 또는 $x=-1$

③ $x=1$ 또는 $x=-\frac{1}{3}$ ④ $x=\frac{1}{2}$ 또는 $x=2$

⑤ $x=1$ 또는 $x=-\frac{1}{2}$

유형 084 ◆ 한 근이 주어졌을 때, 다른 한 근 구하기

이차방정식의 한 근이 주어지면 일단 주어진 식에 대입하여 미지수를 구한 후, 다른 한 근을 구한다.

453 =필수=

이차방정식 $2x^2+ax-a-9=0$의 한 근이 $x=2$일 때, 상수 a의 값과 다른 한 근은?

① $a=1$, $x=1$ ② $a=1$, $x=-\frac{5}{2}$

③ $a=1$, $x=-\frac{2}{3}$ ④ $a=2$, $x=-\frac{5}{2}$

⑤ $a=2$, $x=-\frac{2}{3}$

454

이차방정식 $x^2-6x+9=0$의 근이 이차방정식 $2x^2-ax+3=0$의 근일 때, 상수 a의 값과 다른 한 근은?

① $a=-7$, $x=-\frac{1}{2}$ ② $a=-7$, $x=\frac{1}{2}$

③ $a=7$, $x=-\frac{1}{2}$ ④ $a=7$, $x=\frac{1}{2}$

⑤ $a=7$, $x=3$

455

이차방정식 $(a-1)x^2-a(a+4)x-10=0$의 두 근이 $x=-2$ 또는 $x=b$일 때, $a+8b$의 값을 구하여라.

(단, a는 상수)

유형 085 ◈ 이차방정식의 근의 활용

이차방정식 $ax^2+bx+c=0$의 한 근이 이차방정식
$a'x^2+b'x+c'=0$의 한 근이면
❶ $ax^2+bx+c=0$의 근을 구한다.
❷ ❶에서 구한 근 중 이차방정식 $a'x^2+b'x+c'=0$을 만족하는 근을 대입하여 미지수의 값을 구한다.

456 ◦ 필수 ◦

이차방정식 $2x^2+9x-5=0$의 두 근 중 작은 근이 이차방정식 $x^2+3x+k=0$의 근일 때, 상수 k의 값을 구하여라.

457

이차방정식 $3x^2+x-2=0$의 두 근 중 음수인 근이 이차방정식 $x^2+kx+2k-5=0$의 한 근일 때, 상수 k의 값을 구하여라.

458

이차방정식 $4x^2-23x-6=0$의 두 근 중 큰 근이 이차방정식 $x^2-ax-6=0$의 근일 때, 상수 a의 값을 구하여라.

459 서술형

이차방정식 $x^2-2mx+15=0$의 한 근은 $x=3$이고, 다른 한 근은 이차방정식 $x^2+(n-6)x-4n=0$의 근일 때, 상수 m, n에 대하여 $m-n$의 값을 구하여라.

유형 086 ◈ 이차방정식의 중근

풍쌤의 point 이차방정식이 중근을 가지려면
(완전제곱식)$=0$의 꼴로 인수분해되어야 한다.

460 ◦ 필수 ◦

다음 이차방정식 중 중근을 갖는 것을 모두 고르면?

(정답 2개)

① $x^2=12x-36$　　　　② $x^2=10x+25$
③ $x^2+6x+8=0$　　　　④ $4x^2-4x+1=0$
⑤ $6x^2-x-1=0$

461

다음 이차방정식 중 중근을 갖지 <u>않는</u> 것은?

① $x^2+x+\dfrac{1}{4}=0$　　　　② $x^2-4x+4=0$
③ $(x-3)^2=0$　　　　④ $x^2=0$
⑤ $x^2-8x+12=0$

462

다음 보기 중 중근을 갖는 이차방정식의 개수를 구하여라.

보기

ㄱ. $3x^2=6x-3$　　　　ㄴ. $x^2-8x+16=0$
ㄷ. $x^2=10x-24$　　　　ㄹ. $2x^2+8x+8=0$

파란 해설 45~46쪽

유형 087 ◆ 이차방정식이 중근을 가질 조건

중근은 완전제곱식에서 발생하는 근이므로 중근을 가질 조건
은 완전제곱식이 되는 조건과 같다.

⑩ 이차방정식 $x^2+6x+a=0$이 중근을 가질 때

$$a=\left(\frac{6}{2}\right)^2=9$$

풍쌤의 point 이차방정식 $x^2+ax+b=0$이 중근을 갖는다.

⇨ x^2+ax+b가 완전제곱식

⇨ $b=\left(\frac{a}{2}\right)^2$

463 ◀필수▶

이차방정식 $x^2-10x+9a+7=0$이 중근을 가질 때, 상수 a의 값은?

① 1   ② 2   ③ 3

④ 4   ⑤ 5

464

이차방정식 $x^2+12x+k=0$이 중근을 가질 때, 그 근을 구하면?(단, k는 상수)

① $x=-36$ ② $x=-6$ ③ $x=6$

④ $x=12$ ⑤ $x=36$

465

이차방정식 $x^2+kx+16=0$이 중근을 갖도록 하는 모든 상수 k의 값의 합은?

① -8 ② -4 ③ 0

④ 4   ⑤ 8

466 서술형

이차방정식 $x^2-8x+5a-4=0$이 $x=b$를 중근으로 가질 때, $a+b$의 값을 구하여라.(단, a는 상수)

467

이차방정식 $x^2+mx-m+3=0$이 중근을 갖도록 하는 모든 상수 m의 값의 곱은?

① -20 ② -18 ③ -15

④ -14 ⑤ -12

468

이차방정식 $x^2+2ax=2a-8$이 중근을 가질 때, 양수 a의 값을 구하여라.

469

두 이차방정식 $x^2+6x+p=0$, $x^2-2(p-4)x+q=0$이 모두 중근을 가질 때, q의 값을 구하여라.

(단, p, q는 상수)

3. 이차방정식 **87**

유형 088 ◆ 두 이차방정식의 공통인 근

두 이차방정식의 공통인 근을 구하려면 각 이차방정식의
근을 구해 공통으로 들어 있는 근을 찾는다.

예 $(x-1)(x-2)=0$의 근은 $x=$ 1 또는 $x=2$

$(x-1)(x-3)=0$의 근은 $x=$ 1 또는 $x=3$

⇨ 공통인 근은 $x=1$

470 ◄ 필수 ►

다음 두 이차방정식의 공통인 근은?

$$x^2-8x+15=0, \ 2x^2-9x+9=0$$

① $x=-3$ ② $x=1$ ③ $x=\dfrac{3}{2}$

④ $x=3$ ⑤ $x=5$

471

두 이차방정식 $2x^2-3x+1=0, \ 3x^2-x-2=0$의 공통인
근이 $x=a$일 때, a의 값을 구하여라.

472

두 이차방정식 $3x^2+mx-6=0, \ x^2-2x-n=0$의 공통
인 근이 $x=-3$일 때, $m-n$의 값은?(단, m, n은 상수)

① -8 ② -6 ③ 6

④ 8 ⑤ 10

473

두 이차방정식 $x^2-ax+b=0, \ x^2+bx+2a=0$의 공통인
근이 $x=-2$일 때, 상수 a, b의 곱 ab의 값을 구하여라.

474

두 이차방정식 $2x^2-5x+a=0, \ x^2+bx+2=0$의 공통인
근이 $x=2$일 때, 이차방정식 $x^2+bx+a=0$을 풀어라.

(단, a, b는 상수)

475

두 이차방정식 $x^2-4x-12=0, \ x^2+9x+14=0$의 공통
인 근이 이차방정식 $x^2+px+6=0$의 한 근일 때, 상수 p의
값은?

① -5 ② -3 ③ -1

④ 3 ⑤ 5

476 서술형

이차방정식 $x^2+6x+a=0$이 중근을 가질 때, 다음 두 이차
방정식의 공통인 근을 구하여라.(단, a는 상수)

$$x^2-(a-5)x+3=0, \ 2x^2-3x-a=0$$

유형 089 ◆ 제곱근을 이용한 이차방정식의 풀이 (1)

$(x+p)^2=q\,(q \geq 0)$에서 $x+p=\pm\sqrt{q}$

$\therefore x=-p\pm\sqrt{q}$

예 $(x-1)^2=2$에서 $x-1=\pm\sqrt{2}$

$\therefore x=1\pm\sqrt{2}$

풍쌤의 point 제곱근을 이용하면 $(x+p)^2=q$의 꼴의 이차방정식의 해를 구할 수 있다.

477 =·필수·=

이차방정식 $3(x-2)^2-21=0$의 해가 $x=a\pm\sqrt{b}$일 때, 유리수 a, b의 합 $a+b$의 값은?

① 5   ② 6   ③ 7

④ 8   ⑤ 9

478

다음 중 해가 $x=3\pm\sqrt{6}$인 이차방정식은?

① $(x+3)^2=6$ ② $(x+6)^2=3$

③ $(x-3)^2=6$ ④ $(x-6)^2=3$

⑤ $(x-6)^2=6$

479

이차방정식 $2(x+2)^2=36$의 두 근의 합은?

① $-3\sqrt{2}$ ② -4 ③ $4-3\sqrt{2}$

④ 4 ⑤ $4+3\sqrt{2}$

480

다음 이차방정식 중 근이 유리수인 것을 모두 고르면?

(정답 2개)

① $x^2=24$ ② $2x^2-50=0$

③ $3x^2-36=0$ ④ $(x-3)^2=5$

⑤ $2(x+1)^2=18$

481

이차방정식 $(x-m)^2=\dfrac{1}{3}$의 해가 $x=\dfrac{15\pm\sqrt{n}}{3}$일 때, $m-n$의 값을 구하여라. (단, m, n은 유리수)

482

이차방정식 $8-(4x-3)^2=0$의 해는?

① $x=\dfrac{1\pm2\sqrt{2}}{4}$ ② $x=\dfrac{3\pm2\sqrt{2}}{4}$

③ $x=\dfrac{5\pm2\sqrt{2}}{4}$ ④ $x=\dfrac{7\pm2\sqrt{2}}{4}$

⑤ $x=\dfrac{9\pm2\sqrt{2}}{4}$

483 서술형

이차방정식 $2(x+a)^2=b$의 해가 $x=2\pm\sqrt{5}$일 때, 유리수 a, b의 곱 ab의 값을 구하여라.

유형 090 ◆ 제곱근을 이용한 이차방정식의 풀이 (2)

이차방정식 $(x+p)^2=q$의 근의 개수
(1) $q>0$일 때, 서로 다른 두 근을 갖는다.
(2) $q=0$일 때, 중근을 갖는다.
(3) $q<0$일 때, 해는 없다.

풍쌤의 **point** 이차방정식 $(x+p)^2=q$의 근의 개수는 q의 값에 따라 결정된다.

484 ◆ 필수 ◆

이차방정식 $\left(x-\dfrac{1}{2}\right)^2=a$의 근이 존재하도록 하는 상수 a의 값이 될 수 없는 것은?

① $-\dfrac{1}{2}$ ② 0 ③ $\dfrac{1}{2}$

④ 1 ⑤ 2

485

이차방정식 $(x-3)^2=k-2$가 중근 $x=a$를 가질 때, $a+k$의 값은? (단, k는 상수)

① 1 ② 2 ③ 3

④ 4 ⑤ 5

486

이차방정식 $\left(x+\dfrac{1}{3}\right)^2=\dfrac{a-5}{2}$의 해가 존재하지 않도록 하는 상수 a의 값의 범위를 구하여라.

유형 091 ◆ 완전제곱식의 꼴로 고치기

이차방정식을 완전제곱식의 꼴로 고치려면 다음과 같은 과정을 거치면 된다.
❶ 이차항의 계수를 1로 만든다.
❷ 상수항을 우변으로 이항한다.
❸ 양변에 $\left(\dfrac{x의 \ 계수}{2}\right)^2$을 더한다.
❹ 양변을 정리한다.

예 $2x^2-4x-8=0$ ❶→ $x^2-2x-4=0$
 ❷→ $x^2-2x=4$
 ❸→ $x^2-2x+1=4+1$
 ❹→ $(x-1)^2=5$

487 ◆ 필수 ◆

이차방정식 $9x^2-6x-8=0$을 $(x+a)^2=b$의 꼴로 나타낼 때, $3a-2b$의 값은? (단, a, b는 상수)

① -4 ② -3 ③ 0

④ 1 ⑤ 5

488

이차방정식 $3x^2+6x-1=0$을 $(x+a)^2=b$의 꼴로 나타낼 때, 상수 a, b의 곱 ab의 값은?

① $-\dfrac{4}{3}$ ② $-\dfrac{1}{3}$ ③ 0

④ $\dfrac{1}{3}$ ⑤ $\dfrac{4}{3}$

489

이차방정식 $(x+3)(x-9)=-10$을 $(x-a)^2=b$의 꼴로 나타낼 때, 상수 a, b의 합 $a+b$의 값을 구하여라.

유형 092 ◆ 완전제곱식을 이용한 이차방정식의 풀이

이차방정식이 인수분해가 되지 않을 때에는 완전제곱식으로 고쳐서 푼다.

$ax^2+bx+c=0 \longrightarrow (x+\boxed{p})^2=\boxed{q}$
$\qquad\qquad\qquad \longrightarrow x=-\boxed{p}\pm\sqrt{\boxed{q}}$

예 $x^2-2x-4=0$에서 $x^2-2x+1=4+1$
$(x-1)^2=5,\ x-1=\pm\sqrt5 \quad \therefore x=1\pm\sqrt5$

490

다음은 완전제곱식을 이용하여 이차방정식 $2x^2-8x+1=0$의 해를 구하는 과정이다. 이때, 상수 A, B, C의 합 $A+B+C$의 값은?(단, A, B, C는 유리수)

$$2x^2-8x+1=0에서\ x^2-4x+\frac{1}{2}=0$$
$$x^2-4x+A=-\frac{1}{2}+A,\ (x-B)^2=C$$
$$\therefore x=B\pm\sqrt C$$

① 0
② $\dfrac{7}{2}$
③ $\dfrac{9}{2}$
④ $\dfrac{11}{2}$
⑤ $\dfrac{19}{2}$

491

다음은 완전제곱식을 이용하여 이차방정식 $x^2+3x+1=0$의 해를 구하는 과정이다. ㈎, ㈏에 알맞은 유리수를 차례로 구한 것은?

$$x^2+3x+1=0에서$$
$$x^2+3x+(\boxed{㈎})^2=-1+(\boxed{㈎})^2$$
$$(x+\boxed{㈎})^2=\frac{\boxed{㈏}}{4},\ x+\boxed{㈎}=\pm\frac{\sqrt{\boxed{㈏}}}{2}$$
$$\therefore x=-\boxed{㈎}\pm\frac{\sqrt{\boxed{㈏}}}{2}$$

① $-\dfrac{9}{4}$, 5
② $-\dfrac{3}{2}$, 5
③ $\dfrac{3}{2}$, 2
④ $\dfrac{3}{2}$, 5
⑤ $\dfrac{9}{4}$, 2

492

오른쪽은 완전제곱식을 이용하여 이차방정식 $x^2-6x-6=0$의 해를 구하는 과정이다. 이때, 상수 A, B, C의 합 $A+B+C$의 값을 구하여라.

$x^2-6x-6=0$에서
$x^2-6x+A=6+A$
$(x-B)^2=C$
$\therefore x=B\pm\sqrt C$

493

다음은 완전제곱식을 이용하여 이차방정식 $6x^2+9x-3=0$의 해를 구하는 과정이다. ㈎~㈐에 알맞은 수로 옳지 않은 것은?

$$6x^2+9x-3=0에서\ x^2+\boxed{㈎}x=\boxed{㈏}$$
$$(x+\boxed{㈐})^2=\boxed{㈑} \qquad \therefore x=\boxed{㈒}$$

① ㈎ $\dfrac{3}{2}$
② ㈏ $\dfrac{1}{2}$
③ ㈐ $\dfrac{3}{2}$
④ ㈑ $\dfrac{17}{16}$
⑤ ㈒ $\dfrac{-3\pm\sqrt{17}}{4}$

494

다음 이차방정식 중 해가 유리수가 <u>아닌</u> 것은?

① $x^2-9=0$
② $2x^2+8x-8=0$
③ $4x^2+12x-7=0$
④ $3x^2+6x+3=0$
⑤ $2(x+2)^2=x^2+4x+5$

495 서술형

이차방정식 $x^2+2ax+4=0$을 완전제곱식을 이용하여 풀었더니 해가 $x=5\pm\sqrt b$이었다. 이때, $a+b$의 값을 구하여라.(단, a, b는 유리수)

496

방정식 $(a^2-2a)x^2+x=3x^2+ax-4$가 x에 관한 이차방정식이 되기 위한 조건을 구하여라.

497

이차방정식 $x^2-2x+k=0$의 한 근이 $x=1+\sqrt{3}$일 때, 상수 k의 값을 구하여라.

498

이차방정식 $x^2-3x+1=0$의 한 근을 $x=a$라 할 때, $a^2+2a+\dfrac{2}{a}+\dfrac{1}{a^2}$의 값을 구하여라.

499

이차방정식 $(2019x)^2-2018\times2020x-1=0$의 근 중에서 큰 근을 $x=A$라 하고, $x^2+2018x-2019=0$의 근 중에서 작은 근을 $x=B$라고 할 때, $A-B$의 값을 구하여라.

500 서술형

$\langle x\rangle$가 자연수 x의 양의 약수의 개수를 나타낼 때, $\langle x\rangle^2-\langle x\rangle-2=0$을 만족하는 자연수 x의 값 중에서 10 이하인 것의 개수를 구하여라.

501

실수 a, b에 대하여 $a*b=ab+a+b$라 하고, 방정식 $(x+1)*(x+2)=-1$의 두 근을 $x=x_1$ 또는 $x=x_2$라 할 때, $x_1{}^2+x_2{}^2$의 값을 구하여라.

502

오른쪽 표에서 가로, 세로, 대각선에 있는 각각의 세 수의 합이 같을 때, 다음 물음에 답하여라.

(1) 자연수 x의 값을 구하여라.

(2) 표를 완성하여라.

	x^2	4
	5	
$2x$	$x-2$	

503

이차방정식 $x^2+6ax-5a=0$의 근을 구하는데 x의 계수와 상수항을 잘못 보고 서로 바꾸어 놓고 풀었더니 한 근이 $x=-6$이었다. 처음 이차방정식의 근을 바르게 구하여라.

(단, a는 상수)

504

이차방정식 $x^2=2x+3$과 일차부등식 $2(x-4)<a$의 공통인 근이 존재하지 않도록 하는 상수 a의 값의 범위를 구하여라.

505

두 이차방정식 $x^2-3x+6=0$, $x^2-7x-1=0$의 한 근을 각각 $x=m$, $x=n$이라 할 때, $(2m^2-6m+1)(n^2-7n-3)$의 값을 구하여라.

506

이차방정식 $x^2-3x+a-3=0$의 두 근 중 음수인 근이 $x=a$일 때, 다른 한 근을 구하여라.(단, a는 상수)

507 서술형

이차방정식 $x^2+80x-81=0$의 두 근 중 큰 근이 이차방정식 $(a-1)x^2-(a^2-1)x+2(a-1)=0$의 한 근일 때, 이 이차방정식의 다른 한 근을 구하여라.(단, a는 상수)

508

한 개의 주사위를 두 번 던져서 첫 번째 나온 눈의 수를 a, 두 번째 나온 눈의 수를 b라 할 때, 이차방정식 $x^2+2ax+b=0$이 중근을 가질 확률을 구하여라.

509

두 이차방정식 $x^2+2x+a=0$, $x^2+bx+c=0$에 대하여 두 이차방정식의 공통인 근이 $x=3$이고, 이차방정식 $x^2+bx+c=0$이 중근을 가질 때, $a-b+c$의 값을 구하여라.(단, a, b, c는 상수)

510

다음 중 상수 k의 값에 따른 이차방정식 $(x-1)^2=k-2$의 근에 대한 설명으로 옳지 않은 것은?

① $k=1$이면 근이 없다.
② $k=2$이면 중근을 갖는다.
③ $k=3$이면 정수인 근을 갖는다.
④ $k=4$이면 유리수인 근을 갖는다.
⑤ $k=5$이면 근이 2개이다.

511 서술형

이차방정식 $3x^2+2ax+b=0$을 완전제곱식을 이용하여 풀었더니 해가 $x=2\pm2\sqrt{3}$이었다. 이때, 상수 a, b의 합 $a+b$의 값을 구하여라.

4 이차방정식의 활용

01 이차방정식의 근의 공식

➤개념 Link 풍산자 개념완성편 106쪽➤

(1) 이차방정식 $ax^2+bx+c=0\,(a\neq0)$의 해

$$x=\frac{-b\pm\sqrt{b^2-4ac}}{2a}\ (단,\ b^2-4ac\geq0)$$

(2) 이차방정식 $ax^2+2b'x+c=0\,(a\neq0)$의 해

일차항의 계수가 짝수

$$x=\frac{-b'\pm\sqrt{b'^2-ac}}{a}\ (단,\ b'^2-ac\geq0)\ \Leftarrow 짝수공식$$

개념 Tip▶ 인수분해가 안되는 이차방정식은 근의 공식을 이용하여 푼다.

1 다음 이차방정식을 근의 공식을 이용하여 풀어라.

(1) $x^2+3x-2=0$

(2) $3x^2-8x+2=0$

(3) $2x^2-5x+1=0$

답 1 (1) $x=\dfrac{-3\pm\sqrt{17}}{2}$ (2) $x=\dfrac{4\pm\sqrt{10}}{3}$

(3) $x=\dfrac{5\pm\sqrt{17}}{4}$

02 복잡한 이차방정식의 풀이

➤개념 Link 풍산자 개념완성편 108쪽➤

(1) 계수가 정수가 아닐 때에는 양변에 적당한 수를 곱하여 정수로 만든다.

① 계수가 소수일 때: 양변에 10의 거듭제곱을 곱한다.

② 계수가 분수일 때: 양변에 분모의 최소공배수를 곱한다.

(2) 괄호가 있을 때에는 괄호를 푼 후 $ax^2+bx+c=0$의 꼴로 정리한다.

(3) 공통부분이 있을 때에는 공통부분을 한 문자로 치환한다.

개념 Tip▶ 이차항의 계수가 음수일 때에는 양변에 -1을 곱하여 양수로 만든다.

1 다음 이차방정식을 풀어라.

(1) $x^2+0.3x=0.1$

(2) $\dfrac{2}{3}x^2+\dfrac{1}{3}=\dfrac{3}{2}x$

(3) $(x+2)(x-1)=2x+10$

(4) $(x-1)^2=2(x-2)(x+2)$

답 1 (1) $x=-\dfrac{1}{2}$ 또는 $x=\dfrac{1}{5}$

(2) $x=\dfrac{1}{4}$ 또는 $x=2$

(3) $x=-3$ 또는 $x=4$ (4) $x=-1\pm\sqrt{10}$

03 이차방정식의 근의 개수

➤개념 Link 풍산자 개념완성편 110쪽➤

이차방정식 $ax^2+bx+c=0\,(a\neq0)$의 근의 개수는 b^2-4ac의 부호에 의해 결정된다.

(1) $b^2-4ac>0$이면 서로 다른 두 근을 갖는다. ⇐ 근이 2개 ⎤
(2) $b^2-4ac=0$이면 중근을 갖는다.   ⇐ 근이 1개 ⎦ 근이 있다.

(3) $b^2-4ac<0$이면 근이 없다.   ⇐ 근이 0개

개념 Tip▶ 이차방정식 $ax^2+bx+c=0$의 근의 공식 $x=\dfrac{-b\pm\sqrt{b^2-4ac}}{2a}$에서

(근호 안의 수)≥0이어야 하므로 $b^2-4ac<0$이면 이차방정식의 근은 없다.

1 다음 이차방정식의 근의 개수를 구하여라.

(1) $x^2+2x+3=0$

(2) $x^2-4x+2=0$

(3) $x^2+8x+16=0$

(4) $2x^2-3x-4=0$

답 1 (1) 0개 (2) 2개 (3) 1개 (4) 2개

04 | 이차방정식이 중근을 가질 조건

→ 개념 Link 풍산자 개념완성편 110쪽 →

이차방정식 $ax^2+bx+c=0\,(a\neq0)$이 중근을 가질 조건

$$b^2-4ac=0$$

예 이차방정식 $x^2+2x+m=0$이 중근을 갖는다고 하면

$2^2-4\times1\times m=0$이어야 하므로

$4-4m=0,\ 4m=4$ ∴ $m=1$

1 다음 이차방정식이 중근을 갖도록 하는 상수 m의 값을 구하여라.

(1) $x^2-8x+m=0$

(2) $x^2+5x+m=0$

답 1 (1) 16   (2) $\dfrac{25}{4}$

05 | 이차방정식 구하기

→ 개념 Link 풍산자 개념완성편 112쪽 →

(1) x^2의 계수가 $a\,(a\neq0)$이고, 두 근이 α, β인 이차방정식

$$a(x-\alpha)(x-\beta)=0$$

예 x^2의 계수가 2이고, 두 근이 1, 2인 이차방정식은

$2(x-1)(x-2)=0$ ∴ $2x^2-6x+4=0$

(2) x^2의 계수가 $a\,(a\neq0)$이고, 중근이 α인 이차방정식

$$a(x-\alpha)^2=0$$

예 x^2의 계수가 2이고, 중근이 1인 이차방정식은

$2(x-1)^2=0$ ∴ $2x^2-4x+2=0$

1 다음 조건을 만족하는 이차방정식을 구하여라.

(1) x^2의 계수가 2이고, 두 근이 2, -3인 이차방정식

(2) x^2의 계수가 1이고, 중근이 6인 이차방정식

답 1 (1) $2x^2+2x-12=0$ (2) $x^2-12x+36=0$

06 | 이차방정식의 활용

→ 개념 Link 풍산자 개념완성편 118, 120쪽 →

이차방정식의 활용 문제를 풀려면 다음과 같은 순서를 따르면 된다.

❶ 미지수 정하기   ⇨ 구하는 값을 x로 놓는다.

❷ 이차방정식 세우기   ⇨ x에 관한 이차방정식으로 나타낸다.

❸ 이차방정식 풀기   ⇨ 이차방정식을 푼다.

❹ 정답 택하기   ⇨ 구한 해 중에서 문제의 뜻에 맞는 것을 택한다.

개념 Tip 이차방정식의 해가 모두 정답이 되는 것은 아니다. 해를 구한 후 반드시 문제의 뜻에 맞는지 확인해야 한다.

1 지면에서 똑바로 위로 던진 돌의 x초 후의 높이가 $(40x-5x^2)$m일 때, 다음 물음에 답하여라.

(1) 2초 후의 돌의 높이를 구하여라.

(2) 몇 초 후에 돌의 높이가 80 m가 되는지 구하여라.

2 연속하는 두 자연수의 제곱의 합이 85일 때, 다음 물음에 답하여라.

(1) 두 자연수 중 작은 수를 x라 할 때, x에 관한 식을 $x^2+ax+b=0$의 꼴로 나타내어라. (단, a, b는 상수)

(2) 두 자연수를 구하여라.

답 1 (1) 60 m   (2) 4초
2 (1) $x^2+x-42=0$ (2) 6, 7

유형 093 ◆ 이차방정식의 근의 공식

이차방정식	근의 공식
$ax^2+bx+c=0 \ (a \neq 0)$	$x=\dfrac{-b \pm \sqrt{b^2-4ac}}{2a}$
$ax^2+2b'x+c=0 \ (a \neq 0)$	$x=\dfrac{-b' \pm \sqrt{b'^2-ac}}{a}$

예 (1) $2x^2+7x+1=0$의 해는

$$x=\dfrac{-7 \pm \sqrt{7^2-4 \times 2 \times 1}}{2 \times 2}=\dfrac{-7 \pm \sqrt{41}}{4}$$

(2) $3x^2+8x-1=0$의 해는

$$x=\dfrac{-4 \pm \sqrt{4^2-3 \times (-1)}}{3}=\dfrac{-4 \pm \sqrt{19}}{3}$$

풍쌤의 point 이차방정식을 풀 때에는 인수분해를 먼저 시도해 보고, 인수분해가 안되면 근의 공식을 이용한다.

512 =필수=

다음 중 이차방정식과 그 근이 잘못 짝지어진 것은?

① $x^2-2x-2=0 \Rightarrow x=1 \pm \sqrt{3}$

② $x^2+6x+2=0 \Rightarrow x=-3 \pm \sqrt{7}$

③ $2x^2-6x+1=0 \Rightarrow x=\dfrac{3 \pm \sqrt{7}}{2}$

④ $3x^2+7x-2=0 \Rightarrow x=\dfrac{-7 \pm 6\sqrt{2}}{6}$

⑤ $4x^2-8x-3=0 \Rightarrow x=\dfrac{2 \pm \sqrt{7}}{2}$

513

이차방정식 $x^2-5x+1=5x$의 해가 $x=a \pm 2\sqrt{b}$일 때, $a-b$의 값은?(단, a, b는 유리수)

① -8 ② -4 ③ -2

④ -1 ⑤ 1

514

이차방정식 $2x^2-ax-3=0$의 근이 $x=\dfrac{3 \pm \sqrt{b}}{4}$일 때, $b-a$의 값은?(단, a, b는 유리수)

① 28 ② 30 ③ 32

④ 34 ⑤ 36

유형 094 ◆ 복잡한 이차방정식의 풀이

(1) 계수가 소수일 때: 양변에 10의 거듭제곱을 곱한다.

　예 $0.2x^2-x-0.5=0$의 양변에 10을 곱하면

　　$2x^2-10x-5=0$

(2) 계수가 분수일 때: 양변에 분모의 최소공배수를 곱한다.

　예 $\dfrac{2}{3}x^2+\dfrac{3}{2}x+\dfrac{1}{3}=0$의 양변에 6을 곱하면

　　$4x^2+9x+2=0$

515 =필수=

이차방정식 $0.5x^2+\dfrac{4}{3}x+\dfrac{1}{6}=0$의 해가

$x=\dfrac{-4 \pm \sqrt{b}}{a}$일 때, 유리수 a, b의 곱 ab의 값은?

① 35 ② 36 ③ 37

④ 38 ⑤ 39

516

이차방정식 $0.3x^2-0.5x+0.2=0$의 두 근을 α, β라 할 때, $\alpha+3\beta$의 값을 구하여라.(단, $\alpha > \beta$)

517

이차방정식 $\dfrac{1}{8}x^2-\dfrac{1}{2}x+\dfrac{3}{8}=0$의 두 근을 α, β라 할 때, $|\alpha-\beta|$의 값은?

① 0 ② 1 ③ 2

④ 3 ⑤ 4

518

이차방정식 $\frac{2}{3}x^2-2.4(x+1)+3.6=0$의 두 근을 α, β라 할 때, $\alpha-5\beta$의 값을 구하여라.(단, $\alpha>\beta$)

519

이차방정식 $\frac{(x+1)^2}{2}=\frac{(x+1)(x-3)}{4}$의 두 근을 α, β라 할 때, $\alpha+\beta$의 값을 구하여라.

520

이차방정식 $\frac{(x+1)(x+2)}{2}=\frac{x(x+5)}{3}-\frac{4}{3}x$의 두 근을 α, β라 할 때, $\alpha^2+\beta^2$의 값은?

① 35　　　　② 36　　　　③ 37
④ 38　　　　⑤ 39

521 서술형

이차방정식 $\frac{2}{3}(x+1)^2-2x-\frac{2}{3}=\frac{3}{4}(x^2-1)$의 두 근을 α, β라 할 때, $\alpha-\beta$의 값을 구하여라.(단, $\alpha>\beta$)

유형 095 치환을 이용한 이차방정식의 풀이

❶ 공통부분을 A로 치환한다.
❷ A의 값을 구한다.
❸ x의 값을 구한다.
㉑ 이차방정식 $(x-1)^2-2(x-1)+1=0$에서
　$x-1=A$라 하면 $A^2-2A+1=0$ 　❶
　$(A-1)^2=0$ 　∴ $A=1$ 　❷
　$A=x-1$이므로 $x-1=1$ 　∴ $x=2$ 　❸

풍쌤의 point 주어진 식에 공통부분이 있으면 한 문자로 치환하여 푼다.

522 필수

이차방정식 $3(x+1)^2-2(x+1)-1=0$의 두 근을 α, β라 할 때, $\alpha-3\beta$의 값은?(단, $\alpha>\beta$)

① 1　　　　② 2　　　　③ 3
④ 4　　　　⑤ 5

523 서술형

이차방정식 $\frac{(2x-3)^2}{6}-\frac{2x-3}{3}=4$의 두 근을 α, β라 할 때, $\alpha+\beta$의 값을 구하여라.

524

$x>y$이고 $(x-y)(x-y-3)=10$일 때, $x-y$의 값은?

① 1　　　　② 2　　　　③ 3
④ 4　　　　⑤ 5

525

$(2x-y-1)(2x-y-5)+4=0$일 때, $4x-2y$의 값은?

① 2　　　　② 4　　　　③ 6
④ 8　　　　⑤ 10

유형 096 ✦ 이차방정식의 근의 개수

(1) $b^2-4ac>0$ ⇨ 서로 다른 두 근 (근이 2개) ┐
(2) $b^2-4ac=0$ ⇨ 중근 (근이 1개) ┘ 근이 있다.
(3) $b^2-4ac<0$ ⇨ 근이 0개 → 근이 없다.

⑩ 이차방정식 $x^2+2x+3=0$에서
$2^2-4\times1\times3=-8<0$이므로 근이 0개이다.

풍쌤의 point b^2-4ac의 부호로 이차방정식 $ax^2+bx+c=0$의 근의 개수를 구할 수 있다.

526 필수

다음 이차방정식 중 근이 <u>없는</u> 것은?

① $x^2-3x-2=0$ ② $3x^2+4x-2=0$

③ $2x^2-2x+\dfrac{1}{2}=0$ ④ $3x^2+5x+4=0$

⑤ $2x^2-3x+\dfrac{9}{8}=0$

527

다음 보기의 이차방정식 중 서로 다른 두 근을 갖는 것을 모두 고르면?

보기
ㄱ. $x^2-3x+3=0$ ㄴ. $3x^2+x-5=0$
ㄷ. $9x^2-6x+1=0$ ㄹ. $4x^2+8x+3=0$

① ㄱ, ㄴ   ② ㄱ, ㄷ   ③ ㄴ, ㄷ
④ ㄴ, ㄹ   ⑤ ㄷ, ㄹ

528 서술형

이차방정식 $2x^2+3x+2=0$의 근의 개수를 a개, $x^2+\dfrac{2}{3}x+\dfrac{1}{9}=0$의 근의 개수를 b개, $4x^2-3x+\dfrac{1}{2}=0$의 근의 개수를 c개라 할 때, $a-b-c$의 값을 구하여라.

유형 097 ✦ 이차방정식이 중근을 가질 조건 – 근의 공식의 이용

풍쌤의 point 이차방정식 $ax^2+bx+c=0$이 중근을 가지려면 $b^2-4ac=0$이어야 한다.

529 필수

이차방정식 $x^2-2mx+2m+3=0$이 중근을 갖도록 하는 모든 상수 m의 값의 합은?

① 1   ② 2   ③ 3
④ 4   ⑤ 5

530

이차방정식 $3x^2+8x+k=0$이 중근을 가질 때, 상수 k의 값을 구하여라.

531

이차방정식 $9x^2+(k-2)x+1=0$이 중근을 갖고 그 근이 음수일 때, 상수 k의 값은?

① -8 ② -4 ③ 0
④ 4   ⑤ 8

532 서술형

이차방정식 $(a+1)x^2-(a+1)x+1=0$이 중근 $x=b$를 가질 때, $2ab$의 값을 구하여라.(단, a는 상수)

유형 098 ◆ 근의 개수에 따른 미지수의 값의 범위 구하기

(1) 서로 다른 두 근을 가질 때 $\Longleftrightarrow b^2-4ac>0$
(2) 근을 가질 때 $\Longleftrightarrow b^2-4ac\geq0$
(3) 근이 없을 때 $\Longleftrightarrow b^2-4ac<0$
📖 이차방정식 $x^2+2x+a=0$에서
  (1) 서로 다른 두 근을 가질 때 $\Longleftrightarrow 2^2-4a>0$ $\therefore a<1$
  (2) 근을 가질 때 $\Longleftrightarrow 2^2-4a\geq0$ $\therefore a\leq1$
  (3) 근이 없을 때 $\Longleftrightarrow 2^2-4a<0$ $\therefore a>1$

풍쌤의 point 이차방정식 $ax^2+bx+c=0$이 근을 갖거나 갖지 않을 조건을 구하려면 b^2-4ac의 부호를 알아보면 된다.

533 필수

이차방정식 $2x^2+8x+18-a=0$이 근을 갖도록 하는 상수 a의 최솟값은?

① -10 ② -8 ③ 4
④ 8 ⑤ 10

534

이차방정식 $2x^2-6x+k-1=0$이 서로 다른 두 근을 갖도록 하는 자연수 k의 개수는?

① 2개   ② 3개   ③ 4개
④ 5개   ⑤ 6개

535

이차방정식 $2x^2+4x+k=0$이 근을 갖지 않도록 하는 자연수 k의 최솟값을 구하여라.

536

이차방정식 $6x^2-2x+2k+1=0$이 근을 갖지 않도록 하는 상수 k의 값의 범위는?

① $k<\dfrac{5}{12}$ ② $k>\dfrac{5}{12}$ ③ $k\geq\dfrac{5}{12}$
④ $k<-\dfrac{5}{12}$ ⑤ $k>-\dfrac{5}{12}$

537

이차방정식 $ax^2+4x+2=0$이 서로 다른 두 근을 갖도록 하는 상수 a의 값의 범위는?

① $a<2$ ② $0\leq a<1$
③ $0<a<2$ ④ $a<0,\ 0<a<2$
⑤ $a<1,\ 1<a<2$

538

이차방정식 $2x^2-8x+k=0$이 중근을 가질 때, $x^2-kx+m=0$가 근을 갖도록 하는 상수 m의 최댓값을 구하여라.(단, k는 상수)

539 서술형

이차방정식 $x^2-6x+3-2k=0$은 근을 갖고, 이차방정식 $x^2+2x-k+3=0$은 근을 갖지 않도록 하는 상수 k의 값의 범위를 구하여라.

유형 099 ◆ 이차방정식 구하기

(1) x^2의 계수가 $a(a \neq 0)$이고, 두 근이 α, β인 이차방정식은
$a(x-\alpha)(x-\beta)=0$

(2) x^2의 계수가 $a(a \neq 0)$이고, 중근이 α인 이차방정식은
$a(x-\alpha)^2=0$

540 ◀ 필수 ▶

이차방정식 $x^2+ax+b=0$의 두 근이 1, -5일 때, a, b를 두 근으로 하고 x^2의 계수가 $\frac{1}{2}$인 이차방정식은?

① $\frac{1}{2}x^2+\frac{1}{2}x-10=0$ ② $\frac{1}{2}x^2-\frac{1}{2}x+10=0$

③ $\frac{1}{2}x^2+x-10=0$ ④ $\frac{1}{2}x^2-x-10=0$

⑤ $\frac{1}{2}x^2+x-20=0$

541

이차방정식 $x^2-2x-4=0$을 $(x+a)^2=b$의 꼴로 나타내었을 때, 상수 a, b를 두 근으로 하고 x^2의 계수가 1인 이차방정식을 구하여라.

542

이차방정식 $4x^2+ax+b=0$의 중근이 $x=-\frac{1}{2}$일 때, a, b를 두 근으로 하고 이차항의 계수가 3인 이차방정식은?

(단, a, b는 상수)

① $3x^2+15x+12=0$ ② $3x^2-6x+3=0$

③ $3x^2-15x+12=0$ ④ $3x^2+6x+3=0$

⑤ $3x^2-15x-12=0$

543

다음 세 조건을 만족하는 이차방정식을 구하여라.

> ㈎ 한 근이 $-3-\sqrt{2}$이다.
> ㈏ x^2의 계수가 1이다.
> ㈐ x의 계수와 상수항은 모두 유리수이다.

544

이차방정식 $2x^2+4x+m=0$이 중근을 가질 때, m, $m-1$을 두 근으로 하고 이차항의 계수가 1인 이차방정식은?

① $x^2-2x=0$ ② $x^2-3x+2=0$

③ $x^2-5x+6=0$ ④ $x^2-7x+12=0$

⑤ $x^2-9x+20=0$

545 서술형

이차방정식 $x^2-4x+1=0$의 두 근을 α, β라 할 때, $\alpha-1$, $\beta-1$을 두 근으로 하고 x^2의 계수가 2인 이차방정식을 구하여라. (단, $\alpha > \beta$)

546

일차함수 $y=ax+b$의 그래프가 오른쪽 그림과 같을 때, a, b를 두 근으로 하고, x^2의 계수가 3인 이차방정식을 구하여라.

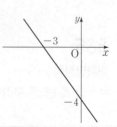

유형 100 ◆ 두 근의 차 또는 비가 주어지는 경우 미지수의 값 구하기

(1) 두 근의 차가 k일 때
　⇨ 두 근을 a, $a+k$로 놓는다.
(2) 한 근이 다른 근의 k배일 때
　⇨ 두 근을 a, ka로 놓는다.
(3) 두 근의 비가 $p : q$일 때
　⇨ 두 근을 ap, aq로 놓는다.

풍쌤의 point 두 근을 한 문자로 나타내고 이차방정식을 만든다.

547 ⟨필수⟩

이차방정식 $x^2-4x+3k-9=0$의 두 근의 차가 2일 때, 상수 k의 값은?

① 1　　　② 2　　　③ 3
④ 4　　　⑤ 5

548

이차방정식 $5x^2-50x+9a+48=0$의 두 근의 비가 $2 : 3$일 때, 상수 a의 값을 구하여라.

549

이차방정식 $x^2+kx+k-1=0$의 한 근이 다른 근의 2배가 되도록 하는 모든 상수 k의 값의 합은?

① $\dfrac{5}{2}$　　　② 3　　　③ $\dfrac{7}{2}$
④ 4　　　⑤ $\dfrac{9}{2}$

유형 101 ◆ 한 근이 무리수인 경우 미지수의 값 구하기

이차방정식 $ax^2+bx+c=0$의 한 근이 $p+q\sqrt{m}$이면 다른 한 근은 $p-q\sqrt{m}$이다.
　　　　(단, a, b, c, p, q는 유리수, $\sqrt{m}$은 무리수)
예 a, b가 유리수일 때, $x^2+ax+b=0$의 한 근이 $1+\sqrt{2}$이면 다른 한 근은 $1-\sqrt{2}$이다.

풍쌤의 point 이차방정식의 한 근이 무리수일 때 다른 한 근은 이차방정식을 풀지 않고도 구할 수 있다.

550 ⟨필수⟩

이차방정식 $x^2+6kx+m+1=0$의 한 근이 $3-2\sqrt{3}$일 때, 유리수 k, m의 합 $k+m$의 값은?

① -5　　　② -1　　　③ 0
④ 1　　　⑤ 5

551 ⟨서술형⟩

이차방정식 $x^2-2px+3q+1=0$의 한 근이 $3+\sqrt{5}$일 때, 유리수 p, q의 합 $p+q$의 값을 구하여라.

552

이차방정식 $ax^2+6x+b=0$의 한 근이 $\dfrac{1}{3+2\sqrt{2}}$일 때, 유리수 a, b의 곱 ab의 값은?

① -2　　　② -1　　　③ 0
④ 1　　　⑤ 2

유형 102 ◆ 이차방정식의 활용 – 공식

풍쌤의 point 이차방정식의 활용 문제 중에 공식이 문제 안에 주어져 있는 경우가 있다. 이 경우에는 공식을 이용하여 식을 만들어 답을 구하면 된다.

553 =·필수·=

n각형의 대각선의 총수는 $\dfrac{n(n-3)}{2}$ 이다. 대각선이 모두 35개인 다각형은?

① 팔각형　　② 십각형　　③ 십이각형
④ 십사각형　⑤ 십육각형

554

자연수 1에서 n까지의 합은 $\dfrac{n(n+1)}{2}$ 이다. 1부터 얼마까지 더하면 합이 36이 되는지 구하여라.

555

한 모임에 참가한 n명의 학생들이 서로 한 번씩 모두 악수를 하면 그 총 횟수는 $\dfrac{n(n-1)}{2}$ 번이 된다. 모임에 참가한 모든 학생들이 서로 한 번씩 악수한 총 횟수가 45번이었다면 이 모임에 참가한 학생은 모두 몇 명인지 구하여라.

유형 103 ◆ 이차방정식의 활용 – 기호

(1) 기호로 나타내어지는 경우: 인수분해 또는 근의 공식을 이용하여 기호의 값을 구한다.
(2) 연산으로 나타내어진 경우: 연산에 맞게 식을 정리한다.

556 =·필수·=

$<x>$가 자연수 x보다 작은 소수의 개수를 나타낼 때,
$$<x>^2 - <x> - 6 = 0$$
을 만족시키는 모든 자연수 x의 값의 합은?(단, $x<9$)

① 11　　② 12　　③ 13
④ 14　　⑤ 15

557

네 실수 a, b, c, d에 대하여
$$(a, b) \blacktriangle (c, d) = ad + bc$$
일 때, $(x-1, -2x) \blacktriangle (x, x+2) = -4$를 만족시키는 모든 실수 x의 값의 합은?

① -2　　② -1　　③ 0
④ 1　　⑤ 2

558

두 실수 a, b에 대하여
$$a \odot b = a + b - ab$$
일 때, $(x-1) \odot (2x+1) = 2$를 만족시키는 모든 실수 x의 값의 합을 구하여라.

유형 104 ◆ 이차방정식의 활용 – 수

(1) 연속하는 두 정수: x, $x+1$
　연속하는 세 정수: $x-1$, x, $x+1$
(2) 연속하는 두 짝수 (또는 홀수): x, $x+2$
　연속하는 세 짝수 (또는 홀수): $x-2$, x, $x+2$

559 ◀필수▶

연속하는 세 자연수가 있다. 가장 큰 수의 제곱은 나머지 두 수의 제곱의 합보다 21만큼 작을 때, 가장 큰 수는?

① 4　　　　② 5　　　　③ 6
④ 7　　　　⑤ 8

560

연속하는 두 짝수의 제곱의 합이 100일 때, 이 두 짝수의 곱은?(단, 두 짝수는 모두 자연수이다.)

① 46　　　　② 48　　　　③ 50
④ 52　　　　⑤ 54

561

연속하는 세 홀수의 제곱의 합이 683이다. 가장 큰 수와 가장 작은 수의 합은?(단, 세 홀수는 모두 자연수이다.)

① 22　　　　② 24　　　　③ 26
④ 28　　　　⑤ 30

562

수학책을 펼쳤더니 펼쳐진 두 면의 쪽수의 곱이 156이었다. 이 두 면의 쪽수의 합을 구하여라.

563

귤 24개를 남김없이 학생들에게 똑같이 나누어 주려고 한다. 한 학생에게 돌아가는 귤의 개수가 전체 학생 수보다 5만큼 많다고 할 때, 전체 학생 수는?

① 3명　　　　② 4명　　　　③ 5명
④ 6명　　　　⑤ 7명

564 서술형

어떤 자연수와 그 수보다 2만큼 큰 수의 곱을 구하려다 잘못하여 2만큼 작은 수와의 곱을 구하였더니 15가 되었다. 처음 두 자연수의 곱을 구하여라.

565

누나와 동생의 나이 차이는 4살이고, 누나의 나이의 제곱은 동생의 나이의 제곱에 3배를 한 것보다 8살이 적다고 할 때, 동생의 나이는?

① 5살　　　　② 6살　　　　③ 7살
④ 8살　　　　⑤ 9살

유형 105 ◆ 이차방정식의 활용 – 운동

시각 t에 따른 높이 h가 $h=at^2+bt+c$로 주어졌을 때, 높이가 p일 때의 시각을 구하려면 이차방정식
$$p=at^2+bt+c$$
의 해를 구한다. 이때, $t \geq 0$임에 주의한다.

> **풍쌤의 point** 위로 던진 물체의 높이가 특정값이 되는 경우는 올라갈 때, 내려올 때 두 번 생긴다. 한편 지면에 떨어질 때의 높이는 0이다.

지면

566 ◁필수▷

지면으로부터 50 m의 높이에서 초속 50 m로 쏘아 올린 물체의 t초 후의 높이는 $(50+50t-5t^2)$ m이다. 이 물체의 높이가 지면으로부터 130 m가 되는 것은 물체를 쏘아 올린 지 몇 초 후인가?

① 2초 또는 4초   ② 3초 또는 5초
③ 4초 또는 6초   ④ 3초 또는 7초
⑤ 2초 또는 8초

567

지면으로부터 40 m 높이의 건물 꼭대기에서 초속 35 m로 쏘아 올린 물체의 t초 후의 높이는 지면으로부터 $(40+35t-5t^2)$ m이다. 이 물체는 쏘아 올린 지 몇 초 후에 지면에 떨어지겠는가?

① 1초   ② 2초   ③ 4초
④ 6초   ⑤ 8초

568 서술형

지면으로부터의 높이가 2500 m인 어느 화산이 폭발하여 초속 150 m로 용암을 분출하였다. 분출물의 t초 후의 높이가 지면으로부터 $(2500+150t-5t^2)$ m일 때, 분출물의 높이가 3500 m 이상인 것은 몇 초 동안인지 구하여라.

유형 106 ◆ 이차방정식의 활용 – 도형

일반적으로 이차방정식의 활용 문제의 풀이는 다음 순서를 따른다.

미지수 설정 ⇨ 식 세우기 ⇨ 식 풀기

식을 풀어 구한 해 중 문제의 뜻에 맞는 것을 택하면 된다.

569 ◁필수▷

다음 그림과 같이 가로, 세로의 길이가 각각 30 m, 20 m인 직사각형 모양의 땅에 폭이 같은 길을 만들려고 한다. 길을 만들고 남은 토지의 넓이가 375 m²가 되게 하려면 길의 폭은 몇 m로 해야 하는가?

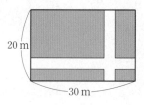

20 m, 30 m

① 2 m   ② 3 m   ③ 4 m
④ 5 m   ⑤ 6 m

570

오른쪽 그림에서 △ABC는 $\angle A=90°$인 직각삼각형이고, $\overline{AH} \perp \overline{BC}$이다. 이때 x의 값은?

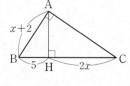

① $3-\sqrt{30}$ ② $3+\sqrt{30}$
③ $5-\sqrt{30}$ ④ $5+\sqrt{30}$
⑤ $8+\sqrt{30}$

571 서술형

오른쪽 그림과 같은 직각삼각형 ABC에서 $\overline{AB}$ 위의 점 P와 $\overline{BC}$ 위의 점 Q에 대하여 $\overline{AP}=\overline{QC}$이고, △PBQ의 넓이가 16 cm²일 때, $\overline{AP}$의 길이를 구하여라.

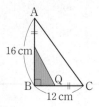

572

오른쪽 그림과 같이 세 개의 반원으로 이루어진 도형이 있다. 가장 큰 반원의 지름의 길이가 12 cm이고, 색칠한 부분의 넓이가 8π cm^{2}일 때, 가장 작은 원의 반지름의 길이는?

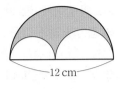

① 2 cm   ② 3 cm   ③ 4 cm
④ 5 cm   ⑤ 6 cm

573

다음 두 정사각형의 넓이의 합이 45 cm^{2}일 때, 작은 정사각형의 한 변의 길이는?

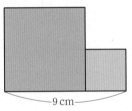

① 3 cm   ② 4 cm   ③ 5 cm
④ 6 cm   ⑤ 7 cm

574

둘레의 길이가 22 cm이고 넓이가 30 cm^{2}인 직사각형이 있다. 직사각형의 가로의 길이가 세로의 길이보다 길다고 할 때, 가로의 길이를 구하여라.

575

가로, 세로의 길이의 비가 2 : 1인 직사각형 모양의 꽃밭에 다음 그림과 같이 폭이 일정한 길을 내었더니 남은 꽃밭의 넓이가 40 m^{2}가 되었다. 처음 꽃밭의 가로의 길이는 몇 m인지 구하여라.

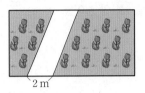

576

오른쪽 그림에서 작은 원의 반지름의 길이를 2 cm만큼 늘여서 만든 큰 원의 넓이는 작은 원의 넓이의 3배가 되었다. 이때 작은 원의 반지름의 길이는?

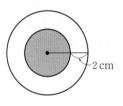

① $(1-\sqrt{3})$ cm   ② $(3-\sqrt{3})$ cm
③ $(1+\sqrt{3})$ cm   ④ $(3+\sqrt{3})$ cm
⑤ $3\sqrt{3}$ cm

577

오른쪽 그림에서 $\overline{AB}=\overline{BC}=12$ cm, $\angle B=90°$인 직각이등변삼각형 ABC에 내접하는 직사각형 BDEF와 삼각형 EDC의 넓이가 같을 때, $\overline{BD}$의 길이는?

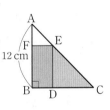

① 2 cm   ② 3 cm   ③ 4 cm
④ 5 cm   ⑤ 6 cm

578 서술형

오른쪽 그림과 같은 등변사다리꼴 ABCD의 꼭짓점 A에서 변 BC에 내린 수선의 발을 H라 한다. $\overline{AD}=\overline{AH}$이고, □ABCD의 넓이가 $63\ cm^2$일 때, $\overline{BC}$의 길이를 구하여라.

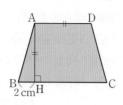

579

밑변의 길이가 높이의 두 배인 삼각형이 있다. 이 삼각형에서 밑변의 길이를 3 cm, 높이를 1 cm 늘렸더니 그 넓이가 처음 삼각형의 넓이의 2배가 되었다. 이때, 처음 삼각형의 밑변의 길이는?

① 4 cm   ② 6 cm   ③ 8 cm

④ 10 cm   ⑤ 12 cm

580

오른쪽 그림과 같이 $\overline{AB}=8\ cm$, $\overline{BC}=10\ cm$인 직사각형 ABCD가 있다. 점 P는 점 A에서 출발하여 변 AB를 따라 점 B까지 매초 1 cm의 속력으로, 점 Q는 점 B에서 출발하여 변 BC를 따라 점 C까지 매초 2 cm의 속력으로 움직이고 있다. 두 점 P, Q가 동시에 출발할 때, 몇 초 후에 △PBQ의 넓이가 $16\ cm^2$가 되겠는가?

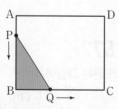

① 1초   ② 2초   ③ 3초

④ 4초   ⑤ 5초

581

가로의 길이가 세로의 길이보다 4 cm 더 긴 직사각형 모양의 종이가 있다. 다음 그림과 같이 네 귀퉁이에서 한 변의 길이가 2 cm인 정사각형을 잘라내고 나머지로 직육면체 모양의 상자를 만들었더니 부피가 $42\ cm^3$가 되었다. 처음 직사각형의 세로의 길이는?

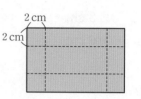

① 5 cm   ② 6 cm   ③ 7 cm

④ 8 cm   ⑤ 9 cm

582

다음 그림과 같이 가로, 세로의 길이가 각각 20 cm, 16 cm인 직사각형에서 가로의 길이는 매초 1 cm씩 줄어들고, 세로의 길이는 매초 2 cm씩 늘어나고 있다. 이때, 변화되는 직사각형의 넓이가 처음 직사각형의 넓이와 같아지는 데 걸리는 시간은?

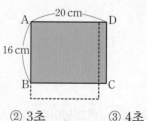

① 2초   ② 3초   ③ 4초

④ 6초   ⑤ 12초

583

이차방정식 $x^2-ax-2a=0$에 대한 다음 설명 중 옳은 것은?

① $a=1$이면 두 근의 합은 -1이다.
② 한 근이 1이면 $a=3$이다.
③ $a=8$이면 중근을 갖는다.
④ $a=2$이면 $x=1\pm\sqrt{5}$이다.
⑤ $a^2+8a<0$이면 서로 다른 두 근을 갖는다.

584

다음 이차방정식 중 해가 유리수가 <u>아닌</u> 것은?

① $\dfrac{1}{12}x^2-\dfrac{1}{4}x-\dfrac{1}{3}=0$ ② $\dfrac{9}{2}x^2-2=0$

③ $\dfrac{1}{6}x^2-x+\dfrac{3}{2}=0$ ④ $\dfrac{1}{4}(x-1)^2=1$

⑤ $x^2+1.5x-0.5=0$

585

두 다항식 $A=x^2+4x-12$, $B=x^2+6x-16$에 대하여 $3A=2B$, $A\neq0$을 만족하는 x의 값은?

① -4 ② -2 ③ 0
④ 2 ⑤ 4

586

다음 이차방정식과 일차부등식의 공통인 근이 $x=p$일 때, p의 값을 구하여라.

$$(x+1)(x-9)+6=0,\ 3x-9>6$$

587

다음 두 이차방정식의 공통인 근을 구하여라.

$$\frac{3}{5}x^2+\frac{1}{20}x-1=0,\ 0.4x^2-1.3x+1=0$$

588

이차방정식 $(x^2-5x)^2+10x^2-50x+24=0$의 모든 근의 합을 구하여라.

589

이차방정식 $x^2-7x+(12+a)=0$은 서로 다른 두 근을 갖고, 이차방정식 $(a^2+1)x^2+2(a-3)x+2=0$은 중근을 갖는다. 이때, 상수 a의 값을 구하여라.

590

이차방정식 $x^2-(k+2)x+1=0$이 중근을 갖도록 하는 상수 k의 값은 2개이다. 이 두 수가 이차방정식 $x^2+ax+b=0$의 두 근일 때, 상수 a, b의 합 $a+b$의 값을 구하여라.

591 서술형

이차방정식 $x^2+ax+b=0$의 두 근의 차가 4이고, 큰 근이 작은 근의 3배일 때, 상수 a, b의 합 $a+b$의 값을 구하여라.

592

$\sqrt{5}$의 소수 부분이 이차방정식 $2x^2+mx+n=0$의 한 근일 때, 유리수 m, n의 합 $m+n$의 값을 구하여라.

593

준수와 윤수가 이차항의 계수가 3인 이차방정식을 풀었는데, 준수는 일차항의 계수를 잘못 보아 두 근이 $\frac{2}{3}$, -1로 나왔고, 윤수는 상수항을 잘못 보아 두 근이 $\frac{2}{3}$, 1로 나왔다. 이때 바르게 구한 해를 구하여라.

594

이차방정식 $x^2+px+q=0$의 두 근이 연속하는 자연수이고, 두 근의 제곱의 차가 25일 때, 상수 p, q의 합 $p+q$의 값을 구하여라.

595

연속하는 두 홀수에서 작은 수의 제곱은 큰 수의 3배보다 4만큼 크다. 이 두 홀수를 두 근으로 하는 이차방정식이 $x^2-(2m+2)x+4n+3=0$일 때, 상수 m, n에 대하여 mn의 값을 구하여라.

596

어떤 장난감 자동차가 트랙 위를 t초 동안 $(5t+t^2)$ m 움직인다고 한다. 이 자동차가 트랙을 한 바퀴 도는 데 10초가 걸린다고 할 때, 두 바퀴를 도는 데 걸리는 시간을 구하여라.

597

연속하는 네 자연수가 있다. 가장 큰 수와 가장 작은 수의 제곱의 합은 나머지 두 수의 곱보다 61만큼 크다고 할 때, 네 수의 합을 구하여라.

598

어느 달의 달력에서 둘째 주 화요일의 날짜와 넷째 주 목요일의 날짜를 곱해 보니 192가 되었다. 넷째 주 목요일의 날짜를 구하여라.

599

원가가 20000원인 물품에 이익이 $x \%$ 남도록 정가를 정하였다. 이 물품을 정가에서 $x \%$ 할인하여 팔았더니 원가보다 800원이 싸졌다. 이때, x의 값을 구하여라.

600

한 변의 길이가 30 cm인 정사각형 ABCD에서 점 P는 점 A를 출발하여 점 B까지 매초 3 cm의 속력으로 움직이고, 점 Q는 점 B를 출발하여 점 B와 점 C 사이를 매초 6 cm의 속력으로 움직인다.

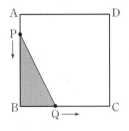

△PBQ의 넓이가 144 cm^{2}이 되는 때는 점 P가 점 A를 출발한 지 몇 초 후인가?

① 1초　　　② 2초　　　③ 3초
④ 4초　　　⑤ 5초

601 서술형

두 자리의 양의 정수가 있다. 일의 자리의 숫자는 십의 자리의 숫자의 2배이고, 각 자리의 숫자의 곱은 처음 수보다 16이 작다고 한다. 이것을 만족하는 두 수의 합을 구하여라.

602

오른쪽 그림에서 □AEFD는 정사각형이고, 두 직사각형 ABCD, BCFE는 닮은 도형이다. $\overline{AB}=4$일 때, $\overline{BC}$의 길이는?

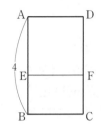

① $-2+2\sqrt{3}$　　② $-2+\sqrt{5}$
③ $-2+2\sqrt{5}$　　④ $2+\sqrt{3}$
⑤ $1+\sqrt{5}$

603

모양과 크기가 같은 직사각형 모양의 타일 6개를 넓이가 960 cm^{2}인 직사각형 속에 빈틈없이 늘어놓았더니 오른쪽 그림의 색칠한 부분과 같이 가로가 12 cm인 직사각형 모양의 남는 부분이 생겼다. 이때, 타일의 짧은 변의 길이를 구하여라.

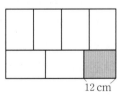

필수유형·뛰어넘기

604

오른쪽 그림과 같이 두 점 A, B를 지나는 직선 위에 있는 점 P에서 y축에 내린 수선의 발을 M이라 할 때, △MOP의 넓이는 △BOA의 넓이의 $\frac{1}{4}$이라고 한다. 이때, 점 P의 좌표를 구하여라.

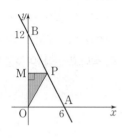

605

지면에서 초속 40 m로 위로 던진 공의 t초 후의 높이를 h m라 하면 $h=40t-5t^2$의 관계가 성립한다. 이때 공이 지면으로부터 높이가 60 m 이상인 지점을 지나는 것은 몇 초 동안인지 구하여라.

606

가로, 세로의 길이가 각각 15 m, 10 m인 직사각형 모양의 잔디밭에 오른쪽 그림과 같이 폭이 일정한 ㄷ자 모양의 길을 냈더니 잔디밭의 넓이가 78 cm²가 되었다. 이 길의 폭은 몇 m 인가?

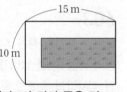

① $\frac{3}{2}$ m ② 2 m ③ $\frac{5}{2}$ m

④ 3 m ⑤ $\frac{7}{2}$ m

607

길이가 12 cm인 끈을 잘라서 크기가 다른 두 개의 정삼각형을 만들려고 한다. 두 정삼각형의 넓이의 비가 3 : 4가 되도록 하려고 할 때, 작은 정삼각형의 한 변의 길이를 구하여라.

608

오른쪽 그림과 같이 한 변의 길이가 16 cm인 정사각형 ABCD가 있다. 각 변에서 $\overline{AE}=\overline{BF}=\overline{CG}=\overline{DH}$인 점 E, F, G, H를 잡아 □EFGH를 그렸더니 한 변의 길이가 12 cm인 정사각형이 되었다. 이때 $\overline{AH}$의 길이는?(단, $\overline{DH}>\overline{AH}$)

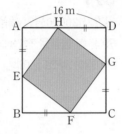

① $(3-\sqrt{2})$ cm ② $(4-2\sqrt{2})$ cm
③ $(6-2\sqrt{2})$ cm ④ $(7-2\sqrt{2})$ cm
⑤ $(8-2\sqrt{2})$ cm

609

20 %의 소금물 100 g이 들어 있는 물병에서 x g을 퍼내고 같은 양의 물을 넣어 섞은 다음, 다시 x g을 퍼내고 같은 양의 물을 넣었더니 농도가 12.8 %인 소금물이 되었다. 이때 x의 값은?

① 15 ② 20 ③ 25
④ 30 ⑤ 35

Ⅲ ◆ 이차함수

1 이차함수의 그래프(1)

01 이차함수의 뜻

개념 Link 풍산자 개념완성편 130쪽

함수 $y=f(x)$에서 y가 x에 관한 이차식
$$y=ax^2+bx+c \ (a\neq0, \ a, \ b, \ c는 \ 상수)$$
로 나타내어질 때, 이 함수를 x에 관한 이차함수라 한다.

예 $y=2x^2, \ y=-x^2+4, \ y=3x^2+1$

참고 $ax^2+bx+c \Rightarrow$ 이차식
$ax^2+bx+c=0 \Rightarrow$ 이차방정식
$y=ax^2+bx+c \Rightarrow$ 이차함수

개념 Tip 이차함수의 x, y값의 범위가 주어지지 않았을 때에는 이를 실수 전체로 생각한다.

1 다음 중 이차함수인 것은 ○표, 이차함수가 아닌 것은 ×표를 ( ) 안에 써 넣어라.

(1) $y=-\dfrac{1}{2}x+3$ ( )

(2) $y=-3x^2-2x+1$ ( )

(3) $y=2(x-1)(x+3)$ ( )

(4) $y=x(x^2-1)-x+2$ ( )

답 1 (1) × (2) ○ (3) ○ (4) ×

02 이차함수 $y=ax^2$의 그래프

개념 Link 풍산자 개념완성편 132쪽

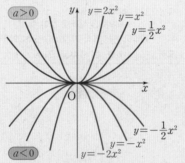

(1) y축$(x=0)$을 축으로 하고, 원점을 꼭짓점으로 하는 포물선이다.

(2) $a>0$이면 아래로 볼록하고, $a<0$이면 위로 볼록하다.
(∪모양) (∩모양)

(3) a의 절댓값이 클수록 그래프의 폭이 좁아진다.

(4) 이차함수 $y=-ax^2$의 그래프와 x축에 대하여 대칭이다.

개념 Tip (1) 포물선은 선대칭도형으로 그 대칭축을 포물선의 축이라 한다.
(2) 포물선과 축의 교점을 포물선의 꼭짓점이라 한다.

1 보기의 이차함수의 그래프에 대하여 다음 물음에 답하여라.

보기

ㄱ. $y=3x^2$ ㄴ. $y=-5x^2$

ㄷ. $y=\dfrac{1}{3}x^2$ ㄹ. $y=-\dfrac{1}{3}x^2$

(1) 위로 볼록한 그래프를 모두 골라라.
(2) 가장 폭이 좁은 그래프를 골라라.
(3) x축에 대하여 대칭인 두 그래프를 골라라.

답 1 (1) ㄴ, ㄹ (2) ㄴ (3) ㄷ, ㄹ

03 | 이차함수 $y=ax^2+q$의 그래프

개념 Link 풍산자 개념완성편 136쪽

(1) 이차함수 $y=ax^2$의 그래프를 y축의 방향으로 q만큼 평행이동한 것이다.

(2) **꼭짓점의 좌표:** $(0,\ q)$

(3) **축의 방정식:** $x=0$ (y축)

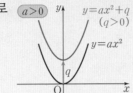

개념 Tip $q>0$이면 y축의 양의 방향 (위쪽)으로 이동하고, $q<0$이면 y축의 음의 방향 (아래쪽)으로 이동한다.

1 다음 이차함수의 그래프의 꼭짓점의 좌표와 축의 방정식을 차례로 구하여라.

(1) $y=2x^2+5$

(2) $y=-3x^2-6$

(3) $y=\dfrac{1}{5}x^2-8$

답 1 (1) $(0,5)$, $x=0$
　　(2) $(0,-6)$, $x=0$
　　(3) $(0,-8)$, $x=0$

04 | 이차함수 $y=a(x-p)^2$의 그래프

개념 Link 풍산자 개념완성편 136쪽

(1) 이차함수 $y=ax^2$의 그래프를 x축의 방향으로 p만큼 평행이동한 것이다.

(2) **꼭짓점의 좌표:** $(p,\ 0)$

(3) **축의 방정식:** $x=p$

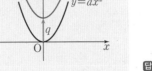

개념 Tip $p>0$이면 x축의 양의 방향 (오른쪽)으로 이동하고, $p<0$이면 x축의 음의 방향 (왼쪽)으로 이동한다.

1 다음 이차함수의 그래프의 꼭짓점의 좌표와 축의 방정식을 차례로 구하여라.

(1) $y=2(x-3)^2$

(2) $y=-4(x+5)^2$

(3) $y=\dfrac{1}{8}(x+9)^2$

답 1 (1) $(3,0)$, $x=3$
　　(2) $(-5,0)$, $x=-5$
　　(3) $(-9,0)$, $x=-9$

05 | 이차함수 $y=a(x-p)^2+q$의 그래프

개념 Link 풍산자 개념완성편 138쪽

(1) 이차함수 $y=ax^2$의 그래프를 x축의 방향으로 p만큼, y축의 방향으로 q만큼 평행이동한 것이다.

(2) **꼭짓점의 좌표:** $(p,\ q)$

(3) **축의 방정식:** $x=p$

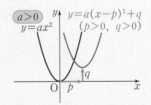

주의 이차함수의 그래프를 평행이동해도 이차항의 계수가 변하지 않으므로 그래프의 모양과 폭은 변하지 않는다.

개념 Tip $y=a(x-p)^2+q$에서 괄호 안을 0으로 만드는 x의 값을 구하면 꼭짓점의 좌표와 축의 방정식을 구할 수 있다.

예를 들어 $y=2\left(x+\dfrac{1}{3}\right)^2-4$에서 $x+\dfrac{1}{3}=0$이면 $x=-\dfrac{1}{3}$이고, 이때 $y=-4$이므로 꼭짓점의 좌표는 $\left(-\dfrac{1}{3},\ -4\right)$, 축의 방정식은 $x=-\dfrac{1}{3}$이다.

1 다음 이차함수의 그래프의 꼭짓점의 좌표와 축의 방정식을 차례로 구하여라.

(1) $y=2(x-3)^2+4$

(2) $y=3\left(x-\dfrac{1}{4}\right)^2-5$

(3) $y=-4(x+5)^2+6$

(4) $y=-5\left(x+\dfrac{1}{6}\right)^2-7$

답 1 (1) $(3,4)$, $x=3$
　　(2) $\left(\dfrac{1}{4},\ -5\right)$, $x=\dfrac{1}{4}$
　　(3) $(-5,6)$, $x=-5$
　　(4) $\left(-\dfrac{1}{6},\ -7\right)$, $x=-\dfrac{1}{6}$

유형 107 ◆ 이차함수의 뜻

y가 x에 관한 이차함수이려면

$$y = (x\text{에 관한 이차식})$$

의 꼴로 나타내어져야 한다.

이차함수

$$y = ax^2 + bx + c$$

이차식

예 (1) $y = x^2 + 1 \Rightarrow$ 이차함수이다.

(2) $y = x + 1 \Rightarrow$ 이차함수가 아니다.

---

610 ◀필수▶

다음 중 이차함수인 것을 모두 고르면? (정답 2개)

① $y = x(x+4) - x^2$

② $y = \dfrac{x^2}{2} - 2$

③ $y = x(x^2 - 3) - 2$

④ $y = \dfrac{1}{x^2} + 1$

⑤ $y = x(x+2) - 10$

611

다음 중 y가 x에 관한 이차함수인 것을 모두 고르면?

(정답 2개)

① 한 변의 길이가 x인 정육면체의 겉넓이 y

② 자동차가 시속 100 km로 x시간 달린 거리 y km

③ 반지름의 길이가 x, 높이가 10인 원기둥의 부피 y

④ 가로의 길이가 $2x$, 세로의 길이가 $x+3$인 직사각형의 둘레의 길이 y

⑤ 윗변의 길이가 x, 아랫변의 길이가 $x-2$, 높이가 4인 사다리꼴의 넓이 y

612

$y = a(a-1)x^2 + 3x - 2x^2$이 x에 관한 이차함수일 때, 다음 중 상수 a의 값이 될 수 <u>없는</u> 것을 모두 고르면?

(정답 2개)

① -2 ② -1 ③ 0

④ 1 ⑤ 2

유형 108 ◆ 이차함수의 함숫값

이차함수 $f(x) = ax^2 + bx + c$에서 $f(k)$의 값을 구하려면 x 대신 k를 대입한다.

$\Rightarrow f(k) = ak^2 + bk + c$

예 $f(x) = x^2 + x + 1$일 때, $f(2) = 2^2 + 2 + 1 = 7$

---

613 ◀필수▶

이차함수 $f(x) = -x^2 + 5x - 7$에 대하여 $f(-1) + f(2)$의 값은?

① -11 ② -12 ③ -13

④ -14 ⑤ -15

614

이차함수 $f(x) = 3x^2 + ax + 5$에 대하여 $f(-2) = 21$일 때, 상수 a의 값은?

① -2 ② -1 ③ 0

④ 1 ⑤ 2

615

이차함수 $f(x) = 2x^2 - 3x - 1$에 대하여 $f(a) = 1$일 때, 정수 a의 값을 구하여라.

---

616 서술형

이차함수 $f(x) = ax^2 - 2x - 10$에 대하여 $f(-1) = -3$, $f(2) = b$일 때, $a + b$의 값을 구하여라. (단, a는 상수)

유형 109 ◆ 이차함수 $y=ax^2$의 그래프가 지나는 점

(1) 이차함수의 그래프의 꼭짓점이 원점이면
$y=ax^2 \Rightarrow y$가 x^2에 정비례
(2) 그래프가 점 (m, n)을 지난다.
$\Rightarrow x=m, y=n$을 대입하면 등식이 성립한다.
예 이차함수 $f(x)=ax^2$의 그래프가 점 $(3, 9)$를 지날 때
$f(3)=a \times 3^2=9$ ∴ $a=1$

617 ═ 필수 ═

이차함수 $y=ax^2$의 그래프가 오른쪽 그림과 같이 원점을 꼭짓점으로 하고 점 $(-2, -8)$을 지날 때, a의 값을 구하여라.

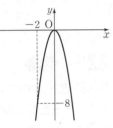

618

이차함수 $y=ax^2$의 그래프가 두 점 $(2, -1)$, $(-1, b)$를 지날 때, $a+b$의 값을 구하여라. (단, a는 상수)

619 서술형

원점을 꼭짓점으로 하고, y축을 축으로 하는 포물선이 두 점 $(-3, 6)$, $(k, 2)$를 지날 때, 양수 k의 값을 구하여라.

620

y가 x의 제곱에 정비례하는 함수이고 $x=2$일 때 $y=6$이다. 이 함수에서 $x=4$일 때, y의 값은?

① -24 ② -18 ③ -12
④ 12 ⑤ 24

유형 110 ◆ 이차함수 $y=ax^2$의 그래프의 성질

(1) 원점을 꼭짓점으로 하는 포물선이다.
(2) 축은 y축이다. ($x=0$)
(3) $a>0$이면 아래로 볼록한 ∪모양이고,
$a<0$이면 위로 볼록한 ∩모양이다.
(4) a의 절댓값이 클수록 그래프의 폭이 좁아진다.
(5) 이차함수 $y=-ax^2$의 그래프와 x축에 대하여 대칭이다.

풍쌤의 point 이차항의 계수 a의 값에 따라 그래프의 모양과 폭이 결정된다.

621 ═ 필수 ═

이차함수 $y=3x^2$의 그래프에 대한 다음 설명 중 옳은 것은?

① x축에 대하여 대칭이다.
② 점 $(-2, -12)$를 지난다.
③ $y=-4x^2$의 그래프보다 폭이 좁다.
④ 위로 볼록한 포물선이다.
⑤ $x<0$일 때, x의 값이 증가하면 y의 값은 감소한다.

622

다음 이차함수의 그래프 중 위로 볼록하면서 폭이 가장 좁은 것은?

① $y=2x^2$ ② $y=\frac{1}{4}x^2$ ③ $y=-x^2$
④ $y=-2x^2$ ⑤ $y=-\frac{1}{4}x^2$

623

다음 보기의 이차함수의 그래프에 대한 설명 중 옳지 <u>않은</u> 것은?

보기

ㄱ. $y=5x^2$ ㄴ. $y=-\frac{1}{5}x^2$ ㄷ. $y=-7x^2$
ㄹ. $y=\frac{1}{5}x^2$ ㅁ. $y=-5x^2$ ㅂ. $y=2x^2$

① 아래로 볼록한 포물선은 ㄱ, ㄹ, ㅂ이다.
② ㄱ과 ㅁ은 x축에 대하여 대칭이다.
③ 폭이 가장 넓은 것은 ㄷ이다.
④ 꼭짓점은 모두 원점이다.
⑤ 모두 y축에 대하여 대칭이다.

유형 111 ◆ 이차함수 $y=ax^2$의 식 구하기

 그래프가 원점을 꼭짓점으로 하는 포물선이면
$y=ax^2$

624 =◀필수▶=

오른쪽 그림과 같이 원점을 꼭짓점으로 하고 점 $(1, 4)$를 지나는 포물선을 그래프로 하는 이차함수의 식은?

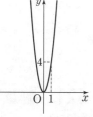

① $y=\dfrac{1}{2}x^2$ ② $y=x^2$

③ $y=2x^2$ ④ $y=3x^2$

⑤ $y=4x^2$

625

이차함수 $y=f(x)$의 그래프가 오른쪽 그림과 같을 때, $f(6)$의 값을 구하여라.

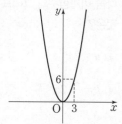

626 서술형

원점을 꼭짓점으로 하는 포물선이 두 점 $(-2, 12)$, $(k, 27)$을 지날 때, 양수 k의 값을 구하여라.

유형 112 ◆ 이차함수 $y=ax^2$의 그래프의 폭

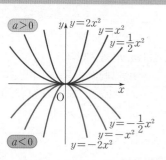

 이차함수 $y=ax^2$의 그래프에서 a의 절댓값이 클수록 그래프의 폭이 좁아진다.

627 =◀필수▶=

두 이차함수 $y=3x^2$, $y=-x^2$의 그래프가 오른쪽 그림과 같을 때, 다음 이차함수 중 그 그래프가 색칠한 부분에 있지 <u>않은</u> 것은?

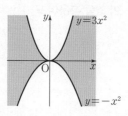

① $y=-2x^2$ ② $y=-\dfrac{1}{2}x^2$ ③ $y=-\dfrac{1}{3}x^2$

④ $y=x^2$ ⑤ $y=2x^2$

628

오른쪽 그림은 이차함수 $y=ax^2$의 그래프이다. 이 중 상수 a의 값이 가장 작은 것은?

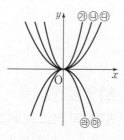

① ㉮   ② ㉯

③ ㉰   ④ ㉱

⑤ ㉲

629

오른쪽 그림에서 ㉮~㉲의 그래프 중 이차함수 $y=-\dfrac{1}{2}x^2$의 그래프로 알맞은 것은?(단, ㉱의 그래프는 $y=x^2$의 그래프와 x축에 대하여 대칭이다.)

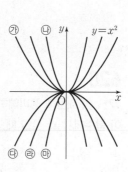

① ㉮   ② ㉯

③ ㉰   ④ ㉱

⑤ ㉲

유형 113 ◆ 이차함수 $y=ax^2$, $y=-ax^2$의 그래프의 관계

이차함수 $y=ax^2$의 그래프는 이차함수 $y=-ax^2$의 그래프와 x축에 대하여 대칭이다.
⇨ x축을 중심으로 접으면 완전히 포개어진다. 즉, x좌표는 그대로이고 y좌표의 부호만 바뀌므로 y 대신 $-y$를 대입한 식과 같다.

630 ═필수═

다음 보기의 이차함수의 그래프 중 x축에 대하여 대칭인 것끼리 짝지어진 것을 모두 고르면?(정답 2개)

보기
ㄱ. $y=2x^2$ ㄴ. $y=-\dfrac{2}{3}x^2$ ㄷ. $y=\dfrac{4}{3}x^2$

ㄹ. $y=\dfrac{2}{3}x^2$ ㅁ. $y=\dfrac{1}{4}x^2$ ㅂ. $y=-\dfrac{4}{3}x^2$

① ㄱ, ㄴ   ② ㄱ, ㄹ   ③ ㄴ, ㄹ

④ ㄷ, ㄹ   ⑤ ㄷ, ㅂ

631 서술형

이차함수 $y=ax^2$의 그래프는 점 $(-2, 16)$을 지나고, 이차함수 $y=bx^2$의 그래프와 x축에 대하여 대칭이다. 이때, 상수 a, b에 대하여 $a-b$의 값을 구하여라.

632

이차함수 $y=\dfrac{1}{2}x^2$의 그래프와 x축에 대하여 대칭인 그래프가 점 $(a-1, a-1)$을 지날 때, 모든 a의 값의 곱을 구하여라.

유형 114 ◆ 이차함수 $y=ax^2$의 그래프의 평행이동

이차함수 $y=ax^2$의 그래프를
(1) x축의 방향으로 p만큼 평행이동하면
$y=a(x-p)^2$ ⇦ x 대신 $x-p$를 대입
(2) y축의 방향으로 q만큼 평행이동하면
$y=ax^2+q$ ⇦ 맨 뒤에 q를 더함
(3) x축의 방향으로 p만큼, y축의 방향으로 q만큼 평행이동하면
$y=a(x-p)^2+q$
  x 대신 $x-p$를 대입   맨 뒤에 q를 더함
⑩ 이차함수 $y=-3x^2$의 그래프를 x축의 방향으로 1만큼, y축의 방향으로 2만큼 평행이동하면 $y=-3(x-1)^2+2$

633 ═필수═

이차함수 $y=\dfrac{1}{5}x^2$의 그래프를 x축의 방향으로 $\dfrac{1}{3}$만큼, y축의 방향으로 -3만큼 평행이동한 그래프의 식은?

① $y=\dfrac{1}{5}(x+3)^2-\dfrac{1}{3}$ ② $y=\dfrac{1}{5}(x-3)^2-\dfrac{1}{3}$

③ $y=\dfrac{1}{5}\left(x+\dfrac{1}{3}\right)^2-3$ ④ $y=\dfrac{1}{5}\left(x-\dfrac{1}{3}\right)^2-3$

⑤ $y=\dfrac{1}{5}\left(x-\dfrac{1}{3}\right)^2+3$

634

이차함수 $y=6(x+3)^2-4$의 그래프는 $y=6x^2$의 그래프를 x축의 방향으로 p만큼, y축의 방향으로 q만큼 평행이동한 것이다. 이때, $p+q$의 값은?

① -7 ② -3 ③ -1

④ 1   ⑤ 7

635

다음 이차함수의 그래프 중 이차함수 $y=\dfrac{1}{4}x^2$의 그래프를 평행이동하여 완전히 포갤 수 있는 것은?

① $y=4(x+2)^2$ ② $y=-4x^2-3$

③ $y=\dfrac{1}{4}(x-2)^2+1$ ④ $y=-\dfrac{1}{4}(x-1)^2$

⑤ $y=-\dfrac{1}{4}x^2$

636

이차함수 $y=-3x^2$의 그래프를 x축의 방향으로 -4만큼 평행이동한 그래프가 점 $(-3, m)$을 지난다. 이때, m의 값을 구하여라.

637

이차함수 $y=-\dfrac{1}{3}x^2$의 그래프를 y축의 방향으로 q만큼 평행이동한 그래프가 점 $(-3, 4)$를 지난다. 이때, q의 값을 구하여라.

638

이차함수 $y=ax^2$의 그래프를 x축의 방향으로 2만큼, y축의 방향으로 3만큼 평행이동한 그래프가 점 $(4, -1)$을 지난다. 이때, 상수 a의 값을 구하여라.

639 서술형

이차함수 $y=-2x^2$의 그래프를 x축의 방향으로 1만큼, y축의 방향으로 -3만큼 평행이동한 그래프가 점 $(-2, m)$을 지난다. 이때, m의 값을 구하여라.

유형 **115** ◆ 이차함수 $y=a(x-p)^2+q$의 그래프의 꼭짓점의 좌표와 축의 방정식

이차함수	꼭짓점의 좌표	축의 방정식
$y=ax^2$	$(0, 0)$	$x=0$ (y축)
$y=ax^2+q$	$(0, q)$	$x=0$ (y축)
$y=a(x-p)^2$	$(p, 0)$	$x=p$
$y=a(x-p)^2+q$	(p, q)	$x=p$

풍쌤의 point 이차함수 $y=a(x-p)^2+q$의 그래프에서 괄호 안이 0일 때, 즉 $x-p=0$이면 $x=p$이므로 축의 방정식을 알 수 있고, 이때 y의 값이 q이므로 꼭짓점의 좌표는 (p, q)임을 알 수 있다.

640 필수

이차함수 $y=\dfrac{1}{2}x^2$의 그래프를 x축의 방향으로 -3만큼, y축의 방향으로 -4만큼 평행이동한 그래프의 꼭짓점의 좌표를 (a, b), 축의 방정식을 $x=c$라 할 때, $a+b+c$의 값을 구하여라.

641

다음 이차함수 중 그 그래프의 꼭짓점이 제2사분면 위에 있는 것은?

① $y=6(x-5)^2$ ② $y=-3(x+2)^2-1$
③ $y=4(x-3)^2+2$ ④ $y=-5(x-4)^2-3$
⑤ $y=2(x+1)^2+2$

642

이차함수 $y=-3x^2+q$의 그래프는 점 $(-1, 3)$을 지난다. 이 그래프의 꼭짓점의 좌표가 (a, b)일 때, $a+b+q$의 값을 구하여라. (단, q는 상수)

643

이차함수 $y=a(x+p)^2+4$의 그래프는 직선 $x=-3$을 축으로 하고, 점 $(-4, 6)$을 지난다. 이때, 상수 a, p의 합 $a+p$의 값은?

① 3   ② 4   ③ 5

④ 6   ⑤ 7

644

이차함수 $y=\dfrac{1}{2}(x-2)^2$의 그래프는 직선 $x=a$를 축으로 하고, 이차함수 $y=-\dfrac{1}{3}x^2$을 x축의 방향으로 -3만큼 평행이동한 그래프는 직선 $x=b$를 축으로 한다. 이때 $a+b$의 값을 구하여라.

645 서술형

이차함수 $y=ax^2$의 그래프를 x축의 방향으로 p만큼 평행이동한 그래프의 축의 방정식은 $x=-\dfrac{3}{2}$이 되고 점 $\left(\dfrac{1}{2}, -2\right)$를 지난다. 이때, $a+p$의 값을 구하여라.(단, a는 상수)

646

이차함수 $y=-2x^2$의 그래프를 x축의 방향으로 a만큼, y축의 방향으로 -4만큼 평행이동한 그래프의 꼭짓점의 좌표는 $(2, b)$가 되고 점 $(3, c)$를 지난다. 이때, $a+b+c$의 값을 구하여라.

유형 116 ◆ 이차함수 $y=a(x-p)^2+q$의 그래프의 증가, 감소

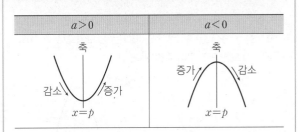

풍쌤의 point 이차함수 $y=a(x-p)^2+q$의 그래프는 축 $x=p$를 기준으로 감소하다가 증가하거나 증가하다가 감소한다.

647 필수

이차함수 $y=-\dfrac{2}{3}(x+2)^2-5$의 그래프에서 x의 값이 증가할 때, y의 값은 감소하는 x의 값의 범위는?

① $x>-5$ ② $x<-5$ ③ $x>-2$

④ $x<-2$ ⑤ $x<2$

648

이차함수 $y=\dfrac{1}{4}(x-1)^2+3$의 그래프에서 x의 값이 증가할 때, y의 값도 증가하는 x의 값의 범위는?

① $x>-3$ ② $x>-1$ ③ $x<-1$

④ $x>1$ ⑤ $x<1$

649

이차함수 $y=-\dfrac{1}{2}x^2$의 그래프를 x축의 방향으로 -3만큼, y축의 방향으로 1만큼 평행이동한 그래프에서 x의 값이 증가할 때, y의 값도 증가하는 x의 값의 범위를 구하여라.

유형 **117** ◆ 이차함수 $y=a(x-p)^2+q$의 그래프 그리기

이차함수 $y=a(x-p)^2+q$의 그래프를 그리려면 꼭짓점의 좌표 (p, q)를 찍은 후 $a>0$일 때에는 $\cup$모양으로, $a<0$일 때에는 $\cap$모양으로 꺾어 주면 된다.

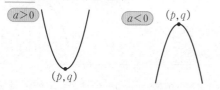

$a>0$ $a<0$ (p, q)

(p, q)

650 ◆필수◆

다음 보기의 이차함수 중 그 그래프가 모든 사분면을 지나는 것의 개수는?

보기
ㄱ. $y=-3x^2+2$ ㄴ. $y=(x+3)^2$
ㄷ. $y=-(x+2)^2-1$ ㄹ. $y=\dfrac{1}{3}(x-2)^2+1$

① 없다.   ② 1개   ③ 2개
④ 3개   ⑤ 4개

651

오른쪽 ㉮~㉰의 그래프 중 이차함수 $y=-(x-3)^2$의 그래프로 알맞은 것은?

① ㉮   ② ㉯
③ ㉰   ④ ㉱
⑤ ㉲

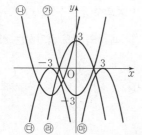

652

이차함수 $y=-\dfrac{1}{4}(x-4)^2-2$의 그래프가 지나지 <u>않는</u> 사분면은?

① 제1, 2사분면   ② 제1, 3사분면
③ 제2, 3사분면   ④ 제2, 4사분면
⑤ 제3, 4사분면

유형 **118** ◆ 이차함수 $y=a(x-p)^2+q$의 그래프의 성질

(1) 이차함수 $y=ax^2$의 그래프를 x축의 방향으로 p만큼, y축의 방향으로 q만큼 평행이동한 것이다.
(2) 꼭짓점의 좌표: (p, q)
(3) 축의 방정식: $x=p$

653 ◆필수◆

다음 중 이차함수 $y=-\dfrac{1}{2}(x+2)^2+1$의 그래프에 대한 설명으로 옳지 <u>않은</u> 것은?

① 꼭짓점의 좌표는 $(-2, 1)$이다.
② 위로 볼록한 포물선이다.
③ 모든 사분면을 지난다.
④ $x>-2$에서 x의 값이 증가하면 y의 값은 감소한다.
⑤ $y=-\dfrac{1}{2}x^2$의 그래프를 x축의 방향으로 -2만큼, y축의 방향으로 1만큼 평행이동한 것이다.

654

다음 중 이차함수 $y=4(x-2)^2+5$의 그래프에 대한 설명으로 옳지 <u>않은</u> 것은?

① 아래로 볼록한 포물선이다.
② 꼭짓점의 좌표는 $(2, 5)$이다.
③ $x>2$일 때, x의 값이 증가하면 y의 값도 증가한다.
④ 모든 x의 값에 대하여 y의 값은 0보다 크다.
⑤ $y=x^2$의 그래프보다 폭이 넓다.

655

다음 중 이차함수 $y=-\dfrac{1}{3}x^2-2$의 그래프에 대한 설명으로 옳지 <u>않은</u> 것은?

① 제3사분면을 지난다.
② 꼭짓점의 좌표는 $(0,\ -2)$이다.
③ $x<0$일 때, x의 값이 증가하면 y의 값도 증가한다.
④ 축의 방정식은 $x=-2$이다.
⑤ $y=-\dfrac{1}{3}x^2$의 그래프를 y축의 방향으로 -2만큼 평행이동한 것이다.

656

다음 중 이차함수 $y=-2(x+3)^2$의 그래프에 대한 설명으로 옳은 것은?

① 아래로 볼록한 포물선이다.
② x축과 오직 한 점에서 만난다.
③ 꼭짓점의 좌표는 $(0,\ -3)$이다.
④ $x>-3$일 때, x의 값이 증가하면 y의 값도 증가한다.
⑤ $y=-2x^2$의 그래프를 x축의 방향으로 3만큼 평행이동한 것이다.

657

다음 설명 중 옳은 것은?

① $y=2x^2+1$과 $y=-2x^2$의 그래프의 폭이 서로 같다.
② $y=2x^2$의 그래프는 위로 볼록한 포물선이다.
③ $y=(x+1)^2-3$의 꼭짓점의 좌표는 $(1,\ -3)$이다.
④ $y=2(x-3)^2-5$의 그래프는 점 $(3,\ 5)$를 지난다.
⑤ $y=2x^2$과 $y=2(x-9)^2$의 그래프는 축의 방정식이 모두 $x=0$이다.

유형 119 ◆ 이차함수 $y=a(x-p)^2+q$의 그래프의 평행이동

이차함수 $y=a(x-p)^2+q$의 그래프를 x축의 방향으로 m만큼, y축의 방향으로 n만큼 평행이동하면
$$y=a(\underset{x\ \text{대신}\ x-m\text{을 대입}}{x-m-p})^2+\underset{\text{맨 뒤에}\ n\text{를 더함}}{q+n}$$
예 이차함수 $y=3(x-2)^2+1$의 그래프를 x축의 방향으로 1만큼, y축의 방향으로 2만큼 평행이동하면
$$y=3(x-1-2)^2+1+2=3(x-3)^2+3$$

658 ─필수─

이차함수 $y=-3(x-2)^2+5$의 그래프를 x축의 방향으로 -5만큼, y축의 방향으로 3만큼 평행이동한 그래프가 나타내는 이차함수의 식이 $y=ax^2+bx+c$일 때, 상수 a, b, c의 합 $a+b+c$의 값을 구하여라.

659

이차함수 $y=(x+2)^2+4$의 그래프를 y축의 방향으로 k만큼 평행이동한 그래프가 점 $(-3,\ 2)$를 지난다. 이때, k의 값을 구하여라.

660

이차함수 $y=(x-3)^2+2$의 그래프를 x축의 방향으로 p만큼 평행이동한 그래프의 축의 방정식이 $x=4$이다. 이때, p의 값은?

① -2 　② -1 　③ 0
④ 1 　⑤ 2

661 서술형

이차함수 $y=-(x-2)^2-1$의 그래프를 x축의 방향으로 -4만큼, y축의 방향으로 5만큼 평행이동한 그래프의 꼭짓점의 좌표를 (p, q), 축의 방정식을 $x=m$이라 할 때, $p+q+m$의 값을 구하여라.

662

이차함수 $y=(x-1)^2+1$의 그래프를 x축의 방향으로 a만큼, y축의 방향으로 b만큼 평행이동하였더니 $y=\left(x+\dfrac{1}{2}\right)^2-\dfrac{1}{4}$의 그래프와 일치하였다. 이때, $a+b$의 값은?

① $-\dfrac{11}{2}$ ② $-\dfrac{11}{4}$ ③ $-\dfrac{9}{4}$

④ $\dfrac{9}{4}$ ⑤ $\dfrac{11}{2}$

663

이차함수 $y=-(x+1)^2+4$의 그래프를 x축의 방향으로 k만큼, y축의 방향으로 $3k$만큼 평행이동한 그래프가 점 $(-2, 1)$을 지난다. 이때 양수 k의 값을 구하여라.

유형 120 ◆ 이차함수 $y=a(x-p)^2+q$의 식 구하기

(1) 꼭짓점의 좌표 (p, q)와 다른 한 점이 주어진 경우
⇨ $y=a(x-p)^2+q$로 놓고 다른 한 점의 좌표를 대입하여 a의 값을 구한다.
(2) 축의 방정식 $x=p$와 다른 두 점이 주어진 경우
⇨ $y=a(x-p)^2+q$로 놓고 다른 두 점의 좌표를 대입하여 a, q의 값을 구한다.

664 ═ 필수 ═

이차함수 $y=a(x-p)^2+q$의 그래프가 오른쪽 그림과 같을 때, 상수 a, p, q에 대하여 apq의 값을 구하여라.

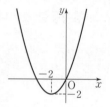

665

이차함수 $y=a(x-p)^2+q$의 그래프가 오른쪽 그림과 같이 직선 $x=-1$을 축으로 할 때, 상수 a, p, q에 대하여 $a+p+q$의 값을 구하여라.

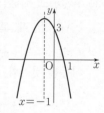

666

다음 중 꼭짓점의 좌표가 $(3, -4)$이고, 점 $(0, 2)$를 지나는 이차함수의 그래프 위의 점인 것은?

① $(-1, 5)$ ② $(1, -1)$ ③ $(2, -3)$
④ $(4, -2)$ ⑤ $(6, 2)$

유형 **121** ◆ 이차함수 $y=a(x-p)^2+q$의 그래프에서 a, p, q의 부호

(1) ∪ 모양이면 $a>0$, ∩ 모양이면 $a<0$
(2) 꼭짓점이 제1사분면 위에 있으면 $p>0$, $q>0$
　꼭짓점이 제2사분면 위에 있으면 $p<0$, $q>0$
　꼭짓점이 제3사분면 위에 있으면 $p<0$, $q<0$
　꼭짓점이 제4사분면 위에 있으면 $p>0$, $q<0$

풍쌤의 point a의 부호는 그래프가 ∪ 모양인지 ∩ 모양인지에 따라 결정되고, p, q의 부호는 꼭짓점의 좌표 (p, q)의 위치에 따라 결정된다.

667 필수

이차함수 $y=a(x-p)^2+q$의 그래프가 오른쪽 그림과 같을 때, a, p, q의 부호가 옳은 것은?

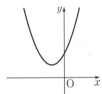

① $a>0$, $p>0$, $q>0$
② $a>0$, $p<0$, $q>0$
③ $a>0$, $p<0$, $q<0$
④ $a<0$, $p<0$, $q>0$
⑤ $a<0$, $p>0$, $q<0$

668

이차함수 $y=ax^2-q$의 그래프가 오른쪽 그림과 같을 때, 다음 중 옳은 것은?

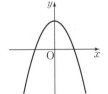

① $a<0$, $q=0$
② $a<0$, $q<0$
③ $a<0$, $q>0$
④ $a>0$, $q<0$
⑤ $a>0$, $q>0$

669

일차함수 $y=ax+b$의 그래프가 오른쪽 그림과 같을 때, 이차함수 $y=ax^2+b$의 그래프로 적당한 것은?

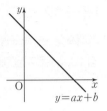

① 　② 　③

④ 　⑤

670

이차함수 $y=a(x+b)^2$의 그래프가 오른쪽 그림과 같을 때, 다음 중 일차함수 $y=ax+b$의 그래프로 적당한 것은?

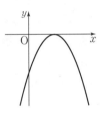

① 　② 　③

④ 　⑤

671

다음은 이차함수 $y=-x^2$, $y=-\dfrac{1}{3}x^2$, $y=\dfrac{1}{3}x^2$, $y=x^2$의 그래프를 한 좌표평면에 각각 나타낸 것이다. 포물선 ㉠이 점 $(2, a)$를 지날 때, a의 값을 구하여라.

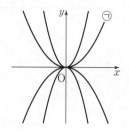

672

다음은 두 이차함수 $y=x^2$, $y=9x^2$의 그래프의 제1사분면 부분을 나타낸 것이다. □ABCD는 정사각형이고 각 변은 x축 또는 y축에 평행하다. 두 점 B, D는 $y=x^2$의 그래프 위의 점이고, 점 A는 $y=9x^2$의 그래프 위의 점일 때, 점 C의 좌표를 구하여라.

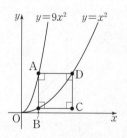

673

다음은 두 이차함수 $y=2x^2$, $y=ax^2$의 그래프이다. $y=2x^2$의 그래프 위의 두 점 A, B의 x좌표는 각각 -1, 2이고 $y=ax^2$의 그래프 위의 점 C의 x좌표는 -3이다. 이때, 두 점 A, B를 지나는 직선과 원점 O와 점 C를 지나는 직선이 평행할 때, 상수 a의 값을 구하여라.(단, $a<0$)

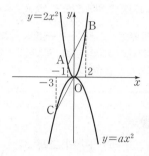

674

이차함수 $y=\dfrac{1}{2}x^2$의 그래프 위의 한 점 $\mathrm{P}(x, y)$와 원점 O, x축 위의 점 $\mathrm{A}(4, 0)$을 꼭짓점으로 하는 $\triangle\mathrm{POA}$의 넓이가 25일 때, 제1사분면 위의 점 P의 좌표를 구하여라.

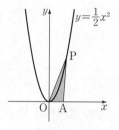

675

이차함수 $y=ax^2+q$의 그래프는 직선 $y=8$에 접하고, 점 $\mathrm{P}(2\sqrt{2}, 0)$을 지난다. 이때, 상수 a, q의 합 $a+q$의 값을 구하여라.

676 서술형

다음은 두 이차함수 $y=-4x^2$, $y=ax^2$의 그래프와 직선 $y=-16$을 나타낸 것이다. $\overline{AB}=\overline{BC}=\overline{CD}=\overline{DE}$일 때, 상수 a의 값을 구하여라.

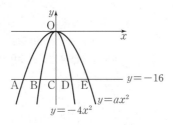

677

다음 그림에서 ㉮는 이차함수 $y=\frac{3}{4}(x-2)^2-3$의 그래프이고, ㉯는 ㉮를 x축의 방향으로 -5만큼 평행이동한 것이다. 이때, 색칠한 부분의 넓이를 구하여라.(단, 점 A, B는 각 그래프의 꼭짓점이다.)

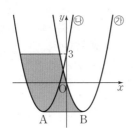

678

이차함수 $y=(x+1)^2+a-2$의 그래프를 x축의 방향으로 m만큼, y축의 방향으로 3만큼 평행이동한 그래프는 점 $(-1, 1)$을 지나고, 꼭짓점이 직선 $y=-x-2$ 위에 있다. 이때, $a-m$의 값을 구하여라.(단, a는 상수이고 $m>0$)

679 서술형

이차함수 $y=-\frac{1}{4}(x+3)^2+2$의 그래프를 x축의 방향으로 p만큼, y축의 방향으로 q만큼 평행이동한 그래프의 꼭짓점의 좌표가 $(-1, -1)$이고, 점 $(3, m)$을 지난다. 이때, $p+q+m$의 값을 구하여라.

680

이차함수 $y=-4(x+3)^2+5$의 그래프를 x축의 방향으로 2만큼, y축의 방향으로 -2만큼 평행이동한 이차함수의 그래프가 x축과 만나는 두 점 사이의 거리를 구하여라.

681

$a<0$, $p>0$, $q>0$일 때, 이차함수 $y=a(x-p)^2+q$의 그래프가 모든 사분면을 지나기 위한 조건으로 옳은 것은?

① $p+q<0$　　　　② $ap^2+q>0$
③ $p^2+q=a$　　　　④ $ap^2+q\leq0$
⑤ $p^2+q^2\geq0$

2 이차함수의 그래프(2)

01 이차함수 $y=ax^2+bx+c$의 그래프

→ 개념 Link 풍산자 개념완성편 148쪽 →

(1) 이차함수 $y=ax^2+bx+c$의 그래프는 $y=a(x-p)^2+q$의 꼴로 고쳐서 그린다.

$$y=ax^2+bx+c \Rightarrow y=a\left(x+\frac{b}{2a}\right)^2-\frac{b^2-4ac}{4a}$$

(2) **꼭짓점의 좌표**: $\left(-\dfrac{b}{2a},\ -\dfrac{b^2-4ac}{4a}\right)$

(3) **축의 방정식**: $x=-\dfrac{b}{2a}$
　　　　　　　　　└→ 꼭짓점의 x좌표

(4) **y축과의 교점의 좌표**: $(0,\ c)$
　　　　　　　　　　　　└→ y절편

개념 Tip 이차함수의 그래프와 축의 교점을 구하려면 다음과 같이 하면 된다.
　　(1) x축과의 교점의 x좌표 : $y=0$을 대입하여 x의 값을 구한다.
　　(2) y축과의 교점의 y좌표 : $x=0$을 대입하여 y의 값을 구한다.

1 다음은 이차함수 $y=-3x^2+6x+1$을 $y=a(x-p)^2+q$의 꼴로 고치는 과정이다. □ 안에 알맞은 수를 써넣어라.

$$\begin{aligned}
y&=-3x^2+6x+1\\
&=-3(x^2-\square x)+1\\
&=-3(x^2-\square x+\square-\square)+1\\
&=-3(x-\square)^2+\square
\end{aligned}$$

2 다음 이차함수를 $y=a(x-p)^2+q$의 꼴로 고쳐라.(단, p, q는 상수)

(1) $y=x^2+4x+9$

(2) $y=-x^2-6x-5$

답 1 2, 2, 1, 1, 1, 4
　　 2 (1) $y=(x+2)^2+5$　(2) $y=-(x+3)^2+4$

02 이차함수 $y=ax^2+bx+c$의 그래프에서 a, b, c의 부호

→ 개념 Link 풍산자 개념완성편 150쪽 →

이차함수 $y=ax^2+bx+c$의 그래프에서

(1) **a의 부호**: 그래프의 모양에 따라 결정

　① 아래로 볼록($\cup$모양): $a>0$

　② 위로 볼록($\cap$모양): $a<0$

(2) **b의 부호**: 축의 위치에 따라 결정

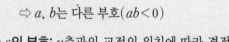

　① 축이 x축의 왼쪽에 위치
　　$\Rightarrow a,\ b$는 같은 부호($ab>0$)

　② 축이 y축과 일치
　　$\Rightarrow b=0$

　③ 축이 y축의 오른쪽에 위치
　　$\Rightarrow a,\ b$는 다른 부호($ab<0$)

(3) **c의 부호**: y축과의 교점의 위치에 따라 결정

　① y축과의 교점이 원점의 위쪽에 위치　$\Rightarrow c>0$

　② y축과의 교점이 원점에 위치　　　　　$\Rightarrow c=0$

　③ y축과의 교점이 원점의 아래쪽에 위치　$\Rightarrow c<0$

개념 Tip 이차함수 $y=ax^2+bx+c$의 그래프의 축이 직선 $x=-\dfrac{b}{2a}$이므로

　① 축이 y축의 왼쪽에 있으면 $-\dfrac{b}{2a}<0 \Rightarrow ab>0$

　② 축이 y축의 오른쪽에 있으면 $-\dfrac{b}{2a}>0 \Rightarrow ab<0$

1 이차함수 $y=ax^2+bx+c$의 그래프가 다음과 같을 때, □ 안에 알맞은 부등호를 써넣어라.

(1) 그래프가 아래로 볼록하므로 $a \square 0$

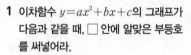

(2) 축이 y축의 오른쪽에 있으므로 $ab \square 0$　$\therefore b \square 0$

(3) y축과의 교점이 원점의 위쪽에 있으므로 $c \square 0$

2 이차함수 $y=ax^2+bx+c$의 그래프가 다음과 같을 때, □ 안에 알맞은 부등호를 써넣어라.

(1) 그래프가 위로 볼록하므로 $a \square 0$

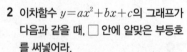

(2) 축이 y축의 왼쪽에 있으므로 $ab \square 0$　$\therefore b \square 0$

(3) y축과의 교점이 원점의 아래쪽에 있으므로 $c \square 0$

답 1 (1) $>$　(2) $<$, $<$　(3) $>$
　　 2 (1) $<$　(2) $>$, $<$　(3) $<$

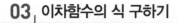

(1) **꼭짓점의 좌표와 그래프 위의 다른 한 점을 알 때**

이차함수의 그래프의 꼭짓점의 좌표가 (p, q)이고, 다른 한 점을 지날 때

❶ 구하는 식을 $y=a(x-p)^2+q$ $(a\neq0)$로 놓는다.

❷ 주어진 다른 한 점의 좌표를 ❶의 식에 대입하여 a의 값을 구한다.

(2) **축의 방정식과 그래프 위의 두 점을 알 때**

이차함수의 그래프의 축의 방정식이 $\underline{x=p}$이고, 서로 다른 두 점을 지날 때

❶ 구하는 식을 $y=a(x-p)^2+q$ $(\underline{a\neq0})$로 놓는다. ▶꼭짓점의 x좌표가 p

❷ 주어진 두 점의 좌표를 ❶의 식에 각각 대입하여 a, q의 값을 구한다.

(3) **x축과의 두 교점과 그래프 위의 다른 한 점을 알 때**

이차함수의 그래프가 x축과 두 점 $(\alpha, 0)$, $(\beta, 0)$에서 만나고, 그래프 위의 다른 한 점을 지날 때

❶ 구하는 식을 $y=a(x-\alpha)(x-\beta)$ $(a\neq0)$로 놓는다.

❷ 주어진 다른 한 점의 좌표를 ❶의 식에 대입하여 a의 값을 구한다.

(4) **그래프 위의 서로 다른 세 점을 알 때**

이차함수의 그래프가 서로 다른 세 점을 지날 때

❶ 구하는 식을 $y=ax^2+bx+c$ $(a\neq0)$로 놓는다.

❷ 세 점의 좌표를 ❶의 식에 각각 대입하여 a, b, c의 값을 구한다. ▶$x=0$일 때의 값

참고 이차함수의 그래프가 지나는 서로 다른 세 점 중 두 점의 좌표가 같을 때, 이차함수의 식 구하기

➡ 이차함수의 그래프가 두 점 $(x_1, \overset{\text{같다}}{y_1})$, (x_2, y_1)을 지날 때, 이 그래프의 축의 방정식은 $x=\dfrac{x_1+x_2}{2}$이다. 따라서 구하는 식을 $y=a\left(x-\dfrac{x_1+x_2}{2}\right)^2+q$로 놓을 수 있다.

개념Tip $y=ax^2+bx+c$와 $y=a'x^2$의 그래프가 평행이동하여 완전히 포개어지려면 $a=a'$이어야 한다.

1 다음 포물선을 그래프로 하는 이차함수의 식을 $y=ax^2+bx+c$의 꼴로 나타내어라.

(1) 꼭짓점의 좌표가 $(-2, 3)$이고 점 $(-1, -1)$을 지나는 포물선

(2) 꼭짓점의 좌표가 $(1, -4)$이고 점 $(3, 4)$를 지나는 포물선

2 다음 포물선을 그래프로 하는 이차함수의 식을 $y=ax^2+bx+c$의 꼴로 나타내어라.

(1) 축의 방정식이 $x=2$이고 두 점 $(-1, -6)$, $(3, 2)$를 지나는 포물선

(2) 축의 방정식이 $x=-1$이고 평행이동하여 $y=3x^2$의 그래프에 완전히 포갤 수 있으며 점 $(0, 1)$을 지나는 포물선

3 다음 포물선을 그래프로 하는 이차함수의 식을 $y=ax^2+bx+c$의 꼴로 나타내어라.

(1) x축과의 교점이 $(-1, 0)$, $(2, 0)$이고, 점 $(0, -6)$을 지나는 포물선

(2) x축과의 교점이 $(-3, 0)$, $(3, 0)$이고, $y=2x^2$의 그래프에 완전히 포갤 수 있는 포물선

4 다음 포물선을 그래프로 하는 이차함수의 식을 $y=ax^2+bx+c$의 꼴로 나타내어라.

(1) 세 점 $(0, 0)$, $(1, 1)$, $(2, 8)$을 지나는 포물선

(2) 세 점 $(0, 1)$, $(1, 6)$, $(-1, 0)$을 지나는 포물선

답 1 (1) $y=-4x^2-16x-13$
   (2) $y=2x^2-4x-2$
2 (1) $y=-x^2+4x-1$
   (2) $y=3x^2+6x+1$
3 (1) $y=3x^2-3x-6$
   (2) $y=2x^2-18$
4 (1) $y=3x^2-2x$
   (2) $y=2x^2+3x+1$

유형 122 ◆ 이차함수 $y=ax^2+bx+c$를 $y=a(x-p)^2+q$의 꼴로 변형하기

이차함수 $y=ax^2+bx+c$의 꼴을 일반형이라 하고, $y=a(x-p)^2+q$의 꼴을 표준형이라고 한다.

풍쌤의 point 일반형을 표준형으로 고칠 때에는 완전제곱식을 이용한다.

682 ─ 필수 ─

이차함수 $y=2x^2-8x+9$를 $y=a(x-p)^2+q$의 꼴로 나타낼 때, 상수 a, p, q의 곱 apq의 값은?

① 2　　　　② 4　　　　③ 6
④ 8　　　　⑤ 10

683

다음은 이차함수 $y=-\dfrac{1}{3}x^2-2x+5$를 $y=a(x-p)^2+q$의 꼴로 고치는 과정이다. ㉠~㉣ 중 처음으로 틀린 곳은?

$$y=-\frac{1}{3}x^2-2x+5$$
$$=-\frac{1}{3}(x^2-6x)+5 \qquad ㉠$$
$$=-\frac{1}{3}(x^2-6x+9-9)+5 \qquad ㉡$$
$$=-\frac{1}{3}(x-3)^2+3+5 \qquad ㉢$$
$$=-\frac{1}{3}(x-3)^2+8 \qquad ㉣$$

① ㉠　　　② ㉡　　　③ ㉢
④ ㉣　　　⑤ 틀린 곳이 없다.

684

어떤 이차함수를 $y=a(x-p)^2+q$의 꼴로 고치는 데 민채는 상수항을 잘못 보아 $y=-4(x-1)^2+8$로 고쳤고, 민국이는 x의 계수를 잘못 보아 $y=-4(x+2)^2+6$으로 고쳤다. 처음 이차함수를 $y=a(x-p)^2+q$의 꼴로 바르게 고쳐라.

유형 123 ◆ 이차함수 $y=ax^2+bx+c$의 그래프의 꼭짓점의 좌표와 축의 방정식

이차함수 $y=a(x-p)^2+q$의 그래프에서
(1) 꼭짓점의 좌표: (p, q)
(2) 축의 방정식: $x=p$

◉ $y=x^2-2x+3=(x^2-2x+1)-1+3$
$\Rightarrow y=(x-1)^2+2$
　(1) 꼭짓점의 좌표: $(1, 2)$
　(2) 축의 방정식: $x=1$

풍쌤의 point 이차함수 $y=ax^2+bx+c$의 그래프의 꼭짓점의 좌표나 축의 방정식을 구하려면 $y=a(x-p)^2+q$의 꼴로 고치면 된다.

685 ─ 필수 ─

이차함수 $y=-x^2-2ax+4a^2-2b$의 그래프의 꼭짓점의 좌표가 $(1, 3)$일 때, 상수 a, b의 합 $a+b$의 값을 구하여라.

686

이차함수 $y=2x^2+8x+a$의 그래프의 꼭짓점의 좌표가 $(b, 3)$일 때, $a+b$의 값을 구하여라. (단, a는 상수)

687

이차함수 $y=\dfrac{1}{2}x^2-2x+k-2$의 그래프의 꼭짓점이 x축 위에 있을 때, 상수 k의 값을 구하여라.

688

이차함수 $y=-2x^2+ax-1$의 그래프가 점 $(1, 5)$를 지날 때, 이 그래프의 축의 방정식을 구하여라.(단, a는 상수)

689

이차함수 $y=-x^2+4ax+4$의 그래프의 축의 방정식이 $x=2$일 때, 꼭짓점의 y좌표는?(단, a는 상수)

① 5   ② 6   ③ 7
④ 8   ⑤ 9

690 서술형

이차함수 $y=x^2+4x+a$의 그래프와 $y=\dfrac{1}{2}x^2-bx+2$의 그래프의 꼭짓점이 서로 일치할 때, 상수 a, b의 합 $a+b$의 값을 구하여라.

691

이차함수 $y=x^2+4x+2m-1$의 그래프의 꼭짓점이 직선 $2x+y=7$ 위에 있을 때, 상수 m의 값을 구하여라.

유형 124 ◆ 이차함수 $y=ax^2+bx+c$의 그래프의 평행이동

이차함수 $y=ax^2+bx+c$의 그래프를 x축의 방향으로 m만큼, y축의 방향으로 n만큼 평행이동하면
$y=ax^2+bx+c$
$\Rightarrow y=a(x-p)^2+q$의 꼴로 변형
$\Rightarrow y=a(x-m-p)^2+q+n$
   x 대신 $x-m$을 대입   맨 뒤에 n을 더함

예 이차함수 $y=x^2-4x+3$의 그래프를 x축의 방향으로 5만큼, y축의 방향으로 7만큼 평행이동하면
$y=x^2-4x+3=(x-2)^2-1$
$\Rightarrow y=(x-5-2)^2-1+7$
$\quad=(x-7)^2+6$

풍쌤의 point 이차함수 $y=ax^2+bx+c$의 그래프를 평행이동하려면 $y=a(x-p)^2+q$의 꼴로 고쳐 놓고 생각하면 된다.

692 필수

이차함수 $y=3x^2+12x+2$의 그래프를 x축의 방향으로 m만큼, y축의 방향으로 n만큼 평행이동하면 $y=3x^2-18x+10$의 그래프와 일치한다. 이때, $m+n$의 값은?

① -8 ② -2 ③ 2
④ 6   ⑤ 8

693

이차함수 $y=3x^2+6x+5$의 그래프는 $y=ax^2$의 그래프를 x축의 방향으로 p만큼, y축의 방향으로 q만큼 평행이동한 것이다. 이때, $a+p+q$의 값은?(단, a는 상수)

① 1   ② 2   ③ 3
④ 4   ⑤ 5

694

이차함수 $y=2x^2-4x+1$의 그래프를 x축의 방향으로 2만큼, y축의 방향으로 1만큼 평행이동한 그래프가 점 $(3, m)$을 지난다. 이때, m의 값을 구하여라.

695

이차함수 $y=-\dfrac{1}{3}x^2+2x+1$의 그래프를 x축의 방향으로 1만큼, y축의 방향으로 -2만큼 평행이동한 그래프가 나타내는 이차함수의 식이 $y=ax^2+bx+c$일 때, 상수 a, b, c의 합 $a+b+c$의 값을 구하여라.

696 서술형

이차함수 $y=-2x^2-4x+5$의 그래프를 x축의 방향으로 -3만큼, y축의 방향으로 2만큼 평행이동한 그래프의 꼭짓점의 좌표를 구하여라.

697

이차함수 $y=-3x^2+6x-8$의 그래프를 x축의 방향으로 p만큼, y축의 방향으로 q만큼 평행이동한 그래프의 꼭짓점의 좌표가 $(2, -2)$일 때, $p+q$의 값을 구하여라.

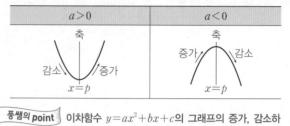

유형 **125** ◆ 이차함수 $y=ax^2+bx+c$의 그래프의 증가, 감소

$a>0$	$a<0$
축 감소 증가 $x=p$	축 증가 감소 $x=p$

풍쌤의 **point** 이차함수 $y=ax^2+bx+c$의 그래프의 증가, 감소하는 범위를 구하려면 $y=a(x-p)^2+q$의 꼴로 고쳐 축 $x=p$를 기준으로 생각하면 된다.

698 필수

이차함수 $y=-3x^2-6x-1$의 그래프에서 x의 값이 증가할 때, y의 값은 감소하는 x의 값의 범위는?

① $x<-3$ ② $x>-2$ ③ $x<-2$
④ $x>-1$ ⑤ $x<-1$

699

이차함수 $y=\dfrac{1}{2}x^2-2x+7$의 그래프에서 x의 값이 증가할 때, y의 값도 증가하는 x의 값의 범위를 구하여라.

700

이차함수 $y=-2x^2+ax+7$의 그래프는 점 $(1, 1)$을 지난다. 이 그래프에서 x의 값이 증가할 때, y의 값도 증가하는 x의 값의 범위를 구하여라.(단, a는 상수)

유형 126 ◆ 이차함수 $y=ax^2+bx+c$의 그래프가 축과 만나는 점

이차함수의 그래프와 축과의 교점을 구하려면 다음과 같이 하면 된다.

(1) x축과의 교점: $y=0$을 대입
(2) y축과의 교점: $x=0$을 대입

예 이차함수 $y=x^2-3x+2$의 그래프에서

(1) x축과의 교점의 x좌표는

$$0=x^2-3x+2, (x-1)(x-2)=0$$
$$\therefore x=1 \text{ 또는 } x=2$$

(2) y축과의 교점의 y좌표는

$$y=0-0+2 \quad \therefore y=2$$

701 〓필수〓

이차함수 $y=2x^2-4x-6$의 그래프가 x축과 만나는 두 점의 x좌표가 a, b이고, y축과 만나는 점의 y좌표가 c일 때, $a+b+c$의 값은?

① -5 ② -4 ③ -3
④ -2 ⑤ -1

702

이차함수 $y=x^2+3x+k$의 그래프와 y축이 만나는 점의 y좌표가 -10일 때, x축과 만나는 두 점의 x좌표는 m, n이다. 이때, $k+m+n$의 값을 구하여라.(단, k는 상수)

703 〓서술형〓

이차함수 $y=-x^2+2x+a$의 그래프는 x축과 두 점에서 만난다. 한 점의 좌표가 $(4, 0)$일 때, 다른 한 점의 좌표를 구하여라.(단, a는 상수)

유형 127 ◆ 이차함수 $y=ax^2+bx+c$의 그래프 그리기

❶ 주어진 식을 $y=a(x-p)^2+q$의 꼴로 고친다.
❷ 꼭짓점의 좌표 (p, q)를 표시한다.
❸ $a>0$일 때는 ∪모양으로, $a<0$일 때는 ∩모양으로 꺾어 준다.
   _{아래로 볼록}   _{위로 볼록}
❹ y축과의 교점의 좌표 $(0, c)$를 지나는 포물선을 그린다.

704 〓필수〓

다음 중 이차함수 $y=-\dfrac{1}{2}x^2+2x-3$의 그래프는?

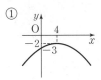

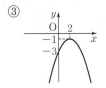

705

이차함수 $y=3x^2-12x+2$의 그래프가 지나지 <u>않는</u> 사분면을 구하여라.

706

다음 이차함수 중 그 그래프가 모든 사분면을 지나는 것은?

① $y=2x^2+12x+19$　　② $y=-2x^2-1$

③ $y=x^2+2x-6$　　④ $y=-x^2+4x-2$

⑤ $y=x^2-4x+4$

707

다음 이차함수 중 그 그래프가 제3사분면을 지나지 <u>않는</u> 그래프는?

① $y=-x^2+6x+6$　　② $y=-2x^2-6x-3$

③ $y=3x^2-9x+5$　　④ $y=\frac{1}{2}x^2-2x-4$

⑤ $y=\frac{1}{5}x^2+\frac{8}{5}x-\frac{4}{5}$

708

다음 보기의 이차함수와 그 그래프를 바르게 짝지은 것은?

> **보기**
>
> ㄱ. $y=x^2+8x+12$　　ㄴ. $y=-2x^2+4x-1$
>
> ㄷ. $y=2x^2-16x+30$　　ㄹ. $y=-3x^2-12x-5$

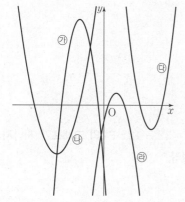

① ㄱ, ㉮　　② ㄱ, ㉢　　③ ㄴ, ㉮

④ ㄷ, ㉰　　⑤ ㄹ, ㉯

유형 128 ◆ 이차함수 $y=ax^2+bx+c$의 그래프의 성질

(1) 꼭짓점의 좌표, 축의 방정식을 구할 때
　⇨ $y=a(x-p)^2+q$의 꼴로 고친다.
(2) x축과의 교점의 x좌표를 구할 때
　⇨ 이차방정식 $ax^2+bx+c=0$의 해를 구한다.
(3) 지나는 사분면, 증가, 감소하는 범위를 구할 때
　⇨ 그래프를 그린다.

709 ◀ 필수 ▶

다음 중 이차함수 $y=-x^2+2x+3$의 그래프에 대한 설명으로 옳지 <u>않은</u> 것은?

① 꼭짓점의 좌표는 $(1, 4)$이다.

② 모든 사분면을 지난다.

③ 축의 방정식은 $x=1$이다.

④ x축과의 교점의 좌표는 $(-1, 0)$, $(3, 0)$이다.

⑤ $x>1$일 때, x의 값이 증가하면 y의 값도 증가한다.

710

다음 중 이차함수 $y=2x^2-12x+16$의 그래프에 대한 설명으로 옳지 <u>않은</u> 것은?

① 축의 방정식은 $x=3$이다.

② y축과의 교점의 좌표는 $(0, 16)$이다.

③ 모든 사분면을 지난다.

④ $y=2x^2$의 그래프를 평행이동한 것이다.

⑤ $x<3$일 때, x의 값이 증가하면 y의 값은 감소한다.

711

다음 중 이차함수 $y=-2x^2+8x-3$의 그래프에 대한 설명으로 옳지 <u>않은</u> 것은?

① 위로 볼록한 포물선이다.

② 꼭짓점의 좌표는 $(2, 5)$이다.

③ y축과 만나는 점의 y좌표는 -3이다.

④ $y=-x^2$의 그래프보다 폭이 넓다.

⑤ 제1, 3, 4사분면을 지난다.

유형 129 ◆ 이차함수 $y=ax^2+bx+c$의 그래프와 넓이

(1) 꼭짓점을 구하려면 $y=a(x-p)^2+q$의 꼴로 고치면 된다.
(2) x축과의 교점의 x좌표는 $ax^2+bx+c=0$의 근이고, y축과의 교점의 y좌표는 c이다.

풍쌤의 point 이차함수 $y=ax^2+bx+c$의 그래프에서 넓이를 구할 때에는 꼭짓점 및 축과의 교점을 구하는 것이 중요하다.

712 ─◀필수▶─

오른쪽 그림과 같이 이차함수 $y=-x^2-3x+18$의 그래프와 x축과 만나는 두 점을 A, B라 하고, y축과의 교점을 C라고 할 때, $\triangle ABC$의 넓이를 구하여라.

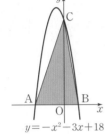

713

오른쪽 그림과 같이 이차함수 $y=x^2+2x-8$의 그래프가 x축과 만나는 두 점을 A, B라 하고, 꼭짓점을 C라고 할 때, $\triangle ABC$의 넓이를 구하여라.

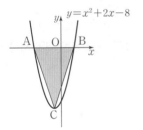

714

이차함수 $y=-x^2+4x+2$의 그래프가 오른쪽 그림과 같다. y축과의 교점을 A, 꼭짓점을 B라 할 때, $\triangle AOB$의 넓이를 구하여라.

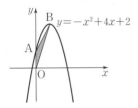

715

오른쪽 그림은 이차함수 $y=-x^2+4x+5$의 그래프이다. 이 포물선의 꼭짓점을 A, 점 A에서 x축에 내린 수선의 발을 C, y축과의 교점을 B, x축의 양의 부분과의 교점을 D라 할 때, $\triangle BCD$의 넓이를 구하여라.

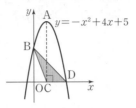

716

이차함수 $y=-2x^2+12x+32$의 그래프가 오른쪽 그림과 같다. 이 포물선의 꼭짓점을 A, y축과 만나는 점을 B, x축과 만나는 두 점을 C, D라 할 때, $\square ABCD$의 넓이를 구하여라.

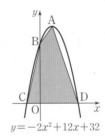

717 서술형

오른쪽 그림과 같이 이차함수 $y=-x^2-6x+k$의 그래프가 x축과 만나는 두 점을 A, B라 하고, 꼭짓점을 C라 하자. $\overline{AB}=8$일 때, $\triangle ABC$의 넓이를 구하여라.(단, k는 상수)

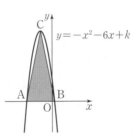

유형 130 ◆ 이차함수 $y=ax^2+bx+c$의 그래프에서 a, b, c의 부호

a의 부호	(1) ∪모양 ⇨ $a>0$ (2) ∩모양 ⇨ $a<0$
b의 부호	아래 그림과 같은 "같—다"의 규칙을 따른다. (1) 축이 y축의 왼쪽 ⇨ a, b의 부호는 같다. (2) 축이 y축의 오른쪽 ⇨ a, b의 부호는 다르다. 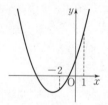
c의 부호	y축과의 교점의 위치가 (1) 원점의 위쪽 ⇨ $c>0$ (2) 원점의 아래쪽 ⇨ $c<0$

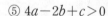 a의 부호는 그래프가 ∪모양인지 ∩모양인지에 따라 결정되고, b의 부호는 축의 위치, c의 부호는 y축과의 교점의 위치에 따라 결정된다.

718 ⟨필수⟩

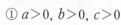
이차함수 $y=ax^2+bx+c$의 그래프가 오른쪽 그림과 같을 때, 다음 중 옳은 것은?

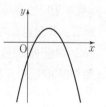

① $a<0$ ② $b>0$
③ $c<0$ ④ $a+b+c<0$
⑤ $4a-2b+c>0$

719

이차함수 $y=ax^2+bx+c$의 그래프가 오른쪽 그림과 같을 때, a, b, c의 부호가 옳은 것은?

① $a>0$, $b>0$, $c>0$
② $a>0$, $b<0$, $c>0$
③ $a<0$, $b>0$, $c<0$
④ $a<0$, $b>0$, $c>0$
⑤ $a<0$, $b<0$, $c<0$

720

$a<0$, $b<0$, $c<0$일 때, 다음 중 이차함수 $y=ax^2+bx+c$의 그래프로 알맞은 것은?

① 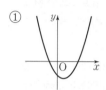   ②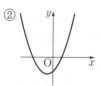

③ 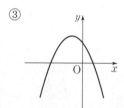   ④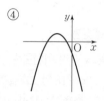

⑤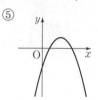

721

$a<0$, $b>0$, $c<0$일 때, 이차함수 $y=ax^2-bx-c$의 그래프의 꼭짓점은 제몇 사분면 위에 있는지 말하여라.

722

이차함수 $y=ax^2+bx+c$의 그래프가 오른쪽 그림과 같을 때, 다음 중 옳은 것은?

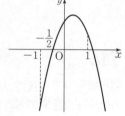

① $ac>0$
② $\dfrac{c}{b}<0$
③ $a+b+c<0$
④ $a-b+c>0$
⑤ $a-2b+4c=0$

723

일차함수 $y=ax+b$의 그래프가 오른
쪽 그림과 같을 때, 다음 중 이차함수
$y=ax^2+bx$의 그래프는?

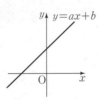

① 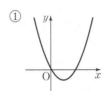 ②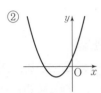

③ 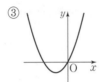 ④

⑤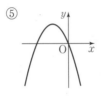

724

이차함수 $y=ax^2+bx+c$의 그래프
가 오른쪽 그림과 같을 때, 이차함수
$y=cx^2+bx+a$의 그래프는?

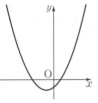

① 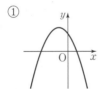 ②

③ ④

⑤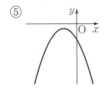

유형 131 ◆ 이차함수의 식 구하기 (1)
    － 꼭짓점과 다른 한 점이 주어질 때

풍쌤의 point | 꼭짓점의 좌표가 (p, q)인 이차함수의 식을 구하려면
$$y=a(x-p)^2+q$$
로 놓고 주어진 다른 한 점을 대입하여 a의 값을 구하
면 된다.

725 필수

꼭짓점의 좌표가 $(2, 1)$이고, y축과 만나는 점의 y좌표가 9
인 포물선을 그래프로 하는 이차함수의 식을
$y=ax^2+bx+c$라 할 때, 상수 a, b, c의 합 $a+b+c$의 값
을 구하여라.

726

꼭짓점의 좌표가 $(-3, 2)$이고, 점 $(-2, 4)$를 지나는 포물
선이 y축과 만나는 점의 y좌표는?

① 10　　　② 20　　　③ 30
④ 40　　　⑤ 50

727

오른쪽 그림과 같이 꼭짓점의 좌표
가 $(-3, 9)$이고, 원점을 지나는
포물선을 그래프로 하는 이차함수
의 식을 $y=ax^2+bx+c$라 할 때,
상수 a, b, c의 합 $a+b+c$의 값
을 구하여라.

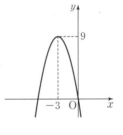

728

이차함수 $y=-2x^2-6$의 그래프와 꼭짓점이 같고, 점 $(2, 6)$을 지나는 포물선을 그래프로 하는 이차함수의 식을 $y=ax^2+bx+c$의 꼴로 나타내어라.(단, a, b, c는 상수)

729

오른쪽 그림과 같이 점 $(2, 0)$에서 x축에 접하고, y축과 만나는 점의 y좌표가 4인 이차함수의 그래프가 점 $(-1, k)$를 지날 때, k의 값은?

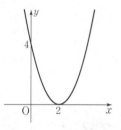

① 5   ② 6
③ 7   ④ 8
⑤ 9

730

오른쪽 그림과 같이 점 $(-1, 3)$을 꼭짓점으로 하고, y축과 만나는 점의 y좌표가 1인 이차함수의 그래프가 x축과 만나는 두 점을 A, B라 할 때, $\overline{AB}$의 길이를 구하여라.

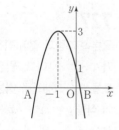

유형 132 ◆ 이차함수의 식 구하기 (2)
– 축의 방정식과 두 점이 주어질 때

풍쌤의 point   축의 방정식이 $x=p$인 이차함수의 식을 구하려면
$$y=a(x-p)^2+q$$
로 놓고 주어진 두 점을 대입하여 a, q의 값을 구하면 된다.

731 필수

직선 $x=-1$을 축으로 하고, 두 점 $(1, -4)$, $(3, 8)$을 지나는 포물선을 그래프로 하는 이차함수의 식을 $y=ax^2+bx+c$의 꼴로 나타내어라.(단, a, b, c는 상수)

732

오른쪽 그림과 같이 이차함수 $y=-2x^2+ax+b$의 그래프의 축의 방정식이 $x=1$이고, y축과 만나는 점의 y좌표가 -1일 때, 상수 a, b의 곱 ab의 값은?

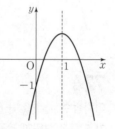

① -5 ② -4
③ -3 ④ -2
⑤ -1

733

이차함수 $y=\frac{1}{2}x^2+ax+b$의 그래프의 축의 방정식이 $x=-4$이고, 점 $(2, 18)$을 지날 때, 이 그래프의 꼭짓점의 좌표는?(단, a, b는 상수)

① $(-4, -2)$ ② $(-4, -1)$ ③ $(-4, 0)$
④ $(-4, 1)$ ⑤ $(-4, 2)$

734

오른쪽 그림과 같이 직선 $x=-1$ 을 축으로 하는 이차함수 $y=ax^2+bx+c$의 그래프를 평행이동하면 이차함수 $y=2x^2$의 그래프와 완전히 포개어진다. 이때 상수 a, b, c에 대하여 $a+b+c$의 값을 구하여라.

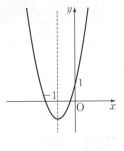

735

오른쪽 그림은 직선 $x=2$를 축으로 하는 이차함수 $y=ax^2+bx+c$의 그래프이다. 이때 상수 a, b, c에 대하여 $a+b-c$의 값을 구하여라.

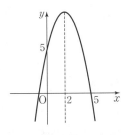

736 〔서술형〕

축의 방정식이 $x=1$인 포물선이 세 점 $(3, 2)$, $(0, -1)$, $(-2, k)$를 지날 때, k의 값을 구하여라.

유형 133 ◆ 이차함수의 식 구하기 (3)
— x축과의 두 교점이 주어질 때

풍쌤의 point x축과의 두 교점이 $(\alpha, 0)$, $(\beta, 0)$인 이차함수의 식을 구하려면
$$y=a(x-\alpha)(x-\beta)$$
로 놓고 주어진 다른 한 점을 대입하여 a의 값을 구하면 된다.

737 〔필수〕

이차함수 $y=ax^2+bx+c$의 그래프가 오른쪽 그림과 같을 때, 상수 a, b, c에 대하여 $\dfrac{b}{a-c}$의 값은?

① $-\dfrac{8}{3}$ ② $-\dfrac{4}{3}$

③ $-\dfrac{1}{2}$ ④ $\dfrac{1}{2}$

⑤ 4

738

이차함수 $y=2x^2+ax+b$의 그래프가 오른쪽 그림과 같을 때, 상수 a, b의 합 $a+b$의 값은?

① -13 ② -12

③ -11 ④ -10

⑤ -9

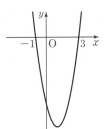

739

이차함수 $y=\dfrac{1}{2}x^2$의 그래프와 모양이 같고 x축과 두 점 $(-2, 0)$, $(4, 0)$에서 만나는 이차함수의 그래프의 꼭짓점의 좌표는?

① $\left(\dfrac{1}{2}, -4\right)$ ② $(1, -2)$ ③ $\left(1, -\dfrac{9}{2}\right)$

④ $(2, -3)$ ⑤ $(2, -5)$

파란 해설 73~74쪽

740

x축과 만나는 두 점의 x좌표가 -2, -5이고, 점 $(-3, 2)$를 지나는 이차함수의 그래프가 y축과 만나는 점의 y좌표는?

① -11 ② -10 ③ -9
④ -8 ⑤ -7

741

x축과 두 점 $(-3, 0)$, $(2, 0)$에서 만나고, 점 $(-1, 6)$을 지나는 이차함수의 그래프의 꼭짓점의 좌표가 (p, q)일 때, $p+q$의 값을 구하여라.

742 서술형

이차함수 $y=ax^2+bx+c$의 그래프는 x축과 두 점 $(-4, 0)$, $(2, 0)$에서 만나고, 꼭짓점은 직선 $y=-2x+7$ 위에 있다. 이때, 상수 a, b, c에 대하여 $\dfrac{c}{ab}$의 값을 구하여라.

유형 **134** ◆ 이차함수의 식 구하기 (4)
  – 세 점이 주어질 때

풍쌤의 **point** 세 점이 주어질 때 이차함수의 식을 구하려면
$$y=ax^2+bx+c$$
로 놓고 주어진 세 점을 대입하여 a, b, c의 값을 구하면 된다.

743 필수

이차함수 $y=ax^2+bx+c$의 그래프가 세 점 $(0, -1)$, $(-2, 3)$, $(1, -6)$을 지날 때, 상수 a, b, c의 곱 abc의 값은?

① -12 ② -10 ③ -8
④ -6 ⑤ -4

744

세 점 $(0, 5)$, $(2, 3)$, $(4, 5)$를 지나는 이차함수의 그래프의 꼭짓점의 좌표를 구하여라.

745 서술형

세 점 $(0, -3)$, $(1, -4)$, $(-2, 5)$를 지나는 이차함수의 그래프는 x축과 두 점에서 만난다. 이때, 이 두 점의 x좌표의 합을 구하여라.

746

이차함수 $y=x^2-6kx+9k^2+6k+3$의 그래프의 꼭짓점이 제2사분면 위에 있을 때, 상수 k의 값의 범위를 구하여라.

747 서술형

이차함수 $y=x^2+3x+2k+3$의 그래프가 제4사분면만을 지나지 않을 때, 상수 k의 값의 범위를 구하여라.

748

다음 보기의 이차함수의 그래프에 대한 설명으로 옳지 <u>않은</u> 것은?

> **보기**
>
> ㄱ. $y=2x^2$ 　　ㄴ. $y=\dfrac{2}{3}x^2+1$
>
> ㄷ. $y=\dfrac{2}{3}(x+1)^2-4$　　ㄹ. $y=-2(x-2)^2+3$
>
> ㅁ. $y=-\dfrac{1}{2}x^2-4x-3$　　ㅂ. $y=-3x^2+12x-4$

① 폭이 가장 좁은 것은 ㅂ이다.
② 위로 볼록한 포물선은 ㄹ, ㅁ, ㅂ이다.
③ 축이 가장 왼쪽에 있는 것은 ㅁ이다.
④ ㅂ의 꼭짓점은 제2사분면 위에 있다.
⑤ ㄴ을 평행이동하면 ㄷ과 완전히 포갤 수 있다.

749

이차함수 $y=x^2+4x$의 그래프의 꼭짓점을 A라 하고, 이 그래프와 직선 $y=12$와의 교점을 각각 B, C라 할 때, $\triangle ABC$의 넓이를 구하여라.

750

다음 그림과 같이 이차함수 $y=x^2+2x-3$의 그래프가 x축의 음의 부분과 만나는 점을 A, y축과 만나는 점을 B, 꼭짓점을 C라 할 때, $\triangle ABC$의 넓이를 구하여라.

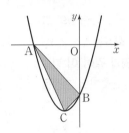

751

이차함수 $y=ax^2-bx+c$의 그래프가 오른쪽 그림과 같을 때, 이차함수 $y=-cx^2+bx-a$의 그래프에 대한 다음 설명 중 옳지 <u>않은</u> 것은?

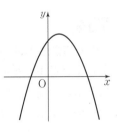

① 위로 볼록한 포물선이다.
② 꼭짓점이 제2사분면 위에 있다.
③ 모든 사분면을 지난다.
④ 축의 방정식을 $x=p$라 하면 x의 값이 증가할 때 y의 값은 감소하는 x의 값의 범위는 $x>p$이다.
⑤ 축의 방정식을 $x=p$라 하면 $p>0$이다.

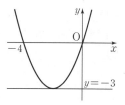

752

꼭짓점의 좌표가 $(-2, 1)$이고, y축과 만나는 점의 y좌표가 2인 포물선을 x축의 방향으로 4만큼, y축의 방향으로 3만큼 평행이동한 포물선을 그래프로 하는 이차함수의 식을 $y=ax^2+bx+c$라 할 때, abc의 값을 구하여라.

(단, a, b, c는 상수)

753

이차함수 $y=-x^2+ax+b$의 그래프의 꼭짓점의 좌표는 $(-2, 9)$이다. 오른쪽 그림과 같이 이 함수의 그래프와 y축, x축과의 교점을 각각 A, B, C라 할 때, △ABC의 넓이를 구하여라.(단, a, b는 상수)

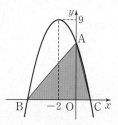

754

오른쪽 그림은 지면으로부터 32 m 높이에서 던져올린 물체의 x초 후의 높이 y m를 그래프로 나타낸 것이다. 물체를 던진 후 지면에 떨어질 때까지 걸리는 시간은 몇 초인가?

① 6초　　　② 7초
③ 8초　　　④ 9초
⑤ 10초

755

이차함수 $y=a(x-p)^2+q$의 그래프는 오른쪽 그림과 같이 x축과 두 점 $(-4, 0)$, $(0, 0)$에서 만나고, 직선 $y=-3$에 접한다. 이때, 상수 a, p, q의 합 $a+p+q$의 값을 구하여라.

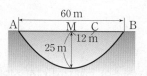

756

다음 그림과 같이 단면이 포물선 모양인 호수가 있다. 호수 중앙의 수심이 25 m이고 호수의 두 지점 A, B 사이의 거리가 60 m일 때, 호수의 중앙 M에서 B 방향으로 12 m 떨어진 지점인 C에서의 수심은 몇 m인지 구하여라.

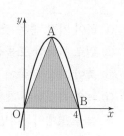

757

이차함수 $y=ax^2+bx+c$의 그래프가 오른쪽 그림과 같을 때, 이 그래프의 꼭짓점을 A, x축과 만나는 두 점을 각각 O, B라 하자. △OAB의 넓이가 10일 때, 상수 a, b, c의 합 $a+b+c$의 값을 구하여라.

수	0	1	2	3	4	5	6	7	8	9
1.0	1.000	1.005	1.010	1.015	1.020	1.025	1.030	1.034	1.039	1.044
1.1	1.049	1.054	1.058	1.063	1.068	1.072	1.077	1.082	1.086	1.091
1.2	1.095	1.100	1.105	1.109	1.114	1.118	1.122	1.127	1.131	1.136
1.3	1.140	1.145	1.149	1.153	1.158	1.162	1.166	1.170	1.175	1.179
1.4	1.183	1.187	1.192	1.196	1.200	1.204	1.208	1.212	1.217	1.221
1.5	1.225	1.229	1.233	1.237	1.241	1.245	1.249	1.253	1.257	1.261
1.6	1.265	1.269	1.273	1.277	1.281	1.285	1.288	1.292	1.296	1.300
1.7	1.304	1.308	1.311	1.315	1.319	1.323	1.327	1.330	1.334	1.338
1.8	1.342	1.345	1.349	1.353	1.356	1.360	1.364	1.367	1.371	1.375
1.9	1.378	1.382	1.386	1.389	1.393	1.396	1.400	1.404	1.407	1.411
2.0	1.414	1.418	1.421	1.425	1.428	1.432	1.435	1.439	1.442	1.446
2.1	1.449	1.453	1.456	1.459	1.463	1.466	1.470	1.473	1.476	1.480
2.2	1.483	1.487	1.490	1.493	1.497	1.500	1.503	1.507	1.510	1.513
2.3	1.517	1.520	1.523	1.526	1.530	1.533	1.536	1.539	1.543	1.546
2.4	1.549	1.552	1.556	1.559	1.562	1.565	1.568	1.572	1.575	1.578
2.5	1.581	1.584	1.587	1.591	1.594	1.597	1.600	1.603	1.606	1.609
2.6	1.612	1.616	1.619	1.622	1.625	1.628	1.631	1.634	1.637	1.640
2.7	1.643	1.646	1.649	1.652	1.655	1.658	1.661	1.664	1.667	1.670
2.8	1.673	1.676	1.679	1.682	1.685	1.688	1.691	1.694	1.697	1.700
2.9	1.703	1.706	1.709	1.712	1.715	1.718	1.720	1.723	1.726	1.729
3.0	1.732	1.735	1.738	1.741	1.744	1.746	1.749	1.752	1.755	1.758
3.1	1.761	1.764	1.766	1.769	1.772	1.775	1.778	1.780	1.783	1.786
3.2	1.789	1.792	1.794	1.797	1.800	1.803	1.806	1.808	1.811	1.814
3.3	1.817	1.819	1.822	1.825	1.828	1.830	1.833	1.836	1.838	1.841
3.4	1.844	1.847	1.849	1.852	1.855	1.857	1.860	1.863	1.865	1.868
3.5	1.871	1.873	1.876	1.879	1.881	1.884	1.887	1.889	1.892	1.895
3.6	1.897	1.900	1.903	1.905	1.908	1.910	1.913	1.916	1.918	1.921
3.7	1.924	1.926	1.929	1.931	1.934	1.936	1.939	1.942	1.944	1.947
3.8	1.949	1.952	1.954	1.957	1.960	1.962	1.965	1.967	1.970	1.972
3.9	1.975	1.977	1.980	1.982	1.985	1.987	1.990	1.992	1.995	1.997
4.0	2.000	2.002	2.005	2.007	2.010	2.012	2.015	2.017	2.020	2.022
4.1	2.025	2.027	2.030	2.032	2.035	2.037	2.040	2.042	2.045	2.047
4.2	2.049	2.052	2.054	2.057	2.059	2.062	2.064	2.066	2.069	2.071
4.3	2.074	2.076	2.078	2.081	2.083	2.086	2.088	2.090	2.093	2.095
4.4	2.098	2.100	2.102	2.105	2.107	2.110	2.112	2.114	2.117	2.119
4.5	2.121	2.124	2.126	2.128	2.131	2.133	2.135	2.138	2.140	2.142
4.6	2.145	2.147	2.149	2.152	2.154	2.156	2.159	2.161	2.163	2.166
4.7	2.168	2.170	2.173	2.175	2.177	2.179	2.182	2.184	2.186	2.189
4.8	2.191	2.193	2.195	2.198	2.200	2.202	2.205	2.207	2.209	2.211
4.9	2.214	2.216	2.218	2.220	2.223	2.225	2.227	2.229	2.232	2.234
5.0	2.236	2.238	2.241	2.243	2.245	2.247	2.249	2.252	2.254	2.256
5.1	2.258	2.261	2.263	2.265	2.267	2.269	2.272	2.274	2.276	2.278
5.2	2.280	2.283	2.285	2.287	2.289	2.291	2.293	2.296	2.298	2.300
5.3	2.302	2.304	2.307	2.309	2.311	2.313	2.315	2.317	2.319	2.322
5.4	2.324	2.326	2.328	2.330	2.332	2.335	2.337	2.339	2.341	2.343

수	0	1	2	3	4	5	6	7	8	9
5.5	2.345	2.347	2.349	2.352	2.354	2.356	2.358	2.360	2.362	2.364
5.6	2.366	2.369	2.371	2.373	2.375	2.377	2.379	2.381	2.383	2.385
5.7	2.387	2.390	2.392	2.394	2.396	2.398	2.400	2.402	2.404	2.406
5.8	2.408	2.410	2.412	2.415	2.417	2.419	2.421	2.423	2.425	2.427
5.9	2.429	2.431	2.433	2.435	2.437	2.439	2.441	2.443	2.445	2.447
6.0	2.449	2.452	2.454	2.456	2.458	2.460	2.462	2.464	2.466	2.468
6.1	2.470	2.472	2.474	2.476	2.478	2.480	2.482	2.484	2.486	2.488
6.2	2.490	2.492	2.494	2.496	2.498	2.500	2.502	2.504	2.506	2.508
6.3	2.510	2.512	2.514	2.516	2.518	2.520	2.522	2.524	2.526	2.528
6.4	2.530	2.532	2.534	2.536	2.538	2.540	2.542	2.544	2.546	2.548
6.5	2.550	2.551	2.553	2.555	2.557	2.559	2.561	2.563	2.565	2.567
6.6	2.569	2.571	2.573	2.575	2.577	2.579	2.581	2.583	2.585	2.587
6.7	2.588	2.590	2.592	2.594	2.596	2.598	2.600	2.602	2.604	2.606
6.8	2.608	2.610	2.612	2.613	2.615	2.617	2.619	2.621	2.623	2.625
6.9	2.627	2.629	2.631	2.632	2.634	2.636	2.638	2.640	2.642	2.644
7.0	2.646	2.648	2.650	2.651	2.653	2.655	2.657	2.659	2.661	2.663
7.1	2.665	2.666	2.668	2.670	2.672	2.674	2.676	2.678	2.680	2.681
7.2	2.683	2.685	2.687	2.689	2.691	2.693	2.694	2.696	2.698	2.700
7.3	2.702	2.704	2.706	2.707	2.709	2.711	2.713	2.715	2.717	2.718
7.4	2.720	2.722	2.724	2.726	2.728	2.729	2.731	2.733	2.735	2.737
7.5	2.739	2.740	2.742	2.744	2.746	2.748	2.750	2.751	2.753	2.755
7.6	2.757	2.759	2.760	2.762	2.764	2.766	2.768	2.769	2.771	2.773
7.7	2.775	2.777	2.778	2.780	2.782	2.784	2.786	2.787	2.789	2.791
7.8	2.793	2.795	2.796	2.798	2.800	2.802	2.804	2.805	2.807	2.809
7.9	2.811	2.812	2.814	2.816	2.818	2.820	2.821	2.823	2.825	2.827
8.0	2.828	2.830	2.832	2.834	2.835	2.837	2.839	2.841	2.843	2.844
8.1	2.846	2.848	2.850	2.851	2.853	2.855	2.857	2.858	2.860	2.862
8.2	2.864	2.865	2.867	2.869	2.871	2.872	2.874	2.876	2.877	2.879
8.3	2.881	2.883	2.884	2.886	2.888	2.890	2.891	2.893	2.895	2.897
8.4	2.898	2.900	2.902	2.903	2.905	2.907	2.909	2.910	2.912	2.914
8.5	2.915	2.917	2.919	2.921	2.922	2.924	2.926	2.927	2.929	2.931
8.6	2.933	2.934	2.936	2.938	2.939	2.941	2.943	2.944	2.946	2.948
8.7	2.950	2.951	2.953	2.955	2.956	2.958	2.960	2.961	2.963	2.965
8.8	2.966	2.968	2.970	2.972	2.973	2.975	2.977	2.978	2.980	2.982
8.9	2.983	2.985	2.987	2.988	2.990	2.992	2.993	2.995	2.997	2.998
9.0	3.000	3.002	3.003	3.005	3.007	3.008	3.010	3.012	3.013	3.015
9.1	3.017	3.018	3.020	3.022	3.023	3.025	3.027	3.028	3.030	3.032
9.2	3.033	3.035	3.036	3.038	3.040	3.041	3.043	3.045	3.046	3.048
9.3	3.050	3.051	3.053	3.055	3.056	3.058	3.059	3.061	3.063	3.064
9.4	3.066	3.068	3.069	3.071	3.072	3.074	3.076	3.077	3.079	3.081
9.5	3.082	3.084	3.085	3.087	3.089	3.090	3.092	3.094	3.095	3.097
9.6	3.098	3.100	3.102	3.103	3.105	3.106	3.108	3.110	3.111	3.113
9.7	3.114	3.116	3.118	3.119	3.121	3.122	3.124	3.126	3.127	3.129
9.8	3.130	3.132	3.134	3.135	3.137	3.138	3.140	3.142	3.143	3.145
9.9	3.146	3.148	3.150	3.151	3.153	3.154	3.156	3.158	3.159	3.161

수	0	1	2	3	4	5	6	7	8	9
10	3.162	3.178	3.194	3.209	3.225	3.240	3.256	3.271	3.286	3.302
11	3.317	3.332	3.347	3.362	3.376	3.391	3.406	3.421	3.435	3.450
12	3.464	3.479	3.493	3.507	3.521	3.536	3.550	3.564	3.578	3.592
13	3.606	3.619	3.633	3.647	3.661	3.674	3.688	3.701	3.715	3.728
14	3.742	3.755	3.768	3.782	3.795	3.808	3.821	3.834	3.847	3.860
15	3.873	3.886	3.899	3.912	3.924	3.937	3.950	3.962	3.975	3.987
16	4.000	4.012	4.025	4.037	4.050	4.062	4.074	4.087	4.099	4.111
17	4.123	4.135	4.147	4.159	4.171	4.183	4.195	4.207	4.219	4.231
18	4.243	4.254	4.266	4.278	4.290	4.301	4.313	4.324	4.336	4.347
19	4.359	4.370	4.382	4.393	4.405	4.416	4.427	4.438	4.450	4.461
20	4.472	4.483	4.494	4.506	4.517	4.528	4.539	4.550	4.561	4.572
21	4.583	4.593	4.604	4.615	4.626	4.637	4.648	4.658	4.669	4.680
22	4.690	4.701	4.712	4.722	4.733	4.743	4.754	4.764	4.775	4.785
23	4.796	4.806	4.817	4.827	4.837	4.848	4.858	4.868	4.879	4.889
24	4.899	4.909	4.919	4.930	4.940	4.950	4.960	4.970	4.980	4.990
25	5.000	5.010	5.020	5.030	5.040	5.050	5.060	5.070	5.079	5.089
26	5.099	5.109	5.119	5.128	5.138	5.148	5.158	5.167	5.177	5.187
27	5.196	5.206	5.215	5.225	5.235	5.244	5.254	5.263	5.273	5.282
28	5.292	5.301	5.310	5.320	5.329	5.339	5.348	5.357	5.367	5.376
29	5.385	5.394	5.404	5.413	5.422	5.431	5.441	5.450	5.459	5.468
30	5.477	5.486	5.495	5.505	5.514	5.523	5.532	5.541	5.550	5.559
31	5.568	5.577	5.586	5.595	5.604	5.612	5.621	5.630	5.639	5.648
32	5.657	5.666	5.675	5.683	5.692	5.701	5.710	5.718	5.727	5.736
33	5.745	5.753	5.762	5.771	5.779	5.788	5.797	5.805	5.814	5.822
34	5.831	5.840	5.848	5.857	5.865	5.874	5.882	5.891	5.899	5.908
35	5.916	5.925	5.933	5.941	5.950	5.958	5.967	5.975	5.983	5.992
36	6.000	6.008	6.017	6.025	6.033	6.042	6.050	6.058	6.066	6.075
37	6.083	6.091	6.099	6.107	6.116	6.124	6.132	6.140	6.148	6.156
38	6.164	6.173	6.181	6.189	6.197	6.205	6.213	6.221	6.229	6.237
39	6.245	6.253	6.261	6.269	6.277	6.285	6.293	6.301	6.309	6.317
40	6.325	6.332	6.340	6.348	6.356	6.364	6.372	6.380	6.387	6.395
41	6.403	6.411	6.419	6.427	6.434	6.442	6.450	6.458	6.465	6.473
42	6.481	6.488	6.496	6.504	6.512	6.519	6.527	6.535	6.542	6.550
43	6.557	6.565	6.573	6.580	6.588	6.595	6.603	6.611	6.618	6.626
44	6.633	6.641	6.648	6.656	6.663	6.671	6.678	6.686	6.693	6.701
45	6.708	6.716	6.723	6.731	6.738	6.745	6.753	6.760	6.768	6.775
46	6.782	6.790	6.797	6.804	6.812	6.819	6.826	6.834	6.841	6.848
47	6.856	6.863	6.870	6.877	6.885	6.892	6.899	6.907	6.914	6.921
48	6.928	6.935	6.943	6.950	6.957	6.964	6.971	6.979	6.986	6.993
49	7.000	7.007	7.014	7.021	7.029	7.036	7.043	7.050	7.057	7.064
50	7.071	7.078	7.085	7.092	7.099	7.106	7.113	7.120	7.127	7.134
51	7.141	7.148	7.155	7.162	7.169	7.176	7.183	7.190	7.197	7.204
52	7.211	7.218	7.225	7.232	7.239	7.246	7.253	7.259	7.266	7.273
53	7.280	7.287	7.294	7.301	7.308	7.314	7.321	7.328	7.335	7.342
54	7.348	7.355	7.362	7.369	7.376	7.382	7.389	7.396	7.403	7.409

수	0	1	2	3	4	5	6	7	8	9
55	7.416	7.423	7.430	7.436	7.443	7.450	7.457	7.463	7.470	7.477
56	7.483	7.490	7.497	7.503	7.510	7.517	7.523	7.530	7.537	7.543
57	7.550	7.556	7.563	7.570	7.576	7.583	7.589	7.596	7.603	7.609
58	7.616	7.622	7.629	7.635	7.642	7.649	7.655	7.662	7.668	7.675
59	7.681	7.688	7.694	7.701	7.707	7.714	7.720	7.727	7.733	7.740
60	7.746	7.752	7.759	7.765	7.772	7.778	7.785	7.791	7.797	7.804
61	7.810	7.817	7.823	7.829	7.836	7.842	7.849	7.855	7.861	7.868
62	7.874	7.880	7.887	7.893	7.899	7.906	7.912	7.918	7.925	7.931
63	7.937	7.944	7.950	7.956	7.962	7.969	7.975	7.981	7.987	7.994
64	8.000	8.006	8.012	8.019	8.025	8.031	8.037	8.044	8.050	8.056
65	8.062	8.068	8.075	8.081	8.087	8.093	8.099	8.106	8.112	8.118
66	8.124	8.130	8.136	8.142	8.149	8.155	8.161	8.167	8.173	8.179
67	8.185	8.191	8.198	8.204	8.210	8.216	8.222	8.228	8.234	8.240
68	8.246	8.252	8.258	8.264	8.270	8.276	8.283	8.289	8.295	8.301
69	8.307	8.313	8.319	8.325	8.331	8.337	8.343	8.349	8.355	8.361
70	8.367	8.373	8.379	8.385	8.390	8.396	8.402	8.408	8.414	8.420
71	8.426	8.432	8.438	8.444	8.450	8.456	8.462	8.468	8.473	8.479
72	8.485	8.491	8.497	8.503	8.509	8.515	8.521	8.526	8.532	8.538
73	8.544	8.550	8.556	8.562	8.567	8.573	8.579	8.585	8.591	8.597
74	8.602	8.608	8.614	8.620	8.626	8.631	8.637	8.643	8.649	8.654
75	8.660	8.666	8.672	8.678	8.683	8.689	8.695	8.701	8.706	8.712
76	8.718	8.724	8.729	8.735	8.741	8.746	8.752	8.758	8.764	8.769
77	8.775	8.781	8.786	8.792	8.798	8.803	8.809	8.815	8.820	8.826
78	8.832	8.837	8.843	8.849	8.854	8.860	8.866	8.871	8.877	8.883
79	8.888	8.894	8.899	8.905	8.911	8.916	8.922	8.927	8.933	8.939
80	8.944	8.950	8.955	8.961	8.967	8.972	8.978	8.983	8.989	8.994
81	9.000	9.006	9.011	9.017	9.022	9.028	9.033	9.039	9.044	9.050
82	9.055	9.061	9.066	9.072	9.077	9.083	9.088	9.094	9.099	9.105
83	9.110	9.116	9.121	9.127	9.132	9.138	9.143	9.149	9.154	9.160
84	9.165	9.171	9.176	9.182	9.187	9.192	9.198	9.203	9.209	9.214
85	9.220	9.225	9.230	9.236	9.241	9.247	9.252	9.257	9.263	9.268
86	9.274	9.279	9.284	9.290	9.295	9.301	9.306	9.311	9.317	9.322
87	9.327	9.333	9.338	9.343	9.349	9.354	9.359	9.365	9.370	9.375
88	9.381	9.386	9.391	9.397	9.402	9.407	9.413	9.418	9.423	9.429
89	9.434	9.439	9.445	9.450	9.455	9.460	9.466	9.471	9.476	9.482
90	9.487	9.492	9.497	9.503	9.508	9.513	9.518	9.524	9.529	9.534
91	9.539	9.545	9.550	9.555	9.560	9.566	9.571	9.576	9.581	9.586
92	9.592	9.597	9.602	9.607	9.612	9.618	9.623	9.628	9.633	9.638
93	9.644	9.649	9.654	9.659	9.664	9.670	9.675	9.680	9.685	9.690
94	9.695	9.701	9.706	9.711	9.716	9.721	9.726	9.731	9.737	9.742
95	9.747	9.752	9.757	9.762	9.767	9.772	9.778	9.783	9.788	9.793
96	9.798	9.803	9.808	9.813	9.818	9.823	9.829	9.834	9.839	9.844
97	9.849	9.854	9.859	9.864	9.869	9.874	9.879	9.884	9.889	9.894
98	9.899	9.905	9.910	9.915	9.920	9.925	9.930	9.935	9.940	9.945
99	9.950	9.955	9.960	9.965	9.970	9.975	9.980	9.985	9.990	9.995

유형북

I. 실수와 그 계산

1 제곱근의 뜻과 성질

필수유형 공략하기			10~17쪽
001 ③	**002** ①	**003** ⑤	**004** ①, ③
005 ⑤	**006** ②	**007** 3개	**008** ②
009 ③	**010** ①, ③	**011** 3	**012** 5
013 ± 3	**014** -12	**015** ④	**016** ④
017 ④	**018** 30	**019** ③	**020** ①
021 8	**022** 4	**023** ①	**024** ②
025 ⑤	**026** ②, ⑤	**027** ①	**028** $4x$
029 $4x+4y$	**030** ②	**031** ③	**032** ⑤
033 ⑤	**034** $-2a+2b$		**035** $-3a-b$
036 0	**037** ③	**038** 6	**039** ①, ④
040 12	**041** ⑤	**042** 6	**043** 16
044 42	**045** 8	**046** ⑤	**047** ②
048 ③	**049** 21	**050** 6개	**051** ④
052 37	**053** $\dfrac{3}{2}$	**054** -1	**055** 1
056 6			

필수유형 뛰어넘기			18~19쪽
057 ①, ④	**058** ②	**059** $\sqrt{2}$	**060** $\sqrt{41}$
061 197	**062** ③, ⑤	**063** 8	**064** ①
065 $4a$	**066** 49	**067** 13	**068** ④
069 ㄱ, ㄷ	**070** $\dfrac{2}{a}$	**071** $\sqrt{3}$	**072** 13

2 무리수와 실수

필수유형 공략하기			21~26쪽
073 2개	**074** ③	**075** ④	**076** ③
077 ⑤	**078** ③	**079** ②	**080** ③, ⑤
081 ⑤	**082** ⑤	**083** ⑤	**084** ④
085 ②	**086** ③	**087** -2	**088** ②, ⑤
089 ①, ⑤	**090** ②, ④		
091 P: $-1+\sqrt{10}$, Q: $-1-\sqrt{10}$			**092** $2-\sqrt{5}$
093 $5-\sqrt{2}$	**094** ②	**095** ③	**096** ①
097 ④	**098** ①	**099** ②	**100** ②
101 ④	**102** ③	**103** ③	
104 $\sqrt{5}+\sqrt{2}-3$		**105** ②	

필수유형 뛰어넘기			27~28쪽
106 ①, ⑤	**107** 18개	**108** ②, ④	**109** ④
110 ④	**111** ④, ⑤	**112** ①, ④	**113** 4
114 ③	**115** $\sqrt{2}\pi$	**116** ④	**117** ㄱ
118 ⑤	**119** -1		

3 근호를 포함한 식의 계산

필수유형 공략하기			31~41쪽
120 ④	**121** 3	**122** $\dfrac{1}{4}$	**123** ④
124 ④	**125** 3	**126** ①	**127** ①
128 -8	**129** $\sqrt{6}$	**130** ③	**131** 5
132 ⑤	**133** 6	**134** 15	**135** ③
136 $\dfrac{1}{5}$	**137** ⑤	**138** $\dfrac{a^3 b}{10}$	**139** ①
140 $\dfrac{\sqrt{2}}{2}$	**141** ⑤	**142** ③	**143** ④
144 ③	**145** $\dfrac{7}{\sqrt{28}}$	**146** ④	**147** ③

148 ③ 149 ① 150 ② 151 7

152 -3 153 2 154 ④ 155 7

156 ③ 157 8 158 ④

159 $-4-\sqrt{2}$ 160 ⑤ 161 -3 162 ②

163 $\dfrac{\sqrt{15}-2\sqrt{2}}{3}$ 164 ② 165 $\dfrac{\sqrt{3}}{4}$

166 $\dfrac{1}{3}$ 167 ② 168 (1) 5 (2) -2

169 ③ 170 ④ 171 ⑤ 172 12.33

173 ⑤ 174 0.2198 m 175 ④ 176 109.5

177 0.07348 178 ③ 179 ⑤ 180 ④

181 ⑤ 182 1.3856 183 ⑤ 184 $4\sqrt{5}$

185 ① 186 ④ 187 $-2+\sqrt{6}$ 188 ①

189 ③ 190 ③ 191 ① 192 ④

193 $\sqrt{7}$ cm 194 ⑤ 195 $4\sqrt{5}$

필수유형 뛰어넘기 **42~44쪽**

196 ③ 197 1 198 21 199 ㄴ, ㄷ

200 ② 201 $\dfrac{3+4\sqrt{2}}{4}$ 202 $\dfrac{1}{2}$ 203 85

204 9 205 ① 206 ⑤ 207 $c<a<b$

208 1.11 209 ③ 210 0.2449 211 $3a-1$

212 $Q<R<P$ 213 $-6+5\sqrt{3}$

214 $12-\sqrt{10}$ 215 $\dfrac{\sqrt{2}}{4}$ cm

216 $32\sqrt{5}$ cm 217 $2\sqrt{2}$

II. 인수분해와 이차방정식

1 다항식의 곱셈

필수유형 공략하기 **48~56쪽**

218 ③ 219 22 220 ② 221 3

222 ⑤ 223 ② 224 ① 225 37

226 ③ 227 ⑤ 228 ② 229 -7

230 0 231 ④ 232 17 233 ③

234 ③ 235 6 236 ④ 237 6

238 ⑤ 239 -2 240 11 241 ②

242 ④ 243 $x^2+12xy-21y^2$ 244 3

245 ③ 246 10 247 3 248 -7

249 ③ 250 $30a^2-22a+4$ 251 b^2

252 ④ 253 $x^2-2xy+y^2-6x+6y+9$

254 -1 255 $-10x+30y+26$ 256 -18

257 ④ 258 $x^4+x^3-32x^2+12x+144$

259 ⑤ 260 ④ 261 617 262 802

263 ② 264 ② 265 9 266 $2\sqrt{6}$

267 ④ 268 10 269 -2 270 ⑤

271 ① 272 5 273 41

274 (1) 7 (2) 5 275 38

276 (1) 4 (2) 14 277 32 278 ⑤

279 $4\sqrt{2}$ 280 19 281 7 282 ③

283 3 284 ⑤

필수유형 뛰어넘기 **57~58쪽**

285 7 286 ④ 287 $x^8-2x^4y^4+y^8$

288 ③ 289 -18 290 ① 291 1

292 $(12x^2-2x-2)$m² 293 $3x^2+3x-\dfrac{11}{2}$

294 ① 295 16 296 ③ 297 -1

298 $\dfrac{\sqrt{6}-\sqrt{2}}{2}$ 299 31 300 ①

301 $b(x-y)(a-1)$　**302** ⑤　**303** ③, ⑤

304 $2a-1$　**305** ⑤　**306** $5y$　**307** ②

308 13　**309** 101　**310** 2　**311** ⑤

312 2　**313** $-2a-3$　**314** ④　**315** 1

316 ④　**317** ①, ③　**318** ②　**319** $4ab$

320 $(x-y)(a+b)(a-b)$　**321** -3　**322** ⑤

323 ②　**324** $2x+1$　**325** ①　**326** ②, ⑤

327 ③　**328** $2x+2$　**329** ④　**330** ㄱ, ㄴ

331 ①　**332** ②, ⑤　**333** $8x-1$

334 $(x+6)(2x-3)$　**335** 15

336 $3xy(x-y)(3x+y)$　**337** ④　**338** ⑤

339 -22　**340** (1) $x-3$　(2) $x+1$　**341** $x+5$

342 ④　**343** ⑤　**344** 18　**345** 1

346 ⑤　**347** -1　**348** ①　**349** $4x+6$

350 $(2x-1)(3x-7)$　**351** ②　**352** ⑤

353 $-2(x+10)(3x+5)$　**354** 3　**355** ②

356 ⑤　**357** ③　**358** ②

359 $(b-1)(a-2)$　**360** ①　**361** ⑤

362 $2x+y-z$　**363** 4　**364** ④

365 ⑤　**366** $(x+y+5)(x-y+5)$　**367** ②, ③

368 $(3x-y+2z)(3x-y-2z)$

369 $(a-1)(a+2b+3)$　**370** ④　**371** ①

372 ④　**373** 4　**374** ⑤　**375** 6

376 ③　**377** 40000　**378** ④　**379** $\dfrac{1009}{1007}$

380 ③　**381** 101　**382** ②　**383** ⑤

384 2　**385** 3　**386** ⑤　**387** ④

388 3　**389** ④　**390** ③　**391** $(x-4)^2$

392 $12x-4$　**393** ④　**394** $2x-1$　**395** ⑤

396 ①, ⑤

397 ③　**398** ③　**399** 4　**400** $-2a+8$

401 $-x$　**402** $-16(a+b)(2a+7b)$　**403** 5

404 $(x+3)(3x-2)$　**405** ②　**406** $x+1$

407 3　**408** 5　**409** 15

410 $(6x-y-5)(6x+y-4)$　**411** 16

412 ④　**413** -4　**414** ③　**415** ②

416 12개　**417** ④　**418** -55　**419** 2016

420 64　**421** $\dfrac{11}{20}$　**422** ④　**423** ⑤

424 $\dfrac{14\sqrt{2}}{5}$　**425** 7　**426** 5　**427** $b : a$

428 500 cm³

3 이차방정식

429 ④　430 ③　431 ⑤　432 ④, ⑤

433 ⑤　434 $x=1$ 또는 $x=4$　435 ②

436 (1) 1　(2) 4　437 ①　438 -5

439 ④　440 $\dfrac{1}{3}$　441 ①　442 -5

443 ②　444 34　445 ③

446 (1) $x=-1$ 또는 $x=\dfrac{6}{5}$　(2) $x=-\dfrac{4}{7}$ 또는 $x=2$

(3) $x=\dfrac{4}{3}$ 또는 $x=-\dfrac{1}{2}$　(4) $x=\dfrac{5}{8}$ 또는 $x=-\dfrac{1}{9}$

447 ④　448 ⑤

449 (1) $x=-\dfrac{1}{3}$ 또는 $x=4$　(2) $x=-\dfrac{3}{5}$ 또는 $x=1$

(3) $x=\dfrac{1}{3}$ 또는 $x=\dfrac{3}{2}$　(4) $x=1$ 또는 $x=9$

450 6　451 2　452 ①　453 ②

454 ④　455 -12　456 -10　457 4

458 5　459 -1　460 ①, ④　461 ⑤

462 3개　463 ②　464 ②　465 ③

466 8　467 ⑤　468 2　469 25

470 ④　471 1　472 ①　473 0

474 $x=1$ 또는 $x=2$　475 ⑤　476 $x=3$

477 ⑤　478 ③　479 ②　480 ②, ⑤

481 2　482 ②　483 -20　484 ①

485 ⑤　486 $a<5$　487 ②　488 ⑤

489 29　490 ⑤　491 ④　492 27

493 ③　494 ②　495 16

496 $a\neq-1$이고 $a\neq3$　497 -2　498 13

499 2020　500 4개　501 13

502 (1) 3　(2) 풀이 참조　503 $x=1$ 또는 $x=5$

504 $a\leq-10$　505 22　506 $x=4$　507 $x=2$

508 $\dfrac{1}{18}$　509 0　510 ④　511 -30

4 이차방정식의 활용

512 ④　513 ④　514 ②　515 ⑤

516 3　517 ③　518 0　519 -6

520 ③　521 10　522 ④　523 4

524 ⑤　525 ③　526 ④　527 ④

528 -3　529 ②　530 $\dfrac{16}{3}$　531 ⑤

532 3　533 ⑤　534 ④　535 3

536 ⑤　537 ④　538 16

539 $-3\leq k<2$　540 ①

541 $x^2-4x-5=0$　542 ③

543 $x^2+6x+7=0$　544 ②

545 $2x^2-4x-4=0$　546 $3x^2+16x+16=0$

547 ④　548 8　549 ⑤　550 ①

551 4　552 ④　553 ②　554 8

555 10명　556 ③　557 ④　558 2

559 ⑤　560 ②　561 ⑤　562 25

563 ①　564 35　565 ②　566 ⑤

567 ⑤　568 10초　569 ④　570 ②

571 8 cm　572 ①　573 ①　574 6 cm

575 10 m　576 ③　577 ③　578 11 cm

579 ②　580 ④　581 ③　582 ⑤

583 ④　584 ⑤　585 ②　586 $4+\sqrt{19}$

587 $x=\dfrac{5}{4}$　588 10　589 -7　590 4

591 4　592 6　593 $x=-\dfrac{1}{3}$ 또는 $x=2$

594 131　595 40　596 15초　597 30

598 24일　599 20　600 ②　601 72

602 ③　603 10 cm　604 (3, 6)　605 4초

606 ②　607 $(-12+8\sqrt{3})$ cm　608 ⑤

609 ②

Ⅲ. 이차함수

1 이차함수의 그래프 (1)

610 ②, ⑤　611 ①, ③　612 ②, ⑤　613 ④

614 ①　615 2　616 11　617 -2

618 $-\dfrac{1}{2}$　619 $\sqrt{3}$　620 ⑤　621 ⑤

622 ④　623 ③　624 ⑤　625 24

626 3　627 ①　628 ④　629 ③

630 ③, ⑤　631 8　632 -1　633 ④

634 ①　635 ③　636 -3　637 7

638 -1　639 -21　640 -10　641 ⑤

642 12　643 ③　644 -1　645 -2

646 -8　647 ③　648 ④　649 $x<-3$

650 ②　651 ⑤　652 ①　653 ③

654 ⑤　655 ④　656 ②　657 ①

658 -40　659 -3　660 ④　661 0

662 ②　663 2　664 2　665 2

666 ⑤　667 ②　668 ②　669 ②

670 ④

671 $\dfrac{4}{3}$　672 $\left(\dfrac{3}{4}, \dfrac{1}{16}\right)$　673 $-\dfrac{2}{3}$

674 $\left(5, \dfrac{25}{2}\right)$　675 7　676 -1　677 30

678 -6　679 -6　680 $\sqrt{3}$　681 ②

2 이차함수의 그래프 (2)

682 ②　683 ①　684 $y=-4(x-1)^2-6$

685 0　686 9　687 4　688 $x=2$

689 ④　690 2　691 8　692 ②

693 ④　694 0　695 -1　696 $(-4, 9)$

697 4　698 ④　699 $x>2$　700 $x<-1$

701 ②　702 -13　703 $(-2, 0)$　704 ③

705 제3사분면　706 ③　707 ③

708 ④　709 ⑤　710 ③　711 ④

712 81　713 27　714 2　715 $\dfrac{15}{2}$

716 280　717 64　718 ②　719 ③

720 ④　721 제2사분면　722 ⑤

723 ③　724 ③　725 3　726 ②

727 -7　728 $y=3x^2-6$　729 ⑤

730 $\sqrt{6}$　731 $y=x^2+2x-7$　732 ②

733 ③　734 7　735 -2　736 7

737 ④　738 ④　739 ③　740 ②

741 $\dfrac{23}{4}$　742 4　743 ⑤　744 $(2, 3)$

745 2

746 $-\dfrac{1}{2}<k<0$　747 $-\dfrac{3}{2}\leq k<-\dfrac{3}{8}$

748 ④　749 64　750 3　751 ⑤

752 $-\dfrac{5}{4}$　753 15　754 ③　755 $-\dfrac{17}{4}$

756 21 m　757 $\dfrac{15}{4}$

◇ 서술유형 집중연습 ◇

서술형 문제는 정답을 확인하는 것보다 바른 풀이 과정을 확인하는 것이 더 중요합니다.

파란 해설 78~94쪽에서 확인해 보세요.

◇ 최종점검 TEST ◇

실전 TEST 1회   40~43쪽

01 ①, ③	02 ⑤	03 ④	04 ④
05 ②	06 ④	07 ④	08 ①
09 ④	10 ⑤	11 ④	12 ①
13 ⑤	14 ①	15 ①, ③	16 ④
17 ①	18 ⑤	19 ②	20 ③
21 15	22 5	23 $12x-6$	
24 $(x-y-2)(x-y+1)$		25 $\sqrt{6}+\sqrt{5}-5$	

실전 TEST 2회   44~47쪽

01 ③, ④	02 ③	03 ④	04 ⑤
05 ②	06 ⑤	07 ④	08 ②, ④
09 ④	10 ①	11 ②	12 ④
13 ④	14 ②	15 ③	16 ②
17 ⑤	18 ③	19 ①, ②	20 ④
21 $b<a<c$	22 $\sqrt{10}+1$	23 $1-2\sqrt{6}$	24 99
25 85			

실전 TEST 3회   48~51쪽

01 ④	02 ⑤	03 ⑤	04 ⑤
05 ②	06 ④	07 ⑤	08 ②
09 ④	10 ③	11 ②	12 ①
13 ①	14 ②	15 ⑤	16 ②
17 ⑤	18 ①	19 ⑤	20 ②
21 8	22 41	23 2	24 36
25 8			

실전 TEST 4회   52~55쪽

01 ①	02 ③	03 ④	04 ③
05 ②	06 ③	07 ⑤	08 ①
09 ④	10 ⑤	11 ①	12 ④
13 ①	14 ③	15 ②	16 ④
17 ⑤	18 ①	19 ⑤	20 ③
21 4	22 2	23 6	24 8 cm
25 8			

이 책을 검토한 선생님들

서울

강현숙 유니크수학학원
길정균 교육그룹볼에이블학원
김도현 강서명일학원
김영준 목동해법수학학원
김유미 대성제넥스학원
박미선 고릴라수학학원
박미정 최강학원
박미진 목동쌤올림학원
박부림 용경M2M학원
박성웅 M.C.M학원
박은숙 BMA유명학원
손남천 최고수학학원
심정민 애플캠퍼스학원
안중학 에듀탑학원
유영호 UMA우마수학학원
유정선 UPI한국학원
유종호 정석수리학원
유지현 수리수리학원
이미선 휴브레인학원
이범준 편수학학원
이상덕 제이투학원
이신애 TOP명문학원
이영철 Hub수학전문학원
이은희 한솔학원
이재봉 형설학원
이지영 프라임수학학원
장미선 형설학원
전동철 남림학원
조현기 메타에듀수학학원
최원준 쌤수학학원
최장배 청산학원
최종구 최종구수학학원

강원

김순애 Kim's&청석학원
류경민 문막한빛입시학원
박준규 홍인학원

경기

강병덕 청산학원
김기범 하버드학원
김기태 수풀림학원
김지형 행신학원
김한수 최상위학원
노태환 노선생해법학원
문상현 힘수학학원
박수빈 엠탑수학학원
박은영 M245U수학학원
송인숙 영통세종학원
송혜숙 진흥학원
유시경 에이플러스수학학원
윤효상 페르마학원

이가람 현수학학원
이강국 계룡학원
이민희 유수하학원
이상진 진수학학원
이종진 한뜻학원
이창준 청산학원
이혜용 우리학원
임원국 멘토학원
정오태 정선생수학교실
조정민 바른셈학원
조주희 이츠매쓰학원
주정호 라이프니츠영수학학원
최규현 하이베스트학원
최일규 이츠매쓰학원
최재원 이지수학학원
하재상 이헤수학학원
한은지 페르마학원
한인경 공감왕수학학원
황미라 한울학원

경상

강동일 에이원학원
강소정 정훈입시학원
강영환 정훈입시학원
강윤정 정훈입시학원
강희정 수학교실
구아름 구수한수학교습소
김성재 The쎈수학학원
김정휴 비상에듀학원
남유경 유니크수학학원
류현지 유니크수학학원
박건주 청림학원
박성규 박쌤수학학원
박소현 청림학원
박재훈 달공수학학원
박현철 정훈입시학원
서명원 입시박스학원
신동훈 유니크수학학원
유병호 캔깨쓰학원
유지민 비상에듀학원
윤영진 유클리드수학과학학원
이소리 G1230학원
이은미 수학의한수학원
전현도 A스쿨학원
정재헌 에디슨아카데미
제준헌 니그학원
최혜경 프라임학원

광주

강동호 리엔학원
김국철 필즈영어수학학원
김대균 김대균수학학원
김동신 정평학원

강동석 MFA수학학원
노승균 정평학원
신선미 명문학원
양우식 정평학원
오성진 오성진선생의수학스케치학원
이수현 윈수학학원
이재구 소촌엘리트학원
정민철 연승학원
정 석 정석수학전문학원
정수종 에스원수학학원
지행은 최상위영어수학학원
한병선 매쓰로드학원

대구

권영원 영원수학학원
김영숙 마스터박수학학원
김유리 최상위수학과학원
김은진 월성해법수학학원
김정희 이레수학학원
김지수 율사학원
김태수 김태수수학학원
박미애 학림수학학원
박세열 송설수학학원
박태영 더좋은하늘수학학원
박호연 필즈수학학원
서효정 에이스학원
송유진 차수학학원
오현정 솔빛입시학원
윤기호 샤인수학학원
이선미 에스엠학원
이주형 DK경대학원
장경미 휘영수학학원
전진철 전진철수학학원
조현진 수앤지학원
지현숙 클라무학원
하상희 한빛하쌤학원

대전

강현중 J학원
박재춘 제크아카데미
배용제 해마학원
윤석주 윤식주수학학원
이은혜 J학원
임진희 청담클루빌플레이팩토 황선생학원
장보영 윤석주수학학원
장현상 제크아카데미
정유진 청담클루빌플레이팩토 황선생학원
정진혁 버드내종로엠학원
홍선화 홍수학학원

부산

김선아 아연학원
김옥경 더매쓰학원

김원경 옥샘학원
김정민 이경철학원
김창기 우주수학학원
김채화 채움수학전문학원
박상희 맵플러스금정캠퍼스학원
박순들 신진학원
손종규 화인수학학원
심정섭 전성학원
유소영 매쓰트리수학학원
윤한수 기능영재아카데미학원
이승윤 한길학원
이재명 청진학원
전현정 전성학원
정상원 필수통합학원
정영판 뉴피플학원
정진경 대원학원
정희경 육영재학원
조이석 레몬수학학원
천미숙 유레카학원
황보상 우진수학학원

인천

곽소윤 밀턴수학학원
김상미 밀턴수학학원
안상준 세종EM학원
이봉섭 정일학원
정은영 밀턴수학학원
채수현 밀턴수학학원
황찬욱 밀턴수학학원

전라

이강화 강승학원
최진영 필즈수학전문학원
한성수 위드클래스학원

충청

김선경 해머수학학원
김은향 루트수학학원
나종복 나는수학학원
오일영 해미수학학원
우명제 필즈수학학원
이태린 이태린으뜸수학학원
장경진 히파티아수학학원
장은희 자기주도학습센터 홀로세움학원
정한용 청록학원
정혜경 팔로스학원
현정화 멘토수학학원
홍승기 청록학원

중학 풍산자로 개념과 문제를 꼼꼼히 풀면 성적이 지속적으로 향상됩니다

상위권으로의 도약을 위한 중학 풍산자 로드맵

원리 개념서	기초 반복 훈련서	실전 평가 테스트	실전 문제 유형서
▶ 풍산자 개념완성	▶ 풍산자 반복수학	▶ 풍산자 테스트북	▶ 풍산자 필수유형

중학 풍산자 교재	하	중하	중	상
원리 개념서 **풍산자 개념완성**		필수 문제로 개념 정복, 개념 학습 완성		
기초 반복훈련서 **풍산자 반복수학**		개념 및 기본 연산 정복, 기초 실력 완성		
실전평가 테스트 **풍산자 테스트북**			단원별 엄선 문제, 실력 점검 및 실전 대비	
실전 문제유형서 **풍산자 필수유형**			모든 기출 유형 정복, 시험 준비 완료	

풍산자

필수유형

필수 유형 문제와
학교 시험 예상 문제로
**내신을 완벽하게 대비하는
문제기본서!**

중학수학 3-1

풍산자수학연구소 지음

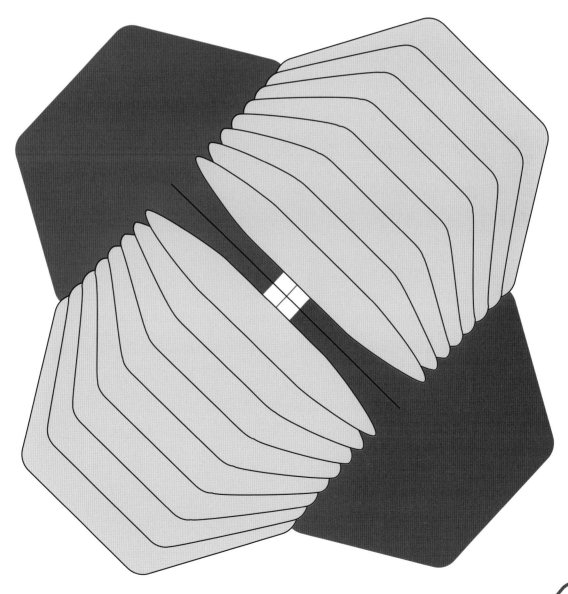

실전북

지학사

풍쌤비법으로 모든 유형을 대비하는
문제기본서

풍산자 필수유형

서술유형 집중연습

중학수학 3-1

대표 서술유형

1 ◆ 근호 안의 식을 간단히 하기

→ 유형 008

예제 실수 a에 대하여 $a < 3$일 때, $\sqrt{(a-3)^2} + \sqrt{(3-a)^2}$ 을 간단히 하여라. [7점]

풀이

step❶ $\sqrt{(a-3)^2}$의 근호 없애기 [3점] ❯ $a-3$ ___ 0이므로

$\sqrt{(a-3)^2} =$ _____

step❷ $\sqrt{(3-a)^2}$의 근호 없애기 [3점] ❯ $a-3 < 0$에서 $3-a$ ___ 0이므로

$\sqrt{(3-a)^2} =$ _____

step❸ 주어진 식을 간단히 하기 [1점] ❯ $\sqrt{(a-3)^2} + \sqrt{(3-a)^2} =$ _____

$=$ _____

$=$ _____

유제 1-1 → 유형 008

$-1 < x \leq 1$일 때, $\sqrt{(x-1)^2} + \sqrt{(x+1)^2}$을 간단히 하여라. [7점]

풀이

step❶ $\sqrt{(x-1)^2}$의 근호 없애기 [3점]

$-1 < x \leq 1$에서 $x-1$ ___ 0이므로

$\sqrt{(x-1)^2} =$ _____

step❷ $\sqrt{(x+1)^2}$의 근호 없애기 [3점]

$-1 < x \leq 1$에서 $x+1$ ___ 0이므로

$\sqrt{(x+1)^2} =$ _____

step❸ $\sqrt{(x-1)^2} + \sqrt{(x+1)^2}$을 간단히 하기 [1점]

$\sqrt{(x-1)^2} + \sqrt{(x+1)^2} =$ _____

$=$ _____

$=$ ___

유제 1-2 → 유형 008

$2a - 6 > 3(a-2)$일 때, $\sqrt{a^2} - \sqrt{(a-3)^2} - \sqrt{(2-a)^2}$을 간단히 하여라. [8점]

풀이

step❶ a의 값의 범위 구하기 [1점]

$2a - 6 > 3(a-2)$에서 _____

$\therefore$ _____

step❷ $\sqrt{a^2}$, $\sqrt{(a-3)^2}$, $\sqrt{(2-a)^2}$의 근호 없애기 [각 2점]

a ___ 0이므로 $\sqrt{a^2} =$ _____

$a-3$ ___ 0이므로 $\sqrt{(a-3)^2} =$ _____

$2-a$ ___ 0이므로 $\sqrt{(2-a)^2} =$ _____

step❸ $\sqrt{a^2} - \sqrt{(a-3)^2} - \sqrt{(2-a)^2}$을 간단히 하기 [1점]

$\sqrt{a^2} - \sqrt{(a-3)^2} - \sqrt{(2-a)^2}$

$=$ _____

$=$ _____

$=$ _____

2 ♦ 제곱근이 자연수가 될 조건

→ 유형 009

예제 두 수 m, n이 자연수일 때, $\sqrt{240m}=n$을 만족하는 가장 작은 자연수 m과 그때의 n의 값의 합 $m+n$의 값을 구하여라. [8점]

풀이

step❶ 240을 소인수분해하기
[2점]
❯ $240=$ _____

step❷ m의 값 구하기 [3점]
❯ n이 자연수가 되려면 $240\times m=$ _____ $\times m$에서 소인수의 지수가 모두 ____이어야 하므로 가장 작은 자연수 m은 $m=$ _____

step❸ n의 값 구하기 [2점]
❯ $n=\sqrt{240\times}$ ___ $=$ _____
   $=$ _____

step❹ $m+n$의 값 구하기 [1점]
❯ $\therefore m+n=$ _____

유제 **2-1** → 유형 009

$10\le x<100$일 때, $\sqrt{504x}$가 자연수가 되도록 하는 자연수 x의 값을 모두 구하여라. [8점]

풀이

step❶ 504를 소인수분해하기 [2점]

$504=$ _____

step❷ $\sqrt{504x}$가 자연수가 되는 조건 구하기 [3점]

$\sqrt{504x}$가 자연수가 되려면 $504\times x=$ _____ $\times x$에서 소인수의 지수가 모두 ____이어야 하므로 자연수 x는 $x=$ ___ $\times$ (자연수)^{2}의 꼴이어야 한다.

step❸ x의 값 구하기 [3점]

x의 값의 범위가 $10\le x<100$이므로 조건을 만족하는 자연수 x의 값은
$x=$ ___ 또는 $x=$ _____

유제 **2-2** → 유형 012

$\sqrt{49-x}$가 정수가 되도록 하는 자연수 x의 개수를 구하여라. [6점]

풀이

step❶ $\sqrt{49-x}$가 정수가 되는 조건 찾기 [2점]

$\sqrt{49-x}$가 정수가 되려면 $49-x$는 0 또는 49보다 작은 제곱수이어야 한다.
즉, $49-x=$ _____

step❷ x의 값 구하기 [3점]

조건을 만족하는 자연수 x는
$x=$ _____ 이다.

step❸ x의 개수 구하기 [1점]

따라서 자연수 x는 ___개이다.

서술유형 실전대비

[1-4] 주어진 단계에 맞게 답안을 작성하여라.

1 $(-6)^2$의 양의 제곱근을 A, $\sqrt{81}$의 음의 제곱근을 B라 할 때, $A-B$의 값을 구하여라. [7점]

풀이

step1: A의 값 구하기 [3점]

step2: B의 값 구하기 [3점]

step3: $A-B$의 값 구하기 [1점]

답 _____

2 다음 수의 제곱근을 구할 때, 근호를 사용하지 않고 나타낼 수 있는 수는 모두 몇 개인지 구하여라. [8점]

$$5, \quad \sqrt{9}, \quad 2.56, \quad 2.\dot{7}, \quad \frac{121}{25}, \quad \sqrt{16}$$

풀이

step1: 각 수의 제곱근 구하기 [각 1점]

step2: 근호를 사용하지 않고 제곱근을 나타낼 수 있는 수가 모두 몇 개인지 구하기 [2점]

답 _____

3 $\sqrt{\dfrac{160}{m}}=n$이라 할 때, n이 자연수가 되도록 하는 가장 작은 자연수 m과 그때의 n의 값의 합 $m+n$의 값을 구하여라. [8점]

풀이

step1: 160을 소인수분해하기 [2점]

step2: m의 값 구하기 [3점]

step3: n의 값 구하기 [2점]

step4: $m+n$의 값 구하기 [1점]

답 _____

4 $\sqrt{99-2a}-\sqrt{7+2b}$가 가장 큰 정수가 되도록 하는 자연수 a, b에 대하여 $a-b$의 값을 구하여라. [7점]

풀이

step1: a의 값 구하기 [3점]

step2: b의 값 구하기 [3점]

step3: $a-b$의 값 구하기 [1점]

답 _____

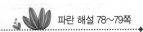

[5-8] 풀이 과정을 자세히 써라.

5 다음 수 중에서 가장 큰 수를 m, 가장 작은 수를 n이라 할 때, m^2+n^2의 값을 구하여라. [7점]

$$\sqrt{8}, \quad -\sqrt{7}, \quad -3, \quad \sqrt{(-3)^2}, \quad -\sqrt{11}, \quad \sqrt{\dfrac{9}{2}}$$

> 풀이

> 답 _____

6 자연수 n에 대하여 $\sqrt{n}$ 이하의 자연수 중에서 가장 큰 수를 $F(n)$이라 할 때, $F(56)-F(25)$의 값을 구하여라. [7점]

> 풀이

> 답 _____

7 한 변의 길이가 3 cm인 정사각형 두 개를 대각선 방향으로 잘라 이어 붙여서 정사각형 ABCD를 만들었다. 정사각형 ABCD의 둘레의 길이를 구하여라. [8점]

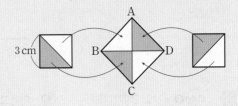

> 풀이

> 답 _____

8 서로 다른 두 개의 주사위를 던져서 나온 눈의 수를 각각 a, b라 할 때, $\sqrt{36ab}$가 자연수가 될 확률을 구하여라. [7점]

> 풀이

> 답 _____

대표 서술유형

1 ◆ 무리수를 수직선 위에 나타내기

→ 유형 018

예제 다음 그림과 같이 수직선 위에 ∠B=∠E=90°, $\overline{BC}=\overline{EF}=1$인 두 직각이등변삼각형 ABC, DEF가 있다. $\overline{AC}=\overline{PC}$, $\overline{FD}=\overline{FQ}$가 되도록 점 P($a$)와 점 Q($b$)를 각각 잡을 때, $a+b$의 값을 구하여라. [8점]

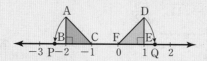

풀이

step❶ a의 값 구하기 [3점] ❯ 피타고라스 정리에 의해 직각이등변삼각형의 빗변의 길이는 ＿＿인므로

$\overline{AC}=\overline{PC}=$＿＿ ∴ $a=$＿＿＿＿

step❷ b의 값 구하기 [3점] ❯ $\overline{FD}=\overline{FQ}=$＿＿이므로 $b=$＿＿

step❸ $a+b$의 값 구하기 [2점] ❯ ∴ $a+b=$＿＿＿＿＿＿

유제 1-1 → 유형 018

다음 그림에서 모눈 한 칸은 한 변의 길이가 1인 정사각형이다. 정사각형 PQRS에서 $\overline{PS}=\overline{PA}$, $\overline{PQ}=\overline{PB}$가 되도록 두 점 A, B를 각각 잡을 때, 점 A와 점 B에 대응하는 수의 합을 구하여라. [8점]

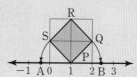

풀이

step❶ 점 A에 대응하는 수 구하기 [3점]

$\overline{PS}=\overline{PA}=$＿＿이므로 점 A에 대응하는 수는 ＿＿＿＿이다.

step❷ 점 B에 대응하는 수 구하기 [3점]

$\overline{PQ}=\overline{PB}=$＿＿이므로 점 B에 대응하는 수는 ＿＿＿＿이다.

step❸ 점 A와 점 B에 대응하는 수의 합 구하기 [2점]

따라서 두 수의 합은

(＿＿＿＿)+(＿＿＿＿)=＿＿

유제 1-2 → 유형 019

다음 그림에서 모눈 한 칸은 한 변의 길이가 1인 정사각형이다. 수직선 위의 두 점 A, B에 대하여 $\overline{AB}$의 길이를 구하여라. [8점]

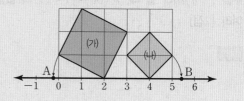

풀이

step❶ 각 정사각형의 한 변의 길이 구하기 [각 1점]

피타고라스 정리에 의해 ㈎는 한 변의 길이가 ＿＿인 정사각형이고, ㈏는 한 변의 길이가 ＿＿인 정사각형이다.

step❷ 두 점 A, B의 좌표 구하기 [각 2점]

점 A의 좌표는 A(＿＿＿＿)

점 B의 좌표는 B(＿＿＿＿)

step❸ $\overline{AB}$의 길이 구하기 [2점]

따라서 $\overline{AB}$의 길이는

(＿＿＿＿)−(＿＿＿＿)=＿＿＿＿＿＿

2 ◆ 실수의 대소 관계

→ 유형 023

예제 $A=5\sqrt{6}-2$, $B=2+6\sqrt{3}$, $C=11$일 때, 세 수 A, B, C 사이의 대소 관계를 나타내어라. [8점]

풀이

step❶ A, C 사이의 대소 관계 나타내기 [3점]

> $A-C=(5\sqrt{6}-2)-11=$ _____ 이므로
> $A-C$___0 ∴ A___C

step❷ B, C 사이의 대소 관계 나타내기 [3점]

> $B-C=(2+6\sqrt{3})-11=$ _____ 이므로
> $B-C$___0 ∴ B___C

step❸ 세 수 사이의 대소 관계 나타내기 [2점]

> 따라서 A___C이고 B___C이므로 ___$<$___$<$___ 이다.

유제 2-1 → 유형 023

다음 수를 큰 것부터 차례로 나열할 때, 세 번째에 오는 수를 구하여라. [7점]

> $2+\sqrt{10}$, $\sqrt{10}-4$, $3-\sqrt{10}$, $-1+\sqrt{10}$

풀이

step❶ 양수와 음수 구분하기 [2점]

$2+\sqrt{10}$, $-1+\sqrt{10}$은 ____, $\sqrt{10}-4$, $3-\sqrt{10}$은 ____이다.

step❷ 수의 대소 비교하기 [3점]

(i) $(2+\sqrt{10})-(-1+\sqrt{10})=$___이므로
$(2+\sqrt{10})-(-1+\sqrt{10})$___$0$
∴ $2+\sqrt{10}$___$-1+\sqrt{10}$

(ii) $(\sqrt{10}-4)-(3-\sqrt{10})=$ _____
이므로 $(\sqrt{10}-4)-(3-\sqrt{10})$___$0$
∴ $\sqrt{10}-4$___$3-\sqrt{10}$

step❸ 세 번째에 오는 수 구하기 [2점]

따라서____$>$____$>$____$>$____
이므로 세 번째에 오는 수는____이다.

유제 2-2 → 유형 023

다음 수 중에서 가장 큰 수를 M, 가장 작은 수를 m이라 할 때, $M-m$의 값을 구하여라. [8점]

> $\sqrt{3}+2$, $\sqrt{2}+\sqrt{3}$, $2+\sqrt{2}$

풀이

step❶ $\sqrt{3}+2$와 $2+\sqrt{2}$의 크기 비교하기 [2점]

$(\sqrt{3}+2)-(2+\sqrt{2})=$ _____ 이므로
$(\sqrt{3}+2)-(2+\sqrt{2})$___$0$
∴ $\sqrt{3}+2$___$2+\sqrt{2}$

step❷ $\sqrt{2}+\sqrt{3}$과 $2+\sqrt{2}$의 크기 비교하기 [2점]

$(\sqrt{2}+\sqrt{3})-(2+\sqrt{2})=$ _____ 이므로
$(\sqrt{2}+\sqrt{3})-(2+\sqrt{2})$___$0$
∴ $\sqrt{2}+\sqrt{3}$___$2+\sqrt{2}$

step❸ M, m의 값 구하기 [각 1점]

가장 큰 수는____, 가장 작은 수는____이므로
$M=$____, $m=$____

step❹ $M-m$의 값 구하기 [2점]

∴ $M-m=$ _____

서술유형 실전대비

[1-4] 주어진 단계에 맞게 답안을 작성하여라.

1 다음 중 □ 안에 해당하는 수는 모두 몇 개인지 구하여라. [7점]

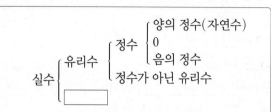

$$2+\sqrt{9}, \quad -\sqrt{10}-1, \quad \frac{\pi}{4}$$
$$\sqrt{(-3.6)^2}, \quad \sqrt{0.16}, \quad \sqrt{1.\dot{7}}$$

풀이

step1: □ 안에 해당하는 수 이해하기 [3점]

step2: □ 안에 해당하는 수의 개수 구하기 [4점]

답 _____

2 $8-\sqrt{6}$과 $\sqrt{6}-8$ 사이에 있는 정수의 개수를 구하여라. [8점]

풀이

step1: $\sqrt{6}$의 범위 구하기 [2점]

step2: $8-\sqrt{6}$의 범위 구하기 [2점]

step3: $\sqrt{6}-8$의 범위 구하기 [2점]

step4: 정수의 개수 구하기 [2점]

답 _____

3 다음 그림과 같이 수직선 위에 직각을 끼고 있는 두 변의 길이가 1인 두 직각이등변삼각형이 있을 때, 두 점 P, Q 사이의 거리를 구하여라.

[7점]

풀이

step1: 직각이등변삼각형의 빗변의 길이 구하기 [1점]

step2: 두 점 P, Q의 좌표 구하기 [각 2점]

step3: 두 점 P, Q 사이의 거리 구하기 [2점]

답 _____

4 다음 세 수의 대소 관계를 나타내어라. [6점]

$$4+\sqrt{2}, \quad 6, \quad 3+2\sqrt{2}$$

풀이

step1: $4+\sqrt{2}$와 $3+2\sqrt{2}$의 크기 비교하기 [2점]

step2: 6과 $3+2\sqrt{2}$의 크기 비교하기 [2점]

step3: 세 수의 대소 비교하기 [2점]

답 _____

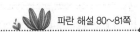
[5-8] 풀이 과정을 자세히 써라.

5 다음 수직선에서 $-\sqrt{3}$, $\sqrt{2}-1$, $\sqrt{7}$에 대응하는 점이 있는 구간을 차례로 구하여라. [6점]

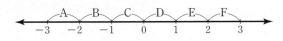

풀이

답 _____

6 $2-\sqrt{13}$과 $3+\sqrt{5}$ 사이에 있는 모든 정수의 합을 구하여라. [7점]

풀이

답 _____

7 다음 그림과 같이 수직선 위의 두 점 P, Q에 대응하는 수를 각각 a, b라 할 때, $(a+\sqrt{5})^2+(b-1)^2$의 값을 구하여라. [8점]

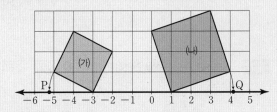

풀이

답 _____

8 한 변의 길이가 각각 $\sqrt{26}$, 5, $1+\sqrt{28}$인 정사각형을 각각 A, B, C라 하자. 이때, 넓이가 가장 작은 정사각형을 구하여라. [6점]

풀이

답 _____

대표 서술유형

1 ◆ 제곱근의 덧셈과 뺄셈

→ 유형 031

예제 다음 식을 만족하는 유리수 a, b에 대하여 $\sqrt{2ab}$의 값을 구하여라. [7점]

$$\sqrt{27}-\sqrt{50}+\sqrt{18}-\sqrt{48}=a\sqrt{2}+b\sqrt{3}$$

풀이

step❶ 주어진 식을 간단히 하기 [3점]

➋ $\sqrt{27}-\sqrt{50}+\sqrt{18}-\sqrt{48}=$ _____

　　　　　　　　　　　$=$ _____

step❷ a, b의 값 구하기 [각 1점]

➋ _____ $=a\sqrt{2}+b\sqrt{3}$에서 $a=$ ____, $b=$ ____

step❸ $\sqrt{2ab}$의 값 구하기 [2점]

➋ ∴ $\sqrt{2ab}=$ _____

유제 1-1 → 유형 031

다음 식을 만족하는 유리수 a, b에 대하여 ab의 값을 구하여라. [7점]

$$\sqrt{20}-\sqrt{50}+\sqrt{32}-\sqrt{45}=a\sqrt{2}+b\sqrt{5}$$

풀이

step❶ $\sqrt{20}-\sqrt{50}+\sqrt{32}-\sqrt{45}$를 간단히 하기 [3점]

$\sqrt{20}-\sqrt{50}+\sqrt{32}-\sqrt{45}$

$=$ _____

$=$ _____

step❷ a, b의 값 구하기 [각 1점]

_____ $=a\sqrt{2}+b\sqrt{5}$에서 $a=$ ____, $b=$ ____

step❸ ab의 값 구하기 [2점]

∴ $ab=$ _____

유제 1-2 → 유형 031

$\sqrt{32}-2\sqrt{8}+\sqrt{3}\left(\sqrt{12}+\dfrac{4\sqrt{2}}{\sqrt{3}}\right)$를 간단히 하면

$a+b\sqrt{2}$의 꼴로 나타내어질 때, $a+b$의 값을 구하여라. (단, a, b는 유리수) [7점]

풀이

step❶ $\sqrt{32}-2\sqrt{8}+\sqrt{3}\left(\sqrt{12}+\dfrac{4\sqrt{2}}{\sqrt{3}}\right)$를 간단히 하기 [3점]

$\sqrt{32}-2\sqrt{8}+\sqrt{3}\left(\sqrt{12}+\dfrac{4\sqrt{2}}{\sqrt{3}}\right)$

$=$ _____

$=$ _____

$=$ _____

step❷ a, b의 값 구하기 [각 1점]

_____ $=a+b\sqrt{2}$에서 $a=$ ____, $b=$ ____

step❸ a^2+b^2의 값 구하기 [2점]

∴ $a^2+b^2=$ _____

2 ◆ 무리수의 정수 부분과 소수 부분

➜ 유형 040

예제 $\sqrt{30}$의 정수 부분을 a, 소수 부분을 b라 할 때, $a-b$의 값을 구하여라. [8점]

풀이 **step❶** a의 값 구하기 [3점]

❱ ___$<30<$___이므로 $\sqrt{30}$의 정수 부분은 ___이다.   ∴ $a=$___

step❷ b의 값 구하기 [3점]

❱ (소수 부분)=_____$-$(정수 부분)이므로 $b=$_____

step❸ $a-b$의 값 구하기 [2점]

❱ ∴ $a-b=$_____

유제 2-1 ➜ 유형 040

$\sqrt{20}-3$의 정수 부분을 a, 소수 부분을 b라 할 때, $4a+b$의 값을 구하여라. [8점]

풀이

step❶ a의 값 구하기 [3점]

$4<\sqrt{20}<5$에서 ___$<\sqrt{20}-3<$___이므로 $\sqrt{20}-3$의 정수 부분은 ___이다.

∴ $a=$___

step❷ b의 값 구하기 [3점]

(소수 부분)=_____$-$(정수 부분)이므로

$b=$_____

step❸ $4a+b$의 값 구하기 [2점]

∴ $4a+b=$_____

유제 2-2 ➜ 유형 040

$\dfrac{\sqrt{12}-\sqrt{2}}{\sqrt{2}}$의 정수 부분을 a, 소수 부분을 b라 할 때, $\sqrt{6}a-b$의 값을 구하여라. [8점]

풀이

step❶ $\dfrac{\sqrt{12}-\sqrt{2}}{\sqrt{2}}$의 분모를 유리화하기 [2점]

$\dfrac{\sqrt{12}-\sqrt{2}}{\sqrt{2}}=$_____

$=$_____

step❷ a, b의 값 구하기 [각 2점]

$2<\sqrt{6}<3$에서 ___$<\sqrt{6}-1<$___이므로 $\sqrt{6}-1$의 정수 부분은___, 소수 부분은_____이다.

∴ $a=$___, $b=$_____

step❸ $\sqrt{6}a-b$의 값 구하기 [2점]

∴ $\sqrt{6}a-b=$_____

서술유형 실전대비

[1-4] 주어진 단계에 맞게 답안을 작성하여라.

1 $\sqrt{2.3}=a$, $\sqrt{23}=b$일 때, $\sqrt{230}+\sqrt{0.0023}$을 a, b를 이용하여 나타내어라. [7점]

풀이

step 1: $\sqrt{230}$, $\sqrt{0.0023}$을 $\sqrt{2.3}$ 또는 $\sqrt{23}$으로 나타내기 [각 3점]

step 2: 주어진 식을 a, b를 이용하여 나타내기 [1점]

답 _____

2 $\dfrac{\sqrt{5}-\sqrt{3}}{2\sqrt{3}}-\dfrac{3\sqrt{6}-\sqrt{10}}{\sqrt{6}}$을 간단히 하여라. [8점]

풀이

step 1: $\dfrac{\sqrt{5}-\sqrt{3}}{2\sqrt{3}}$, $\dfrac{3\sqrt{6}-\sqrt{10}}{\sqrt{6}}$의 분모를 유리화하기 [각 3점]

step 2: 주어진 식을 간단히 하기 [2점]

답 _____

3 자연수 n에 대하여 $\sqrt{n}$의 소수 부분을 $f(n)$이라 할 때, $f(90)-f(40)$의 값을 구하여라. [6점]

풀이

step 1: $f(90)$의 값 구하기 [2점]

step 2: $f(40)$의 값 구하기 [2점]

step 3: $f(90)-f(40)$의 값 구하기 [2점]

답 _____

4 $P=\dfrac{3}{\sqrt{3}}(\sqrt{12}+4)-a(2+\sqrt{3})$이 유리수일 때, P의 값을 구하여라. (단, a는 유리수) [7점]

풀이

step 1: P를 간단히 하기 [3점]

step 2: a의 값 구하기 [3점]

step 3: P의 값 구하기 [1점]

답 _____

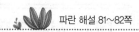

[5-8] 풀이 과정을 자세히 써라.

5 제곱근표에서 $\sqrt{2}=1.414$, $\sqrt{5}=2.236$일 때, $\sqrt{0.32}+\sqrt{8000}$의 값을 구하여라. [8점]

풀이

답 _____

6 다음 그림에서 평행사변형과 삼각형의 넓이가 서로 같을 때, 평행사변형의 높이를 $\sqrt{a}$의 꼴로 나타내어라.

(단, a는 유리수)[7점]

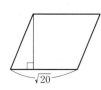 

풀이

답 _____

7 오른쪽 그림과 같은 정사각형 ABCD의 넓이는 108이다. □ABCD의 각 변의 중점을 연결하여 □EFGH를 만들고, □EFGH의 각 변의 중점을 연결하여 만든 □PQRS의 둘레의 길이를 구하여라. [7점]

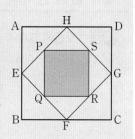

풀이

답 _____

8 수직선 위의 두 점 $A(\sqrt{(\sqrt{2}-3)^2})$, $B(\sqrt{(\sqrt{8}+2)^2})$에 대하여 $\overline{AB}$의 길이를 구하여라. [7점]

풀이

답 _____

대표 서술유형

1♦ 곱셈 공식의 활용

→ 유형 049

예제 오른쪽 그림과 같은 직사각형 ABCD에서 두 사각형 AGHE와 EFCD는 정사각형이다. $\overline{AB}=x$, $\overline{BC}=y$일 때, 직사각형 GBFH의 넓이를 x, y를 사용하여 나타내어라. [7점]

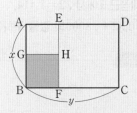

풀이

step❶ $\overline{BF}$의 길이를 x, y를 사용하여 나타내기 [2점] ❯ 사각형 EFCD가 정사각형이므로 $\overline{DC}=\overline{ED}=x$

따라서 $\overline{AE}=$＿＿＿이므로 $\overline{BF}=$＿＿＿

step❷ $\overline{BG}$의 길이를 x, y를 사용하여 나타내기 [2점] ❯ 사각형 AGHE가 정사각형이므로 $\overline{AG}=\overline{AE}=$＿＿＿

$\therefore \overline{BG}=\overline{AB}-\overline{AG}=x-(＿＿＿)=＿＿＿$

step❸ 직사각형 GBFH의 넓이를 x, y를 사용하여 나타내기 [3점] ❯ (직사각형 GBFH의 넓이)$=$＿＿＿＿＿＿

$=$＿＿＿＿＿＿

유제 **1-1** → 유형 050

$(x-2y+1)(x-2y+2)$의 전개식에서 y^2의 계수를 a, xy의 계수를 b라 할 때, $a+b$의 값을 구하여라. [6점]

풀이

step❶ 공통부분을 찾아 한 문자로 치환하여 전개하기 [4점]

＿＿＿＿＿$=A$라 하면

$(x-2y+1)(x-2y+2)$

$=$＿＿＿＿＿＿

$=A^2+3A+2$

$=(x-2y)^2+3(x-2y)+2$

$=$＿＿＿＿＿＿＿＿＿

step❷ $a+b$의 값 구하기 [2점]

y^2의 계수가 ＿＿＿이므로 $a=$＿＿＿

xy의 계수가 ＿＿＿이므로 $b=$＿＿＿

$\therefore a+b=$＿＿＿

유제 **1-2** → 유형 051

$(x+2)(x+4)(x-1)(x-3)$

$=x^4+ax^3+bx^2+cx+24$

일 때, $a-b+c$의 값을 구하여라. (단, a, b, c는 상수)

[7점]

풀이

step❶ 좌변의 식 변형하기 [2점]

$(x+2)(x+4)(x-1)(x-3)$

$=$＿＿＿＿＿＿＿＿＿

$=(x^2+x-2)(x^2+x-12)$

step❷ 공통부분을 찾아 한 문자로 치환하여 전개하기 [3점]

＿＿＿＿＿$=A$라 하면

$(x^2+x-2)(x^2+x-12)$

$=$＿＿＿＿＿＿$=A^2-14A+24$

$=(x^2+x)^2-14(x^2+x)+24$

$=$＿＿＿＿＿＿＿＿＿

step❸ $a+b+c$의 값 구하기 [2점]

따라서 $a=$＿＿, $b=$＿＿＿, $c=$＿＿＿이므로

$a-b+c=$＿＿

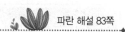

2✦ 곱셈 공식의 변형

→ 유형 055

예제 $x^2-5x-1=0$일 때, $x^2+\dfrac{1}{x^2}$의 값을 구하여라. [6점]

풀이 **step❶** $x-\dfrac{1}{x}$의 값 구하기 [3점] ❯ $x^2-5x-1=0$의 양변을 x로 나누면

_____

step❷ $x^2+\dfrac{1}{x^2}$의 값 구하기 [3점] ❯ _____ 의 양변을 제곱하면 _____

$\therefore x^2+\dfrac{1}{x^2}=$ _____

유제2-1 → 유형 055

$x^2-3x+1=0$일 때, $x^2-2x-\dfrac{2}{x}+\dfrac{1}{x^2}$의 값을 구하여라. [7점]

풀이

step❶ $x+\dfrac{1}{x}$의 값 구하기 [2점]

$x^2-3x+1=0$의 양변을 x로 나누면

_____

step❷ $x^2+\dfrac{1}{x^2}$의 값 구하기 [3점]

_____ 의 양변을 제곱하면

_____

$\therefore x^2+\dfrac{1}{x^2}=$ _____

step❸ 주어진 식의 값 구하기 [2점]

$\therefore x^2-2x-\dfrac{2}{x}+\dfrac{1}{x^2}=$ _____

$=$ _____

유제2-2 → 유형 054

$x-y=2$, $x^2+y^2=6$일 때, $\dfrac{y}{x}+\dfrac{x}{y}$의 값을 구하여라. [6점]

풀이

step❶ xy의 값 구하기 [3점]

곱셈 공식 $(x-y)^2=$ _____ 에 $x-y=2$, $x^2+y^2=6$을 대입하면

_____

$\therefore xy=$ ___

step❷ $\dfrac{y}{x}+\dfrac{x}{y}$의 값 구하기 [3점]

$\therefore \dfrac{y}{x}+\dfrac{x}{y}=$ _____

$=$ _____

서술유형 실전대비

[1-4] 주어진 단계에 맞게 답안을 작성하여라.

1 $(2x-3)(3x+A)$의 전개식에서 x의 계수가 -1일 때, 상수항을 구하여라. (단, A는 상수) [6점]

풀이

step1: A의 값 구하기 [4점]

step2: 상수항 구하기 [2점]

답 _____

2 $A=\sqrt{17}+4$의 역수를 B라 할 때, $A-B$의 값을 구하여라. [6점]

풀이

step1: B의 값 구하기 [3점]

step2: $A-B$의 값 구하기 [3점]

답 _____

3 $a+b=4$, $a^2+b^2=10$일 때, $\dfrac{1}{a}+\dfrac{1}{b}$의 값을 구하여라. [6점]

풀이

step1: ab의 값 구하기 [3점]

step2: $\dfrac{1}{a}+\dfrac{1}{b}$의 값 구하기 [3점]

답 _____

4 $x=\sqrt{5}+\sqrt{3}$, $y=\sqrt{5}-\sqrt{3}$일 때, $\dfrac{y}{x}+\dfrac{x}{y}$의 값을 구하여라. [6점]

풀이

step1: $x+y$, xy의 값 구하기 [각 1점]

step2: 곱셈 공식을 이용하여 $\dfrac{y}{x}+\dfrac{x}{y}$ 정리하기 [2점]

step3: $\dfrac{y}{x}+\dfrac{x}{y}$의 값 구하기 [2점]

답 _____

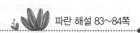

[5-8] 풀이 과정을 자세히 써라.

5 곱셈 공식을 이용하여 $1002 \times 998 - 997^2$을 계산하여라. [6점]

풀이

답 _____

6 $a^2 - 7a + 1 = 0$일 때, $a^2 + \dfrac{1}{a^2}$의 값을 구하여라. [6점]

풀이

답 _____

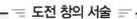

7 정수 a를 8로 나누면 몫이 x이고 나머지가 6이다. 또한 정수 b를 12로 나누면 몫이 y이고 나머지가 7이다. 이때 ab를 4로 나눈 나머지를 구하여라. [8점]

풀이

답 _____

8 전개도가 다음 그림과 같은 직육면체에서 마주보는 면에 적힌 두 일차식의 곱을 각각 A, B, C라 할 때, $A + B + C$를 구하여라. [8점]

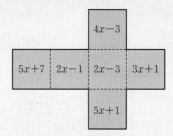

풀이

답 _____

대표 서술유형

1 ✦ 두 다항식의 공통인수 구하기

→ 유형 065

예제 다음 세 다항식이 공통인수를 가질 때, 상수 a의 값을 구하여라. [8점]

$$3x^2-6x+3, \quad 4x^2y-4y, \quad x^2+4x+a$$

풀이

step① $3x^2-6x+3$을 인수분해하기 [2점] ❯ $3x^2-6x+3=$ _____

step② $4x^2y-4y$를 인수분해하기 [2점] ❯ $4x^2y-4y=$ _____

step③ a의 값 구하기 [4점] ❯ 두 다항식의 공통인수가 _____ 이므로
$x^2+4x+a=($ _____ $)(x+m)$이라 하면
$4=$ _____, $a=$ _____
$\therefore m=$ __, $a=$ _____

유제 1-1 → 유형 065

두 다항식 $4x^2y^2-9y^2$, $4x^2+12x+9$의 공통인수가 $2x^2+x+a$의 인수일 때, 상수 a의 값을 구하여라.

[8점]

풀이

step① $4x^2y^2-9y^2$을 인수분해하기 [3점]

$4x^2y^2-9y^2=$ _____

step② $4x^2+12x+9$를 인수분해하기 [2점]

$4x^2+12x+9=$ _____

step③ 두 다항식의 공통인수 구하기 [1점]

두 다항식 $4x^2y^2-9y^2$, $4x^2+12x+9$의 공통인수는

_____

step④ a의 값 구하기 [2점]

$2x^2+x+a=($ _____ $)(x+m)$이라 하면

$1=$ _____, $a=$ _____

$\therefore m=$ _____, $a=$ _____

유제 1-2 → 유형 065

두 다항식 $2x^2+ax+6$, $3x^2+7x+b$의 공통인수가 $x+2$일 때, 상수 a, b의 합 $a+b$의 값을 구하여라.

[9점]

풀이

step① a의 값 구하기 [4점]

$2x^2+ax+6=(x+2)(2x+m)$이라 하면

$a=$ _____, $6=$ _____

$\therefore m=$ __, $a=$ __

step② b의 값 구하기 [4점]

$3x^2+7x+b=(x+2)(3x+n)$이라 하면

$7=$ _____, $b=$ ___

$\therefore n=$ __, $b=$ ___

step③ $a+b$의 값 구하기 [1점]

$\therefore a+b=$ _____

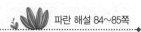
2✦ 잘못 보고 인수분해한 경우

→ 유형 075

예제 이차식 x^2+ax+b를 인수분해하는데 철수는 상수항을 잘못 보아 $(x-4)(x+2)$로, 영희는 x의 계수를 잘못 보아 $(x+5)(x-3)$으로 인수분해하였다. 처음 이차식을 바르게 인수분해하여라. [8점]

풀이

step❶ a의 값 구하기 [3점] ❱ $(x-4)(x+2)=$＿＿＿＿＿＿에서

철수는 ＿＿＿＿를 제대로 보았으므로 $a=$＿＿＿

step❷ b의 값 구하기 [3점] ❱ $(x+5)(x-3)=$＿＿＿＿＿＿에서

영희는 ＿＿＿＿을 제대로 보았으므로 $b=$＿＿＿

step❸ 처음 이차식을 바르게 인수분 ❱ 따라서 처음 이차식은 ＿＿＿＿＿＿＿이므로 바르게 인수분해하면
해하기 [2점]

＿＿＿＿＿＿＿＿＿＿＿＿＿

유제 2-1 → 유형 075

어떤 이차식을 인수분해하는데 민호는 x의 계수를 잘못 보아 $(x+3)(2x-5)$로, 우빈이는 상수항을 잘못 보아 $(x-3)(2x-1)$로 인수분해하였다. 처음 이차식을 바르게 인수분해하여라. [8점]

풀이

step❶ 처음 이차식의 상수항 구하기 [3점]

$(x+3)(2x-5)=$＿＿＿＿＿＿

민호는 ＿＿＿＿을 제대로 보았으므로 처음 이차식의

상수항은 ＿＿＿이다.

step❷ 처음 이차식의 x의 계수 구하기 [3점]

$(x-3)(2x-1)=$＿＿＿＿＿＿

우빈이는 ＿＿＿＿를 제대로 보았으므로 처음 이차

식의 x의 계수는 ＿＿＿이다.

step❸ 처음 이차식을 바르게 인수분해하기 [2점]

따라서 처음 이차식은 ＿＿＿＿＿＿＿이므로 바르게 인

수분해하면 ＿＿＿＿＿＿＿＿＿

유제 2-2 → 유형 075

윤호가 어떤 이차식의 x^2의 계수와 상수항을 바꾸어 인수분해하였더니 $-(2x-1)(6x+1)$이 되었다. 처음 이차식을 바르게 인수분해하여라. [8점]

풀이

step❶ 잘못 인수분해한 식 전개하기 [3점]

$-(2x-1)(6x+1)=$＿＿＿＿＿＿

step❷ x^2의 계수와 상수항 바꾸기 [3점]

위에서 전개한 식에서 x^2의 계수와 상수항을 바꾸면

＿＿＿＿＿＿＿

step❸ 처음 이차식을 바르게 인수분해하기 [2점]

따라서 처음 이차식을 바르게 인수분해하면

＿＿＿＿＿＿＿＿＿＿＿＿＿

서술유형 실전대비

[1-4] 주어진 단계에 맞게 답안을 작성하여라.

1 다항식 $(x+8)(x-4)+11$은 일차항의 계수가 1인 두 일차식의 곱으로 인수분해된다고 한다. 이때, 두 일차식의 합을 구하여라. [7점]

풀이

step1: $(x+8)(x-4)+11$를 전개하기 [2점]

step2: 두 일차식의 곱으로 인수분해하기 [3점]

step3: 두 일차식의 합 구하기 [2점]

답 _____

2 두 자연수 a, b에 대하여 이차식 $x^2+14x+k$가 $(x+a)(x+b)$로 인수분해될 때, 상수 k의 최댓값을 구하여라. [10점]

풀이

step1: 14와 k의 의미 이해하기 [2점]

step2: 합이 14인 두 자연수 구하기 [4점]

step3: k의 최댓값 구하기 [4점]

답 _____

3 세 수 a, b, c에 대하여 $[a, b, c]=(a+b)(a-c)$라 할 때, $3[x, -1, 1]-[x, -2, 3]$을 인수분해하여라. [9점]

풀이

step1: $3[x, -1, 1]-[x, -2, 3]$을 나타내기 [3점]

step2: $3[x, -1, 1]-[x, -2, 3]$을 간단히 하기 [4점]

step3: $3[x, -1, 1]-[x, -2, 3]$을 인수분해하기 [2점]

답 _____

4 인수분해 공식을 이용하여 3^8-1의 약수 중 30 이하인 수의 개수를 구하여라. [9점]

풀이

step1: 3^8-1을 인수분해하기 [2점]

step2: 3^8-1을 소인수분해하기 [4점]

step3: 30 이하인 약수의 개수 구하기 [3점]

답 _____

[5-8] 풀이 과정을 자세히 써라.

5 두 다항식 $x^2-ax+81$, $bx^2+12x+4$가 모두 완전제곱식이 되도록 하는 양수 a, b에 대하여 $a+b$의 값을 구하여라. [8점]

풀이

답 _____

6 두 다항식 x^2-4x+3, $2x^2+3x-5$의 공통인수가 $x+k$일 때, 상수 k의 값을 구하여라. [7점]

풀이

답 _____

7 자연수 n에 대하여 $n^2+4n-60$이 소수일 때의 값을 a라 하자. 이때, $n+a$의 값을 구하여라. [9점]

풀이

답 _____

8 오른쪽 그림은 정사각형 2개와 직사각형 2개를 이어 붙여서 정사각형 ABCD를 만든 것이다. 이때, 정사각형 ABCD의 둘레의 길이를 a에 관한 식으로 나타내어라. [8점]

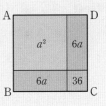

풀이

답 _____

대표 서술유형

1 ◆ 한 근이 주어졌을 때, 다른 한 근 구하기

→ 유형 084

예제 이차방정식 $x^2+2x-a=0$의 한 근이 $x=-3$일 때, 다른 한 근을 구하여라. [7점]

풀이

step❶ a의 값 구하기 [3점]

❯ $x^2+2x-a=0$에 $x=$＿＿＿을 대입하면

＿＿＿＿＿＿＿＿＿＿＿＿＿＿

∴ $a=$＿＿

step❷ 다른 한 근 구하기 [4점]

❯ $a=$＿＿을 $x^2+2x-a=0$에 대입하면

＿＿＿＿＿＿＿＿＿＿＿＿＿   ∴ $x=$＿＿＿ 또는 $x=$＿＿

따라서 다른 한 근은 $x=$＿＿이다.

유제 1-1 → 유형 084

이차방정식 $(a+1)x^2-3x+a^2+5=0$의 한 근이 $x=2$일 때, 다른 한 근을 구하여라. (단, a는 상수)

[8점]

풀이

step❶ a의 값 구하기 [4점]

$(a+1)x^2-3x+a^2+5=0$에 $x=$＿＿를 대입하면

＿＿＿＿＿＿＿＿＿＿＿＿＿＿＿＿

∴ $a=$＿＿＿ 또는 $a=$＿＿＿

그런데 이차방정식의 x^2의 계수는 ＿＿이 아니어야 하므로

$a+1\neq$＿＿, 즉 $a\neq$＿＿＿   ∴ $a=$＿＿＿

step❷ 다른 한 근 구하기 [4점]

$a=$＿＿＿을 $(a+1)x^2-3x+a^2+5=0$에 대입하면

＿＿＿＿＿＿＿＿＿＿＿＿＿＿＿＿

∴ $x=$＿＿＿＿＿ 또는 $x=$＿＿

따라서 다른 한 근은 $x=$＿＿＿＿이다.

유제 1-2 → 유형 084

이차방정식 $x^2+ax+20=0$의 한 근이 $x=10$이고, 다른 한 근을 $x=b$라 할 때, a^2-b^2의 값을 구하여라.

(단, a는 상수) [8점]

풀이

step❶ a의 값 구하기 [3점]

$x^2+ax+20=0$에 $x=$＿＿＿을 대입하면

＿＿＿＿＿＿＿＿＿＿＿＿   ∴ $a=$＿＿＿＿

step❷ b의 값 구하기 [3점]

$a=$＿＿＿＿를 $x^2+ax+20=0$에 대입하면

＿＿＿＿＿＿＿＿＿＿＿＿＿＿＿

∴ $x=$＿＿ 또는 $x=$＿＿＿

따라서 다른 한 근은 $x=$＿＿이므로 $b=$＿＿

step❸ a^2-b^2의 값 구하기 [2점]

∴ $a^2-b^2=$＿＿＿＿＿＿＿＿＿

2 ◆ 제곱근을 이용한 이차방정식의 풀이

→ 유형 089

예제 완전제곱식을 이용하여 구한 이차방정식 $3(x-2)^2-9=0$의 두 근을 a, b라 할 때, 두 근의 합 $a+b$를 구하여라. [6점]

풀이

step❶ 이차방정식의 해 구하기 [4점]

❯ $3(x-2)^2-9=0$에서 $(x-2)^2=$ ___

$x-2=$ _____ ∴ $x=$ _____

step❷ $a+b$의 값 구하기 [2점]

❯ 두 근을 a, b라 할 때, 두 근의 합 $a+b$는

$a+b=$ _____

유제 2-1 → 유형 089

이차방정식 $5(x-2)^2=a$의 두 근의 차가 4일 때, 양수 a의 값을 구하여라. [6점]

풀이

step❶ 이차방정식의 해 구하기 [3점]

$5(x-2)^2=a$에서

$(x-2)^2=$ ___ , $x-2=$ _____

∴ $x=$ _____

step❷ a의 값 구하기 [3점]

두 근의 차가 4이므로

_____$=4$에서

_____$=4$ ∴ $a=$ ___

유제 2-2 → 유형 092

이차방정식 $4x^2-12x-6=0$을 완전제곱식을 이용하여 풀어라. [8점]

풀이

step❶ x^2의 계수를 1로 만들기 [3점]

$4x^2-12x-6=0$의 양변을 ___로 나누면

_____

step❷ 완전제곱식의 꼴로 나타내기 [3점]

완전제곱식의 꼴로 고치면

x^2-3x+ ___ $=\dfrac{3}{2}+$ ___

∴ $\left(x-\text{___}\right)^2=$ ___

step❸ 이차방정식의 해 구하기 [2점]

$x-$ ___ $=$ ___

∴ $x=$ _____

서술유형 실전대비

[1-4] 주어진 단계에 맞게 답안을 작성하여라.

1 이차방정식 $(a+2)x^2+a(a-4)x-12=0$의 한 근이 $x=1$일 때, 상수 a의 값을 구하여라. [7점]

> 풀이

step 1: a에 관한 이차방정식으로 나타내기 [3점]

step 2: a의 값 구하기 [4점]

답 _____

2 이차방정식 $x^2-4x+1=0$의 한 근을 $x=a$라 할 때, $a^2+a+\dfrac{1}{a^2}+\dfrac{1}{a}$의 값을 구하여라. [9점]

> 풀이

step 1: $a+\dfrac{1}{a}$의 값 구하기 [3점]

step 2: $a^2+a+\dfrac{1}{a^2}+\dfrac{1}{a}$을 간단히 하기 [4점]

step 3: $a^2+a+\dfrac{1}{a^2}+\dfrac{1}{a}$의 값 구하기 [2점]

답 _____

3 이차방정식 $x^2+10x+25=0$의 근이 이차방정식 $x^2-4kx+k^2=0$의 한 근일 때, 상수 k의 값을 구하여라. [8점]

> 풀이

step 1: 이차방정식 $x^2+10x+25=0$의 해 구하기 [2점]

step 2: k에 관한 이차방정식으로 나타내기 [3점]

step 3: k의 값 구하기 [3점]

답 _____

4 이차방정식 $x^2-6x+m+3=0$이 중근을 가질 때, 이차방정식 $3x^2+mx-24=0$의 해를 구하여라.

(단, m은 상수) [8점]

> 풀이

step 1: m의 값 구하기 [4점]

step 2: 이차방정식 $3x^2+mx-24=0$의 해 구하기 [4점]

답 _____

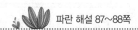

[5-8] 풀이 과정을 자세히 써라.

5 이차방정식 $x^2-(k+1)x+k=0$에서 x의 계수와 상수항을 바꾸어 풀었더니 한 근이 -6이었다. 처음 이차방정식의 해를 구하여라. (단, k는 상수) [6점]

〔풀이〕

답 _____

6 두 이차방정식 $3x^2+5x-2=0$, $2x^2+5x+2=0$의 공통인 근이 $ax^2-(4-5a)x+4=0$의 한 근일 때, 상수 a의 값을 구하여라. [7점]

〔풀이〕

답 _____

7 이차방정식 $2x^2+ax+b=0$을 고치는데 유진이는 x의 계수를 잘못 보아 $(x-1)^2=0$으로, 현정이는 상수항을 잘못 보아 $\left(x-\dfrac{5}{4}\right)^2=\dfrac{81}{16}$로 고쳤다. 처음 이차방정식을 $(x+p)^2=q$의 꼴로 바르게 나타내어라. (단, a, b, p, q는 상수) [7점]

〔풀이〕

답 _____

8 현석이가 두 이차방정식 $ax^2-9x+10=0$, $x^2+bx+c=0$의 두 근을 구했더니 공통인 근이 $x=2$, 공통이 아닌 근이 $x=-3$, $x=\dfrac{5}{2}$이었다. 이때, 상수 a, b, c의 합 $a+b+c$의 값을 구하여라. [9점]

〔풀이〕

답 _____

대표 서술유형

1 ✦ 이차방정식이 중근을 가질 조건

→ 유형 097

예제 이차방정식 $ax^2+8x+(a-6)=0$이 중근을 가질 때, 양수 a의 값과 중근의 곱을 구하여라. [8점]

풀이 **step❶** a의 값 구하기 [3점]

❯ $ax^2+8x+(a-6)=0$이 중근을 가지려면

_____=0이어야 하므로

_____

∴ $a=$____ 또는 $a=$___

그런데 a는 양수이므로 $a=$___

step❷ 이차방정식의 중근 구하기 [3점]

❯ 즉, 주어진 이차방정식은 ___x^2+8x+___$=0$이므로

_____ ∴ $x=$ _____ (중근)

step❸ a의 값과 중근의 곱 구하기 [2점]

❯ 따라서 a의 값과 중근의 곱은 _____

유제 1-1 → 유형 097

두 이차방정식 $x^2-4x+a=0$,
$x^2-2(a+1)x+b=0$이 모두 중근을 가질 때,
상수 a, b의 곱 ab의 값을 구하여라. [8점]

풀이

step❶ a의 값 구하기 [3점]

$x^2-4x+a=0$이 중근을 가지려면

_____=0이어야 하므로

_____ ∴ $a=$___

step❷ b의 값 구하기 [3점]

$x^2-2($___$+1)x+b=0$이므로 _____

이 이차방정식이 중근을 가지려면

_____=0이어야 하므로

_____ ∴ $b=$___

step❸ ab의 값 구하기 [2점]

∴ $ab=$_____

유제 1-2 → 유형 097

이차방정식 $(x-4)(x+2)=a$가 중근을 가질 때, 이차방정식 $(x+a)\left(x-\dfrac{1}{3}a\right)=0$의 두 근의 합을 구하여라. [8점]

풀이

step❶ a의 값 구하기 [3점]

$(x-4)(x+2)=a$에서 _____$=0$

이 이차방정식이 중근을 가지려면

_____$=0$이어야 하므로

_____ ∴ $a=$____

step❷ 이차방정식 $(x+a)\left(x-\dfrac{1}{3}a\right)=0$의 근 구하기 [3점]

a의 값을 $(x+a)\left(x-\dfrac{1}{3}a\right)=0$에 대입하면

_____ ∴ $x=$___ 또는 $x=$____

step❸ 두 근의 합 구하기 [2점]

따라서 두 근의 합은 _____

2 ◆ 이차방정식의 활용

→ 유형 102

예제 수학책을 펼쳤더니 펼쳐진 두 면의 쪽수의 곱이 342이었다. 이 두 면의 쪽수를 구하여라. [7점]

풀이 **step❶** 두 면의 쪽수를 x에 관한 식 ❷ 두 쪽수 중 작은 쪽수를 x라 하면 큰 쪽수는 _____ 이다.
으로 나타내기 [1점]

step❷ 이차방정식 세우기 [2점] ❷ 두 면의 쪽수의 곱이 342이므로 식으로 나타내면

$$\underline{\hspace{3cm}}=342$$

step❸ 이차방정식 풀기 [2점] ❷ $\underline{\hspace{5cm}}$

$$\therefore x=\underline{\hspace{1.5cm}} \text{ 또는 } x=\underline{\hspace{1cm}}$$

step❹ 두 면의 쪽수 구하기 [2점] ❷ 쪽수는 자연수이므로 두 면의 쪽수는 _____, _____ 이다.

유제 2-1 → 유형 105

지면으로부터 높이가 25 m 되는 건물의 옥상에서 초속 20 m로 위로 던진 공의 t초 후 지면으로부터의 높이는 $(-5t^2+20t+25)$ m이다. 이 공을 위로 던졌을 때, 몇 초 후에 지면에 떨어지는지 구하여라. [7점]

풀이

step❶ 이차방정식 세우기 [2점]

지면에 떨어졌을 때의 높이는 _____ 이므로 식으로 나타내면

$$\underline{\hspace{4cm}}$$

step❷ 이차방정식 풀기 [3점]

$$\underline{\hspace{5cm}}$$

$$\therefore t=\underline{\hspace{1.5cm}} \text{ 또는 } t=\underline{\hspace{1cm}}$$

step❸ 몇 초 후에 지면에 떨어지는지 구하기 [2점]

그런데 $t>0$이므로 $t=\underline{\hspace{1cm}}$

따라서 ___초 후에 지면에 떨어진다.

유제 2-2 → 유형 106

민준이는 오른쪽 그림과 같이 반지름의 길이가 10 cm 인 원을 그렸다. 이 원이 작은 것 같아 반지름의 길이를 x cm만큼 늘여서 원을 그렸더니 넓이가 96π cm² 만큼 늘어났다. 이때, x의 값을 구하여라. [9점]

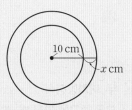

풀이

step❶ 큰 원의 반지름과 넓이를 x에 관한 식으로 나타내기 [2점]

반지름의 길이를 x cm만큼 늘였으므로

큰 원의 반지름의 길이는 _____ cm이고,

큰 원의 넓이는 _____ cm²이다.

step❷ 이차방정식 세우기 [2점]

따라서 늘어난 원의 넓이를 식으로 나타내면

$$\underline{\hspace{4cm}}=96\pi$$

step❸ 이차방정식 풀기 [3점]

$$\underline{\hspace{5cm}}$$

$$\therefore x=\underline{\hspace{1.5cm}} \text{ 또는 } x=\underline{\hspace{1cm}}$$

step❹ x의 값 구하기 [2점]

그런데 $x>0$이므로 $x=\underline{\hspace{1cm}}$

서술유형 실전대비

[1-4] 주어진 단계에 맞게 답안을 작성하여라.

1 이차방정식 $\dfrac{4}{3}x^2+\dfrac{1}{2}x=\dfrac{1}{6}$ 의 해가 $x=\dfrac{-3\pm\sqrt{b}}{a}$ 일 때, 유리수 a, b의 합 $a+b$의 값을 구하여라. [8점]

풀이

step1: 이차방정식의 해 구하기 [4점]

step2: a, b의 값 구하기 [각 1점]

step3: $a+b$의 값 구하기 [2점]

답 _____

2 두 이차방정식 $x^2-ax+4=0$, $ax^2+4x+a-3=0$이 모두 중근을 가질 때, 상수 a의 값을 구하여라. [7점]

풀이

step1: 이차방정식 $x^2-ax+4=0$이 중근을 가질 조건 구하기 [3점]

step2: 이차방정식 $ax^2+4x+a-3=0$이 중근을 가질 조건 구하기 [3점]

step3: a의 값 구하기 [1점]

3 이차방정식 $x^2+ax+b=0$의 두 근의 차가 6이고 큰 근이 작은 근의 3배일 때, $2a+b$의 값을 구하여라.

(단, a, b는 상수) [7점]

풀이

step1: 이차방정식 $x^2+ax+b=0$의 두 근 구하기 [3점]

step2: a, b의 값 구하기 [각 1점]

step3: $2a+b$의 값 구하기 [2점]

답 _____

4 과자 32개를 남김없이 학생들에게 똑같이 나누어 주려고 한다. 학생 한 명이 받는 과자의 개수가 학생 수보다 4만큼 적을 때, 학생은 몇 명 있는지 구하여라. [8점]

풀이

step1: 학생 수와 과자의 개수를 x에 관한 식으로 나타내기 [2점]

step2: 이차방정식 세우기 [2점]

step3: 이차방정식 풀기 [2점]

step4: 학생 수 구하기 [2점]

답 _____

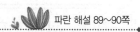

[5-8] 풀이 과정을 자세히 써라.

5 오른쪽 그림과 같이 $\overline{AB}=20$, $\overline{BC}=10$인 직각삼각형 ABC에서 $\overline{AB}$, $\overline{AC}$, $\overline{BC}$ 위에 각각 점 D, E, F를 잡아 직사각형 DBFE를 만들었다. 직사각형의 넓이가 48일 때, $\overline{BF}$의 길이를 구하여라.(단, $\overline{BF}<\overline{FC}$) [9점]

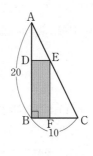

풀이

답 _____

6 어떤 수 x에 6을 더한 값을 제곱해야 할 것을 잘못하여 x에 6을 더한 값을 2배 하였다. 그런데 결과는 같게 나왔다고 한다. 모든 x의 값의 합을 구하여라. [7점]

풀이

답 _____

7 오른쪽 그림과 같이 세 반원으로 이루어진 도형이 있다. $\overline{AB}$의 길이가 24 cm이고, 색칠한 부분의 넓이가 32π cm²일 때, $\overline{AC}$의 길이를 구하여라. (단, $\overline{AC}>\overline{CB}$) [9점]

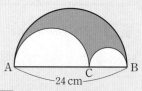

풀이

답 _____

8 한 축구 선수가 초속 24 m의 속력으로 차 올린 축구공의 t초 후의 높이는 지면으로부터 $(-5t^2+24t)$ m라 한다. 이 축구공이 지면으로부터 높이 19 m에 처음으로 도달하는 데 걸리는 시간을 구하여라. [7점]

풀이

답 _____

대표 서술유형

1 ✦ 이차함수 $y=ax^2$의 그래프가 지나는 점

→ 유형 109

예제 이차함수 $y=ax^2+q$의 그래프가 두 점 $(-1, 1)$, $(2, -5)$를 지날 때, $2a+q$의 값을 구하여라.

(단, a, q는 상수) [6점]

풀이

step❶ 두 점을 이용하여 a, q에 대한 식 구하기 [각 1점] ❯ 이차함수의 식에 $(-1, 1)$을 대입하면

_____ ······ ㉠

이차함수 식에 $(2, -5)$를 대입하면

_____ ······ ㉡

step❷ a, q의 값 구하기 [2점] ❯ ㉠, ㉡을 연립하여 풀면

$3a=-6$ ∴ $a=$____

$a=$____를 ㉠에 대입하면 $1=$_____ ∴ $q=$__

step❸ $2a+q$의 값 구하기 [2점] ❯ ∴ $2a+q=$____

유제 1-1 → 유형 109

이차함수 $y=a(x+2)^2$의 그래프가 두 점 $(1, -4)$, $(4, b)$를 지날 때, $9a-b$의 값을 구하여라.

(단, a는 상수) [6점]

풀이

step❶ a의 값 구하기 [2점]

이차함수의 식에 $(1, -4)$를 대입하면

$-4=a(1+2)^2$, $-4=9a$

∴ $a=$ ____

step❷ b의 값 구하기 [2점]

이차함수의 식이 $y=$____$(x+2)^2$이므로 $(4, b)$를 대입하면

$b=$____$(4+2)^2=$____

step❸ $9a-b$의 값 구하기 [2점]

∴ $9a-b=9\times$____$-$_____$=$____

유제 1-2 → 유형 109

오른쪽 그림의 이차함수 $y=ax^2$의 그래프에서 점 A의 좌표는 $(2, 0)$이고 □ABCD는 정사각형일 때, 상수 a의 값을 구하여라.

[7점]

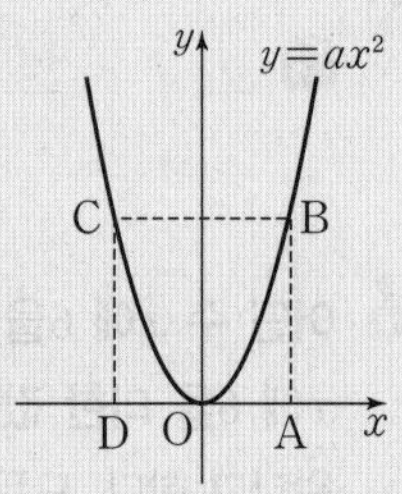

풀이

step❶ 점 D의 좌표 구하기 [3점]

점 D는 점 A와 원점에 대하여 대칭이므로

D_____

step❷ 점 B의 좌표 구하기 [3점]

$A(2, 0)$, D_____이므로 정사각형 ABCD의 한 변의 길이는 $\overline{AD}=$__

따라서 $\overline{AB}=$__이므로 점 B의 좌표는 B_____이다.

step❸ a의 값 구하기 [1점]

점 B의 좌표를 이차함수의 식에 대입하면

__$=a\times$__ ∴ $a=$__

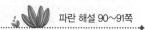

2 ✦ 이차함수의 그래프의 평행이동

➔ 유형 114

예제 이차함수 $y=2x^2$의 그래프를 x축의 방향으로 3만큼, y축의 방향으로 -2만큼 평행이동하면 점 $(m, 6)$을 지난다. 이때, m의 값을 구하여라. [7점]

풀이

step❶ 평행이동한 그래프의 식 구하기 [2점] ➔ $y=2x^2$의 그래프를 x축의 방향으로 3만큼, y축의 방향으로 -2만큼 평행이동하면 $y=$＿＿＿＿＿＿＿

step❷ m에 관한 이차방정식 세우기 [3점] ➔ 이 그래프가 점 $(m, 6)$을 지나므로 $x=$＿＿, $y=$＿＿ 을 대입하면 ＿＿＿＿＿＿＿＿＿＿＿＿＿ ∴ ＿＿＿＿＿＿$=0$

step❸ m의 값 구하기 [2점] ➔ $($＿＿＿$)($＿＿＿$)=0$이므로 $m=$＿＿ 또는 $m=$＿＿

유제 2-1 ➔ 유형 114

이차함수 $y=-x^2$의 그래프를 x축의 방향으로 p만큼, y축의 방향으로 5만큼 평행이동하면 점 $(3, -20)$을 지난다. 이때, p의 값을 구하여라. [7점]

풀이

step❶ 평행이동한 그래프의 식 구하기 [2점]

$y=-x^2$의 그래프를 x축의 방향으로 p만큼, y축의 방향으로 5만큼 평행이동하면 $y=$＿＿＿＿＿＿＿

step❷ p에 관한 이차방정식 세우기 [3점]

이 그래프가 점 $(3, -20)$을 지나므로

$x=$＿＿, $y=$＿＿＿ 을 대입하면

＿＿＿＿＿＿＿＿＿＿＿

∴ ＿＿＿＿＿＿$=0$

step❸ p의 값 구하기 [2점]

$($＿＿＿$)($＿＿＿$)=0$이므로 $p=$＿＿ 또는 $p=$＿＿

유제 2-2 ➔ 유형 114

이차함수 $y=-2(x+4)^2+23$의 그래프를 x축의 방향으로 m만큼, y축의 방향으로 n만큼 평행이동하면 이차함수 $y=-2(x+2)^2+10$의 그래프와 일치한다. 이때, $m+n$의 값을 구하여라. [8점]

풀이

step❶ 평행이동한 식 구하기 [3점]

그래프를 x축의 방향으로 m만큼, y축의 방향으로 n만큼 평행이동하면

$y=$＿＿＿＿＿＿＿＿＿

step❷ m, n의 값 구하기 [각 2점]

평행이동한 그래프가 $y=-2(x+2)^2+10$의 그래프와 일치하므로 ＿＿＿＿＿＿＿＿＿

∴ $m=$＿＿, $n=$＿＿＿

step❸ $m+n$의 값 구하기 [1점]

∴ $m+n=$＿＿＿＿＿＿＿

서술유형 실전대비

[1-4] 주어진 단계에 맞게 답안을 작성하여라.

1 이차함수 $f(x)=x^2-2x+a$에 대하여
$f(1)=4, f(-2)=b$일 때, $a+b$의 값을 구하여라.
(단, a는 상수) [5점]

풀이

step 1 : a의 값 구하기 [2점]

step 2 : b의 값 구하기 [2점]

step 3 : $a+b$의 값 구하기 [1점]

답 _____

2 원점을 꼭짓점으로 하는 이차함수의 그래프가 두 점
$(-2, 8), (m, 4)$를 지날 때, 양수 m의 값을 구하여라.
[8점]

풀이

step 1 : 원점을 꼭짓점으로 하는 이차함수의 식 세우기 [2점]

step 2 : 이차함수의 식 구하기 [4점]

step 3 : m의 값 구하기 [2점]

답 _____

3 이차함수 $y=\dfrac{1}{4}x^2+1$의 그래프를 x축의 방향으로 2만큼, y축의 방향으로 -3만큼 평행이동하였더니
$y=a(x+b)^2+c$이다. 이때, abc의 값을 구하여라. [6점]

풀이

step 1 : 주어진 함수의 그래프를 x축의 방향으로 2만큼 평행이동한 식 구하기 [2점]

step 2 : step 1에서 구한 이차함수의 그래프를 y축의 방향으로 -3만큼 평행이동한 식 구하기 [2점]

step 3 : abc의 값 구하기 [2점]

답 _____

4 이차함수 $y=a(x-2)^2$의 그래프를 y축의 방향으로 1만큼 평행이동한 그래프가 점 $(3, 2)$를 지난다고 한다. 이 그래프의 꼭짓점의 좌표가 (m, n)일 때, $a+m+n$의 값을 구하여라. [7점]

풀이

step 1 : 주어진 함수의 그래프를 y축의 방향으로 평행이동한 이차함수의 식 구하기 [3점]

step 2 : step 1에서 구한 이차함수의 식에서 a의 값 구하기 [3점]

step 3 : $a+m+n$의 값 구하기 [1점]

답 _____

[5-8] 풀이 과정을 자세히 써라.

5 오른쪽 그림과 같이 꼭짓점의 좌표가 $(1, 2)$이고 y축과 만나는 점의 y좌표가 3인 이차함수의 식을 $y=a(x-p)^2+q$의 꼴로 나타내어라.

（단, a, p, q는 상수) [6점]

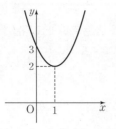

풀이

답 _____

6 오른쪽 그림과 같이 두 이차함수 $y=(x-3)^2$의 그래프와 $y=ax^2+b$의 그래프가 서로의 꼭짓점을 지날 때, $a+b$의 값을 구하여라.

（단, a, b는 상수) [6점]

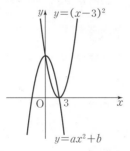

풀이

답 _____

7 오른쪽 그림과 같이 직선 $x=1$이 두 이차함수

$$y=\frac{5}{3}x^2\,(x\geq0),$$

$y=ax^2\,(x\geq0)$의 그래프와 만나는 점을 각각 P, Q라 하고 두 점 P, Q에서 y축에 내린 수선이 y축과 만나는 점을 각각 S, R라 하자. 사각형 PQRS가 정사각형일 때, $3a$의 값을 구하여라.

（단, a는 상수) [8점]

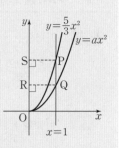

풀이

답 _____

8 일차함수 $y=ax+b$의 그래프가 오른쪽 그림과 같을 때, 이차함수 $y=a(x-b)^2$의 그래프가 지나지 않는 사분면을 모두 구하여라.

[10점]

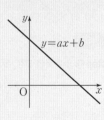

풀이

답 _____

대표 서술유형

1 ✦ 이차함수 $y=ax^2+bx+c$의 그래프와 넓이

→ 유형 129

예제 이차함수 $y=-\dfrac{1}{2}x^2-4x-3$의 그래프에서 꼭짓점을 A, y축과의 교점을 B라 할 때, 두 점 A, B의 좌표와 △ABO의 넓이를 구하여라.(단, O는 원점) [9점]

풀이

step❶ $y=a(x-p)^2+q$의 꼴로 고치기 [2점]

▶ $y=-\dfrac{1}{2}x^2-4x-3=$ _____

step❷ 꼭짓점 A의 좌표 구하기 [2점]

▶ 꼭짓점 A의 좌표는 A(____ , ___)

step❸ y축과의 교점 B의 좌표 구하기 [2점]

▶ $y=-\dfrac{1}{2}x^2-4x-3$에 $x=0$을 대입하면 $y=$ ____ 이므로 y축과의 교점 B의 좌표는 B(0, ____)

step❹ △ABO의 넓이 구하기 [3점]

▶ 따라서 (밑변)$=\overline{BO}=$ _____ , (높이)$=$ _____ 이므로 △ABO$=$ _____

유제 1-1 → 유형 129

이차함수 $y=x^2-2x-3$의 그래프와 x축과의 교점을 각각 A, B라 하고 y축과의 교점을 C라고 할 때, △ABC의 넓이를 구하여라. [7점]

풀이

step❶ x축과의 교점 A, B의 좌표 구하기 [각 1점]

$y=x^2-2x-3$에 $y=0$을 대입하면

_____

$\therefore x=$ ____ 또는 $x=$ ___

즉, x축과의 교점 A, B의 좌표는

A(____ , 0), B(___ , 0)

step❷ y축과의 교점 C의 좌표 구하기 [2점]

$y=x^2-2x-3$에 $x=0$을 대입하면 $y=$ ____ 이므로 y축과의 교점 C의 좌표는 C(0, ____)

step❸ △ABC의 넓이 구하기 [3점]

따라서 (밑변)$=\overline{AB}=$ _____ 이고

(높이)$=\overline{CO}=$ _____ 이므로

△ABC$=$ _____

유제 1-2 → 유형 129

이차함수 $y=x^2-4x-5$의 그래프에서 꼭짓점을 A, x축과의 교점을 각각 B, C라 하자. 이때, △ABC의 넓이를 구하여라. [9점]

풀이

step❶ $y=a(x-p)^2+q$의 꼴로 고치기 [2점]

$y=x^2-4x-5=$ _____

step❷ 꼭짓점 A의 좌표 구하기 [2점]

이 이차함수의 꼭짓점 A의 좌표는 A(___ , ____)

step❸ x축과의 교점 B, C의 좌표 구하기 [각 1점]

$y=x^2-4x-5$에 $y=0$을 대입하면

_____

$\therefore x=$ ____ 또는 $x=$ ___

즉, x축과의 교점 B, C의 좌표는

B(____ , 0), C(___ , 0)

step❹ △ABC의 넓이 구하기 [3점]

따라서 (밑변)$=\overline{BC}=$ _____ 이고

(높이)$=$ _____ 이므로

△ABC$=$ _____

2 ◆ 이차함수의 식 구하기

→ 유형 131

예제 이차함수의 그래프의 꼭짓점의 좌표가 $(1, 2)$이고 점 $(2, 0)$을 지날 때, 이 이차함수의 그래프가 y축과 만나는 점의 좌표를 구하여라. [6점]

풀이

step❶ 꼭짓점이 $(1, 2)$인 이차함수의 식을 $y=a(x-p)^2+q$의 꼴로 나타내기 [2점]
➡ 꼭짓점의 좌표가 $(1, 2)$이므로 구하는 이차함수의 식을 $y=a(x-p)^2+q$의 꼴로 나타내면 $y=$＿＿＿＿＿＿

step❷ a의 값 구하기 [2점]
➡ 이 그래프가 점 $(2, 0)$을 지나므로

＿＿＿＿＿＿＿＿

step❸ 이차함수의 그래프가 y축과 만나는 점의 좌표 구하기 [2점]
➡ 따라서 이차함수의 식은 $y=$＿＿＿＿＿＿＿＿이므로 y축과 만나는 점의 좌표는 $(\,$＿$, \,$＿$\,)$이다.

유제 2-1 → 유형 132

이차함수 $y=x^2+bx+c$의 그래프는 축의 방정식이 $x=-2$이고 점 $(1, 6)$을 지나는 포물선이다. 이때 상수 b, c의 합 $b+c$의 값을 구하여라. [6점]

풀이

step❶ 이차함수의 식을 $y=a(x-p)^2+q$의 꼴로 나타내기 [2점]
$y=x^2+bx+c$의 그래프의 축의 방정식이 $x=-2$이므로 $y=$＿＿＿＿＿로 놓을 수 있다.

step❷ b, c의 값 구하기 [각 1점]
이 그래프가 점 $(1, 6)$을 지나므로

＿＿＿＿＿＿＿＿

따라서 $y=$＿＿＿＿＿＿＿이므로
$b=$＿$,$ $c=$＿

step❸ $b+c$의 값 구하기 [2점]
$\therefore b+c=$＿＿＿＿

유제 2-2 → 유형 133

이차함수 $y=ax^2+bx+c$의 그래프가 x축과 두 점 $(-1, 0)$, $(2, 0)$에서 만나고 점 $(0, -4)$를 지날 때, $a+b-c$의 값을 구하여라. [7점]

풀이

step❶ 이차함수의 식을 $y=a(x-\alpha)(x-\beta)$의 꼴로 나타내기 [2점]
x축과 두 점 $(-1, 0)$, $(2, 0)$에서 만나므로 이차함수의 식을 $y=$＿＿＿＿＿로 놓을 수 있다.

step❷ a, b, c의 값 구하기 [각 1점]
이 그래프가 점 $(0, -4)$를 지나므로

＿＿＿＿＿＿＿＿

따라서 $y=$＿＿＿＿＿＿＿이므로
$b=$＿＿$,$ $c=$＿＿

step❸ $a+b-c$의 값 구하기 [2점]
$\therefore a+b-c=$＿＿＿＿＿＿

서술유형 실전대비

(1-4) 주어진 단계에 맞게 답안을 작성하여라.

1 이차함수 $y=x^2-4x+7$의 그래프를 x축의 방향으로 1만큼, y축의 방향으로 2만큼 평행이동한 그래프의 꼭짓점의 좌표를 (p, q), 축의 방정식을 $x=m$이라 할 때, $p+q+m$의 값을 구하여라. [10점]

 풀이

step1: 평행이동한 그래프의 식 구하기 [3점]

step2: p, q의 값 구하기 [각 2점]

step3: m의 값 구하기 [2점]

step4: $p+q+m$의 값 구하기 [1점]

답 _____

2 세 점 $(0, -6)$, $(1, -6)$, $(4, 6)$을 지나는 이차함수의 그래프는 x축과 두 점에서 만난다. 이 두 점의 x좌표의 곱을 구하여라. [9점]

풀이

step1: $y=ax^2+bx+c$로 놓고 a, b, c에 관한 식 세우기 [3점]

step2: a, b, c의 값 구하기 [각 1점]

step3: x축과 만나는 두 점의 x좌표의 곱 구하기 [3점]

답 _____

3 오른쪽 그림과 같이 이차함수 $y=\frac{1}{2}x^2+4x+6$의 꼭짓점을 A, y축과 만나는 점을 B, x축과 만나는 두 점 중 x좌표의 값이 작은 점을 C라 하자. 이때, △ABC의 넓이를 구하여라. [12점]

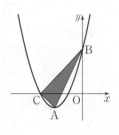

풀이

step1: 세 점 A, B, C의 좌표 구하기 [각 2점]

step2: $\overline{AB}$와 x축이 만나는 점의 좌표 구하기 [3점]

step3: △ABC의 넓이 구하기 [3점]

답 _____

4 이차함수 $y=ax^2+bx+c$의 그래프가 세 점 $(-1, 8)$, $(0, 1)$, $(2, -1)$을 지날 때, 상수 a, b, c에 대하여 abc의 값을 구하여라. [7점]

풀이

step1: a, b, c의 값 구하기 [각 2점]

step2: abc의 값 구하기 [1점]

답 _____

(5-8) 풀이 과정을 자세히 써라.

5 이차함수 $y=x^2-2x-8$의 그래프를 y축의 방향으로 a만큼 평행이동하면 x축과 만나는 두 점 사이의 거리가 처음의 $\dfrac{2}{3}$가 된다고 한다. 이때, a의 값을 구하여라.

[9점]

풀이

답 _____

6 이차함수 $y=ax^2+bx+c$의 그래프의 축의 방정식이 $x=2$이고, 두 점 $(0, 5)$, $(3, -4)$를 지날 때, 상수 a, b, c에 대하여 $a+b+c$의 값을 구하여라. [7점]

풀이

답 _____

=== 도전 창의 서술 ===

7 비스듬히 위로 던져 올린 공은 포물선 모양으로 움직인다고 한다. 출발점 O에서 던져진 공의 수평거리를 x m, 공의 높이를 y m라 할 때, 공의 위치는 다음 그림과 같다. 이 공이 바닥에 떨어졌을 때의 수평거리를 구하여라.

[9점]

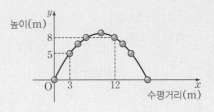

풀이

답 _____

8 이차함수 $y=-x^2$의 그래프와 모양이 같고, 꼭짓점의 좌표가 $(a, -2a)$인 이차함수의 그래프가 점 $(0, -3)$을 지난다. 이 그래프가 점 $(1, k)$를 지날 때, $a+k$의 값을 구하여라.$(a>0)$ [7점]

풀이

답 _____

풍쌤비법으로 모든 유형을 대비하는
문제기본서

풍산자 필수유형

최종점검 TEST

중학수학 **3**-1

실전 TEST · 1회

시간제한: 45분   점수: / 100점

01 다음 중 옳은 것을 모두 고르면? (정답 2개) [3점]

① 9의 제곱근은 ±3이다.

② 제곱근 9는 ±3이다.

③ 2는 4의 제곱근이다.

④ 4의 제곱근은 2이다.

⑤ 모든 수의 제곱근은 2개이다.

02 $(-5)^2$의 양의 제곱근을 A, $\sqrt{16}$의 음의 제곱근을 B 라 할 때, $A+B$의 값은? [3점]

① -3 ② -1 ③ 0

④ 1   ⑤ 3

03 다음 중 옳지 않은 것은? [3점]

① $\sqrt{2}\sqrt{8}=4$

② $(-\sqrt{3})\times(-\sqrt{7})=\sqrt{21}$

③ $3\sqrt{2}\times\sqrt{5}=3\sqrt{10}$

④ $\sqrt{\dfrac{5}{3}}\times\sqrt{\dfrac{6}{5}}=2$

⑤ $\sqrt{\dfrac{3}{2}}\times 5\sqrt{\dfrac{7}{9}}=5\sqrt{\dfrac{7}{6}}$

04 다음 중 제곱근표에서 이용하는 수가 <u>다른</u> 것은? [3점]

① $\sqrt{0.002}$ ② $\sqrt{2000}$ ③ $\sqrt{\dfrac{1}{5}}$

④ $\sqrt{0.02}$ ⑤ $\sqrt{20}$

05 $x+y=5$, $x^2+y^2=13$일 때, xy의 값은? [3점]

① 5   ② 6   ③ 8

④ 10   ⑤ 12

06 $a=108$일 때, $\sqrt{a^2-16a+64}$의 값은? [3점]

① -108 ② -100 ③ 0

④ 100   ⑤ 108

07 $a>0$, $b<0$일 때, $(-\sqrt{4a})^2-\sqrt{(-6a)^2}+\sqrt{9b^2}$을 간단히 나타낸 것은? [3점]

① $2a+3b$ ② $2a-3b$ ③ $-2a+3b$

④ $-2a-3b$ ⑤ $3a+2b$

08 다음에서 모눈 한 칸은 한 변의 길이가 1인 정사각형이고, 수직선 위에 $\overline{AD}=\overline{AS}$, $\overline{AB}=\overline{AT}$가 되도록 점 S와 점 T를 각각 잡은 것이다.

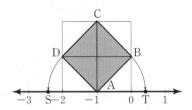

다음 〈보기〉 중 옳은 것을 모두 고르면? [3점]

> **보기**
>
> ㄱ. 점 S의 좌표는 $S(-1-\sqrt{2})$이다.
> ㄴ. 점 T의 좌표는 $T(\sqrt{2})$이다.
> ㄷ. 점 S와 점 T에 대응하는 두 수의 합은 -1이다.

① ㄱ   ② ㄴ   ③ ㄱ, ㄴ

④ ㄱ, ㄷ   ⑤ ㄱ, ㄴ, ㄷ

09 다음 중 두 수의 대소 관계가 옳은 것은? [3점]

① $3+\sqrt{5}>\sqrt{5}+\sqrt{10}$
② $2\sqrt{3}+1<\sqrt{3}-3$
③ $5-\sqrt{3}>2+3\sqrt{3}$
④ $\sqrt{7}+2>2\sqrt{7}-1$
⑤ $2\sqrt{2}-1>\sqrt{2}+1$

10 $\dfrac{2\sqrt{5}}{\sqrt{3}}=a\sqrt{15}$, $\dfrac{3}{\sqrt{12}}=b\sqrt{3}$일 때, $\sqrt{ab}$의 값은?

(단, a, b는 유리수)[3점]

① $\sqrt{2}$ ② $\sqrt{3}$ ③ $\sqrt{5}$

④ $\dfrac{\sqrt{2}}{2}$ ⑤ $\dfrac{\sqrt{3}}{3}$

11 $3\sqrt{2}(2-\sqrt{2})+\dfrac{4}{\sqrt{2}}-\sqrt{32}+\sqrt{36}$을 간단히 나타낸 것은? [4점]

① $-4\sqrt{2}$ ② $\sqrt{2}-6$ ③ $4\sqrt{2}-3$

④ $4\sqrt{2}$ ⑤ $4\sqrt{2}+9$

12 $(2\sqrt{3}+a)(4\sqrt{3}-2)$가 유리수가 되도록 하는 유리수 a의 값은? [4점]

① 1 ② 2 ③ 3

④ 4 ⑤ 5

실전 TEST · 1회

13 오른쪽 그림과 같은 사다리꼴 ABCD의 넓이는? [4점]

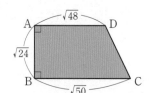

① $5\sqrt{6}+6\sqrt{2}$

② $4\sqrt{3}+2\sqrt{6}$

③ $6\sqrt{3}+3\sqrt{6}$

④ $10\sqrt{2}+12\sqrt{3}$

⑤ $12\sqrt{2}+10\sqrt{3}$

14 $(3x+ay-4)(2x+5y+3)$의 전개식에서 xy의 계수가 11일 때, 상수 a의 값은? [4점]

① -2 ② -1 ③ 1

④ 2   ⑤ 3

15 다음 중 $18x^2-32y^2$의 인수를 모두 고르면?

(정답 2개) [4점]

① $3x+4y$ ② $3x-6y$ ③ $6x-8y$

④ $9x+16y$ ⑤ $18x-32y$

16 다음 중 인수분해가 <u>잘못된</u> 것은? [4점]

① $x^2+18x+81=(x+9)^2$

② $25x^2-y^2=(5x+y)(5x-y)$

③ $x^2+2x-24=(x+6)(x-4)$

④ $3x^2-7x-6=(3x-2)(x+3)$

⑤ $5x^2+7x-6=(5x-3)(x+2)$

17 $(x-y)(x-y-3)-18$을 인수분해하면? [4점]

① $(x-y+3)(x-y-6)$

② $(x-y+6)(x-y-3)$

③ $(x-y+3)(x+y-6)$

④ $(x+y+6)(x+y-3)$

⑤ $(x+y+9)(x+y-2)$

18 다음 중 $x^2-49-14y-y^2$의 인수인 것은? [4점]

① $x-y$ ② $x-y+7$ ③ $x+y-7$

④ $x+y$ ⑤ $x-y-7$

19 $x^2-x-5=0$일 때, $(x+1)(x+3)(x-2)(x-4)$의 값은? [5점]

① -18 ② -21 ③ -24

④ -27 ⑤ -30

20 어떤 이차식을 윤진이는 x의 계수를 잘못 보고 $(x+6)(x-1)$로 인수분해하였고, 현동이는 상수항을 잘못 보고 $(x-4)(x+3)$으로 인수분해하였다. 다음 중 처음 이차식을 바르게 인수분해한 것은? [5점]

① $(x+6)(x-4)$ ② $(x+3)(x-2)$

③ $(x+2)(x-3)$ ④ $(x+4)(x-6)$

⑤ $(x+8)(x-4)$

서술형   [21-25] 풀이 과정을 자세히 쓰고 답을 적어라.

21 $\sqrt{60x}$가 자연수가 되도록 하는 가장 작은 자연수 x의 값을 구하여라. [5점]

22 $\sqrt{80}=a\sqrt{5}$, $\sqrt{\dfrac{3}{25}}=\dfrac{\sqrt{3}}{b}$, $3\sqrt{5}=\sqrt{c}$일 때, $\dfrac{c}{a+b}$의 값을 구하여라. (단, a, b, c는 양수) [5점]

23 넓이가 $5x^2-19x-4$인 직사각형 모양의 종이가 있다. 이 종이의 가로의 길이가 $x-4$일 때, 둘레의 길이를 구하여라. [5점]

24 $x^2-2xy+y^2-x+y-2$를 인수분해하여라. [6점]

25 $a-b=\sqrt{30}$, $a^2-b^2-10b-25=\sqrt{5}$일 때, $a+b$의 값을 구하여라. [7점]

실전 TEST ·2회

01 x가 5의 제곱근일 때, 다음 중 x와 5의 관계를 식으로 바르게 나타낸 것을 모두 고르면? (정답 2개) [3점]

① $x=\sqrt{5}$ ② $x=5^2$ ③ $x^2=5$

④ $x=\pm\sqrt{5}$ ⑤ $\sqrt{x}=5$

02 다음 중 옳은 것은? [3점]

① $\sqrt{36}+\sqrt{(-2)^2}=4$

② $(-\sqrt{5})^2-\sqrt{(-3)^2}=-8$

③ $\sqrt{\left(-\dfrac{1}{2}\right)^2}\times(-\sqrt{36})=-3$

④ $(-\sqrt{12})^2\div\sqrt{3^2}=-4$

⑤ $-\sqrt{\dfrac{4}{9}}\div(-\sqrt{3})^2=-2$

03 $a(a-b)+ab(b-a)$를 인수분해하면? [3점]

① $a(b+1)(a-b)$ ② $a(b-1)(a-b)$

③ $a(1-b)(a+b)$ ④ $a(1-b)(a-b)$

⑤ $a(1-a)(a-b)$

04 다음 중 인수분해가 잘못된 것은? [3점]

① $a^2+10a+25=(a+5)^2$

② $x^2-x+\dfrac{1}{4}=\left(x-\dfrac{1}{2}\right)^2$

③ $\dfrac{9}{16}y^2+2y+\dfrac{16}{9}=\left(\dfrac{3}{4}y+\dfrac{4}{3}\right)^2$

④ $36x^2-60xy+25y^2=(6x-5y)^2$

⑤ $16a^2+16ab+4b^2=2(2a+b)^2$

05 다음 두 다항식의 공통인수는? [3점]

$$x^2+x-6,\quad 2x^2+3x-9$$

① $x-2$ ② $x+3$

③ $2x-3$ ④ $(x+3)(x-2)$

⑤ $(x+3)(2x-3)$

06 $0<x<3$일 때, $\sqrt{(-x)^2}+\sqrt{(x-3)^2}$을 간단히 나타낸 것은? [3점]

① -3 ② $-2x+3$ ③ 0

④ $2x+3$ ⑤ 3

07 다음 중 두 수의 대소 관계를 바르게 나타낸 것은?

[3점]

① $-\sqrt{6} > -\sqrt{5}$ ② $\sqrt{7} > 3$

③ $-\sqrt{24} < -5$ ④ $\sqrt{0.9} > 0.3$

⑤ $\dfrac{1}{2} > \sqrt{\dfrac{1}{2}}$

08 다음 중 옳지 <u>않은</u> 것을 모두 고르면? (정답 2개) [3점]

① 유한소수는 모두 유리수이다.

② 무한소수는 모두 무리수이다.

③ 순환소수는 모두 유리수이다.

④ 0은 유리수이면서 동시에 무리수이다.

⑤ 순환하지 않는 무한소수는 모두 무리수이다.

09 다음 중 옳지 <u>않은</u> 것은? [3점]

① -3과 3 사이에는 5개의 정수가 있다.

② 0과 1 사이에는 무수히 많은 유리수가 있다.

③ $\dfrac{1}{3}$과 $\dfrac{1}{2}$ 사이에는 무수히 많은 무리수가 있다.

④ $\sqrt{2}-1$은 수직선 위에서 원점의 왼쪽에 위치한다.

⑤ 수직선은 실수에 대응하는 점으로 완전히 메울 수 있다.

10 $\sqrt{3}=a$, $\sqrt{5}=b$일 때, $\sqrt{180}$을 a, b를 이용하여 나타낸 것은? [3점]

① $2a^2b$ ② $2ab^2$ ③ $2a^2b^2$

④ $4a^2b$ ⑤ $4ab^2$

11 $2\sqrt{32}-\sqrt{27}-3\sqrt{8}+\sqrt{12}=a\sqrt{2}+b\sqrt{3}$을 만족하는 유리수 a, b에 대하여 $a-b$의 값은? [4점]

① 1 ② 3 ③ 5

④ 7 ⑤ 9

12 제곱근표에서 $\sqrt{3}=1.732$, $\sqrt{30}=5.477$일 때, 다음 중 옳지 <u>않은</u> 것은? [4점]

① $\sqrt{300}=17.32$ ② $\sqrt{3000}=54.77$

③ $\sqrt{30000}=173.2$ ④ $\sqrt{0.3}=0.1732$

⑤ $\sqrt{0.003}=0.05477$

13 다음 두 식이 완전제곱식이 되도록 하는 □ 안의 수를 차례로 나열한 것은? [4점]

$$4x^2-12x+\square, \quad 9x^2+\square x+4$$

① 3, 12 ② 4, ± 12 ③ 0, ± 9

④ 16, 12 ⑤ 9, ± 12

14 오른쪽 그림에서 색칠한 부분의 넓이는? [4점]

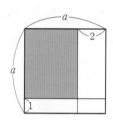

① a^2-3a-2

② a^2-3a+2

③ a^2-a-2

④ a^2+a-2

⑤ a^2+3a+2

15 $(2x+1)^2+(x+3)(x-3)-(2x-1)(3x+4)$를 전개하여 간단히 나타냈을 때, x의 계수는? [4점]

① -3

② -2

③ -1

④ 1

⑤ 5

16 다음 〈보기〉 중 $x-2$를 인수로 갖는 다항식을 모두 고르면? [4점]

> **보기**
>
> ㄱ. $2x^2+x-10$ ㄴ. $2x^2-9x+10$
>
> ㄷ. $3x^2+8x+4$

① ㄱ

② ㄱ, ㄴ

③ ㄱ, ㄷ

④ ㄴ, ㄷ

⑤ ㄱ, ㄴ, ㄷ

17 다항식 x^2-3x+a가 $x-6$을 인수로 가질 때, 상수 a의 값은? [4점]

① -10

② -12

③ -14

④ -16

⑤ -18

18 $6.5^2\times0.4-3.5^2\times0.4$의 값은? [4점]

① 8

② 10

③ 12

④ 14

⑤ 16

19 다음 직사각형을 모두 사용하여 하나의 직사각형을 만들 때, 그 직사각형의 한 변의 길이가 될 수 있는 것을 모두 고르면? (정답 2개) [5점]

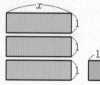

① $x+1$

② $x+2$

③ $x+3$

④ $2x+1$

⑤ $3x+2$

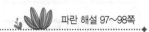
20 양의 실수 x에 대하여 x의 정수 부분을 $\langle x \rangle$, x의 소수 부분을 $\langle\!\langle x \rangle\!\rangle$라 하자.

예를 들어 $\langle 3.4 \rangle = 3$, $\langle\!\langle 3.4 \rangle\!\rangle = 0.4$이다.

$\langle 3+\sqrt{3} \rangle + \dfrac{3}{\langle\!\langle 3-\sqrt{3} \rangle\!\rangle} = a+b\sqrt{3}$일 때, 두 자연수 a, b의 곱 ab의 값은?(단, 소수 부분은 0 이상 1 미만) [5점]

① 20 ② 24 ③ 25
④ 30 ⑤ 36

서술형 [21-25] 풀이 과정을 자세히 쓰고 답을 적어라.

21 다음 세 수 a, b, c의 대소 관계를 부등호를 써서 나타내어라. [5점]

$$a=\sqrt{12}+\sqrt{14}, \quad b=3+\sqrt{14}, \quad c=\sqrt{12}+4$$

22 $\sqrt{6}+2$의 정수 부분을 a, $\sqrt{10}$의 소수 부분을 b라 할 때, $a+b$의 값을 구하여라. [5점]

23 $x=4+2\sqrt{6}$, $y=-1-\sqrt{6}$일 때, 다음 식의 값을 구하여라. [5점]

$$x^2+6xy+8y^2-2y-1$$

24 자연수 x에 대하여 $\sqrt{x}$보다 작은 자연수의 개수를 $A(x)$라 하자.

$A(21)+A(22)+A(23)+\cdots+A(40)$의 값을 구하여라. [6점]

25 $(x+1)(x+3)(x-3)(x-5)+36$
$$=(x^2+ax+b)^2$$
으로 인수분해될 때, 두 상수 a, b에 대하여 a^2+b^2의 값을 구하여라. [7점]

실전 TEST · 3회

시간제한: 45분　점수:　　　/ 100점

01 다음 중 x에 관한 이차방정식은? [3점]

① $x^2 - 3x + 2$

② $0 \cdot x^2 + x = 1$

③ $\dfrac{1}{x^2} - x + 1 = x - 1$

④ $(1+x)(1-x) = x(x+1) - 1$

⑤ $x^2 - x - 1 = \dfrac{1}{3}(3x^2 - 3x) + 5$

02 다음 이차방정식 중 중근을 갖지 <u>않는</u> 것은? [3점]

① $x^2 - x + \dfrac{1}{4} = 0$ 　　② $x^2 - 6x + 9 = 0$

③ $(x+2)^2 = 0$ 　　④ $x^2 = 0$

⑤ $x^2 - 4x + 3 = 0$

03 이차함수 $y = 4x^2$의 그래프에 대한 다음 설명 중 옳은 것은? [3점]

① x축에 대하여 대칭이다.

② 점 $(-2, -16)$을 지난다.

③ x축을 축으로 하는 포물선이다.

④ 위로 볼록한 포물선이다.

⑤ $x > 0$일 때, x의 값이 증가하면 y의 값도 증가한다.

04 오른쪽 그림과 같이 $y = ax^2$의 그래프가 x축과 $y = 3x^2$의 그래프 사이에 있다. 다음 중 상수 a의 값이 될 수 <u>없는</u> 것은? [3점]

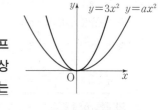

① 1 　　② $\dfrac{3}{2}$ 　　③ 2

④ $\dfrac{5}{2}$ 　　⑤ $\dfrac{7}{2}$

05 이차함수 $y = -x^2 + 4x - 3$의 그래프가 지나지 <u>않는</u> 사분면은? [3점]

① 제1사분면　② 제2사분면　③ 제3사분면

④ 제4사분면　⑤ 없다.

06 이차방정식 $x^2 - 3x + 1 = 0$의 한 근을 $x = a$라 할 때, 다음 중 옳지 <u>않은</u> 것은? [3점]

① $a^2 - 3a = -1$ 　　② $5 - 3a + a^2 = 4$

③ $1 + 3a - a^2 = 2$ 　　④ $3a^2 - 9a + 6 = 2$

⑤ $a + \dfrac{1}{a} = 3$

07 이차방정식 $3x^2-7x-6=0$의 두 근을 a, b라 할 때, $a-3b$의 값은? (단, $a>b$) [3점]

① 1   ② 2   ③ 3

④ 4   ⑤ 5

08 이차방정식 $\left(x+\dfrac{1}{2}\right)^2=\dfrac{a-3}{4}$의 해가 존재하도록 하는 상수 a의 값의 범위는? [4점]

① $a>3$ ② $a\geq3$ ③ $a\geq0$

④ $a<3$ ⑤ $a\leq3$

09 이차방정식 $3(x-1)^2+2(x-1)-1=0$의 두 근을 α, β라 할 때, $3\alpha-\beta$의 값은? (단, $\alpha>\beta$) [4점]

① 1   ② 2   ③ 3

④ 4   ⑤ 5

10 n각형의 대각선의 총수는 $\dfrac{n(n-3)}{2}$이다. 대각선이 모두 54개인 다각형은? [4점]

① 팔각형   ② 십각형   ③ 십이각형

④ 십사각형   ⑤ 십육각형

11 지면으로부터 20 m의 높이에서 초속 30 m로 쏘아 올린 물체의 t초 후의 높이는 $(20+30t-5t^2)$ m이다. 이 물체의 높이가 처음으로 60 m가 되는 것은 물체를 쏘아 올린 지 몇 초 후인가? [4점]

① 1초   ② 2초   ③ 3초

④ 4초   ⑤ 5초

12 이차함수 $y=2x^2$의 그래프를 x축의 방향으로 -2만큼, y축의 방향으로 -3만큼 평행이동한 그래프는 점 $(1, k)$를 지난다. 이때 k의 값은? [4점]

① 15   ② 16   ③ 17

④ 18   ⑤ 19

13 이차함수 $y=a(x-p)^2+q$의 그래프가 오른쪽 그림과 같다. 상수 a, p, q에 대하여 $a-p+q$의 값은? [4점]

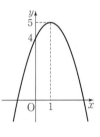

① 3   ② 5

③ 7   ④ 9

⑤ 11

실전 TEST · 3회

14 이차함수 $y=3x^2+12x-4$의 그래프를 x축의 방향으로 m만큼, y축의 방향으로 n만큼 평행이동하면 $y=3x^2-18x+4$의 그래프와 일치한다. 이때 $m+n$의 값은? [4점]

① -1 ② -2 ③ -3
④ -4 ⑤ -5

15 이차함수 $y=-2x^2+4x+6$의 그래프에 대한 다음 설명 중 옳지 <u>않은</u> 것은? [4점]

① 꼭짓점의 좌표는 $(1, 8)$이다.
② 모든 사분면을 지난다.
③ 축의 방정식은 $x=1$이다.
④ x축과의 교점의 좌표는 $(-1, 0)$, $(3, 0)$이다.
⑤ $x>1$일 때, x의 값이 증가하면 y의 값도 증가한다.

16 이차함수 $y=ax^2+bx+c$의 그래프가 오른쪽 그림과 같을 때, 다음 중 옳지 <u>않은</u> 것은? [4점]

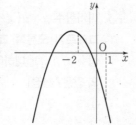

① $a<0$
② $b>0$
③ $c<0$
④ $a+b+c<0$
⑤ $4a-2b+c>0$

17 x축과 만나는 점의 x좌표가 -1, 6이고, 점 $(1, -20)$을 지나는 이차함수의 그래프가 y축과 만나는 점의 y좌표는? [4점]

① -1 ② -3 ③ -6
④ -9 ⑤ -12

18 이차함수 $y=ax^2+bx+c$의 그래프가 세 점 $(0, 2)$, $(1, 5)$, $(4, 2)$를 지날 때, 이 그래프의 꼭짓점의 좌표는?(단, a, b, c는 상수) [4점]

① $(2, 6)$ ② $(3, 4)$ ③ $(5, 1)$
④ $(2, -6)$ ⑤ $(3, -4)$

19 꼭짓점의 좌표가 $(1, -3)$이고, 점 $(3, 5)$를 지나는 포물선을 그래프로 하는 이차함수의 식을 $y=ax^2+bx+c$라 할 때, 상수 a, b, c에 대하여 $a-b+c$의 값은? [5점]

① 1   ② 2   ③ 3
④ 4   ⑤ 5

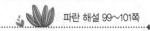

20 이차항의 계수가 1인 이차방정식이 있다. 민수는 일차항의 계수를 잘못 보고 풀어 $x=-8$ 또는 $x=1$의 해를 얻었고, 광민이는 상수항을 잘못 보고 풀어 $x=-5$ 또는 $x=3$의 해를 얻었다. 바르게 풀었을 때의 두 근을 구하면? [5점]

① $x=-2$ 또는 $x=4$ ② $x=-4$ 또는 $x=2$

③ $x=-8$ 또는 $x=1$ ④ $x=-5$ 또는 $x=3$

⑤ $x=2$ 또는 $x=4$

서술형 [21-25] 풀이 과정을 자세히 쓰고 답을 적어라.

21 이차방정식 $4(x-3)^2-20=0$의 해가 $x=a\pm\sqrt{b}$일 때, 유리수 a, b의 합 $a+b$의 값을 구하여라. [4점]

22 지섭이가 수학 공부를 하기 위해 수학책을 펼쳤더니 두 면의 쪽수의 곱이 420이었다. 이때 펼쳐진 두 면의 쪽수의 합을 구하여라. [5점]

23 이차함수 $y=-3x^2$의 그래프와 x축에 대하여 대칭인 그래프를 x축의 방향으로 -1만큼, y축의 방향으로 2만큼 평행이동한 그래프의 꼭짓점의 좌표를 $(a,\ b)$, 축의 방정식을 $x=c$라 할 때, abc의 값을 구하여라. [5점]

24 이차함수 $y=-x^2+8x$의 그래프와 $y=x^2+2ax+b$의 그래프의 꼭짓점이 서로 일치할 때, 상수 a, b에 대하여 $b-a$의 값을 구하여라. [5점]

25 이차함수 $y=-x^2-2x+3$의 그래프가 x축과 만나는 두 점을 왼쪽부터 각각 A, B라 하고 꼭짓점을 C라 할 때, $\triangle ABC$의 넓이를 구하여라. [6점]

실전 TEST · 4회

01 이차방정식 $x^2-(2a+5)x+3a-6=0$의 한 근이 $x=-3$일 때, 상수 a의 값은? [3점]

① -2 ② -1 ③ 0

④ 1 ⑤ 2

02 이차방정식 $x^2-18x+10a+31=0$이 중근을 가질 때, 상수 a의 값은? [3점]

① 3 ② 4 ③ 5

④ 6 ⑤ 7

03 다음 이차방정식 중에서 근이 **없는** 것은? [3점]

① $x^2-2x-4=0$ ② $2x^2+3x-1=0$

③ $\dfrac{1}{2}x^2-2x+2=0$ ④ $2x^2+4x+5=0$

⑤ $4x^2-6x+\dfrac{9}{4}=0$

04 다음 중 y가 x에 관한 이차함수인 것은? [3점]

① 자동차가 시속 80 km의 속력으로 x시간 동안 달린 거리 y km

② 둘레의 길이가 80 cm, 세로의 길이가 x cm 인 직사각형의 가로의 길이 y cm

③ 밑면의 반지름의 길이가 x cm이고, 높이가 5 cm인 원기둥의 부피 y cm³

④ 하루에 2000원씩 저금할 때, x일 후에 저금한 금액 y원

⑤ 한 모서리의 길이가 x cm인 정육면체의 부피 y cm³

05 이차함수 $f(x)=2x^2+ax+b$에 대하여 $f(-1)=11$, $f(2)=2$일 때, $f(3)$의 값은? [3점]

① 9 ② 7 ③ 5

④ 3 ⑤ 1

06 직선 $x=2$를 축으로 하고, 두 점 $(0, 9)$, $(1, 3)$을 지 나는 포물선을 그래프로 하는 이차함수의 식은? [3점]

① $y=2x^2-8x-9$ ② $y=-2x^2+8x+9$

③ $y=2x^2-8x+9$ ④ $y=-2x^2+8x-9$

⑤ $y=2x^2+8x+9$

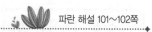

07 다음 중 [ ] 안의 수가 주어진 이차방정식의 해가 되는 것은? [3점]

① $x^2-5x+4=0$ [-1]
② $2x^2+x-3=0$ [-1]
③ $(x+5)(x-1)=0$ [5]
④ $(x-2)^2-5=0$ [2]
⑤ $x^2-7x=0$ [0]

08 다음 두 이차방정식의 공통인 근은? [4점]

$$x^2+x-6=0, \quad 2x^2+x-15=0$$

① $x=-3$ ② $x=1$ ③ $x=2$
④ $x=3$ ⑤ $x=5$

09 이차방정식 $\dfrac{1}{20}x^2-0.5x+\dfrac{1}{20}=0$의 해가 $x=a\pm2\sqrt{b}$일 때, $a-b$의 값은?(단, a, b는 유리수) [4점]

① -8 ② -4 ③ -2
④ -1 ⑤ 1

10 이차방정식 $(2x-1)^2-5(2x-1)-14=0$의 두 근을 α, β라 할 때, $\alpha-2\beta$의 값은?(단, $\alpha>\beta$) [4점]

① -3 ② -1 ③ 1
④ 3 ⑤ 5

11 일차함수 $y=ax+b$의 그래프가 오른쪽 그림과 같을 때, a, b를 두 근으로 하고 x^2의 계수가 3인 이차방정식은?
(단, a, b는 상수) [4점]

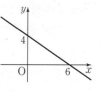

① $3x^2-10x-8=0$ ② $3x^2-10x+8=0$
③ $3x^2+10x+8=0$ ④ $3x^2+14x-8=0$
⑤ $3x^2-14x+8=0$

12 연속하는 세 자연수가 있다. 가장 큰 수의 제곱은 나머지 두 수의 제곱의 합보다 12만큼 작을 때, 가장 큰 수는? [4점]

① 4   ② 5   ③ 6
④ 7   ⑤ 8

13 오른쪽 그림과 같이 가로, 세로의 길이가 각각 6 m, 4 m인 직사각형 모양의 땅에 폭이 같은 길을 만들려고 한다. 길을 만들고 남은 토지의 넓이가 $15\ \text{m}^2$가 되게 하려면 길의 폭을 몇 m로 해야 하는가? [4점]

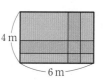

① 1 m   ② $\dfrac{3}{2}$ m   ③ 2 m
④ $\dfrac{5}{2}$ m   ⑤ 3 m

14 이차함수 $y=-2(x+1)^2+1$의 그래프에 대한 다음 설명 중 옳지 않은 것은? [4점]

① 꼭짓점의 좌표는 $(-1,\ 1)$이다.

② $y=-2x^2$의 그래프를 x축의 방향으로 -1만큼, y축의 방향으로 1만큼 평행이동한 것이다.

③ 모든 사분면을 지난다.

④ $x>-1$에서 x의 값이 증가하면 y의 값은 감소한다.

⑤ 직선 $x=-1$을 축으로 하고 위로 볼록한 포물선이다.

15 이차함수 $y=a(x-p)^2+q$의 그래프가 점 $(3,\ 1)$을 지나고 이 그래프를 x축의 방향으로 3만큼, y축의 방향으로 1만큼 평행이동한 그래프의 꼭짓점의 좌표가 $(4,\ -2)$일 때, 상수 $a,\ p,\ q$에 대하여 apq의 값은? [4점]

① -5 ② -3 ③ 1

④ 3   ⑤ 5

16 이차함수 $y=-x^2-2x-2$의 그래프에서 x의 값이 증가할 때, y의 값은 감소하는 x의 값의 범위는? [4점]

① $x<-2$ ② $x>-2$ ③ $x<-1$

④ $x>-1$ ⑤ $x<0$

17 오른쪽 그림과 같이 이차함수 $y=-x^2-2x+15$의 그래프와 x축과의 교점을 각각 A, B라 하고, y축과의 교점을 C라 할 때, $\triangle ABC$의 넓이는? [4점]

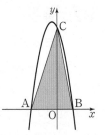

① 20   ② 30

③ 40   ④ 50

⑤ 60

18 꼭짓점의 좌표가 $(-1,\ 2)$이고, y축과 만나는 점의 y좌표가 1인 포물선을 그래프로 하는 이차함수의 식을 $y=ax^2+bx+c$라 할 때, 상수 $a,\ b,\ c$의 합 $a+b+c$의 값은? [4점]

① -2 ② -1 ③ 0

④ 1   ⑤ 2

19 오른쪽 그림과 같은 이차함수의 그래프가 점 $(1,\ k)$를 지날 때, k의 값은? [5점]

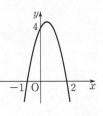

① 2   ② $\dfrac{5}{2}$

③ 3   ④ $\dfrac{7}{2}$

⑤ 4

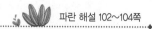
20 다음 그림과 같이 x축에 수직인 직선 $x=m$이 x축, $y=\dfrac{1}{3}x^2$, $y=ax^2$의 그래프와 만나는 점을 각각 P, Q, R라 하자. $\overline{PQ}:\overline{QR}=1:4$일 때, 상수 a의 값은? (단, $a>0$) [5점]

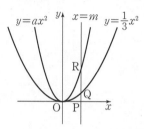

① 1
② $\dfrac{4}{3}$
③ $\dfrac{5}{3}$
④ 2
⑤ $\dfrac{7}{3}$

서술형 [21-25] 풀이 과정을 자세히 쓰고 답을 적어라.

21 이차방정식 $4x^2+ax+b=0$의 두 근이 -1, $\dfrac{3}{4}$일 때, $a-b$의 값을 구하여라.(단, a, b는 상수) [4점]

22 이차함수 $y=-x^2+2ax+2a^2-4b$의 그래프의 꼭짓점의 좌표가 $(1,\ -1)$일 때, 상수 a, b의 합 $a+b$의 값을 구하여라. [5점]

23 오른쪽 그림과 같이 한 변의 길이가 10 cm인 정사각형에서 가로를 $2x$ cm만큼 늘리고 세로의 길이를 x cm만큼 줄여서 처음 정사각형의 넓이보다 12 cm²가 작은 직사각형을 만들려고 한다. 이때 x의 값을 구하여라. [5점]

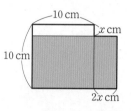

24 오른쪽 그림과 같이 지름의 길이가 12 cm인 원 O의 지름 AB 위에 한 점 C를 잡아 $\overline{AC}$, $\overline{CB}$를 각각 지름으로 하는 두 원을 그렸다. 색칠한 부분의 넓이가 16π cm²일 때, $\overline{CB}$의 길이를 구하여라. (단, $\overline{AC}<\overline{CB}$) [5점]

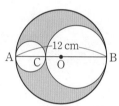

25 이차함수 $y=x^2-4x-5$의 그래프를 y축의 방향으로 a만큼 평행이동하면 x축과 만나는 두 점 사이의 거리가 처음의 $\dfrac{1}{3}$이 된다고 한다. 이때 a의 값을 구하여라. [6점]

당신은 움츠리기보다 활짝
피어나도록 만들어진 존재입니다.

– 오프라 윈프리 –

풍쌤비법으로 모든 유형을 대비하는
문제기본서

풍산자 필수유형

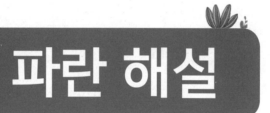

파란 바닷가처럼
시원하게 문제를 해결해 준다.

중학수학 3-1

I. 실수와 그 계산

1 제곱근의 뜻과 성질

필수유형 공략하기 10~17쪽

001
x가 a의 제곱근이므로
$x^2=a$ 또는 $x=\pm\sqrt{a}$ **답** ③

002
11의 제곱근이 a이므로 $a^2=11$
13의 제곱근이 b이므로 $b^2=13$
$\therefore a^2-b^2=11-13=-2$ **답** ①

003
음수의 제곱근은 없으므로 제곱근을 구할 수 없다.
답 ⑤

004
① 36의 제곱근은 $\pm\sqrt{36}=\pm6$이다.
② 제곱근 36은 $\sqrt{36}=6$이다.
③ $5^2=25$이므로 5는 25의 제곱근이다.
④ 25의 제곱근은 $\pm\sqrt{25}=\pm5$이다.
⑤ 0의 제곱근은 0 하나뿐이고, 음수의 제곱근은 없다.
답 ①, ③

➤ **참고** ③은 다음과 같이 '중의 하나'를 끼워 생각하면 헷갈리지 않는다.

> 5는 25의 제곱근(중의 하나)이다.
> −5는 25의 제곱근(중의 하나)이다.

005
① 제곱근 4는 $\sqrt{4}=2$이다.
② $1^2=1$이므로 1은 1의 제곱근이다.
③ 1의 제곱근은 $\pm\sqrt{1}=\pm1$이다.
④ $-\sqrt{9}$는 음수이고, 음수의 제곱근은 없다.
⑤ 양수의 제곱근은 양수와 음수 2개이다. **답** ⑤

006
①, ③, ④, ⑤는 8의 제곱근이므로 $\pm\sqrt{8}$이고
② 제곱근 8은 $\sqrt{8}$이다. **답** ②

007
주어진 수의 제곱근을 각각 구해 보면
$17 \Rightarrow \pm\sqrt{17}$, $\dfrac{1}{36} \Rightarrow \pm\sqrt{\dfrac{1}{36}}=\pm\dfrac{1}{6}$
$0.\dot{1}=\dfrac{1}{9} \Rightarrow \pm\sqrt{\dfrac{1}{9}}=\pm\dfrac{1}{3}$, $0.4 \Rightarrow \pm\sqrt{0.4}$
$\dfrac{4}{121} \Rightarrow \pm\sqrt{\dfrac{4}{121}}=\pm\dfrac{2}{11}$
따라서 제곱근을 근호를 사용하지 않고 나타낼 수 있는 수는
$\dfrac{1}{36}$, $0.\dot{1}$, $\dfrac{4}{121}$의 3개이다. **답** 3개

008
① $\sqrt{49}=7$
③ $\sqrt{0.09}=0.3$
④ $\sqrt{\dfrac{1}{900}}=\dfrac{1}{30}$
⑤ $-\sqrt{\dfrac{25}{16}}=-\dfrac{5}{4}$ **답** ②

009
③ $\pm\sqrt{\dfrac{121}{36}}=\pm\dfrac{11}{6}$ **답** ③

010
① $\sqrt{0.16}=0.4$의 제곱근은 $\pm\sqrt{0.4}$
② $\sqrt{625}=25$의 제곱근은 $\pm\sqrt{25}=\pm5$
③ $\sqrt{\dfrac{9}{64}}=\dfrac{3}{8}$의 제곱근은 $\pm\sqrt{\dfrac{3}{8}}$
④ $\pm\sqrt{0.\dot{4}}=\pm\sqrt{\dfrac{4}{9}}=\pm\dfrac{2}{3}$
⑤ $\pm\sqrt{\dfrac{625}{9}}=\pm\dfrac{25}{3}$ **답** ①, ③

011
$(-6)^2=36$의 양의 제곱근은 $\sqrt{36}=6$이므로 $A=6$
$\sqrt{81}=9$의 음의 제곱근은 $-\sqrt{9}=-3$이므로 $B=-3$
$\therefore A+B=6+(-3)=3$ **답** 3

012
제곱근 144는 $\sqrt{144}=12$이므로 $A=12$
$(-7)^2=49$의 음의 제곱근은 $-\sqrt{49}=-7$이므로 $B=-7$
$\therefore A+B=12+(-7)=5$ **답** 5

013
$\sqrt{16}=4$의 양의 제곱근은 $\sqrt{4}=2$이므로 $A=2$ ━━ ❶
$\dfrac{49}{4}$의 음의 제곱근은 $-\sqrt{\dfrac{49}{4}}=-\dfrac{7}{2}$이므로
$B=-\dfrac{7}{2}$ ━━ ❷

$$\therefore A-2B=2-2\times\left(-\frac{7}{2}\right)=2+7=9 \text{ ——————} ❸$$

따라서 $A-2B$의 제곱근은 $\pm\sqrt{9}=\pm3$ ——————— ❹

답 ±3

단계	채점 기준	배점
❶	A의 값 구하기	30 %
❷	B의 값 구하기	30 %
❸	$A-2B$의 값 구하기	10 %
❹	$A-2B$의 제곱근 구하기	30 %

014

$\sqrt{64}=8$의 양의 제곱근은 $\sqrt{8}$이므로 $A=\sqrt{8}$

$\left(-\frac{3}{2}\right)^2=\frac{9}{4}$의 음의 제곱근은 $-\sqrt{\frac{9}{4}}=-\frac{3}{2}$이므로

$$B=-\frac{3}{2}$$

$$\therefore A^2B=(\sqrt{8})^2\times\left(-\frac{3}{2}\right)=8\times\left(-\frac{3}{2}\right)=-12 \qquad \text{답 } -12$$

015

① $-\left(\sqrt{\frac{2}{3}}\right)^2=-\frac{2}{3}$

② $\sqrt{\left(-\frac{1}{6}\right)^2}=\sqrt{\left(\frac{1}{6}\right)^2}=\frac{1}{6}$

③ $-\sqrt{\left(-\frac{9}{4}\right)^2}=-\sqrt{\left(\frac{9}{4}\right)^2}=-\frac{9}{4}$

④ $(-\sqrt{0.7})^2=(\sqrt{0.7})^2=0.7$

⑤ $-(-\sqrt{8})^2=-(\sqrt{8})^2=-8$

답 ④

016

① $-\sqrt{5^2}=-5$ 　　② $-\sqrt{(-5)^2}=-\sqrt{5^2}=-5$

③ $-(\sqrt{5})^2=-5$ 　　④ $(-\sqrt{5})^2=(\sqrt{5})^2=5$

⑤ $-(-\sqrt{5})^2=-(\sqrt{5})^2=-5$

답 ④

017

① $\sqrt{\frac{1}{9}}=\frac{1}{3}$ 　　② $\sqrt{\left(-\frac{1}{4}\right)^2}=\sqrt{\left(\frac{1}{4}\right)^2}=\frac{1}{4}$

③ $\left(-\frac{1}{3}\right)^2=\frac{1}{9}$ 　　④ $\left(-\sqrt{\frac{1}{2}}\right)^2=\left(\sqrt{\frac{1}{2}}\right)^2=\frac{1}{2}$

⑤ $\sqrt{\left(\frac{1}{8}\right)^2}=\frac{1}{8}$

답 ④

018

$(-\sqrt{16})^2=16$의 양의 제곱근은 $\sqrt{16}=4$이므로

$A=4$

$\sqrt{(-25)^2}=25$의 음의 제곱근은 $-\sqrt{25}=-5$이므로

$B=-5$

$$\therefore \sqrt{-45AB}=\sqrt{-45\times4\times(-5)}$$
$$=\sqrt{900}=30$$

답 30

019

① $\sqrt{25}+\sqrt{(-3)^2}=\sqrt{5^2}+\sqrt{3^2}=5+3=8$

② $(-\sqrt{6})^2-\sqrt{(-2)^2}=(\sqrt{6})^2-\sqrt{2^2}=6-2=4$

③ $\sqrt{\left(-\frac{1}{3}\right)^2}\times(-\sqrt{36})=\sqrt{\left(\frac{1}{3}\right)^2}\times(-\sqrt{6^2})$
$$=\frac{1}{3}\times(-6)=-2$$

④ $(-\sqrt{10})^2\div\sqrt{5^2}=(\sqrt{10})^2\div\sqrt{5^2}=10\div5=2$

⑤ $-\sqrt{\frac{9}{16}}\div(-\sqrt{4})^2=-\sqrt{\left(\frac{3}{4}\right)^2}\div(\sqrt{4})^2$
$$=-\frac{3}{4}\div4$$
$$=-\frac{3}{4}\times\frac{1}{4}=-\frac{3}{16}$$

답 ③

020

$$-\sqrt{16}-(-\sqrt{7})^2+\sqrt{(-5)^2}-\sqrt{144}$$
$$=-\sqrt{4^2}-(\sqrt{7})^2+\sqrt{5^2}-\sqrt{12^2}$$
$$=-4-7+5-12=-18$$

답 ①

021

$$\sqrt{169}+\left(\sqrt{\frac{1}{2}}\right)^2\times(-\sqrt{6})^2-2\sqrt{(-4)^2}$$
$$=\sqrt{13^2}+\left(\sqrt{\frac{1}{2}}\right)^2\times(\sqrt{6})^2-2\sqrt{4^2}$$
$$=13+\frac{1}{2}\times6-2\times4$$
$$=13+3-8=8$$

답 8

022

$$A=(\sqrt{16})^2-\sqrt{\left(\frac{9}{10}\right)^2}\times\sqrt{20^2}$$
$$=16-\frac{9}{10}\times20$$
$$=16-18=-2 \text{ ——————————} ❶$$

$$B=\sqrt{8^2}-(\sqrt{3})^2\div\sqrt{\left(\frac{1}{4}\right)^2}=8-3\div\frac{1}{4}$$
$$=8-3\times4=8-12=-4 \text{ ——————} ❷$$

따라서 $2AB=2\times(-2)\times(-4)=16$이므로 16의 양의 제곱
근은 $\sqrt{16}=4$ ——————————————— ❸

답 4

단계	채점 기준	배점
❶	A의 값 구하기	40 %
❷	B의 값 구하기	40 %
❸	$2AB$의 양의 제곱근 구하기	20 %

023

$a>0$, $b<0$에서 $2a>0$, $4a>0$, $3b<0$이므로

$(-\sqrt{2a})^2-\sqrt{(-4a)^2}+\sqrt{9b^2}=(\sqrt{2a})^2-\sqrt{(4a)^2}+\sqrt{(3b)^2}$
$$=2a-4a-3b$$
$$=-2a-3b$$

답 ①

024

$a>0$이므로

ㄱ. $(\sqrt{a})^2=a$

ㄴ. $-\sqrt{a^2}=-a$

ㄷ. $(-\sqrt{a})^2=a$

ㄹ. $-\sqrt{(-a)^2}=-a$

따라서 결과가 같은 것끼리 짝지은 것은 ㄱ과 ㄷ이다.　　**답** ②

025

$a<0$일 때

① $3a<0$이므로 $\sqrt{(3a)^2}=-3a$

② $-5a>0$이므로 $-\sqrt{(-5a)^2}=-(-5a)=5a$

③ $-8a>0$이므로 $\sqrt{(-8a)^2}=-8a$

④ $4a<0$이므로

　$-\sqrt{16a^2}=-\sqrt{(-4a)^2}=-(-4a)=4a$

⑤ $11a<0$이므로 $\sqrt{121a^2}=\sqrt{(-11a)^2}=-11a$

따라서 옳지 않은 것은 ⑤이다.　　**답** ⑤

026

$a>0$, $b<0$이므로

$\sqrt{a^2}=a$, $\sqrt{b^2}=-b$

① $-(-\sqrt{a})^2=-(\sqrt{a})^2=-a$

② $\sqrt{(-a)^2}=\sqrt{a^2}=a$

③ $-\sqrt{(-a)^2}=-\sqrt{a^2}=-a$

④ $\sqrt{(-b)^2}=\sqrt{b^2}=-b$

⑤ $-\sqrt{(-b)^2}=-\sqrt{b^2}=-(-b)=b$　　**답** ②, ⑤

027

$a>0$이므로

(좌변)$=\sqrt{(4a)^2}+\sqrt{(2a)^2}-\sqrt{(8a)^2}$

　　　$=4a+2a-8a$

　　　$=-2a$

따라서 □ 안에 알맞은 수는 -2이다.　　**답** ①

028

$x<0$이므로

$\sqrt{(-5x)^2}-\sqrt{(6x)^2}-\sqrt{9x^2}$

$=\sqrt{(-5x)^2}-\sqrt{(6x)^2}-\sqrt{(3x)^2}$

$=-5x-(-6x)-(-3x)$

$=-5x+6x+3x=4x$　　**답** $4x$

029

$x<0$, $y>0$이므로

$-\sqrt{36x^2}-\sqrt{(-y)^2}+\sqrt{4x^2}+\sqrt{(-5y)^2}$

$=-\sqrt{(6x)^2}-\sqrt{y^2}+\sqrt{(2x)^2}+\sqrt{(5y)^2}$

$=-(-6x)-y-2x+5y$

$=4x+4y$　　**답** $4x+4y$

030

$0<x<6$일 때, $x>0$, $x-6<0$이므로

$\sqrt{(-x)^2}+\sqrt{(x-6)^2}=\sqrt{x^2}+\sqrt{(x-6)^2}$

　　　　　　　　　$=x-(x-6)$

　　　　　　　　　$=6$　　**답** ②

031

$-7<a<7$일 때, $a+7>0$, $a-7<0$이므로

$\sqrt{(a+7)^2}-\sqrt{(a-7)^2}=a+7-\{-(a-7)\}$

　　　　　　　　　　$=2a$　　**답** ③

032

$-3<a<2$일 때, $a+3>0$, $2-a>0$이므로

$\sqrt{(-a-3)^2}+\sqrt{(2-a)^2}=\sqrt{\{-(a+3)\}^2}+\sqrt{(2-a)^2}$

　　　　　　　　　　$=\sqrt{(a+3)^2}+\sqrt{(2-a)^2}$

　　　　　　　　　　$=a+3+2-a$

　　　　　　　　　　$=5$　　**답** ⑤

033

$-1<x<3$일 때 $x+1>0$, $3-x>0$, $x-4<0$이므로

$\sqrt{(x+1)^2}+\sqrt{(3-x)^2}-\sqrt{(x-4)^2}$

$=x+1+3-x-\{-(x-4)\}$

$=x+1+3-x+x-4$

$=x$　　**답** ⑤

034

$2<a<b$일 때 $a-b<0$, $2-a<0$, $b-2>0$이므로

$\sqrt{(a-b)^2}-\sqrt{(2-a)^2}+\sqrt{(b-2)^2}$

$=-(a-b)-\{-(2-a)\}+(b-2)$

$=-a+b+2-a+b-2$

$=-2a+2b$　　**답** $-2a+2b$

035

$a<0$, $b>0$일 때, $2b>0$, $2a-b<0$이므로

$\sqrt{a^2}-\sqrt{4b^2}+\sqrt{(2a-b)^2}=\sqrt{a^2}-\sqrt{(2b)^2}+\sqrt{(2a-b)^2}$

　　　　　　　　　　$=-a-2b-(2a-b)$

　　　　　　　　　　$=-3a-b$

　　　　　　　　　　답 $-3a-b$

036

$a-b>0$에서 $a>b$이고, $ab<0$에서 a, b는 서로 다른 부호이므로 $a>0$, $b<0$, $b-a<0$

$\therefore \sqrt{a^2}+\sqrt{b^2}-\sqrt{(b-a)^2}=a-b-\{-(b-a)\}$

　　　　　　　　　　$=a-b+b-a=0$　　**답** 0

037

$504x=2^3 \times 3^2 \times 7 \times x$에서 소인수의 지수가 모두 짝수이어야 하므로 가장 작은 자연수 x의 값은 $x=2 \times 7=14$

답 ③

038

$\dfrac{75a}{2}=\dfrac{3 \times 5^2 \times a}{2}$에서 분모의 2가 사라지고 분자의 소인수의 지수가 모두 짝수이어야 하므로 가장 작은 자연수 a의 값은 $a=2 \times 3=6$

답 6

039

$160x=2^5 \times 5 \times x$에서 소인수의 지수가 모두 짝수이어야 하므로 $x=2 \times 5 \times$ (자연수)$^2=10 \times$ (자연수)^{2}의 꼴이어야 한다.

① $10=10 \times 1^2$　　　　② $20=10 \times 2$
③ $30=10 \times 3$　　　　④ $40=10 \times 4=10 \times 2^2$
⑤ $50=10 \times 5$

답 ①, ④

040

$48x=2^4 \times 3 \times x$에서 소인수의 지수가 모두 짝수이어야 하므로 $x=3 \times$ (자연수)^{2}의 꼴이어야 한다.

따라서 가장 작은 두 자리의 자연수 x의 값은 $x=3 \times 2^2=12$

답 12

041

$\dfrac{540}{x}=\dfrac{2^2 \times 3^3 \times 5}{x}$에서 분모가 사라지고 분자의 소인수의 지수가 모두 짝수이어야 하므로 가장 작은 자연수 x의 값은 $x=3 \times 5=15$

답 ⑤

042

$\dfrac{96}{x}=\dfrac{2^5 \times 3}{x}$이고 $\sqrt{\dfrac{96}{x}}$이 가장 큰 자연수가 되려면 x는 가장 작은 자연수이어야 한다.

따라서 가장 작은 자연수 x의 값은 $x=2 \times 3=6$

답 6

043

n이 자연수이려면 $\dfrac{360}{m}=\dfrac{2^3 \times 3^2 \times 5}{m}$에서 분자의 소인수의 지수가 모두 짝수이어야 하므로 가장 작은 자연수 m은

$m=2 \times 5=10$ ————————————— ❶

$m=10$일 때, $n=\sqrt{\dfrac{360}{10}}=\sqrt{36}=6$ ————— ❷

$\therefore m+n=10+6=16$ ————————————— ❸

답 16

단계	채점 기준	배점
❶	m의 값 구하기	60 %
❷	n의 값 구하기	30 %
❸	$m+n$의 값 구하기	10 %

044

넓이가 $\dfrac{168}{x}$인 정사각형 모양의 색종이의 한 변의 길이는

$\sqrt{\dfrac{168}{x}}$이다.

$\sqrt{\dfrac{168}{x}}=\sqrt{\dfrac{2^3 \times 3 \times 7}{x}}$

이므로 색종이의 한 변의 길이가 자연수가 되도록 하는 가장 작은 자연수 x의 값은

$x=2 \times 3 \times 7=42$

답 42

045

$56+x$가 56보다 큰 제곱수이어야 하므로

$56+x=64, 81, 100, \cdots$

따라서 가장 작은 자연수는 64이므로

$56+x=64$

$\therefore x=8$

답 8

046

$\sqrt{28+x}$가 자연수가 되려면 $28+x$가 28보다 큰 제곱수이어야 하므로

$28+x=36, 49, 64, 81, 100, \cdots$

$28+x=36$일 때 $x=8$

$28+x=49$일 때 $x=21$

$28+x=64$일 때 $x=36$

$28+x=81$일 때 $x=53$

$28+x=100$일 때 $x=72$

$\vdots$

따라서 x의 값이 아닌 것은 ⑤이다.

답 ⑤

047

n이 자연수이려면 $14+m$이 14보다 큰 제곱수이어야 하므로

$14+m=16, 25, 36, \cdots$

m이 가장 작은 자연수인 경우는 $14+m=16$이므로 $m=2$

$m=2$일 때, $n=\sqrt{14+2}=\sqrt{16}=4$

$\therefore m+n=2+4=6$

답 ②

048

$\sqrt{24-n}$이 자연수가 되려면

$24-n$이 24보다 작은 제곱수이어야 하므로

$24-n=1, 4, 9, 16$

$\therefore n=23, 20, 15, 8$

따라서 모든 자연수 n의 값의 합은

$23+20+15+8=66$

답 ③

049

$\sqrt{19-x}$가 자연수가 되려면

$19-x$가 19보다 작은 제곱수이어야 하므로

$19-x=1,\ 4,\ 9,\ 16$ $\quad\therefore x=18,\ 15,\ 10,\ 3$

따라서 자연수 x의 최댓값은 18, 최솟값은 3이므로 그 합은

$18+3=21$ **답** 21

050

$\sqrt{32-n}$이 정수가 되려면

$32-n$이 0 또는 32보다 작은 제곱수이어야 하므로

$32-n=0,\ 1,\ 4,\ 9,\ 16,\ 25$ ⇐ 0도 정수

$\therefore n=32,\ 31,\ 28,\ 23,\ 16,\ 7$

따라서 $\sqrt{32-n}$이 정수가 되도록 하는 자연수 n은 6개이다.

답 6개

051

① $\sqrt{5}>\sqrt{3}$이므로 $-\sqrt{5}<-\sqrt{3}$

② $(\sqrt{6})^2=6,\ 3^2=9$이므로 $\sqrt{6}<3$

③ $(\sqrt{35})^2=35,\ 6^2=36$이므로 $\sqrt{35}<6$

　$\therefore -\sqrt{35}>-6$

④ $(\sqrt{0.4})^2=0.4,\ (0.2)^2=0.04$이므로 $\sqrt{0.4}>0.2$

⑤ $\left(\dfrac{1}{3}\right)^2=\dfrac{1}{9},\ \left(\sqrt{\dfrac{1}{3}}\right)^2=\dfrac{1}{3}$이므로 $\dfrac{1}{3}<\sqrt{\dfrac{1}{3}}$ **답** ④

052

(음수)$<0<$(양수)이므로 양수와 음수로 나누어서 비교한다.

(i) 양수

　$\sqrt{11},\ 4,\ \sqrt{7},\ 3$의 각 수를 제곱하면 $11,\ 16,\ 7,\ 9$

　$4>\sqrt{11}>3>\sqrt{7}$이므로 가장 큰 수 a는 $a=4$

(ii) 음수

　$\sqrt{21}>\sqrt{17}$이므로 $-\sqrt{21}<-\sqrt{17}$

　가장 작은 수 b는 $b=-\sqrt{21}$

　$\therefore a^2+b^2=4^2+(-\sqrt{21})^2=16+21=37$ **답** 37

053

$-\sqrt{(-5)^2}=-\sqrt{5^2}=-5$는 음수이므로 주어진 수 중 가장 작은 수이다.

$\dfrac{3}{2}=\sqrt{\dfrac{9}{4}}$이므로 양수를 비교하면

$\sqrt{4}>\sqrt{3}>\dfrac{3}{2}>\sqrt{\dfrac{1}{2}}$

따라서 큰 수부터 나열하여 세 번째에 오는 수는 $\dfrac{3}{2}$이다.

답 $\dfrac{3}{2}$

054

$\sqrt{(2-\sqrt{2})^2}$에서 $2>\sqrt{2}$이므로 $2-\sqrt{2}>0$

$\therefore \sqrt{(2-\sqrt{2})^2}=2-\sqrt{2}$

$\sqrt{(\sqrt{2}-3)^2}$에서 $\sqrt{2}<3$이므로 $\sqrt{2}-3<0$

$\therefore \sqrt{(\sqrt{2}-3)^2}=-(\sqrt{2}-3)$

$\therefore \sqrt{(2-\sqrt{2})^2}-\sqrt{(\sqrt{2}-3)^2}=(2-\sqrt{2})-\{-(\sqrt{2}-3)\}$

$\qquad\qquad\qquad =-1$

답 -1

055

$\sqrt{(1-\sqrt{3})^2}$에서 $1<\sqrt{3}$이므로 $1-\sqrt{3}<0$

$\therefore \sqrt{(1-\sqrt{3})^2}=-(1-\sqrt{3})$

$\sqrt{(2-\sqrt{3})^2}$에서 $\sqrt{3}<2$이므로 $2-\sqrt{3}>0$

$\therefore \sqrt{(2-\sqrt{3})^2}=2-\sqrt{3}$

$\therefore \sqrt{(1-\sqrt{3})^2}+\sqrt{(2-\sqrt{3})^2}=-(1-\sqrt{3})+(2-\sqrt{3})=1$

답 1

056

$x+y=3+(1-\sqrt{15})=4-\sqrt{15}>0$

$\therefore \sqrt{(x+y)^2}=4-\sqrt{15}$

$x-y=3-(1-\sqrt{15})=2+\sqrt{15}>0$

$\therefore \sqrt{(x-y)^2}=2+\sqrt{15}$

$\therefore \sqrt{(x+y)^2}+\sqrt{(x-y)^2}=4-\sqrt{15}+2+\sqrt{15}=6$ **답** 6

필수유형 뛰어넘기 　18~19쪽

057

① $\sqrt{\dfrac{1}{4}}=\dfrac{1}{2}$의 제곱근은 $\pm\sqrt{\dfrac{1}{2}}$ 이다.

② 제곱근 $\dfrac{81}{64}$ 은 $\sqrt{\dfrac{81}{64}}=\dfrac{9}{8}$이다.

③ 음수의 제곱근은 없다.

④ $\sqrt{(-0.01)^2}=\sqrt{(0.01)^2}=0.01$이므로 그 양의 제곱근은

　$\sqrt{0.01}=0.1$이다.

⑤ 0의 제곱근은 0 하나뿐이다. **답** ①, ④

058

$A=\sqrt{\left(-\dfrac{21}{16}\right)^2}=\dfrac{21}{16},\ B=-\sqrt{5.\dot{4}}=-\sqrt{\dfrac{49}{9}}=-\dfrac{7}{3}$

$\therefore A\div B=\dfrac{21}{16}\div\left(-\dfrac{7}{3}\right)=\dfrac{21}{16}\times\left(-\dfrac{3}{7}\right)=-\dfrac{9}{16}$

답 ②

059

정사각형의 한 변의 길이를 x라 하면

$x^2=\dfrac{1}{2}\times(1+3)\times1=2$ $\quad\therefore x=\sqrt{2}(\because x>0)$ **답** $\sqrt{2}$

060

반지름의 길이가 각각 4, 5인 두 원의 넓이의 합은

$\pi \times 4^2 + \pi \times 5^2 = 16\pi + 25\pi = 41\pi$ ──────── **❶**

구하는 원의 반지름의 길이를 r라 하면

$\pi r^2 = 41\pi$, $r^2 = 41$

$\therefore r = \sqrt{41} \, (\because r > 0)$ ──────── **❷**

답 $\sqrt{41}$

단계	채점 기준	배점
❶	두 원의 넓이의 합 구하기	40 %
❷	구하는 원의 반지름의 길이 구하기	60 %

061

$1.0\dot{2} = \dfrac{102 - 10}{90} = \dfrac{92}{90} = \dfrac{46}{45}$, $0.\dot{2} = \dfrac{2}{9}$이므로 주어진 식은

$\sqrt{\dfrac{46}{45} \times \dfrac{n}{m}} = \dfrac{2}{9}$

양변을 제곱하면

$\dfrac{46}{45} \times \dfrac{n}{m} = \dfrac{4}{81}$

$\therefore \dfrac{n}{m} = \dfrac{4}{81} \times \dfrac{45}{46} = \dfrac{10}{207}$

따라서 $m = 207$, $n = 10$이므로

$m - n = 207 - 10 = 197$

답 197

062

① $(-\sqrt{8})^2 - \sqrt{(-3)^2} = (\sqrt{8})^2 - \sqrt{3^2}$

$\qquad\qquad\qquad = 8 - 3 = 5$

② $\sqrt{\left(-\dfrac{1}{5}\right)^2} \times (-\sqrt{100}) = \sqrt{\left(\dfrac{1}{5}\right)^2} \times (-\sqrt{10^2})$

$\qquad\qquad\qquad = \dfrac{1}{5} \times (-10) = -2$

③ $-\sqrt{\dfrac{36}{25}} \div \left(-\sqrt{\dfrac{2}{5}}\right)^2 = -\sqrt{\left(\dfrac{6}{5}\right)^2} \div \left(\sqrt{\dfrac{2}{5}}\right)^2$

$\qquad\qquad\qquad = -\dfrac{6}{5} \div \dfrac{2}{5}$

$\qquad\qquad\qquad = -\dfrac{6}{5} \times \dfrac{5}{2} = -3$

④ $5 < \sqrt{30}$이므로 $5 - \sqrt{30} < 0$

$\qquad \therefore \sqrt{(5-\sqrt{30})^2} = -(5-\sqrt{30}) = \sqrt{30} - 5$

⑤ $6 > \sqrt{35}$이므로 $6 - \sqrt{35} > 0$

$\qquad \therefore \sqrt{(6-\sqrt{35})^2} = 6 - \sqrt{35}$

답 ③, ⑤

063

(i) $x - 4 \geq 0$일 때, $x - 4 = 2$ $\qquad \therefore x = 6$

(ii) $x - 4 < 0$일 때, $-(x-4) = 2$ $\qquad \therefore x = 2$

따라서 모든 x의 값의 합은

$6 + 2 = 8$

답 8

064

$a < 0$이고 $b = \sqrt{(-a)^2} = -a$이므로 $b > 0$

$\therefore c = -\sqrt{9b^2} = -\sqrt{(3b)^2} = -3b = 3a$

$\therefore a + b - c = a - a - 3a = -3a$

답 ①

065

$ab < 0$에서 a, b는 서로 다른 부호이고, $a < b$이므로

$a < 0$, $b > 0$, $-3a > 0$, $2a - b < 0$

$\therefore |a| + (-\sqrt{b})^2 - \sqrt{(-3a)^2} - \sqrt{(2a-b)^2}$

$\quad = -a + b - (-3a) - \{-(2a-b)\}$

$\quad = -a + b + 3a + 2a - b = 4a$

답 $4a$

066

n이 자연수이려면 $\dfrac{63m}{4} = \dfrac{3^2 \times 7 \times m}{4}$에서 분모의 4가 사라지고 분자의 소인수의 지수가 모두 짝수이어야 하므로 가장 작은 자연수 m은 $m = 4 \times 7 = 28$

$m = 28$일 때

$n = \sqrt{\dfrac{63 \times 28}{4}} = \sqrt{\dfrac{3^2 \times 7 \times 7 \times 4}{4}}$

$\quad = \sqrt{3^2 \times 7^2} = \sqrt{21^2} = 21$

$\therefore m + n = 28 + 21 = 49$

답 49

067

$\sqrt{45-a} - \sqrt{12+b}$의 값이 가장 큰 정수가 되려면 $\sqrt{45-a}$는 가장 큰 정수가 되고 $\sqrt{12+b}$는 가장 작은 정수가 되어야 한다.

(i) $\sqrt{45-a}$가 가장 큰 정수가 되어야 하므로

$\quad 45 - a = 36$ $\qquad \therefore a = 9$

(ii) $\sqrt{12+b}$가 가장 작은 정수가 되어야 하므로

$\quad 12 + b = 16$ $\qquad \therefore b = 4$

$\therefore a + b = 9 + 4 = 13$

답 13

068

$a = 0.01$이라 하면

① $\sqrt{a} = \sqrt{0.01} = \sqrt{(0.1)^2} = 0.1$

② $a = 0.01$

③ $\dfrac{1}{\sqrt{a}} = \dfrac{1}{\sqrt{0.01}} = \dfrac{1}{0.1} = 10$

④ $\dfrac{1}{a} = \dfrac{1}{0.01} = 100$

⑤ $a^2 = (0.01)^2 = 0.0001$

따라서 가장 큰 수는 ④이다.

답 ④

▶ **참고** 예를 들지 않고 엄밀하게 풀면 다음과 같다.

$a > 0$이므로

(i) $a < 1$에서 $a^2 < 1$, $\sqrt{a} < 1$

(ii) $a < 1$에서 $\dfrac{1}{a} > 1$ $\qquad \therefore \sqrt{\dfrac{1}{a}} > 1$

(iii) $\frac{1}{a}>1$의 양변에 $\frac{1}{a}$을 곱하면 $\left(\frac{1}{a}\right)^2>\frac{1}{a}$

$\sqrt{\left(\frac{1}{a}\right)^2}>\sqrt{\frac{1}{a}}$

$\therefore \frac{1}{a}>\sqrt{\frac{1}{a}}$

따라서 가장 큰 수는 ④이다.

069

ㄱ. $x>1$이면 $x-1>0$, $x+1>0$

$\therefore A=x-1+x+1=2x$

ㄴ. $-1<x<1$이면 $x-1<0$, $x+1>0$

$\therefore A=-(x-1)+x+1=2$

ㄷ. $x<-1$이면 $x-1<0$, $x+1<0$

$\therefore A=-(x-1)-(x+1)=-2x$

따라서 옳은 것은 ㄱ, ㄷ이다. 　답 ㄱ, ㄷ

070

(i) $a>0$이므로 $a+\frac{1}{a}>0$

(ii) $0<a<1$에서 $\frac{1}{a}>1$이므로 $a-\frac{1}{a}<0$

$\therefore \sqrt{\left(a+\frac{1}{a}\right)^2}+\sqrt{\left(a-\frac{1}{a}\right)^2}=a+\frac{1}{a}-\left(a-\frac{1}{a}\right)$

$=\frac{2}{a}$　답 $\frac{2}{a}$

071

(i) $1<a<3$일 때, $a-1>0$, $a-3<0$ ────── ❶

(ii) $\sqrt{(\sqrt{3}-2)^2}$에서 $\sqrt{3}<2$이므로

$\sqrt{3}-2<0$ ────────────────── ❷

$\therefore \sqrt{(a-1)^2}-\sqrt{(\sqrt{3}-2)^2}+\sqrt{(a-3)^2}$

$=a-1-\{-(\sqrt{3}-2)\}-(a-3)$ ──── ❸

$=a-1+\sqrt{3}-2-a+3$

$=\sqrt{3}$ ───────────────────── ❹

답 $\sqrt{3}$

단계	채점 기준	배점
❶	$a-1$, $a-3$의 부호 결정하기	30 %
❷	$\sqrt{3}-2$의 부호 결정하기	20 %
❸	근호 없애기	40 %
❹	주어진 식 간단히 하기	10 %

072

$3-\sqrt{10}<0$, $\sqrt{10}-3>0$이므로

$\sqrt{(3-\sqrt{10})^2}-\sqrt{(\sqrt{10}-3)^2}+(\sqrt{7})^2+(-\sqrt{6})^2$

$=-(3-\sqrt{10})-(\sqrt{10}-3)+7+6$

$=13$　답 13

---

2 무리수와 실수

필수유형 공략하기　　　　　　21~26쪽

073

$\sqrt{144}=12$, $5.\dot{6}=\frac{51}{9}$, $-\sqrt{0.09}=-0.3$, $\sqrt{\left(-\frac{2}{3}\right)^2}=\frac{2}{3}$

따라서 무리수는 $-\sqrt{12}$, π의 2개이다.　답 2개

074

③ $\sqrt{3.24}=1.8$ (유리수)

④ $\sqrt{4.9}=\sqrt{\frac{49}{10}}=\frac{7}{\sqrt{10}}$ (무리수)

⑤ $\sqrt{2}+\sqrt{9}=\sqrt{2}+3$ (무리수)　답 ③

075

주어진 수의 제곱근은 각각 다음과 같다.

① $\pm\sqrt{2}$　　② $\pm\sqrt{7}$　　③ $\pm\sqrt{90}$

④ $\pm\sqrt{144}=\pm12$　⑤ $\pm\sqrt{300}$

답 ④

076

순환하지 않는 무한소수는 무리수이다.

① $-\left(-\sqrt{\frac{1}{2}}\right)^2=-\left(\sqrt{\frac{1}{2}}\right)^2=-\frac{1}{2}$

② $-\sqrt{0.\dot{1}}=-\sqrt{\frac{1}{9}}=-\frac{1}{3}$

④ $\sqrt{\frac{25}{9}}=\frac{5}{3}$

⑤ $\sqrt{36}-\sqrt{16}=6-4=2$　答 ③

077

□ 안에 해당하는 것은 순환하지 않는 무한소수이므로 무리수를 찾으면 된다.

① $-\sqrt{1}=-1$　② $\sqrt{\frac{1}{4}}=\frac{1}{2}$　③ $\sqrt{2.25}=1.5$　④ $\frac{2141}{999}$

답 ⑤

078

다음의 수는 유리수이다.

① $\sqrt{0.\dot{4}}=\sqrt{\frac{4}{9}}=\frac{2}{3}$　　　② $0.\dot{5}=\frac{5}{9}$

④ -3.14, $\frac{1}{2}$, $\frac{2}{3}$　　　⑤ $\sqrt{1.69}=1.3$, $\sqrt{(-5)^2}=5$

답 ③

079

② 무한소수 중 순환소수는 유리수이고, 순환하지 않는 무한소수는 무리수이다.　답 ②

080

① 순환소수는 무한소수이다.

② $\sqrt{9}=3$과 같이 근호 안의 수가 제곱수이면 유리수이다.

③ 무한소수 중 순환소수는 유리수이다.

④ 0은 유리수이므로 무리수가 아니다.

⑤ 유한소수는 모두 분수로 나타낼 수 있다.

답 ③, ⑤

081

⑤ $\sqrt{3}$은 무리수이므로 $\dfrac{(정수)}{(0이\ 아닌\ 정수)}$의 꼴로 나타낼 수 없다.

답 ⑤

082

□ 안에 해당하는 것은 무리수이다.

① $\sqrt{\dfrac{9}{16}}=\dfrac{3}{4}$ ② $\dfrac{3}{\sqrt{49}}=\dfrac{3}{7}$

③ $-\sqrt{121}=-11$ ④ $\sqrt{1.96}=1.4$

⑤ $\sqrt{6.4}=\sqrt{\dfrac{64}{10}}=\dfrac{8}{\sqrt{10}}$

따라서 무리수는 ⑤이다.

답 ⑤

083

① $\sqrt{4}-1=2-1=1$이므로 자연수는 1개이다.

② $-\sqrt{\dfrac{32}{2}}=-\sqrt{16}=-4$이므로 정수는 2개이다.

$\Rightarrow -\sqrt{\dfrac{32}{2}},\ \sqrt{4}-1$

③ 정수가 아닌 유리수는 3개이다. $\Rightarrow 0.\dot{2}\dot{1},\ -8.65,\ \dfrac{7}{8}$

④ 유리수는 5개이다. $\Rightarrow -\sqrt{\dfrac{32}{2}},\ 0.\dot{2}\dot{1},\ -8.65,\ \sqrt{4}-1,\ \dfrac{7}{8}$

⑤ 순환하지 않는 무한소수는 1개이다. $\Rightarrow -2\pi$

답 ⑤

084

모눈 한 칸이 한 변의 길이가 1인 정사각형이므로 피타고라스 정리에 의해

$\overline{AD}=\overline{AS}=\sqrt{2},\ \overline{AB}=\overline{AT}=\sqrt{2}$

ㄱ. 점 S의 좌표는 $S(2-\sqrt{2})$

ㄴ. 점 T의 좌표는 $T(2+\sqrt{2})$

ㄷ. 점 S와 점 T에 대응하는 두 수의 합은

$(2-\sqrt{2})+(2+\sqrt{2})=4$

따라서 옳은 것은 ㄴ, ㄷ이다.

답 ④

085

피타고라스 정리에 의해 직각이등변삼각형의 빗변의 길이는 $\sqrt{2}$이고 $-1+\sqrt{2}$는 -1에서 $\sqrt{2}$만큼 오른쪽으로 이동한 점 B에 대응한다.

답 ②

086

$\overline{BC}=\overline{EF}=1$이므로 피타고라스 정리에 의해

$\overline{CA}=\overline{CP}=\sqrt{2},\ \overline{FD}=\overline{FQ}=\sqrt{2}$

(i) 점 P에 대응하는 수는 $0-\sqrt{2}=-\sqrt{2}$

(ii) 점 Q에 대응하는 수는 $1+\sqrt{2}$

답 ③

087

$\overline{BC}=1$이므로 피타고라스 정리에 의해

$\overline{OC}=\overline{OD}=\sqrt{2}$

(i) $\overline{OP}=\overline{OD}=\sqrt{2}$이므로

$a=-1-\sqrt{2}$ ————————————— ❶

(ii) $\overline{OQ}=\overline{OC}=\sqrt{2}$이므로

$b=-1+\sqrt{2}$ ————————————— ❷

$\therefore a+b=(-1-\sqrt{2})+(-1+\sqrt{2})$

$=-2$ ————————————— ❸

답 -2

단계	채점 기준	배점
❶	a의 값 구하기	40 %
❷	b의 값 구하기	40 %
❸	$a+b$의 값 구하기	20 %

088

$\overline{AB}=1$이므로 피타고라스 정리에 의해

$\overline{AC}=\overline{AP}=\sqrt{2},\ \overline{BD}=\overline{BQ}=\sqrt{2}$

① 점 P의 좌표는 $P(2+\sqrt{2})$

② 점 Q의 좌표는 $Q(3-\sqrt{2})$

③ 점 P와 점 Q에 대응하는 두 수의 합은

$(2+\sqrt{2})+(3-\sqrt{2})=5$

④ $\overline{AQ}=\overline{BQ}-\overline{BA}=\sqrt{2}-1$

⑤ $\overline{BP}=\overline{AP}-\overline{AB}=\sqrt{2}-1$

답 ②, ⑤

089

①, ② 피타고라스 정리에 의해

$\overline{AD}=\overline{AQ}=\sqrt{5},\ \overline{AB}=\overline{AP}=\sqrt{5}$

③ $\overline{AB}=\sqrt{5}$이므로 정사각형 ABCD의 넓이는

$\square ABCD=\sqrt{5}\times\sqrt{5}=5$

④ $\overline{AB}=\overline{AP}=\sqrt{5}$이므로 점 P에 대응하는 수는

$3+\sqrt{5}$

⑤ $\overline{AD}=\overline{AQ}=\sqrt{5}$이므로 점 Q에 대응하는 수는

$3-\sqrt{5}$

답 ①, ⑤

090

색칠한 정사각형 중에서

(i) 첫 번째 정사각형의 한 변의 길이는 $\sqrt{3^2+1^2}=\sqrt{10}$이므로

$A(-4+\sqrt{10})$

(ii) 두 번째 정사각형의 한 변의 길이는 $\sqrt{2^2+1^2}=\sqrt{5}$이므로

$B(2-\sqrt{5})$, $C(2+\sqrt{5})$

(iii) 세 번째 정사각형의 대각선의 길이는 $\sqrt{1^2+1^2}=\sqrt{2}$이므로

$\quad D(6-\sqrt{2})$, $E(5+\sqrt{2})$ 　　　　답 ②, ④

091

피타고라스 정리에 의해

$\overline{AB}=\sqrt{3^2+1^2}=\sqrt{10}$ ──────────── ❶

(i) $\overline{AP}=\overline{AB}=\sqrt{10}$이므로 점 P에 대응하는 수는

$\quad -1+\sqrt{10}$ ──────────── ❷

(ii) $\overline{AQ}=\overline{AD}=\sqrt{10}$이므로 점 Q에 대응하는 수는

$\quad -1-\sqrt{10}$ ──────────── ❸

답 P: $-1+\sqrt{10}$, Q: $-1-\sqrt{10}$

단계	채점 기준	배점
❶	$\overline{AB}$의 길이 구하기	40 %
❷	점 P에 대응하는 수 구하기	30 %
❸	점 Q에 대응하는 수 구하기	30 %

092

피타고라스 정리에 의해

$\overline{AB}=\sqrt{2^2+1^2}=\sqrt{5}$

$\therefore \overline{AB}=\overline{AP}=\overline{AD}=\overline{AQ}=\sqrt{5}$

점 P에 대응하는 수가 $2+\sqrt{5}$이므로

기준점 A에 대응하는 수는 2

따라서 점 Q에 대응하는 수는 $2-\sqrt{5}$이다. 　　답 $2-\sqrt{5}$

093

두 정사각형 중에서

(i) 작은 정사각형의 대각선의 길이는 $\sqrt{2}$이므로

$\quad b=-\sqrt{2}$

(ii) 큰 정사각형의 한 변의 길이는 $\sqrt{5}$이므로

$\quad a=-\sqrt{5}$, $c=\sqrt{5}$

$\therefore b-ac=-\sqrt{2}-(-\sqrt{5})\times\sqrt{5}$

$\qquad\quad =-\sqrt{2}+(\sqrt{5})^2$

$\qquad\quad =5-\sqrt{2}$ 　　　　답 $5-\sqrt{2}$

094

② 1과 1000 사이에는 2, 3, 4, $\cdots$, 999의 998개의 정수가 있다. 　　답 ②

095

① $1<\sqrt{2}<2$이므로 0과 $\sqrt{2}$ 사이의 자연수는 1 하나뿐이다.

③ $\sqrt{2}-1>0$이므로 $\sqrt{2}-1$은 수직선 위에서 원점의 오른쪽에 위치한다. 　　답 ③

096

① 1과 $\sqrt{2}$ 사이에도 무수히 많은 무리수가 있으므로 1에 가장 가까운 무리수는 정할 수 없다.

② -3과 3 사이에는 -2, -1, 0, 1, 2의 5개의 정수가 있다. 　　답 ①

097

④ $\sqrt{6}<\sqrt{7}$이므로 $\dfrac{\sqrt{6}-\sqrt{7}}{2}<0$

즉, $\dfrac{\sqrt{6}-\sqrt{7}}{2}<\sqrt{6}$이므로 $\sqrt{6}$과 $\sqrt{7}$ 사이의 수가 아니다.

답 ④

098

① $\sqrt{3}+1=1.732+1=2.732>\sqrt{5}\,(=2.236)$ 　　답 ①

099

$\sqrt{4}<\sqrt{7}<\sqrt{9}$에서 $2<\sqrt{7}<3$

$\sqrt{25}<\sqrt{35}<\sqrt{36}$에서 $5<\sqrt{35}<6$

② $6<\sqrt{7}+4<7$이므로 $\sqrt{7}+4>\sqrt{35}$ 　　답 ②

100

① $(\sqrt{3}-1)-1=\sqrt{3}-2=\sqrt{3}-\sqrt{4}<0$

$\quad\therefore \sqrt{3}-1<1$

② $(\sqrt{7}-3)-(\sqrt{7}-\sqrt{10})=\sqrt{10}-3=\sqrt{10}-\sqrt{9}>0$

$\quad\therefore \sqrt{7}-3>\sqrt{7}-\sqrt{10}$

③ $(\sqrt{3}+\sqrt{7})-(\sqrt{3}+2)=\sqrt{7}-2=\sqrt{7}-\sqrt{4}>0$

$\quad\therefore \sqrt{3}+\sqrt{7}>\sqrt{3}+2$

④ $(\sqrt{9}+\sqrt{2})-4=3+\sqrt{2}-4=\sqrt{2}-1>0$

$\quad\therefore \sqrt{9}+\sqrt{2}>4$

⑤ $(\sqrt{5}-3)-(\sqrt{6}-3)=\sqrt{5}-\sqrt{6}<0$

$\quad\therefore \sqrt{5}-3<\sqrt{6}-3$ 　　답 ②

101

① $3-(\sqrt{5}+1)=2-\sqrt{5}=\sqrt{4}-\sqrt{5}<0$

$\quad\therefore 3<\sqrt{5}+1$

② $(\sqrt{7}+3)-(\sqrt{8}+3)=\sqrt{7}-\sqrt{8}<0$

$\quad\therefore \sqrt{7}+3<\sqrt{8}+3$

③ $(\sqrt{3}+\sqrt{2})-(\sqrt{2}+2)=\sqrt{3}-2=\sqrt{3}-\sqrt{4}<0$

$\quad\therefore \sqrt{3}+\sqrt{2}<\sqrt{2}+2$

④ $(2-\sqrt{6})-(2-\sqrt{5})=\sqrt{5}-\sqrt{6}<0$

$\quad\therefore 2-\sqrt{6}<2-\sqrt{5}$

⑤ $(\sqrt{3}+3)-(\sqrt{7}+\sqrt{3})=3-\sqrt{7}=\sqrt{9}-\sqrt{7}>0$

$\quad\therefore \sqrt{3}+3>\sqrt{7}+\sqrt{3}$ 　　답 ④

102

ㄱ. $1-\left(\sqrt{\dfrac{1}{2}}+\dfrac{1}{2}\right)=\dfrac{1}{2}-\sqrt{\dfrac{1}{2}}=\sqrt{\dfrac{1}{4}}-\sqrt{\dfrac{1}{2}}<0$

$$\therefore 1 < \sqrt{\frac{1}{2}} + \frac{1}{2}$$

ㄴ. $\left(5 - \sqrt{\frac{1}{5}}\right) - \left(5 - \sqrt{\frac{1}{6}}\right) = \sqrt{\frac{1}{6}} - \sqrt{\frac{1}{5}} < 0$

$$\therefore 5 - \sqrt{\frac{1}{5}} < 5 - \sqrt{\frac{1}{6}}$$

ㄷ. $(\sqrt{3}+3) - (\sqrt{10}+\sqrt{3}) = 3 - \sqrt{10} = \sqrt{9} - \sqrt{10} < 0$

$$\therefore \sqrt{3}+3 < \sqrt{10}+\sqrt{3}$$

따라서 옳은 것은 ㄱ, ㄷ이다. **답** ③

103

$a - b = (\sqrt{6}+\sqrt{8}) - (2+\sqrt{8})$

$\quad = \sqrt{6}-2 = \sqrt{6}-\sqrt{4} > 0$

이므로 $a > b$

$a - c = (\sqrt{6}+\sqrt{8}) - (\sqrt{6}+3)$

$\quad = \sqrt{8}-3 = \sqrt{8}-\sqrt{9} < 0$

이므로 $a < c$

$\therefore b < a < c$ **답** ③

104

(i) $(\sqrt{5}+1) - 3 = \sqrt{5}-2 = \sqrt{5}-\sqrt{4} > 0$이므로

$\quad \sqrt{5}+1 > 3$ ──────────── ❶

(ii) $(\sqrt{5}+1) - (\sqrt{5}+\sqrt{2}) = 1-\sqrt{2} < 0$이므로

$\quad \sqrt{5}+1 < \sqrt{5}+\sqrt{2}$ ──────── ❷

$\therefore 3 < \sqrt{5}+1 < \sqrt{5}+\sqrt{2}$ ──────── ❸

따라서 $M = \sqrt{5}+\sqrt{2}$, $m = 3$이므로

$M - m = \sqrt{5}+\sqrt{2}-3$ ──────── ❹

답 $\sqrt{5}+\sqrt{2}-3$

단계	채점 기준	배점
❶	$\sqrt{5}+1$과 3의 크기 비교하기	30 %
❷	$\sqrt{5}+1$과 $\sqrt{5}+\sqrt{2}$의 크기 비교하기	30 %
❸	세 수의 크기 비교하기	30 %
❹	$M-m$의 값 구하기	10 %

105

$\sqrt{10}+1$, 4, $\sqrt{8}+1$은 양수이고, $-\sqrt{2}-1$, $-\sqrt{3}$은 음수이다.

(i) $(\sqrt{10}+1) - 4 = \sqrt{10}-3 = \sqrt{10}-\sqrt{9} > 0$이므로

$\quad \sqrt{10}+1 > 4$

(ii) $4 - (\sqrt{8}+1) = 3 - \sqrt{8} = \sqrt{9}-\sqrt{8} > 0$이므로

$\quad 4 > \sqrt{8}+1$

$\therefore -\sqrt{2}-1 < -\sqrt{3} < \sqrt{8}+1 < 4 < \sqrt{10}+1$

따라서 수직선 위에 나타낼 때, 오른쪽에서 두 번째에 위치하는 수는 4이다. **답** ②

106

순환하지 않는 무한소수는 무리수이다.

① $\pm\sqrt{2.5}$ ② $\sqrt{\frac{36}{49}} = \frac{6}{7}$

③ 반지름의 길이를 r라 하면 $\pi r^2 = 4\pi$

$\quad \therefore r = 2 \ (\because r > 0)$

④ $\sqrt{0.16} = 0.4$ ⑤ $\sqrt{2}$ **답** ①, ⑤

107

$2 < \sqrt{x} < 5$의 각 변을 제곱하면 $4 < x < 25$

x는 자연수이므로 5, 6, 7, $\cdots$, 24의 20개이다. ──── ❶

그런데 $\sqrt{x}$는 무리수이어야 하므로 제곱수인 9, 16은 제외해야 한다. ──── ❷

따라서 조건을 만족하는 x는 $20 - 2 = 18$(개)이다. ──── ❸

답 18개

단계	채점 기준	배점
❶	자연수 x 구하기	40 %
❷	제곱수 제외하기	40 %
❸	x의 개수 구하기	20 %

108

② 순환하지 않는 무한소수는 무리수이고, 순환소수는 유리수이다.

④ $\sqrt{2} \times (-\sqrt{2}) = -2$ (유리수) **답** ②, ④

109

$\sqrt{\frac{1}{16}} = \frac{1}{4}$, $0.2\dot{3} = \frac{21}{90}$ $\Rightarrow$ 정수가 아닌 유리수

$\sqrt{2}+3$, $-\pi$, $\sqrt{\frac{1}{2}}$ $\Rightarrow$ 무리수

$-\sqrt{(-9)^2} = -9$ $\Rightarrow$ 정수(유리수)

따라서 $A = 2$, $B = 3$이므로

$A - B = 2 - 3 = -1$ **답** ④

110

□는 무리수를 나타낸다.

① $x = -3$ ② $x = \pm 5$ ③ $x = 6$ ④ $x = -\frac{1}{\sqrt{5}}$ ⑤ $x = 1$

답 ④

111

A는 실수에서 무리수를 제외한 부분이므로 유리수를 나타낸다.

① π는 무리수이므로 A에 해당하지 않는다.

② $-\sqrt{(-5)^2} = -5$이므로 A에 해당한다.

③ 자연수는 A에 해당한다.

④ 수직선은 실수에 대응하는 점들로 완전히 메울 수 있다.

⑤ $\sqrt{2}\times\sqrt{2}=2$에서 2는 A에 해당하지만 $\sqrt{2}$는 A에 해당하지 않는다. **답** ④, ⑤

112

① $-4<x<4$인 자연수 x는 1, 2, 3이므로 유한개이다.

④ $-\sqrt{5}<x<3$인 정수 x는 $-2, -1, 0, 1, 2$이므로 유한개이다. **답** ①, ④

113

피타고라스 정리에 의해 정사각형 OABC의 한 변의 길이가 $\sqrt{2^2+2^2}=\sqrt{8}$이므로

$\overline{OA}=\overline{OQ}=\sqrt{8}$, $\overline{BC}=\overline{BP}=\sqrt{8}$

따라서 $p=4-\sqrt{8}$, $q=\sqrt{8}$이므로

$p+q=(4-\sqrt{8})+\sqrt{8}=4$ **답** 4

114

피타고라스 정리에 의해 직각이등변삼각형의 빗변의 길이는 $\sqrt{2}$이므로

$A(-2+\sqrt{2})$, $B(1-\sqrt{2})$, $C(2-\sqrt{2})$, $D(1+\sqrt{2})$

$\overline{AD}=(1+\sqrt{2})-(-2+\sqrt{2})=3$

$\overline{BC}=(2-\sqrt{2})-(1-\sqrt{2})=1$ **답** ③

▶ **참고** 수직선 위의 두 점 $A(a)$, $B(b)$에 대하여 $\overline{AB}=b-a(a<b)$이다.

115

오른쪽 그림과 같이 반원의 지름의 양 끝 점을 각각 P, Q라 하자. 한 변의 길이가 1인 정사각형의 대각선의 길이는 $\sqrt{2}$이므로

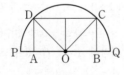

$\overline{OQ}=\overline{OC}=\sqrt{2}$

즉, 원의 반지름의 길이가 $\sqrt{2}$이므로 $\overset{\frown}{PQ}$의 길이는

$\overset{\frown}{PQ}=\dfrac{1}{2}\times(2\times\pi\times\sqrt{2})=\sqrt{2}\pi$ **답** $\sqrt{2}\pi$

116

①, ②, ③ $2=\sqrt{4}$, $3=\sqrt{9}$이므로 $\sqrt{5}$, $\sqrt{7}$, $\sqrt{8}$은 2와 3 사이의 수이다.

④ $2<\sqrt{5}<3$에서 $3<\sqrt{5}+1<4$이므로 $\sqrt{5}+1$은 3과 4 사이의 수이다.

⑤ $\sqrt{7}<\dfrac{\sqrt{7}+\sqrt{8}}{2}<\sqrt{8}$이므로 2와 3 사이의 수이다. **답** ④

117

ㄱ. $2<\sqrt{6}<3$, $3<\sqrt{10}<4$이므로 x의 값이 될 수 있는 정수는 3뿐이다.

ㄴ. 서로 다른 두 수 사이에 유리수는 무수히 많다.

ㄷ. $2<\sqrt{6}<3$에서 $4<\sqrt{6}+2<5$

이때, $\sqrt{6}+2>\sqrt{10}$이므로 $\sqrt{6}+2$는 x의 값이 될 수 없다.

따라서 옳은 것은 ㄱ이다. **답** ㄱ

118

① $a-b=(\sqrt{3}-2)-(-\sqrt{5}+\sqrt{3})$
$=\sqrt{5}-2=\sqrt{5}-\sqrt{4}>0$

$\therefore a>b$

② $a+1=(\sqrt{3}-2)+1=\sqrt{3}-1>0$

$\therefore a+1>0$

③ $a-(\sqrt{3}-\sqrt{6})=(\sqrt{3}-2)-(\sqrt{3}-\sqrt{6})$
$=\sqrt{6}-2=\sqrt{6}-\sqrt{4}>0$

$\therefore a>\sqrt{3}-\sqrt{6}$

④ $b-(2-\sqrt{5})=(-\sqrt{5}+\sqrt{3})-(2-\sqrt{5})$
$=\sqrt{3}-2=\sqrt{3}-\sqrt{4}<0$

$\therefore b<2-\sqrt{5}$

⑤ $b-(\sqrt{3}-\sqrt{7})=(-\sqrt{5}+\sqrt{3})-(\sqrt{3}-\sqrt{7})$
$=\sqrt{7}-\sqrt{5}>0$

$\therefore b>\sqrt{3}-\sqrt{7}$ **답** ⑤

119

$\sqrt{5}+2$, $\sqrt{3}+\sqrt{5}$, $2+\sqrt{3}$은 양수이고, $-\sqrt{6}-\sqrt{5}$, $-3-\sqrt{5}$는 음수이다.

(i) $(\sqrt{5}+2)-(\sqrt{3}+\sqrt{5})=2-\sqrt{3}=\sqrt{4}-\sqrt{3}>0$이므로
$\sqrt{5}+2>\sqrt{3}+\sqrt{5}$

$(\sqrt{3}+\sqrt{5})-(2+\sqrt{3})=\sqrt{5}-2=\sqrt{5}-\sqrt{4}>0$이므로
$\sqrt{3}+\sqrt{5}>2+\sqrt{3}$

$\therefore \sqrt{5}+2>\sqrt{3}+\sqrt{5}>2+\sqrt{3}$ ──── ❶

(ii) $-\sqrt{6}-\sqrt{5}-(-3-\sqrt{5})=3-\sqrt{6}=\sqrt{9}-\sqrt{6}>0$이므로
$-\sqrt{6}-\sqrt{5}>-3-\sqrt{5}$ ──── ❷

(i), (ii)에서
$-3-\sqrt{5}<-\sqrt{6}-\sqrt{5}<2+\sqrt{3}<\sqrt{3}+\sqrt{5}<\sqrt{5}+2$

따라서 $a=\sqrt{5}+2$, $b=-3-\sqrt{5}$이므로

$a+b=(\sqrt{5}+2)+(-3-\sqrt{5})=-1$ ──── ❸

답 -1

단계	채점 기준	배점
❶	양수의 대소 관계 구하기	40 %
❷	음수의 대소 관계 구하기	30 %
❸	$a+b$의 값 구하기	30 %

3 근호를 포함한 식의 계산

필수유형 공략하기   31~41쪽

120

① $\sqrt{3}\sqrt{12}=\sqrt{3\times12}=\sqrt{36}=6$

② $(-\sqrt{2})\times(-\sqrt{5})=\sqrt{2\times5}=\sqrt{10}$

③ $2\sqrt{5}\times\sqrt{7}=2\sqrt{5\times7}=2\sqrt{35}$

④ $\sqrt{\dfrac{7}{8}}\times\sqrt{\dfrac{24}{7}}=\sqrt{\dfrac{7}{8}\times\dfrac{24}{7}}=\sqrt{3}$

⑤ $\sqrt{\dfrac{2}{3}}\times3\sqrt{\dfrac{5}{4}}=3\sqrt{\dfrac{2}{3}\times\dfrac{5}{4}}=3\sqrt{\dfrac{5}{6}}$ 답 ④

121

(i) $\sqrt{0.5}\times\sqrt{1.8}=\sqrt{0.5\times1.8}=\sqrt{0.9}$이므로

   $a=0.9$

(ii) $\sqrt{\dfrac{5}{2}}\times5\sqrt{\dfrac{8}{5}}=5\sqrt{\dfrac{5}{2}\times\dfrac{8}{5}}=5\sqrt{4}=10$이므로

   $b=10$

$\therefore \sqrt{ab}=\sqrt{0.9\times10}=\sqrt{9}=3$ 답 3

122

$\sqrt{a}\times5\sqrt{10a}\times2\sqrt{\dfrac{32}{5}}=10\sqrt{a\times10a\times\dfrac{32}{5}}$

$\qquad\qquad\qquad\qquad=10\sqrt{64a^2}$

$\qquad\qquad\qquad\qquad=10\sqrt{(8a)^2}$

$\qquad\qquad\qquad\qquad=10\times8a\,(\because a>0)$

$\qquad\qquad\qquad\qquad=80a$

이므로 $80a=20$

$\therefore a=\dfrac{1}{4}$ 답 $\dfrac{1}{4}$

123

① $-\dfrac{\sqrt{10}}{\sqrt{5}}=-\sqrt{\dfrac{10}{5}}=-\sqrt{2}$

② $\dfrac{\sqrt{18}}{\sqrt{9}}=\sqrt{\dfrac{18}{9}}=\sqrt{2}$

③ $\sqrt{24}\div\sqrt{8}=\dfrac{\sqrt{24}}{\sqrt{8}}=\sqrt{\dfrac{24}{8}}=\sqrt{3}$

④ $\sqrt{12}\div2\sqrt{6}=\dfrac{\sqrt{12}}{2\sqrt{6}}=\dfrac{1}{2}\sqrt{\dfrac{12}{6}}=\dfrac{\sqrt{2}}{2}$

⑤ $\dfrac{\sqrt{40}}{\sqrt{14}}\div\dfrac{\sqrt{5}}{\sqrt{7}}=\dfrac{\sqrt{40}}{\sqrt{14}}\times\dfrac{\sqrt{7}}{\sqrt{5}}=\sqrt{\dfrac{40}{14}\times\dfrac{7}{5}}=\sqrt{4}=2$ 답 ④

124

① $\dfrac{\sqrt{35}}{\sqrt{5}}=\sqrt{\dfrac{35}{5}}=\sqrt{7}$

② $\dfrac{\sqrt{42}}{\sqrt{7}}=\sqrt{\dfrac{42}{7}}=\sqrt{6}$

③ $\dfrac{2\sqrt{27}}{3\sqrt{3}}=\dfrac{2}{3}\sqrt{\dfrac{27}{3}}=\dfrac{2}{3}\sqrt{9}=2$

④ $\sqrt{48}\div\sqrt{6}=\dfrac{\sqrt{48}}{\sqrt{6}}=\sqrt{\dfrac{48}{6}}=\sqrt{8}$

⑤ $\sqrt{18}\div2\sqrt{2}=\dfrac{\sqrt{18}}{2\sqrt{2}}=\dfrac{1}{2}\sqrt{\dfrac{18}{2}}=\dfrac{1}{2}\sqrt{9}=\dfrac{3}{2}$

따라서 $\dfrac{3}{2}<2<\sqrt{6}<\sqrt{7}<\sqrt{8}$이므로 그 값이 가장 큰 것은 ④이다.

답 ④

125

$\sqrt{a}=\dfrac{\sqrt{90}}{\sqrt{5}}=\sqrt{\dfrac{90}{5}}=\sqrt{18}$ ——————— ❶

$\sqrt{b}=\sqrt{\dfrac{6}{7}}\div\sqrt{\dfrac{15}{35}}=\sqrt{\dfrac{6}{7}}\times\sqrt{\dfrac{35}{15}}$

$\qquad=\sqrt{\dfrac{6}{7}\times\dfrac{35}{15}}=\sqrt{2}$ ——————— ❷

$\therefore \sqrt{a}\div\sqrt{b}=\sqrt{18}\div\sqrt{2}=\sqrt{9}=3$ ——————— ❸

답 3

단계	채점 기준	배점
❶	$\sqrt{a}$의 값 구하기	30 %
❷	$\sqrt{b}$의 값 구하기	40 %
❸	$\sqrt{a}\div\sqrt{b}$의 값 구하기	30 %

126

$\dfrac{\sqrt{24}}{3}\div\sqrt{\dfrac{1}{12}}\times\left(-\dfrac{3}{5\sqrt{2}}\right)$

$=\dfrac{\sqrt{24}}{3}\times\sqrt{12}\times\left(-\dfrac{3}{5\sqrt{2}}\right)$

$=\dfrac{1}{3}\times\left(-\dfrac{3}{5}\right)\times\sqrt{24\times12\times\dfrac{1}{2}}$

$=-\dfrac{1}{5}\sqrt{144}=-\dfrac{12}{5}$ 답 ①

127

$2\sqrt{\dfrac{2}{7}}\times\sqrt{\dfrac{21}{4}}\div\left(-\sqrt{\dfrac{3}{8}}\right)$

$=2\sqrt{\dfrac{2}{7}}\times\sqrt{\dfrac{21}{4}}\times\left(-\sqrt{\dfrac{8}{3}}\right)$

$=-2\sqrt{\dfrac{2}{7}\times\dfrac{21}{4}\times\dfrac{8}{3}}$

$=-2\sqrt{4}=-4$ 답 ①

128

$4\sqrt{3}\times\sqrt{24}\div(-3\sqrt{2})$

$=4\sqrt{3}\times\sqrt{24}\times\left(-\dfrac{1}{3\sqrt{2}}\right)$

$=4\times\left(-\dfrac{1}{3}\right)\times\sqrt{3\times24\times\dfrac{1}{2}}$

$=-\dfrac{4}{3}\sqrt{36}=-8$ 답 -8

129

$$\frac{\sqrt{27}}{\sqrt{2}} \div \frac{\sqrt{6}}{\sqrt{5}} \div \frac{\sqrt{15}}{\sqrt{8}}$$

$$= \frac{\sqrt{27}}{\sqrt{2}} \times \frac{\sqrt{5}}{\sqrt{6}} \times \frac{\sqrt{8}}{\sqrt{15}}$$

$$= \sqrt{\frac{27}{2} \times \frac{5}{6} \times \frac{8}{15}} = \sqrt{6}$$

답 $\sqrt{6}$

130

ㄱ. $\sqrt{28} = \sqrt{2^2 \times 7} = 2\sqrt{7}$

ㄴ. $\sqrt{72} = \sqrt{6^2 \times 2} = 6\sqrt{2}$

ㄷ. $\sqrt{216} = \sqrt{6^2 \times 6} = 6\sqrt{6}$

ㄹ. $\sqrt{245} = \sqrt{7^2 \times 5} = 7\sqrt{5}$

따라서 바르게 나타낸 것은 ㄱ, ㄹ이다.

답 ③

131

$\sqrt{48} = \sqrt{4^2 \times 3} = 4\sqrt{3}$이므로 $a=4$

$\sqrt{\frac{7}{36}} = \sqrt{\frac{7}{6^2}} = \frac{\sqrt{7}}{6}$이므로 $b=6$

$5\sqrt{2} = \sqrt{5^2 \times 2} = \sqrt{50}$이므로 $c=50$

$$\therefore \frac{c}{a+b} = \frac{50}{4+6} = 5$$

답 5

132

① $2\sqrt{6} = \sqrt{2^2 \times 6} = \sqrt{24}$

② $5 = \sqrt{5^2} = \sqrt{25}$

④ $3\sqrt{3} = \sqrt{3^2 \times 3} = \sqrt{27}$

⑤ $4\sqrt{2} = \sqrt{4^2 \times 2} = \sqrt{32}$

답 ⑤

133

$\sqrt{112} = \sqrt{4^2 \times 7} = 4\sqrt{7}$이므로 $a=4$

$\sqrt{\frac{10}{162}} = \sqrt{\frac{5}{81}} = \sqrt{\frac{5}{9^2}} = \frac{\sqrt{5}}{9}$이므로 $b=9$

$$\therefore \sqrt{ab} = \sqrt{4 \times 9} = \sqrt{36} = 6$$

답 6

134

$\sqrt{18} = \sqrt{3^2 \times 2} = 3\sqrt{2}$이므로 $a=3$

$5\sqrt{3} = \sqrt{5^2 \times 3} = \sqrt{75}$이므로 $b=75$

$\sqrt{108} = \sqrt{6^2 \times 3} = 6\sqrt{3}$이므로 $c=3$

$$\therefore \sqrt{\frac{a^2 b}{c}} = \sqrt{\frac{3^2 \times 75}{3}} = \sqrt{225} = 15$$

답 15

135

$$\sqrt{12} \times \sqrt{15} \times \sqrt{35} = \sqrt{(2^2 \times 3) \times (3 \times 5) \times (5 \times 7)}$$

$$= \sqrt{2^2 \times 3^2 \times 5^2 \times 7}$$

$$= 2 \times 3 \times 5 \times \sqrt{7}$$

$$= 30\sqrt{7}$$

$$\therefore a = 30$$

답 ③

136

$$\sqrt{0.0032} = \sqrt{\frac{32}{10000}} = \sqrt{\frac{4^2 \times 2}{100^2}} = \frac{4\sqrt{2}}{100} = \frac{1}{25}\sqrt{2}$$

$$\therefore a = \frac{1}{25} \quad\quad\quad\quad\quad\quad\quad ❶$$

$$\sqrt{5} \times \sqrt{30} \div \sqrt{2} = \sqrt{\frac{5 \times 30}{2}} = \sqrt{75} = \sqrt{5^2 \times 3} = 5\sqrt{3}$$

$$\therefore b = 5 \quad\quad\quad\quad\quad\quad\quad ❷$$

$$\therefore ab = \frac{1}{25} \times 5 = \frac{1}{5} \quad\quad\quad\quad ❸$$

답 $\frac{1}{5}$

단계	채점 기준	배점
❶	a의 값 구하기	40 %
❷	b의 값 구하기	40 %
❸	ab의 값 구하기	20 %

137

$\sqrt{2} = a$, $\sqrt{3} = b$이므로

① $\sqrt{18} = \sqrt{2 \times 3^2} = \sqrt{2} \times (\sqrt{3})^2 = ab^2$

② $\sqrt{\frac{3}{2}} = \frac{\sqrt{3}}{\sqrt{2}} = \frac{b}{a}$

③ $\sqrt{0.03} = \sqrt{\frac{3}{100}} = \frac{\sqrt{3}}{10} = \frac{b}{10}$

④ $\sqrt{\frac{8}{3}} = \frac{(\sqrt{2})^3}{\sqrt{3}} = \frac{a^3}{b}$

⑤ $\sqrt{60} = \sqrt{2^2 \times 3 \times 5} = (\sqrt{2})^2 \times \sqrt{3} \times \sqrt{5} = \sqrt{5}a^2 b$

답 ⑤

138

$\sqrt{3} = a$, $\sqrt{5} = b$이므로

$$\sqrt{1.35} = \sqrt{\frac{135}{100}} = \frac{\sqrt{3^3 \times 5}}{10}$$

$$= \frac{(\sqrt{3})^3 \times \sqrt{5}}{10} = \frac{a^3 b}{10}$$

답 $\frac{a^3 b}{10}$

139

$\sqrt{3} = a$, $\sqrt{30} = b$이므로

$$\sqrt{0.3} + \sqrt{300} = \sqrt{\frac{30}{100}} + \sqrt{3 \times 100}$$

$$= \sqrt{\frac{30}{10^2}} + \sqrt{3 \times 10^2}$$

$$= \frac{\sqrt{30}}{10} + 10\sqrt{3}$$

$$= \frac{1}{10}b + 10a$$

답 ①

140

$$\frac{3\sqrt{5}}{\sqrt{2}} = \frac{3\sqrt{5} \times \sqrt{2}}{\sqrt{2} \times \sqrt{2}} = \frac{3\sqrt{10}}{2}$$

이므로 $a = \frac{3}{2}$

$$\frac{2}{\sqrt{18}}=\frac{2}{3\sqrt{2}}=\frac{2\times\sqrt{2}}{3\sqrt{2}\times\sqrt{2}}=\frac{2\sqrt{2}}{6}=\frac{\sqrt{2}}{3}$$

이므로 $b=\dfrac{1}{3}$

$$\therefore \sqrt{ab}=\sqrt{\frac{3}{2}\times\frac{1}{3}}=\sqrt{\frac{1}{2}}=\frac{2}{\sqrt{2}}=\frac{\sqrt{2}}{2}$$

답 $\dfrac{\sqrt{2}}{2}$

141

③ $\dfrac{\sqrt{5}}{\sqrt{12}}=\dfrac{\sqrt{5}}{2\sqrt{3}}=\dfrac{\sqrt{5}\times\sqrt{3}}{2\sqrt{3}\times\sqrt{3}}=\dfrac{\sqrt{15}}{6}$

④ $\dfrac{2\sqrt{7}}{\sqrt{2}\sqrt{3}}=\dfrac{2\sqrt{7}}{\sqrt{6}}=\dfrac{2\sqrt{7}\times\sqrt{6}}{\sqrt{6}\times\sqrt{6}}=\dfrac{2\sqrt{42}}{6}=\dfrac{\sqrt{42}}{3}$

⑤ $\dfrac{3}{2\sqrt{5}}=\dfrac{3\times\sqrt{5}}{2\sqrt{5}\times\sqrt{5}}=\dfrac{3\sqrt{5}}{10}$

답 ⑤

142

$$\sqrt{\frac{8}{75}}=\frac{\sqrt{8}}{\sqrt{75}}=\frac{2\sqrt{2}}{5\sqrt{3}}=\frac{2\sqrt{2}\times\sqrt{3}}{5\sqrt{3}\times\sqrt{3}}=\frac{2\sqrt{6}}{15}$$

따라서 $a=5$, $b=2$, $c=\dfrac{2}{15}$ 이므로

$$abc=5\times2\times\frac{2}{15}=\frac{4}{3}$$

답 ③

143

① $\sqrt{18}=3\sqrt{2}$

② $\dfrac{18}{\sqrt{18}}=\dfrac{18}{3\sqrt{2}}=\dfrac{18\times\sqrt{2}}{3\sqrt{2}\times\sqrt{2}}=\dfrac{18\sqrt{2}}{6}=3\sqrt{2}$

③ $\dfrac{6}{\sqrt{2}}=\dfrac{6\times\sqrt{2}}{\sqrt{2}\times\sqrt{2}}=3\sqrt{2}$

④ $\dfrac{2\sqrt{6}}{\sqrt{2}}=\dfrac{2\sqrt{6}\times\sqrt{2}}{\sqrt{2}\times\sqrt{2}}=\sqrt{12}=2\sqrt{3}$

⑤ $\dfrac{6\sqrt{3}}{\sqrt{6}}=\dfrac{6\sqrt{3}\times\sqrt{6}}{\sqrt{6}\times\sqrt{6}}=\sqrt{18}=3\sqrt{2}$

답 ④

144

$$\frac{3\sqrt{a}}{2\sqrt{6}}=\frac{3\sqrt{a}\times\sqrt{6}}{2\sqrt{6}\times\sqrt{6}}=\frac{3\sqrt{6a}}{12}=\frac{\sqrt{6a}}{4}$$ 이므로

$$\frac{\sqrt{6a}}{4}=\frac{3\sqrt{2}}{4},\ \sqrt{6a}=3\sqrt{2},\ 6a=18$$

$$\therefore a=3$$

답 ③

145

주어진 각 수의 분모를 유리화하면

$$\frac{3}{\sqrt{6}}=\frac{3\sqrt{6}}{6}=\frac{\sqrt{6}}{2},\ \frac{2}{\sqrt{8}}=\frac{2}{2\sqrt{2}}=\frac{2\sqrt{2}}{4}=\frac{\sqrt{2}}{2},$$

$$\frac{\sqrt{5}}{\sqrt{2}}=\frac{\sqrt{10}}{2},\ \frac{7}{\sqrt{28}}=\frac{7}{2\sqrt{7}}=\frac{7\sqrt{7}}{14}=\frac{\sqrt{7}}{2},$$

$$\frac{\sqrt{15}}{\sqrt{12}}=\frac{\sqrt{15}}{2\sqrt{3}}=\frac{\sqrt{45}}{6}=\frac{3\sqrt{5}}{6}=\frac{\sqrt{5}}{2}$$

$$\therefore \frac{\sqrt{5}}{\sqrt{2}}>\frac{7}{\sqrt{28}}>\frac{3}{\sqrt{6}}>\frac{\sqrt{15}}{\sqrt{12}}>\frac{2}{\sqrt{8}}$$

따라서 큰 수부터 나열할 때 두 번째 오는 수는 $\dfrac{7}{\sqrt{28}}$ 이다.

답 $\dfrac{7}{\sqrt{28}}$

146

$$\frac{\sqrt{6}}{6}-\frac{\sqrt{3}}{3}-\frac{2\sqrt{6}}{3}+\frac{3\sqrt{3}}{2}$$

$$=\left(-\frac{1}{3}+\frac{3}{2}\right)\sqrt{3}+\left(\frac{1}{6}-\frac{2}{3}\right)\sqrt{6}$$

$$=\frac{7}{6}\sqrt{3}-\frac{1}{2}\sqrt{6}$$

따라서 $a=\dfrac{7}{6}$, $b=-\dfrac{1}{2}$ 이므로

$$a+b=\frac{7}{6}+\left(-\frac{1}{2}\right)=\frac{4}{6}=\frac{2}{3}$$

답 ④

147

$$6\sqrt{7}+5\sqrt{3}+3\sqrt{7}-\sqrt{3}$$

$$=(5-1)\sqrt{3}+(6+3)\sqrt{7}$$

$$=4\sqrt{3}+9\sqrt{7}$$

따라서 $a=4$, $b=9$ 이므로

$$\sqrt{ab}=\sqrt{4\times9}=\sqrt{36}=6$$

답 ③

148

$6\sqrt{a}-5=2\sqrt{a}+7$ 에서 $4\sqrt{a}=12$

$\sqrt{a}=3$ $\therefore a=9$

답 ③

149

$$a=9\sqrt{2}-2\sqrt{2}-5\sqrt{2}=(9-2-5)\sqrt{2}=2\sqrt{2}$$

$$b=2\sqrt{3}+7\sqrt{3}-8\sqrt{3}=(2+7-8)\sqrt{3}=\sqrt{3}$$

$$\therefore a^2+b^2=(2\sqrt{2})^2+(\sqrt{3})^2=8+3=11$$

답 ①

150

$$2\sqrt{48}-\sqrt{54}-3\sqrt{12}+\sqrt{24}$$

$$=8\sqrt{3}-3\sqrt{6}-6\sqrt{3}+2\sqrt{6}$$

$$=2\sqrt{3}-\sqrt{6}$$

따라서 $a=2$, $b=-1$ 이므로

$$a-b=2-(-1)=3$$

답 ②

151

$$4\sqrt{5}+3\sqrt{20}-\sqrt{45}=4\sqrt{5}+6\sqrt{5}-3\sqrt{5}=7\sqrt{5}$$

$$\therefore A=7$$

답 7

152

$$3\sqrt{8}-4\sqrt{12}+\sqrt{108}-\sqrt{98}$$

$$=6\sqrt{2}-8\sqrt{3}+6\sqrt{3}-7\sqrt{2}$$

$$=-\sqrt{2}-2\sqrt{3}$$

따라서 $a=-1$, $b=-2$이므로
$$a+b=-1+(-2)=-3$$
답 -3

153

$$2\sqrt{27}-\sqrt{75}+2\sqrt{45}-\sqrt{80}$$
$$=6\sqrt{3}-5\sqrt{3}+6\sqrt{5}-4\sqrt{5} \quad\text{❶}$$
$$=\sqrt{3}+2\sqrt{5} \quad\text{❷}$$
따라서 $a=1$, $b=2$이므로
$$\sqrt{2ab}=\sqrt{2\times1\times2}=\sqrt{4}=2 \quad\text{❸}$$
답 2

단계	채점 기준	배점
❶	근호 안의 큰 수를 작은 수로 만들기	40 %
❷	주어진 식 간단히 하기	40 %
❸	$\sqrt{2ab}$의 값 구하기	20 %

154

$$\sqrt{27}-\frac{12}{\sqrt{3}}-\frac{4}{\sqrt{8}}+\sqrt{72}$$
$$=3\sqrt{3}-\frac{12\times\sqrt{3}}{\sqrt{3}\times\sqrt{3}}-\frac{4\times\sqrt{2}}{2\sqrt{2}\times\sqrt{2}}+6\sqrt{2}$$
$$=3\sqrt{3}-\frac{12\sqrt{3}}{3}-\frac{4\sqrt{2}}{4}+6\sqrt{2}$$
$$=3\sqrt{3}-4\sqrt{3}-\sqrt{2}+6\sqrt{2}$$
$$=5\sqrt{2}-\sqrt{3}$$
따라서 $a=5$, $b=-1$이므로
$$a+b=5+(-1)=4$$
답 ④

155

$$2\sqrt{50}-\frac{12}{\sqrt{8}}=10\sqrt{2}-\frac{12}{2\sqrt{2}}$$
$$=10\sqrt{2}-\frac{12\sqrt{2}}{4}$$
$$=10\sqrt{2}-3\sqrt{2}$$
$$=7\sqrt{2}$$
$$\therefore A=7$$
답 7

156

$$a=\frac{49}{\sqrt{7}}+\frac{84}{\sqrt{63}}-2\sqrt{28}$$
$$=\frac{49}{\sqrt{7}}+\frac{84}{3\sqrt{7}}-4\sqrt{7}$$
$$=\frac{49\sqrt{7}}{7}+\frac{84\sqrt{7}}{21}-4\sqrt{7}$$
$$=7\sqrt{7}+4\sqrt{7}-4\sqrt{7}$$
$$=7\sqrt{7}$$
$$\therefore \frac{a^2}{49}=\frac{(7\sqrt{7})^2}{49}=\frac{7^2\times7}{49}=7$$
답 ③

157

$$\frac{a\sqrt{b}}{\sqrt{a}}+\frac{b\sqrt{a}}{\sqrt{b}}=\frac{a\sqrt{ab}}{a}+\frac{b\sqrt{ab}}{b}$$
$$=\sqrt{ab}+\sqrt{ab}$$
$$=2\sqrt{ab}=2\sqrt{16}$$
$$=8$$
답 8

158

$$3\sqrt{3}(2-\sqrt{3})+\frac{6}{\sqrt{3}}-\sqrt{48}+\sqrt{81}$$
$$=6\sqrt{3}-9+\frac{6\sqrt{3}}{3}-4\sqrt{3}+9$$
$$=6\sqrt{3}-9+2\sqrt{3}-4\sqrt{3}+9$$
$$=(6+2-4)\sqrt{3}$$
$$=4\sqrt{3}$$
답 ④

159

$$2\sqrt{2}(1-\sqrt{2})-\frac{6}{\sqrt{2}}$$
$$=2\sqrt{2}-4-\frac{6\sqrt{2}}{2}$$
$$=2\sqrt{2}-4-3\sqrt{2}$$
$$=-4-\sqrt{2}$$
답 $-4-\sqrt{2}$

160

$$\sqrt{27}-\sqrt{3}(\sqrt{15}+7)+\sqrt{125}$$
$$=3\sqrt{3}-\sqrt{45}-7\sqrt{3}+5\sqrt{5}$$
$$=3\sqrt{3}-3\sqrt{5}-7\sqrt{3}+5\sqrt{5}$$
$$=-4\sqrt{3}+2\sqrt{5}$$
$$\therefore a=2$$
답 ⑤

161

$$\sqrt{2}\left(\frac{2}{\sqrt{6}}-\frac{10}{\sqrt{12}}\right)+\sqrt{3}\left(\frac{6}{\sqrt{18}}-3\right)$$
$$=2\sqrt{\frac{2}{6}}-10\sqrt{\frac{2}{12}}+6\sqrt{\frac{3}{18}}-3\sqrt{3}$$
$$=\frac{2}{\sqrt{3}}-\frac{10}{\sqrt{6}}+\frac{6}{\sqrt{6}}-3\sqrt{3}$$
$$=\frac{2\sqrt{3}}{3}-\frac{10\sqrt{6}}{6}+\frac{6\sqrt{6}}{6}-3\sqrt{3}$$
$$=-\frac{7}{3}\sqrt{3}-\frac{2}{3}\sqrt{6}$$
따라서 $a=-\frac{7}{3}$, $b=-\frac{2}{3}$이므로
$$a+b=-\frac{7}{3}+\left(-\frac{2}{3}\right)=-3$$
답 -3

162

$$\frac{2\sqrt{12}-2\sqrt{6}}{\sqrt{24}}=\frac{4\sqrt{3}-2\sqrt{6}}{2\sqrt{6}}$$
$$=\frac{(4\sqrt{3}-2\sqrt{6})\times\sqrt{6}}{2\sqrt{6}\times\sqrt{6}}$$
$$=\frac{4\sqrt{18}-12}{12}$$
$$=\frac{12\sqrt{2}-12}{12}$$
$$=-1+\sqrt{2}$$

따라서 $a=-1$, $b=1$이므로
$ab=-1\times1=-1$ **답 ②**

163

$$\frac{\sqrt{75}-2\sqrt{10}}{3\sqrt{5}}=\frac{(5\sqrt{3}-2\sqrt{10})\times\sqrt{5}}{3\sqrt{5}\times\sqrt{5}}$$
$$=\frac{5\sqrt{15}-2\sqrt{50}}{15}$$
$$=\frac{5\sqrt{15}-10\sqrt{2}}{15}$$
$$=\frac{\sqrt{15}-2\sqrt{2}}{3}$$

답 $\dfrac{\sqrt{15}-2\sqrt{2}}{3}$

164

$$\sqrt{45}+\frac{18}{\sqrt{12}}-\frac{3-\sqrt{15}}{\sqrt{3}}$$
$$=3\sqrt{5}+\frac{18}{2\sqrt{3}}-\frac{(3-\sqrt{15})\times\sqrt{3}}{\sqrt{3}\times\sqrt{3}}$$
$$=3\sqrt{5}+\frac{18\sqrt{3}}{6}-\frac{3\sqrt{3}-\sqrt{45}}{3}$$
$$=3\sqrt{5}+3\sqrt{3}-\frac{3\sqrt{3}-3\sqrt{5}}{3}$$
$$=3\sqrt{5}+3\sqrt{3}-\sqrt{3}+\sqrt{5}$$
$$=2\sqrt{3}+4\sqrt{5}$$

따라서 $a=2$, $b=4$이므로
$a+b=2+4=6$ **답 ②**

165

$$A=\frac{(\sqrt{3}+4)\sqrt{2}}{\sqrt{2}\times\sqrt{2}}=\frac{\sqrt{6}+4\sqrt{2}}{2},$$
$$B=\frac{(\sqrt{3}-4)\sqrt{2}}{\sqrt{2}\times\sqrt{2}}=\frac{\sqrt{6}-4\sqrt{2}}{2}$$

이므로

$$A+B=\frac{\sqrt{6}+4\sqrt{2}}{2}+\frac{\sqrt{6}-4\sqrt{2}}{2}=\frac{2\sqrt{6}}{2}=\sqrt{6},$$
$$A-B=\frac{\sqrt{6}+4\sqrt{2}}{2}-\frac{\sqrt{6}-4\sqrt{2}}{2}=\frac{8\sqrt{2}}{2}=4\sqrt{2}$$
$$\therefore\frac{A+B}{A-B}=\frac{\sqrt{6}}{4\sqrt{2}}=\frac{\sqrt{6}\times\sqrt{2}}{4\sqrt{2}\times\sqrt{2}}=\frac{\sqrt{12}}{8}=\frac{2\sqrt{3}}{8}=\frac{\sqrt{3}}{4}$$

답 $\dfrac{\sqrt{3}}{4}$

166

$$(3\sqrt{15}-1)a+15-\sqrt{15}$$
$$=3a\sqrt{15}-a+15-\sqrt{15}$$
$$=(-a+15)+(3a-1)\sqrt{15}$$

유리수가 되려면 $3a-1=0$ $\quad\therefore a=\dfrac{1}{3}$ **답** $\dfrac{1}{3}$

167

$$2\sqrt{2}(\sqrt{2}-3)+\frac{\sqrt{2}a(1-\sqrt{2})}{2}$$
$$=4-6\sqrt{2}+\frac{a}{2}\sqrt{2}-a$$
$$=(4-a)+\left(-6+\frac{a}{2}\right)\sqrt{2}$$

유리수가 되려면 $-6+\dfrac{a}{2}=0$
$\dfrac{a}{2}=6$ $\quad\therefore a=12$ **답 ②**

168

(1) $P=\dfrac{2}{\sqrt{2}}(\sqrt{32}-5)-a(2-\sqrt{2})$
   $\quad=\sqrt{2}(4\sqrt{2}-5)-a(2-\sqrt{2})$
   $\quad=8-5\sqrt{2}-2a+a\sqrt{2}$
   $\quad=(8-2a)+(-5+a)\sqrt{2}$ ——————— ❶
   유리수가 되려면 $-5+a=0$ $\quad\therefore a=5$ ——— ❷

(2) $a=5$이므로
   $P=8-2a=8-2\times5=-2$ ——————————— ❸

답 (1) 5 (2) -2

단계	채점 기준	배점
❶	P를 간단히 하기	50 %
❷	a의 값 구하기	30 %
❸	P의 값 구하기	20 %

169

① $(3-\sqrt{2})-(3-\sqrt{3})=\sqrt{3}-\sqrt{2}>0$
   $\quad\therefore 3-\sqrt{2}>3-\sqrt{3}$

② $(3\sqrt{2}-1)-(2\sqrt{3}-1)=3\sqrt{2}-2\sqrt{3}$
   $\quad\qquad\qquad\qquad\qquad=\sqrt{18}-\sqrt{12}>0$
   $\quad\therefore 3\sqrt{2}-1>2\sqrt{3}-1$

③ $(4\sqrt{2}-1)-(2\sqrt{2}+1)=2\sqrt{2}-2$
   $\quad\qquad\qquad\qquad\qquad=\sqrt{8}-\sqrt{4}>0$
   $\quad\therefore 4\sqrt{2}-1>2\sqrt{2}+1$

④ $(2\sqrt{5}+1)-(3\sqrt{3}+1)=2\sqrt{5}-3\sqrt{3}$
   $\quad\qquad\qquad\qquad\qquad=\sqrt{20}-\sqrt{27}<0$
   $\quad\therefore 2\sqrt{5}+1<3\sqrt{3}+1$

⑤ $(2\sqrt{2}+\sqrt{3})-(3+\sqrt{3})=2\sqrt{2}-3$
   $\quad\qquad\qquad\qquad\qquad=\sqrt{8}-\sqrt{9}<0$
   $\quad\therefore 2\sqrt{2}+\sqrt{3}<3+\sqrt{3}$ **답 ③**

170

① $(3\sqrt{5}+2)-(4\sqrt{5}-2)=-\sqrt{5}+4$

$\qquad\qquad\qquad\qquad\quad=-\sqrt{5}+\sqrt{16}>0$

$\quad\therefore 3\sqrt{5}+2>4\sqrt{5}-2$

② $(2\sqrt{3}+4)-(\sqrt{11}+4)=2\sqrt{3}-\sqrt{11}$

$\qquad\qquad\qquad\qquad\quad=\sqrt{12}-\sqrt{11}>0$

$\quad\therefore 2\sqrt{3}+4>\sqrt{11}+4$

③ $(5\sqrt{3}+3\sqrt{2})-(3\sqrt{2}+7)=5\sqrt{3}-7$

$\qquad\qquad\qquad\qquad\qquad\quad=\sqrt{75}-\sqrt{49}>0$

$\quad\therefore 5\sqrt{2}+3\sqrt{2}>3\sqrt{2}+7$

④ $(3\sqrt{5}-1)-(4\sqrt{3}-1)=3\sqrt{5}-4\sqrt{3}$

$\qquad\qquad\qquad\qquad\quad=\sqrt{45}-\sqrt{48}<0$

$\quad\therefore 3\sqrt{5}-1<4\sqrt{3}-1$

⑤ $(2\sqrt{5}+\sqrt{7})-(\sqrt{7}+3\sqrt{2})=2\sqrt{5}-3\sqrt{2}$

$\qquad\qquad\qquad\qquad\qquad\quad=\sqrt{20}-\sqrt{18}>0$

$\quad\therefore 2\sqrt{5}+\sqrt{7}>\sqrt{7}+3\sqrt{2}$

따라서 부등호의 방향이 나머지 넷과 다른 것은 ④이다.　답 ④

171

$a-b=(3\sqrt{2}+1)-(5\sqrt{2}-2)$

$\qquad=3-2\sqrt{2}$

$\qquad=\sqrt{9}-\sqrt{8}>0$

이므로 $a>b$

$b-c=(5\sqrt{2}-2)-(4\sqrt{3}-2)$

$\qquad=5\sqrt{2}-4\sqrt{3}$

$\qquad=\sqrt{50}-\sqrt{48}>0$

이므로 $b>c$

$\therefore c<b<a$　답 ⑤

172

제곱근표에서 $\sqrt{1.52}=1.233$이므로

$\sqrt{152}=\sqrt{1.52\times 100}=10\sqrt{1.52}$

$\qquad\quad=10\times 1.233=12.33$　답 12.33

173

① $\sqrt{2.63}=1.622$

② $\sqrt{272}=\sqrt{2.72\times 100}=10\sqrt{2.72}$

$\qquad\quad=10\times 1.649=16.49$

③ $\sqrt{250}=\sqrt{2.5\times 100}=10\sqrt{2.5}$

$\qquad\quad=10\times 1.581=15.81$

④ $\sqrt{0.024}=\sqrt{\dfrac{2.4}{100}}=\dfrac{\sqrt{2.4}}{10}$

$\qquad\qquad=\dfrac{1.549}{10}=0.1549$

⑤ $\sqrt{2410}=\sqrt{24.1\times 100}=10\sqrt{24.1}$　답 ⑤

174

넓이가 0.0483 m²인 정사각형의 한 변의 길이는

$\sqrt{0.0483}$ m

제곱근표에서 $\sqrt{4.83}=2.198$

따라서 스케치북의 한 변의 길이는

$\sqrt{0.0483}=\sqrt{\dfrac{4.83}{100}}=\dfrac{\sqrt{4.83}}{10}$

$\qquad\qquad=\dfrac{2.198}{10}=0.2198(\text{m})$　답 0.2198 m

175

① $\sqrt{700}=\sqrt{7\times 100}=10\sqrt{7}$

$\qquad\quad=10\times 2.646=26.46$

② $\sqrt{7000}=\sqrt{70\times 100}=10\sqrt{70}$

$\qquad\quad=10\times 8.367=83.67$

③ $\sqrt{70000}=\sqrt{7\times 10000}=100\sqrt{7}$

$\qquad\quad=100\times 2.646=264.6$

④ $\sqrt{0.7}=\sqrt{\dfrac{7}{10}}=\sqrt{\dfrac{70}{100}}=\dfrac{\sqrt{70}}{10}$

$\qquad\quad=\dfrac{8.367}{10}=0.8367$

⑤ $\sqrt{0.007}=\sqrt{\dfrac{7}{1000}}=\sqrt{\dfrac{70}{10000}}=\dfrac{\sqrt{70}}{100}$

$\qquad\qquad=\dfrac{8.367}{100}=0.08367$　답 ④

176

$\sqrt{12000}=\sqrt{1.2\times 10000}=100\sqrt{1.2}$

$\qquad\quad=100\times 1.095=109.5$　답 109.5

177

$\sqrt{0.0054}=\sqrt{\dfrac{54}{10000}}=\dfrac{\sqrt{54}}{100}$

$\qquad\qquad=\dfrac{7.348}{100}=0.07348$　답 0.07348

178

① $\sqrt{201}=\sqrt{2.01\times 100}=10\sqrt{2.01}=10\times 1.418=14.18$

② $\sqrt{20100}=\sqrt{2.01\times 10000}=100\sqrt{2.01}$

$\qquad\quad=100\times 1.418=141.8$

③ $\sqrt{0.201}=\sqrt{\dfrac{20.1}{100}}=\dfrac{\sqrt{20.1}}{10}$

④ $\sqrt{0.0201}=\sqrt{\dfrac{2.01}{100}}=\dfrac{\sqrt{2.01}}{10}=\dfrac{1.418}{10}=0.1418$

⑤ $\sqrt{0.000201}=\sqrt{\dfrac{2.01}{10000}}=\dfrac{\sqrt{2.01}}{100}$

$\qquad\qquad=\dfrac{1.418}{100}=0.01418$　답 ③

179

$$\sqrt{0.2}+\sqrt{\frac{1}{80}}=\sqrt{\frac{1}{5}}+\frac{1}{\sqrt{80}}=\frac{1}{\sqrt{5}}+\frac{1}{4\sqrt{5}}$$
$$=\frac{\sqrt{5}}{5}+\frac{\sqrt{5}}{20}=\frac{\sqrt{5}}{4}$$
$$=\frac{2.236}{4}=0.559$$

답 ⑤

180

$$\frac{\sqrt{3}+1}{\sqrt{2}}=\frac{(\sqrt{3}+1)\times\sqrt{2}}{\sqrt{2}\times\sqrt{2}}=\frac{\sqrt{6}+\sqrt{2}}{2}$$
$$=\frac{2.449+1.414}{2}=\frac{3.863}{2}$$
$$=1.9315$$

답 ④

181

① $\sqrt{2000}=\sqrt{20\times100}=\sqrt{2^2\times5\times10^2}=20\sqrt{5}$

② $\sqrt{0.002}=\sqrt{\frac{20}{10000}}=\sqrt{\frac{2^2\times5}{100^2}}=\frac{2\sqrt{5}}{100}=\frac{\sqrt{5}}{50}$

③ $\sqrt{0.8}=\sqrt{\frac{80}{100}}=\sqrt{\frac{4^2\times5}{10^2}}=\frac{4\sqrt{5}}{10}=\frac{2}{5}\sqrt{5}$

④ $\sqrt{20}=\sqrt{2^2\times5}=2\sqrt{5}$

⑤ $\frac{5}{\sqrt{2}}=\frac{5\sqrt{2}}{2}$

답 ⑤

182

$$\frac{3}{2\sqrt{3}}+\sqrt{0.75}-\frac{\sqrt{6}}{\sqrt{50}}=\frac{3\sqrt{3}}{6}+\sqrt{\frac{3}{4}}-\sqrt{\frac{3}{25}}$$
$$=\frac{\sqrt{3}}{2}+\frac{\sqrt{3}}{2}-\frac{\sqrt{3}}{5}=\frac{4\sqrt{3}}{5}$$
$$=\frac{4\times1.732}{5}$$
$$=1.3856$$

답 1.3856

183

(i) $2<\sqrt{7}<3$에서 $4<\sqrt{7}+2<5$이므로
   $a=4$

(ii) $3<\sqrt{13}<4$이므로 $b=\sqrt{13}-3$

$\therefore a+b=4+(\sqrt{13}-3)=\sqrt{13}+1$

답 ⑤

184

$2\sqrt{5}=\sqrt{20}$이고, $4<\sqrt{20}<5$이므로
$a=4$, $b=2\sqrt{5}-4$
$$\therefore \frac{10a}{b+4}=\frac{10\times4}{(2\sqrt{5}-4)+4}=\frac{40}{2\sqrt{5}}$$
$$=\frac{40\times\sqrt{5}}{2\sqrt{5}\times\sqrt{5}}=4\sqrt{5}$$

답 $4\sqrt{5}$

185

$2<\sqrt{7}<3$에서 $-3<-\sqrt{7}<-2$이므로
$2<5-\sqrt{7}<3$
$\therefore a=2$, $b=3-\sqrt{7}$
$\therefore \sqrt{7}a+2b=2\sqrt{7}+2(3-\sqrt{7})$
$\qquad\qquad=6$

답 ①

186

$1<\sqrt{3}<2$에서 $-2<-\sqrt{3}<-1$이므로
$2<4-\sqrt{3}<3$
$\therefore a=2$, $b=(4-\sqrt{3})-2=2-\sqrt{3}$
$\therefore a^2+(2-b)^2=2^2+\{2-(2-\sqrt{3})\}^2$
$\qquad\qquad\qquad=2^2+(\sqrt{3})^2$
$\qquad\qquad\qquad=4+3=7$

답 ④

187

(i) $3<\sqrt{10}<4$에서 $1<\sqrt{10}-2<2$이므로
   $a=1$ ————————————————————— ❶

(ii) $2<\sqrt{6}<3$에서 $-3<-\sqrt{6}<-2$이므로
   $3<6-\sqrt{6}<4$
   $\therefore b=(6-\sqrt{6})-3=3-\sqrt{6}$ ————— ❷
$\therefore a-b=1-(3-\sqrt{6})=-2+\sqrt{6}$ ————— ❸

답 $-2+\sqrt{6}$

단계	채점 기준	배점
❶	a의 값 구하기	40 %
❷	b의 값 구하기	40 %
❸	$a-b$의 값 구하기	20 %

188

$5<\sqrt{26}<6$이므로 $f(26)=5$
$3<\sqrt{12}<4$이므로 $f(12)=3$
$\therefore f(26)-f(12)=5-3=2$

답 ①

189

$\sqrt{2n}$의 정수 부분이 3이므로
$3<\sqrt{2n}<4$
$\sqrt{9}<\sqrt{2n}<\sqrt{16}$
즉, $9<2n<16$이므로
$\frac{9}{2}<n<8$
따라서 $\sqrt{2n}$의 정수 부분이 3이 되게 하는 자연수 n은 5, 6, 7의 3개이다.

답 ③

190

삼각형의 넓이는
$\frac{1}{2}\times4\sqrt{5}\times5\sqrt{2}=10\sqrt{10}$

직사각형의 넓이는 $\sqrt{20}x = 2\sqrt{5}x$

즉, $2\sqrt{5}x = 10\sqrt{10}$이므로

$x = \dfrac{10\sqrt{10}}{2\sqrt{5}} = 5\sqrt{2}$ 　　　답 ③

191

$\dfrac{1}{2} \times (\sqrt{18} + \sqrt{24}) \times \sqrt{12} = \dfrac{1}{2} \times (3\sqrt{2} + 2\sqrt{6}) \times 2\sqrt{3}$

$= 3\sqrt{6} + 2\sqrt{18}$

$= 3\sqrt{6} + 6\sqrt{2}$

따라서 사다리꼴 ABCD의 넓이는 $(3\sqrt{6} + 6\sqrt{2})$ cm²이다.

답 ①

192

정사각형의 넓이가 36 cm²이므로 정사각형의 한 변의 길이는

$\sqrt{36} = 6 \,(\text{cm})$

원의 반지름의 길이를 r cm라 하면

$\pi r^2 = 3\pi$, $r^2 = 3$

$\therefore r = \sqrt{3} \,(\because r > 0)$

따라서 정사각형의 한 변의 길이는 원의 반지름의 길이의 $2\sqrt{3}$배이다. 　　　답 ④

193

직육면체의 가로의 길이를 x cm라 하면 부피는

$x \times \sqrt{6} \times \sqrt{8} = 4\sqrt{21}$

$\therefore x = \dfrac{4\sqrt{21}}{\sqrt{6} \times \sqrt{8}} = \dfrac{4\sqrt{21}}{\sqrt{48}}$

$= \dfrac{4\sqrt{21}}{4\sqrt{3}} = \sqrt{\dfrac{21}{3}} = \sqrt{7}$

따라서 직육면체의 가로의 길이는 $\sqrt{7}$ cm이다. 　　　답 $\sqrt{7}$ cm

194

직육면체의 모서리는 가로, 세로, 높이가 각각 4개씩 있으므로 모든 모서리의 길이의 합은

$4 \times (\sqrt{6} + \sqrt{12} + \sqrt{24}) = 4 \times (\sqrt{6} + 2\sqrt{3} + 2\sqrt{6})$

$= 4 \times (3\sqrt{6} + 2\sqrt{3})$

$= 12\sqrt{6} + 8\sqrt{3}$

따라서 $a = 12$, $b = 8$이므로

$a + b = 12 + 8 = 20$ 　　　답 ⑤

195

가장 작은 원부터 넓이는 차례로 3배씩 커지고 가장 큰 원의 넓이가 45π이므로 중간의 원과 가장 작은 원의 넓이는 각각

$\dfrac{45\pi}{3} = 15\pi$, $\dfrac{15\pi}{3} = 5\pi$

(i) 가장 큰 원의 반지름의 길이를 x라 하면 넓이가 45π이므로

$\pi x^2 = 45\pi$ 　　$\therefore x = \sqrt{45} = 3\sqrt{5}$

(ii) 가장 작은 원의 반지름의 길이를 y라 하면 넓이가 5π이므로

$\pi y^2 = 5\pi$ 　　$\therefore y = \sqrt{5}$

따라서 가장 큰 원과 가장 작은 원의 반지름의 길이의 합은

$x + y = 3\sqrt{5} + \sqrt{5} = 4\sqrt{5}$ 　　　답 $4\sqrt{5}$

필수유형 뛰어넘기　　　　42~44쪽

196

화단의 세로의 길이를 x m라 하면

$\sqrt{39} : x = \sqrt{3} : 1$

$\sqrt{3}x = \sqrt{39}$

$\therefore x = \dfrac{\sqrt{39}}{\sqrt{3}} = \sqrt{\dfrac{3 \times 13}{3}} = \sqrt{13}$

따라서 화단의 세로의 길이는 $\sqrt{13}$ m이다. 　　　답 ③

197

$\sqrt{3000} = \sqrt{30} \times A$에서

$A = \dfrac{\sqrt{3000}}{\sqrt{30}} = \sqrt{\dfrac{3000}{30}} = \sqrt{100} = 10$

$\sqrt{0.2} = \sqrt{20} \times B$에서

$B = \dfrac{\sqrt{0.2}}{\sqrt{20}} = \sqrt{\dfrac{0.2}{20}} = \sqrt{\dfrac{1}{100}} = \dfrac{1}{10}$

$\therefore AB = 10 \times \dfrac{1}{10} = 1$ 　　　답 1

198

$\sqrt{0.015} = \sqrt{\dfrac{15}{1000}} = \sqrt{\dfrac{150}{10000}}$

$= \dfrac{\sqrt{2 \times 3 \times 5^2}}{100} = \dfrac{5\sqrt{2 \times 3}}{100}$

$= \dfrac{1}{20} \times \sqrt{2} \times \sqrt{3}$

$= \dfrac{1}{20} \times ab \,(\because \sqrt{2} = a, \sqrt{3} = b)$

따라서 $m = 20$, $n = 1$이므로

$m + n = 20 + 1 = 21$ 　　　답 21

199

ㄱ. $\sqrt{21400} = \sqrt{2.14 \times 10^4} = 10^2\sqrt{2.14} = 100a$

ㄴ. $\sqrt{2140} = \sqrt{21.4 \times 10^2} = 10\sqrt{2.14} = 10b$

ㄷ. $\sqrt{0.0214} = \sqrt{\dfrac{2.14}{100}} = \dfrac{\sqrt{2.14}}{10} = \dfrac{a}{10}$

ㄹ. $\sqrt{0.214} = \sqrt{\dfrac{21.4}{100}} = \dfrac{\sqrt{21.4}}{10} = \dfrac{b}{10}$

따라서 옳은 것은 ㄴ, ㄷ이다. 　　　답 ㄴ, ㄷ

200

$$\frac{1}{a}\sqrt{\frac{a}{b}}+\frac{2}{b}\sqrt{\frac{b}{a}}$$

$$=\frac{1}{a}\times\frac{\sqrt{a}\times\sqrt{b}}{\sqrt{b}\times\sqrt{b}}+\frac{2}{b}\times\frac{\sqrt{b}\times\sqrt{a}}{\sqrt{a}\times\sqrt{a}}$$

$$=\frac{\sqrt{ab}}{ab}+\frac{2\sqrt{ab}}{ab}=\frac{3\sqrt{ab}}{ab}=\frac{3\sqrt{4}}{4}$$

$$=\frac{3\times2}{4}=\frac{3}{2}$$
답 ②

201

선분 AB의 중점 M에 대응하는 수는

$$\frac{\sqrt{2}+(\sqrt{2}+1)}{2}=\frac{2\sqrt{2}+1}{2}$$

따라서 선분 MB의 중점 N에 대응하는 수는

$$\frac{1}{2}\left(\frac{2\sqrt{2}+1}{2}+\sqrt{2}+1\right)=\frac{1}{2}\times\frac{2\sqrt{2}+1+2\sqrt{2}+2}{2}$$

$$=\frac{3+4\sqrt{2}}{4}$$
답 $\dfrac{3+4\sqrt{2}}{4}$

202

$$\sqrt{6}\div\frac{\sqrt{48}}{3}-\frac{\sqrt{6}}{2}\left(\frac{1}{2\sqrt{2}}+\frac{1}{\sqrt{3}}\right)$$

$$=\sqrt{6}\times\frac{3}{\sqrt{48}}-\frac{\sqrt{6}}{2}\left(\frac{1}{2\sqrt{2}}+\frac{1}{\sqrt{3}}\right)$$

$$=\frac{3}{\sqrt{8}}-\frac{\sqrt{6}}{4\sqrt{2}}-\frac{\sqrt{6}}{2\sqrt{3}}$$

$$=\frac{3\sqrt{8}}{8}-\frac{\sqrt{12}}{8}-\frac{\sqrt{18}}{6}$$

$$=\frac{6\sqrt{2}}{8}-\frac{2\sqrt{3}}{8}-\frac{3\sqrt{2}}{6}$$

$$=\frac{3\sqrt{2}}{4}-\frac{\sqrt{3}}{4}-\frac{\sqrt{2}}{2}$$

$$=\frac{\sqrt{2}}{4}-\frac{\sqrt{3}}{4}$$

따라서 $a=\frac{1}{4}$, $b=-\frac{1}{4}$이므로

$$a-b=\frac{1}{4}-\left(-\frac{1}{4}\right)=\frac{1}{2}$$
답 $\dfrac{1}{2}$

203

$$A=\sqrt{12}-3=2\sqrt{3}-3$$

$$B=A\sqrt{3}-3=(2\sqrt{3}-3)\sqrt{3}-3$$

$$=6-3\sqrt{3}-3=3-3\sqrt{3}$$

$$C=B\sqrt{3}-3=(3-3\sqrt{3})\sqrt{3}-3$$

$$=3\sqrt{3}-9-3=3\sqrt{3}-12$$

$$\therefore 2A+B-C=2(2\sqrt{3}-3)+(3-3\sqrt{3})-(3\sqrt{3}-12)$$

$$=4\sqrt{3}-6+3-3\sqrt{3}-3\sqrt{3}+12$$

$$=9-2\sqrt{3}$$

따라서 $x=9$, $y=-2$이므로

$$x^2+y^2=81+4=85$$
답 85

204

$$f(1)=\sqrt{2}-\sqrt{1}$$

$$f(2)=\sqrt{3}-\sqrt{2}$$

$$f(3)=\sqrt{4}-\sqrt{3}$$

$$\vdots$$

$$f(99)=\sqrt{100}-\sqrt{99}$$

$$\therefore f(1)+f(2)+f(3)+\cdots+f(99)$$

$$=(\sqrt{2}-\sqrt{1})+(\sqrt{3}-\sqrt{2})+(\sqrt{4}-\sqrt{3})+$$

$$\cdots+(\sqrt{100}-\sqrt{99})$$

$$=\sqrt{100}-\sqrt{1}=10-1=9$$
답 9

205

$$\sqrt{3}(a\sqrt{2}-\sqrt{3})+\sqrt{2}\left(\frac{3}{\sqrt{3}}+\sqrt{8}\right)$$

$$=a\sqrt{6}-3+\frac{3\sqrt{2}}{\sqrt{3}}+\sqrt{16}$$

$$=a\sqrt{6}-3+\sqrt{6}+4$$

$$=1+(a+1)\sqrt{6}$$

유리수가 되려면 $a+1=0$

$$\therefore a=-1$$
답 ①

206

$$a(2+3\sqrt{5})+\sqrt{5}(\sqrt{5}-3b)$$

$$=2a+3a\sqrt{5}+5-3b\sqrt{5}$$

$$=(2a+5)+(3a-3b)\sqrt{5}$$

유리수가 되려면 $3a-3b=0$

$$\therefore a-b=0$$
답 ⑤

207

(i) $a-b=3\sqrt{3}-(3\sqrt{2}+\sqrt{3})$

$$=2\sqrt{3}-3\sqrt{2}$$

$$=\sqrt{12}-\sqrt{18}<0$$

$\therefore a<b$ ──────────────── ❶

(ii) $a-c=3\sqrt{3}-(8-2\sqrt{3})$

$$=5\sqrt{3}-8$$

$$=\sqrt{75}-\sqrt{64}>0$$

$\therefore a>c$ ──────────────── ❷

$a<b$, $a>c$이므로

$c<a<b$ ──────────────── ❸
답 $c<a<b$

단계	채점 기준	배점
❶	a, b의 대소 관계 나타내기	40 %
❷	a, c의 대소 관계 나타내기	40 %
❸	a, b, c의 대소 관계 나타내기	20 %

208

제곱근표에서 $1.825=\sqrt{3.33}$, $1.732=\sqrt{3}$이므로

$$(1.825\div 1.732)^2=(\sqrt{3.33}\div\sqrt{3})^2$$
$$=\left(\sqrt{\frac{3.33}{3}}\right)^2$$
$$=(\sqrt{1.11})^2$$
$$=1.11$$

탑 1.11

209

① $\sqrt{800}=\sqrt{8\times 100}=10\sqrt{8}=10\times 2.828=28.28$

② $\sqrt{\dfrac{8}{1000}}=\sqrt{\dfrac{80}{10000}}=\dfrac{\sqrt{80}}{100}$
$$=\dfrac{8.944}{100}=0.08944$$

③ $\sqrt{3200}=\sqrt{8\times 400}=20\sqrt{8}=20\times 2.828=56.56$

④ $\sqrt{2000}=\sqrt{80\times 25}=5\sqrt{80}=5\times 8.944=44.72$

⑤ $\sqrt{0.08}=\sqrt{\dfrac{8}{100}}=\dfrac{\sqrt{8}}{10}$
$$=\dfrac{2.828}{10}=0.2828$$

답 ③

210

$$\sqrt{7.26}-\left(\sqrt{0.02}\times 5\sqrt{3}+\frac{3}{\sqrt{6}}\right)$$
$$=\sqrt{\frac{726}{100}}-\left(\sqrt{\frac{2}{100}}\times 5\sqrt{3}+\frac{3}{\sqrt{6}}\right)$$
$$=\frac{\sqrt{11^2\times 6}}{10}-\left(\frac{\sqrt{2}}{10}\times 5\sqrt{3}+\frac{3\sqrt{6}}{6}\right)$$
$$=\frac{11\sqrt{6}}{10}-\left(\frac{\sqrt{6}}{2}+\frac{\sqrt{6}}{2}\right)$$
$$=\frac{11\sqrt{6}}{10}-\sqrt{6}$$
$$=\frac{\sqrt{6}}{10}$$
$$=\frac{2.449}{10}$$
$$=0.2449$$

답 0.2449

211

$1<\sqrt{2}<2$이므로 $a=\sqrt{2}-1$

$\therefore \sqrt{2}=a+1$

한편 $4<\sqrt{18}<5$이므로 $\sqrt{18}$의 소수 부분은

$$\sqrt{18}-4=3\sqrt{2}-4$$
$$=3(a+1)-4$$
$$=3a-1$$

답 $3a-1$

212

$2<\sqrt{5}<3$에서 $1<\sqrt{5}-1<2$이므로 $a=1$

$\therefore P=\sqrt{27}+a=3\sqrt{3}+1$

$\quad Q=\sqrt{48}-a=4\sqrt{3}-1$

$\quad R=\sqrt{75}-\dfrac{5a}{2}=5\sqrt{3}-\dfrac{5}{2}$

$P-R=3\sqrt{3}+1-\left(5\sqrt{3}-\dfrac{5}{2}\right)$
$$=\frac{7}{2}-2\sqrt{3}$$
$$=\sqrt{\frac{49}{4}}-\sqrt{12}>0$$

이므로 $P>R$

$Q-R=4\sqrt{3}-1-\left(5\sqrt{3}-\dfrac{5}{2}\right)$
$$=\frac{3}{2}-\sqrt{3}$$
$$=\sqrt{\frac{9}{4}}-\sqrt{3}<0$$

이므로 $Q<R$

$\therefore Q<R<P$

답 $Q<R<P$

213

(i) $3<\sqrt{15}<4$에서 $\sqrt{15}$의 정수 부분은 3이므로

$\quad \langle 15\rangle=3$ ————————————————— ❶

(ii) $5<\sqrt{27}<6$에서 $\sqrt{27}$의 소수 부분은 $\sqrt{27}-5$이므로

$\quad 27^*=\sqrt{27}-5$ ————————————— ❷

$\therefore \langle 15\rangle-27^*\times\sqrt{3}=3-(\sqrt{27}-5)\times\sqrt{3}$
$$=3-(3\sqrt{3}-5)\times\sqrt{3}$$
$$=3-9+5\sqrt{3}$$
$$=-6+5\sqrt{3}$$ ————— ❸

답 $-6+5\sqrt{3}$

단계	채점 기준	배점
❶	$\langle 15\rangle$의 값 구하기	30 %
❷	27^*의 값 구하기	30 %
❸	주어진 식의 값 구하기	40 %

214

피타고라스 정리에 의해 $\overline{AB}=\overline{AD}=\sqrt{10}$이므로

$\overline{AD}=\overline{AQ}=\sqrt{10}$

점 P에 대응하는 수는 $5+\sqrt{10}$

$3<\sqrt{10}<4$에서

$8<5+\sqrt{10}<9$이므로 $a=8$

점 Q에 대응하는 수는 $5-\sqrt{10}$

$5-\sqrt{10}$의 정수 부분은 1이므로

$b=4-\sqrt{10}$

$\therefore a+b=8+(4-\sqrt{10})=12-\sqrt{10}$

답 $12-\sqrt{10}$

215

정사각형 A, B, C, D의 넓이를 각각 a, b, c, d라 하면

$d = \dfrac{1}{2}c = \dfrac{1}{2} \times \dfrac{1}{2}b$

$\quad = \dfrac{1}{2} \times \dfrac{1}{2} \times \dfrac{1}{2}a$

$\quad = \dfrac{1}{2} \times \dfrac{1}{2} \times \dfrac{1}{2} \times 1$

$\quad = \dfrac{1}{8}$

따라서 정사각형 D의 넓이가 $\dfrac{1}{8}$ cm^{2}이므로 한 변의 길이는

$\sqrt{\dfrac{1}{8}} = \dfrac{1}{2\sqrt{2}} = \dfrac{\sqrt{2}}{4}$(cm)   답 $\dfrac{\sqrt{2}}{4}$ cm

216

넓이가 20 cm^2, 80 cm^2, 125 cm^{2}인 정사각형의 한 변의 길이는 각각

$\sqrt{20} = 2\sqrt{5}$(cm), $\sqrt{80} = 4\sqrt{5}$(cm), $\sqrt{125} = 5\sqrt{5}$(cm)

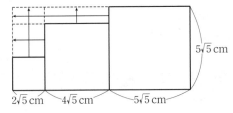

위의 그림에서 도형의 둘레의 길이는 가로의 길이가

$2\sqrt{5} + 4\sqrt{5} + 5\sqrt{5} = 11\sqrt{5}$(cm)이고, 세로의 길이가 $5\sqrt{5}$ cm인 직사각형의 둘레의 길이와 같다.

따라서 구하는 둘레의 길이는

$2 \times (11\sqrt{5} + 5\sqrt{5}) = 2 \times 16\sqrt{5}$

$\qquad\qquad\qquad\qquad = 32\sqrt{5}$(cm)   답 $32\sqrt{5}$ cm

217

A0 용지와 A1 용지는 닮은 도형이므로

$\overline{DG} : \overline{DE} = \overline{DE} : \overline{DH}$

따라서 $\overline{DG} = x$라 하면

$x : 8 = 8 : \dfrac{x}{2}$, $\dfrac{x^2}{2} = 64$, $x^2 = 128$

$\therefore x = \sqrt{128} = 8\sqrt{2}$ ($\because x > 0$)

$\therefore \overline{PQ} = \overline{DG} \times \dfrac{1}{2} \times \dfrac{1}{2} = 8\sqrt{2} \times \dfrac{1}{4} = 2\sqrt{2}$ 답 $2\sqrt{2}$

II. 인수분해와 이차방정식

1 다항식의 곱셈

필수유형 공략하기   48~56쪽

218

$(2x - y)(-3x + 4y) = -6x^2 + 8xy + 3xy - 4y^2$

$\qquad\qquad\qquad\qquad = -6x^2 + 11xy - 4y^2$ 답 ③

219

$(x + 3y)(3x - 5y) = 3x^2 - 5xy + 9xy - 15y^2$

$\qquad\qquad\qquad\quad = 3x^2 + 4xy - 15y^2$

이므로 $a = 3$, $b = 4$, $c = -15$

$\therefore a + b - c = 3 + 4 - (-15) = 22$ 답 22

220

x항만 생각하면

① $x \times 6 = 6x$

② $x \times 7 = 7x$

③ $x \times 3 + (-1) \times 2x = x$

④ $x \times 5 + (-3) \times 2x = -x$

⑤ $x \times 4 + 1 \times x = 5x$

따라서 x의 계수가 가장 큰 것은 ②이다.   답 ②

221

xy항만 생각하면

$x \times Ay + (-2y) \times 5x = Axy - 10xy = (A - 10)xy$

xy의 계수가 -3이므로

$A - 10 = -3$ $\therefore A = 7$ ————————————❶

$(x - 2y + 3)(5x + 7y + 9)$에서 y항만 생각하면

$(-2y) \times 9 + 3 \times 7y = -18y + 21y = 3y$

따라서 전개식에서 y의 계수는 3이다. ————————————❷

답 3

단계	채점 기준	배점
❶	A의 값 구하기	50 %
❷	y의 계수 구하기	50 %

222

① $x^2 + 4x + 4$ ② $x^2 - 2x + 1$

③ $x^2 + 4x + 4$ ④ $4x^2 - 12xy + 9y^2$ 답 ⑤

▶ 참고 $(-a-b)^2 = \{-(a+b)\}^2 = (a+b)^2$

$\qquad\quad (-a+b)^2 = \{-(a-b)\}^2 = (a-b)^2$

223

$\left(\dfrac{1}{5}x-\dfrac{1}{2}y\right)^2=\dfrac{1}{25}x^2-\dfrac{1}{5}xy+\dfrac{1}{4}y^2$

따라서 xy의 계수는 $-\dfrac{1}{5}$이다.　　　　　　**답** ②

224

① x^2+2x+1

②, ③, ④, ⑤ x^2-2x+1　　　　　　　　　　**답** ①

225

$(3x-a)^2=9x^2-6ax+a^2=bx^2-cx+16$이므로

$9=b$, $-6a=-c$, $a^2=16$

a는 양수이므로 $a=4$, $c=6\times4=24$

$\therefore a+b+c=4+9+24=37$　　　　　　　**답** 37

226

$(-3x+4y)(-3x-4y)=(-3x)^2-(4y)^2$

$\qquad\qquad\qquad\qquad\quad=9x^2-16y^2$　　　　**답** ③

227

① $(a-b)(a+b)=a^2-b^2$

② $-(b+a)(b-a)=-(b^2-a^2)=a^2-b^2$

③ $(-b+a)(b+a)=(a-b)(a+b)=a^2-b^2$

④ $(-b-a)(b-a)=-(b+a)(b-a)$

$\qquad\qquad\qquad\quad=-(b^2-a^2)$

$\qquad\qquad\qquad\quad=a^2-b^2$

⑤ $(a+b)(-a-b)=-(a+b)^2$

$\qquad\qquad\qquad\quad=-(a^2+2ab+b^2)$

$\qquad\qquad\qquad\quad=-a^2-2ab-b^2$　　　　**답** ⑤

228

$(5x-a)(5x+a)=25x^2-a^2=bx^2-4$이므로

$b=25$, $a^2=4$

a는 양수이므로 $a=2$

$\therefore a+b=2+25=27$　　　　　　　　　**답** ②

229

$5(x-2y)(x+2y)-(y+3x)(y-3x)$

$=5(x^2-4y^2)-(y^2-9x^2)$

$=5x^2-20y^2-y^2+9x^2$

$=14x^2-21y^2$

이므로 $a=14$, $b=-21$

$\therefore a+b=14+(-21)=-7$　　　　　　　**답** -7

230

$\left(\dfrac{1}{2}a-3b\right)\left(\dfrac{1}{2}a+3b\right)=\dfrac{1}{4}a^2-9b^2$

$\qquad\qquad\qquad\qquad\quad=\dfrac{1}{4}\times12-9\times\dfrac{1}{3}$

$\qquad\qquad\qquad\qquad\quad=3-3$

$\qquad\qquad\qquad\qquad\quad=0$　　　　　　**답** 0

231

$(1-x)(1+x)(1+x^2)=(1-x^2)(1+x^2)$

$\qquad\qquad\qquad\qquad\quad=1-x^4$　　　　**답** ④

232

$(a-1)(a+1)(a^2+1)(a^4+1)(a^8+1)$

$=(a^2-1)(a^2+1)(a^4+1)(a^8+1)$

$=(a^4-1)(a^4+1)(a^8+1)$

$=(a^8-1)(a^8+1)$

$=a^{16}-1$ ——————————————— ❶

이므로 $m=16$, $n=1$ ————————————— ❷

$\therefore m+n=16+1=17$ ————————— ❸

　　　　　　　　　　　　　　　　　　답 17

단계	채점 기준	배점
❶	좌변을 전개하기	60 %
❷	m, n의 값 구하기	20 %
❸	$m+n$의 값 구하기	20 %

233

$(x-3)\left(x+\dfrac{3}{2}\right)=x^2+\left(-3+\dfrac{3}{2}\right)x+(-3)\times\dfrac{3}{2}$

$\qquad\qquad\qquad\quad=x^2-\dfrac{3}{2}x-\dfrac{9}{2}$　　　**답** ③

234

① $x^2-3x-10 \Rightarrow -3>-10$

② $x^2+x-12 \Rightarrow 1>-12$

③ $x^2+5x+6 \Rightarrow 5<6$

④ $x^2+\dfrac{7}{2}x+3 \Rightarrow \dfrac{7}{2}>3$

⑤ $x^2-\dfrac{1}{6}x-\dfrac{1}{3} \Rightarrow -\dfrac{1}{6}>-\dfrac{1}{3}$　　　**답** ③

235

$(x+6)(x+A)=x^2+(6+A)x+6A$

$\qquad\qquad\qquad=x^2+Bx-48$

이므로 $6+A=B$, $6A=-48$

따라서 $A=-8$, $B=-2$이므로

$B-A=-2-(-8)=6$　　　　　　　　　　**답** 6

236

$(x+a)(x+b)=x^2+(a+b)x+ab=x^2+cx-12$

이므로 $a+b=c$, $ab=-12$

$ab=-12$를 만족시키는 정수 a, b의 순서쌍 (a, b)는

$(1, -12)$, $(2, -6)$, $(3, -4)$, $(4, -3)$, $(6, -2)$, $(12, -1)$,

$(-1, 12)$, $(-2, 6)$, $(-3, 4)$, $(-4, 3)$, $(-6, 2)$, $(-12, 1)$

$\therefore c=-11, -4, -1, 1, 4, 11$ 답 ④

237

$(3x-a)(4x+7)=12x^2+(21-4a)x-7a$
$\qquad\qquad\qquad =12x^2+bx-35$

이므로 $21-4a=b$, $-7a=-35$

따라서 $a=5$, $b=1$이므로

$a+b=5+1=6$ 답 6

238

x항만 생각하면

① $x\times 7+(-2)\times 2x=3x$

② $x\times 7+(-1)\times 3x=4x$

③ $x\times 3+2\times 2x=7x$

④ $3x\times 5+(-4)\times 2x=7x$

⑤ $5x\times 2+(-1)\times x=9x$

따라서 x의 계수가 가장 큰 것은 ⑤이다. 답 ⑤

239

$(ax-3)(5x+b)=5ax^2+(ab-15)x-3b$
$\qquad\qquad\qquad =20x^2-3x+c$

$5a=20$이므로 $a=4$

$ab-15=-3$이므로 $4b-15=-3$ $\therefore b=3$

$c=-3b$이므로 $c=-9$

$\therefore a+b+c=4+3+(-9)=-2$ 답 -2

240

$(ax+1)(ax-5)=a^2x^2+(-5a+a)x-5$
$\qquad\qquad\qquad =a^2x^2-4ax-5$

이므로 $-4a=12$ $\therefore a=-3$ ————— ❶

$(x-a)(3x+b)=(x+3)(3x+b)$
$\qquad\qquad\qquad =3x^2+(b+9)x+3b$

이므로 $b+9=-5$ $\therefore b=-14$ ————— ❷

$\therefore a-b=-3-(-14)=11$ ————— ❸

답 11

단계	채점 기준	배점
❶	a의 값 구하기	40 %
❷	b의 값 구하기	40 %
❸	$a-b$의 값 구하기	20 %

241

② $(-x-4)^2=x^2+8x+16$ 답 ②

242

① $(x+3)^2=x^2+6x+9$이므로 $A=6$

② $(3x-A)^2=9x^2-6Ax+A^2$이므로
$\quad -6A=-24$ $\therefore A=4$

③ $(x+A)(x-A)=x^2-A^2$이므로 $A^2=1$
$\quad A>0$이므로 $A=1$

④ $(x+2)(x+5)=x^2+7x+10$이므로 $A=7$

⑤ $(x+3)(2x-5)=2x^2+x-15$이므로 $A=1$ 답 ④

243

$(2x-3y)(2x+3y)+3(2y-x)(-2y+x)$
$=(2x-3y)(2x+3y)-3(2y-x)(2y-x)$
$=(2x-3y)(2x+3y)-3(2y-x)^2$
$=(4x^2-9y^2)-3(4y^2-4xy+x^2)$
$=x^2+12xy-21y^2$ 답 $x^2+12xy-21y^2$

244

xy항만 생각하면

$2\times x\times 3y-(x\times 2y+y\times ax)=6xy-(2xy+axy)$
$\qquad\qquad\qquad\qquad\qquad =(4-a)xy$

이므로 $4-a=1$ $\therefore a=3$ 답 3

245

$(2\sqrt{2}-3)(5\sqrt{2}+4)+7\sqrt{2}$
$=10(\sqrt{2})^2+(8-15)\sqrt{2}-12+7\sqrt{2}$
$=20-7\sqrt{2}-12+7\sqrt{2}$
$=8$ 답 ③

246

$(3\sqrt{2}+2)^2=(3\sqrt{2})^2+2\times 3\sqrt{2}\times 2+2^2$
$\qquad\qquad\quad =18+12\sqrt{2}+4$
$\qquad\qquad\quad =22+12\sqrt{2}$

따라서 $a=22$, $b=12$이므로

$a-b=22-12=10$ 답 10

247

$(2\sqrt{6}-3)^2+12\sqrt{6}=(2\sqrt{6})^2-2\times 2\sqrt{6}\times 3+3^2+12\sqrt{6}$
$\qquad\qquad\qquad\qquad =24-12\sqrt{6}+9+12\sqrt{6}=33$ ————— ❶

$(3\sqrt{3}+4)(3\sqrt{3}-4)=(3\sqrt{3})^2-4^2$
$\qquad\qquad\qquad\qquad =27-16=11$ ————— ❷

$\therefore \dfrac{(2\sqrt{6}-3)^2+12\sqrt{6}}{(3\sqrt{3}+4)(3\sqrt{3}-4)}=\dfrac{33}{11}=3$ ————— ❸

답 3

단계	채점 기준	배점
❶	분자를 간단히 하기	40 %
❷	분모를 간단히 하기	40 %
❸	주어진 식 간단히 하기	20 %

248

$(\sqrt{5}+3\sqrt{2})(\sqrt{5}-2\sqrt{2})$

$=(\sqrt{5})^2+(-2+3)\sqrt{2}\sqrt{5}-6(\sqrt{2})^2$

$=5+\sqrt{10}-12$

$=-7+\sqrt{10}$

따라서 $a=-7$, $b=1$이므로

$ab=-7\times1=-7$ **답** -7

249

(넓이)$=(x-3)(x+4)=x^2+x-12$ **답** ③

250

구하는 넓이는 오른쪽 그림에서 어두운
부분의 넓이와 같으므로

$(6a-2)(5a-2)=30a^2-22a+4$

답 $30a^2-22a+4$

251

A의 색칠한 부분은 가로의 길이가 a, 세로의 길이가 $a-2b$인
직사각형이므로 그 넓이는

$a(a-2b)=a^2-2ab$ ━━━━━━━━ ❶

B의 색칠한 부분은 한 변의 길이가 $a-b$인 정사각형이므로 그
넓이는

$(a-b)^2=a^2-2ab+b^2$ ━━━━━━━━ ❷

따라서 구하는 넓이의 차는

$(a^2-2ab+b^2)-(a^2-2ab)=b^2$ ━━━━ ❸

답 b^2

단계	채점 기준	배점
❶	A의 색칠한 부분의 넓이 구하기	40 %
❷	B의 색칠한 부분의 넓이 구하기	40 %
❸	색칠한 부분의 넓이의 차 구하기	20 %

252

$x+y=A$라고 하면

$(x+y-1)(x+y+1)=(A-1)(A+1)=A^2-1$

$=(x+y)^2-1$

$=x^2+2xy+y^2-1$ **답** ④

253

$x-y=A$라고 하면

$(x-y-3)^2=(A-3)^2=A^2-6A+9$

$=(x-y)^2-6(x-y)+9$

$=x^2-2xy+y^2-6x+6y+9$

답 $x^2-2xy+y^2-6x+6y+9$

254

$3x-4y=A$라고 하면

$(-5+3x-4y)(5+3x-4y)$

$=(-5+A)(5+A)$

$=A^2-25$

$=(3x-4y)^2-25$

$=9x^2-24xy+16y^2-25$ ━━━━━━━━━━ ❶

이므로 $a=-24$, $b=-25$ ━━━━━━━━━ ❷

$\therefore b-a=-25-(-24)=-1$ ━━━━━━ ❸

답 -1

단계	채점 기준	배점
❶	공통부분을 A로 놓고 전개하기	60 %
❷	a, b의 값 구하기	20 %
❸	$b-a$의 값 구하기	20 %

255

$x-3y=A$라고 하면

$(x-3y-5)^2-(x+1-3y)(x-1-3y)$

$=(A-5)^2-(A+1)(A-1)$

$=A^2-10A+25-(A^2-1)$

$=-10A+26$

$=-10(x-3y)+26$

$=-10x+30y+26$ **답** $-10x+30y+26$

256

$(x-2)(x-1)(x+3)(x+4)$

$=\{(x-2)(x+4)\}\{(x-1)(x+3)\}$

$=(x^2+2x-8)(x^2+2x-3)$ $\rceil x^2+2x=A$

$=(A-8)(A-3)$

$=A^2-11A+24$

$=(x^2+2x)^2-11(x^2+2x)+24$

$=x^4+4x^3+4x^2-11x^2-22x+24$

$=x^4+4x^3-7x^2-22x+24$

따라서 $a=4$, $b=-22$이므로

$a+b=4+(-22)=-18$ **답** -18

257

$x(x+1)(x+2)(x+3)$

$=\{x(x+3)\}\{(x+1)(x+2)\}$

$=(x^2+3x)(x^2+3x+2)$ $\rceil x^2+3x=A$

$=A(A+2)$ **답** ④

258

$(x-4)(x+2)(x-3)(x+6)$
$=\{(x-4)(x-3)\}\{(x+2)(x+6)\}$
$=(x^2-7x+12)(x^2+8x+12)$ ┐ $x^2+12=A$
$=(A-7x)(A+8x)$
$=A^2+xA-56x^2$
$=(x^2+12)^2+x(x^2+12)-56x^2$
$=x^4+24x^2+144+x^3+12x-56x^2$
$=x^4+x^3-32x^2+12x+144$

답 $x^4+x^3-32x^2+12x+144$

259

① $1999^2=(2000-1)^2$

② $2010^2=(2000+10)^2$

③ $199\times201=(200-1)(200+1)$

④ $101\times102=(100+1)(100+2)$

⑤ $197\times203=(200-3)(200+3) \Rightarrow (a+b)(a-b)$ **답** ⑤

260

① $997^2=(1000-3)^2$

② $203^2=(200+3)^2$

③ $56\times44=(50+6)(50-6)$

④ $103\times105=(100+3)(100+5)$

⑤ $10.2\times9.8=(10+0.2)(10-0.2)$ **답** ④

261

$301^2-296\times304$
$=(300+1)^2-(300-4)(300+4)$
$=(300^2+600+1)-(300^2-16)$
$=600+1+16$
$=617$ **답** 617

262

21^2+19^2
$=(20+1)^2+(20-1)^2$ ———————————— ❶
$=(20^2+40+1)+(20^2-40+1)$
$=2\times20^2+2$
$=802$ ———————————————— ❷

답 802

단계	채점 기준	배점
❶	주어진 식을 곱셈 공식을 이용할 수 있도록 변형하기	50 %
❷	곱셈 공식을 이용하여 주어진 식 계산하기	50 %

263

$x=\dfrac{4}{2-\sqrt{3}}=\dfrac{4(2+\sqrt{3})}{(2-\sqrt{3})(2+\sqrt{3})}=\dfrac{4(2+\sqrt{3})}{4-3}=8+4\sqrt{3}$

$y=\dfrac{4}{2+\sqrt{3}}=\dfrac{4(2-\sqrt{3})}{(2+\sqrt{3})(2-\sqrt{3})}=\dfrac{4(2-\sqrt{3})}{4-3}=8-4\sqrt{3}$

$x+y=(8+4\sqrt{3})+(8-4\sqrt{3})=16$

$x-y=(8+4\sqrt{3})-(8-4\sqrt{3})=8\sqrt{3}$

$\therefore \dfrac{x+y}{x-y}=\dfrac{16}{8\sqrt{3}}=\dfrac{16\times\sqrt{3}}{8\sqrt{3}\times\sqrt{3}}=\dfrac{2\sqrt{3}}{3}$ **답** ②

264

① $\dfrac{1}{3-2\sqrt{2}}=\dfrac{3+2\sqrt{2}}{(3-2\sqrt{2})(3+2\sqrt{2})}$
$=\dfrac{3+2\sqrt{2}}{9-8}$
$=3+2\sqrt{2}$

② $\dfrac{1}{4+\sqrt{2}}=\dfrac{4-\sqrt{2}}{(4+\sqrt{2})(4-\sqrt{2})}$
$=\dfrac{4-\sqrt{2}}{16-2}$
$=\dfrac{4-\sqrt{2}}{14}$

③ $\dfrac{4}{\sqrt{7}-\sqrt{3}}=\dfrac{4(\sqrt{7}+\sqrt{3})}{(\sqrt{7}-\sqrt{3})(\sqrt{7}+\sqrt{3})}$
$=\dfrac{4(\sqrt{7}+\sqrt{3})}{7-3}$
$=\sqrt{7}+\sqrt{3}$

④ $\dfrac{2}{\sqrt{3}+1}=\dfrac{2(\sqrt{3}-1)}{(\sqrt{3}+1)(\sqrt{3}-1)}$
$=\dfrac{2(\sqrt{3}-1)}{3-1}$
$=\sqrt{3}-1$

⑤ $\dfrac{2}{3-\sqrt{5}}=\dfrac{2(3+\sqrt{5})}{(3-\sqrt{5})(3+\sqrt{5})}$
$=\dfrac{2(3+\sqrt{5})}{9-5}$
$=\dfrac{3+\sqrt{5}}{2}$ **답** ②

265

$\dfrac{3}{2\sqrt{3}-3}+\dfrac{12}{3+\sqrt{3}}$
$=\dfrac{3(2\sqrt{3}+3)}{(2\sqrt{3}-3)(2\sqrt{3}+3)}+\dfrac{12(3-\sqrt{3})}{(3+\sqrt{3})(3-\sqrt{3})}$
$=\dfrac{3(2\sqrt{3}+3)}{12-9}+\dfrac{12(3-\sqrt{3})}{9-3}$
$=2\sqrt{3}+3+2(3-\sqrt{3})$
$=9$ **답** 9

266

$2x+\dfrac{1}{x}=\dfrac{2}{\sqrt{6}-2}+\sqrt{6}-2$
$=\dfrac{2(\sqrt{6}+2)}{(\sqrt{6}-2)(\sqrt{6}+2)}+\sqrt{6}-2$
$=\dfrac{2(\sqrt{6}+2)}{6-4}+\sqrt{6}-2$
$=2\sqrt{6}$ **답** $2\sqrt{6}$

267

$x=\dfrac{\sqrt{5}-2}{\sqrt{5}+2}=\dfrac{(\sqrt{5}-2)^2}{(\sqrt{5}+2)(\sqrt{5}-2)}$

$\quad=\dfrac{5-4\sqrt{5}+4}{5-4}=9-4\sqrt{5}$

$y=\dfrac{\sqrt{5}+2}{\sqrt{5}-2}=\dfrac{(\sqrt{5}+2)^2}{(\sqrt{5}-2)(\sqrt{5}+2)}$

$\quad=\dfrac{5+4\sqrt{5}+4}{5-4}=9+4\sqrt{5}$

$\therefore x+y=(9-4\sqrt{5})+(9+4\sqrt{5})=18$ **답** ④

▶ **다른 풀이** $x+y=\dfrac{\sqrt{5}-2}{\sqrt{5}+2}+\dfrac{\sqrt{5}+2}{\sqrt{5}-2}$

$\qquad\qquad\quad=\dfrac{(\sqrt{5}-2)^2+(\sqrt{5}+2)^2}{(\sqrt{5}+2)(\sqrt{5}-2)}$

$\qquad\qquad\quad=\dfrac{5-4\sqrt{5}+4+5+4\sqrt{5}+4}{5-4}$

$\qquad\qquad\quad=18$

268

$x=\dfrac{\sqrt{3}-\sqrt{2}}{\sqrt{3}+\sqrt{2}}=\dfrac{(\sqrt{3}-\sqrt{2})^2}{(\sqrt{3}+\sqrt{2})(\sqrt{3}-\sqrt{2})}$

$\quad=\dfrac{3-2\sqrt{6}+2}{3-2}=5-2\sqrt{6}$

$\dfrac{1}{x}=\dfrac{\sqrt{3}+\sqrt{2}}{\sqrt{3}-\sqrt{2}}=\dfrac{(\sqrt{3}+\sqrt{2})^2}{(\sqrt{3}-\sqrt{2})(\sqrt{3}+\sqrt{2})}$

$\quad=\dfrac{3-2\sqrt{6}+2}{3-2}=5+2\sqrt{6}$

$\therefore x+\dfrac{1}{x}=(5-2\sqrt{6})+(5+2\sqrt{6})=10$ **답** 10

▶ **다른 풀이** $x+\dfrac{1}{x}=\dfrac{\sqrt{3}-\sqrt{2}}{\sqrt{3}+\sqrt{2}}+\dfrac{\sqrt{3}+\sqrt{2}}{\sqrt{3}-\sqrt{2}}$

$\qquad\qquad\quad=\dfrac{(\sqrt{3}-\sqrt{2})^2+(\sqrt{3}+\sqrt{2})^2}{(\sqrt{3}+\sqrt{2})(\sqrt{3}-\sqrt{2})}$

$\qquad\qquad\quad=\dfrac{3-2\sqrt{6}+2+3+2\sqrt{6}+2}{3-2}$

$\qquad\qquad\quad=10$

269

$\dfrac{\sqrt{2}}{3+2\sqrt{2}}+\dfrac{3+2\sqrt{2}}{3-2\sqrt{2}}$

$=\dfrac{\sqrt{2}(3-2\sqrt{2})+(3+2\sqrt{2})^2}{(3+2\sqrt{2})(3-2\sqrt{2})}$

$=3\sqrt{2}-4+9+12\sqrt{2}+8$

$=13+15\sqrt{2}$

따라서 $a=13$, $b=15$이므로

$a-b=13-15=-2$ **답** -2

270

$a^2+b^2=(a+b)^2-2ab$

$\qquad\quad\;=6^2-2\times4$

$\qquad\quad\;=28$ **답** ⑤

271

$(x+y)^2=(x-y)^2+4xy$

$\qquad\quad\;=7^2+4\times(-11)$

$\qquad\quad\;=5$ **답** ①

272

$x^2+y^2=(x-y)^2+2xy$이므로

$15=3^2+2xy$ $\therefore xy=3$

$\therefore \dfrac{y}{x}+\dfrac{x}{y}=\dfrac{x^2+y^2}{xy}=\dfrac{15}{3}=5$ **답** 5

273

$(x+1)(y+1)=xy+(x+y)+1$이므로

$xy+7+1=12$ $\therefore xy=4$

$\therefore x^2+y^2=(x+y)^2-2xy$

$\qquad\qquad\;=7^2-2\times4$

$\qquad\qquad\;=41$ **답** 41

274

(1) $a^2+\dfrac{1}{a^2}=\left(a+\dfrac{1}{a}\right)^2-2=3^2-2=7$

(2) $\left(a-\dfrac{1}{a}\right)^2=\left(a+\dfrac{1}{a}\right)^2-4=3^2-4=5$

   답 (1) 7   (2) 5

275

$x^2+\dfrac{1}{x^2}=\left(x-\dfrac{1}{x}\right)^2+2=(-6)^2+2=38$ **답** 38

276

(1) $x^2-4x+1=0$의 양변을 x로 나누면

$\quad x-4+\dfrac{1}{x}=0$ $\therefore x+\dfrac{1}{x}=4$

(2) $x^2+\dfrac{1}{x^2}=\left(x+\dfrac{1}{x}\right)^2-2=4^2-2=14$

   답 (1) 4   (2) 14

277

$a^2-6a+2=0$의 양변을 a로 나누면

$a-6+\dfrac{2}{a}=0$ $\therefore a+\dfrac{2}{a}=6$ ────────── ❶

$\therefore a^2+\dfrac{4}{a^2}=\left(a+\dfrac{2}{a}\right)^2-4=6^2-4=32$ ── ❷

   답 32

단계	채점 기준	배점
❶	$a+\dfrac{2}{a}$의 값 구하기	50 %
❷	$a^2+\dfrac{4}{a^2}$의 값 구하기	50 %

278

$x+y=(\sqrt{3}-\sqrt{2})+(\sqrt{3}+\sqrt{2})=2\sqrt{3}$

$xy=(\sqrt{3}-\sqrt{2})(\sqrt{3}+\sqrt{2})=1$

$\therefore x^2+y^2+xy=(x+y)^2-xy=(2\sqrt{3})^2-1=11$ 　답 ⑤

279

$a=\dfrac{1}{\sqrt{2}-1}=\dfrac{\sqrt{2}+1}{(\sqrt{2}-1)(\sqrt{2}+1)}=\sqrt{2}+1$

$b=\dfrac{1}{\sqrt{2}+1}=\dfrac{\sqrt{2}-1}{(\sqrt{2}+1)(\sqrt{2}-1)}=\sqrt{2}-1$

따라서 $a+b=(\sqrt{2}+1)+(\sqrt{2}-1)=2\sqrt{2}$,

$ab=(\sqrt{2}+1)(\sqrt{2}-1)=1$이므로

$\dfrac{2}{a}+\dfrac{2}{b}=\dfrac{2(a+b)}{ab}=4\sqrt{2}$ 　답 $4\sqrt{2}$

280

$a+b=(2+\sqrt{5})+(2-\sqrt{5})=4$

$ab=(2+\sqrt{5})(2-\sqrt{5})=-1$

$\therefore a(a-b)+b(a+b)-ab=a^2-ab+ab+b^2-ab$

$\qquad =a^2+b^2-ab$

$\qquad =(a+b)^2-3ab$

$\qquad =4^2-3\times(-1)$

$\qquad =16+3=19$ 　답 19

281

$x=\dfrac{1}{\sqrt{5}-\sqrt{3}}=\dfrac{\sqrt{5}+\sqrt{3}}{(\sqrt{5}-\sqrt{3})(\sqrt{5}+\sqrt{3})}=\dfrac{\sqrt{5}+\sqrt{3}}{2}$

$y=\dfrac{1}{\sqrt{5}+\sqrt{3}}=\dfrac{\sqrt{5}-\sqrt{3}}{(\sqrt{5}+\sqrt{3})(\sqrt{5}-\sqrt{3})}=\dfrac{\sqrt{5}-\sqrt{3}}{2}$

따라서 $x+y=\dfrac{\sqrt{5}+\sqrt{3}}{2}+\dfrac{\sqrt{5}-\sqrt{3}}{2}=\sqrt{5}$,

$xy=\left(\dfrac{\sqrt{5}+\sqrt{3}}{2}\right)\left(\dfrac{\sqrt{5}-\sqrt{3}}{2}\right)=\dfrac{1}{2}$이므로

$x^2+y^2+6xy=(x+y)^2+4xy=(\sqrt{5})^2+4\times\dfrac{1}{2}=7$ 　답 7

282

$(x-2y)^2-(3x+y)(3x-y)+4xy$

$=(x^2-4xy+4y^2)-(9x^2-y^2)+4xy$

$=-8x^2+5y^2$

$=-8\times(-2)^2+5\times(2\sqrt{3})^2$

$=-32+60=28$ 　답 ③

283

$x-3=\sqrt{7}$이므로 양변을 제곱하면

$x^2-6x+9=7,\ x^2-6x=-2$

$\therefore x^2-6x+5=-2+5=3$ 　답 3

284

$x=\dfrac{1}{5-2\sqrt{6}}=\dfrac{5+2\sqrt{6}}{(5-2\sqrt{6})(5+2\sqrt{6})}=5+2\sqrt{6}$에서

$x-5=2\sqrt{6}$이므로 양변을 제곱하면

$x^2-10x+25=24,\ x^2-10x=-1$

$\therefore x^2-10x+7=-1+7=6$ 　답 ⑤

285

a항만 생각하면

$2a\times(-4)+1\times a=-8a+a=-7a$ 　　$\therefore A=-7$

b항만 생각하면

$(-3b)\times(-4)+1\times2b=12b+2b=14b$ 　　$\therefore B=14$

$\therefore A+B=-7+14=7$ 　답 7

286

연속하는 세 홀수를 n, $n+2$, $n+4$라 하면

$(n+4)^2=n(n+2)+58$

$n^2+8n+16=n^2+2n+58$

$6n=42$ 　　$\therefore n=7$

따라서 세 홀수는 7, 9, 11이므로 구하는 합은

$7+9+11=27$ 　답 ④

287

$(x-y)^2(x+y)^2(x^2+y^2)^2$

$=\{(x-y)(x+y)(x^2+y^2)\}^2$

$=\{(x^2-y^2)(x^2+y^2)\}^2$

$=(x^4-y^4)^2$

$=x^8-2x^4y^4+y^8$ 　답 $x^8-2x^4y^4+y^8$

288

$(x+a)(x-3)=x^2+(a-3)x-3a$이므로

$a-3=2$ 　　$\therefore a=5$

$(x+b)(x-3)=x^2+(b-3)x-3b$이므로

$-3b=6$ 　　$\therefore b=-2$

$\therefore (x+a)(x+b)=(x+5)(x-2)$

$\qquad\qquad\qquad =x^2+3x-10$ 　답 ③

289

$(x+2)(x+A)=x^2+(2+A)x+2A$

$\qquad\qquad\qquad =x^2-4x+B$

이므로 $2+A=-4,\ 2A=B$

따라서 $A=-6,\ B=-12$이므로

$A+B=-6+(-12)=-18$ 　답 -18

290

$$(2x+1)^2(2x-1)^2=\{(2x+1)(2x-1)\}^2$$
$$=(4x^2-1)^2$$
$$=16x^4-8x^2+1$$

따라서 x^2의 계수는 -8이다.　　　　　　　답 ①

291

(i) $(a+\sqrt{3})+(2+b\sqrt{3})=(a+2)+(b+1)\sqrt{3}$
　유리수가 되려면
　$b+1=0$
　$\therefore b=-1$　　　　　　　　　　…… ㉠

(ii) $(a+\sqrt{3})(2+b\sqrt{3})=2a+(ab+2)\sqrt{3}+3b$
$$=(2a+3b)+(ab+2)\sqrt{3}$$
　유리수가 되려면
　$ab+2=0$　　　　　　　　　　…… ㉡

㉠을 ㉡에 대입하여 풀면 $a=2$

$\therefore a+b=2+(-1)=1$　　　　　　답 1

292

구하는 넓이는 오른쪽 그림에
서 어두운 부분의 넓이와 같으
므로

$(4x-2)(3x+1)$
$=12x^2-2x-2(\text{m}^2)$

답 $(12x^2-2x-2)\ \text{m}^2$

293

$(\text{삼각형 GFC의 넓이})=\dfrac{1}{2}(2x+1)^2=2x^2+2x+\dfrac{1}{2}$

직사각형 EBFH에서 $\overline{\text{BF}}=(3x+4)-(2x+1)=x+3$,
$\overline{\text{BE}}=(2x+1)-(x+3)=x-2$이므로
$(\text{직사각형 EBFH의 넓이})=(x+3)(x-2)$
$$=x^2+x-6$$

따라서 구하는 넓이는
$(\text{삼각형 GFC의 넓이})+(\text{직사각형 EBFH의 넓이})$
$=\left(2x^2+2x+\dfrac{1}{2}\right)+(x^2+x-6)$
$=3x^2+3x-\dfrac{11}{2}$　　　　답 $3x^2+3x-\dfrac{11}{2}$

294

$x^2-x-3=0$이므로 $x^2-x=3$
$\therefore (x-4)(x-2)(x+1)(x+3)$
　$=\{(x-4)(x+3)\}\{(x-2)(x+1)\}$
　$=(x^2-x-12)(x^2-x-2)$
　$=(3-12)(3-2)$
　$=-9$　　　　　　　　　　答 ①

295

$2-1=1$이므로
$(2+1)(2^2+1)(2^4+1)(2^8+1)$
$=(2-1)(2+1)(2^2+1)(2^4+1)(2^8+1)$
$=(2^2-1)(2^2+1)(2^4+1)(2^8+1)$
$=(2^4-1)(2^4+1)(2^8+1)$
$=(2^8-1)(2^8+1)$
$=2^{16}-1$
$\therefore \square=16$　　　　　　답 16

296

주어진 식의 양변에 $1-\dfrac{1}{2}$을 곱하면

$\left(1-\dfrac{1}{2}\right)A=\left(1-\dfrac{1}{2}\right)\left(1+\dfrac{1}{2}\right)\left(1+\dfrac{1}{2^2}\right)\left(1+\dfrac{1}{2^4}\right)\left(1+\dfrac{1}{2^8}\right)$

$\qquad=\left(1-\dfrac{1}{2^2}\right)\left(1+\dfrac{1}{2^2}\right)\left(1+\dfrac{1}{2^4}\right)\left(1+\dfrac{1}{2^8}\right)$

$\qquad=\left(1-\dfrac{1}{2^4}\right)\left(1+\dfrac{1}{2^4}\right)\left(1+\dfrac{1}{2^8}\right)$

$\qquad=\left(1-\dfrac{1}{2^8}\right)\left(1+\dfrac{1}{2^8}\right)$

$\qquad=1-\dfrac{1}{2^{16}}$

즉, $\dfrac{1}{2}A=1-\dfrac{1}{2^{16}}$이므로 양변에 2를 곱하면

$A=2-\dfrac{1}{2^{15}}$

따라서 $2-A=\dfrac{1}{2^{15}}$이므로 $\dfrac{1}{2-A}=2^{15}$　　　답 ③

297

$2010=A$라고 하면

$\dfrac{2013^2-2010-2012\times2014}{2009}$

$=\dfrac{(A+3)^2-A-(A+2)(A+4)}{A-1}$

$=\dfrac{A^2+6A+9-A-(A^2+6A+8)}{A-1}$

$=\dfrac{-A+1}{A-1}$

$=-\dfrac{A-1}{A-1}$

$=-1$　　　　　　　　　　答 -1

298

$\dfrac{\sqrt{x}-\sqrt{y}}{\sqrt{x}+\sqrt{y}}=\dfrac{(\sqrt{x}-\sqrt{y})^2}{(\sqrt{x}+\sqrt{y})(\sqrt{x}-\sqrt{y})}$

$\qquad=\dfrac{x-2\sqrt{xy}+y}{x-y}$

$\qquad=\dfrac{(x+y)-2\sqrt{xy}}{x-y}$

$$x+y=(\sqrt{3}+\sqrt{2})+(\sqrt{3}-\sqrt{2})=2\sqrt{3}$$
$$x-y=(\sqrt{3}+\sqrt{2})-(\sqrt{3}-\sqrt{2})=2\sqrt{2}$$
$$xy=(\sqrt{3}+\sqrt{2})(\sqrt{3}-\sqrt{2})=3-2=1$$
$$\therefore \frac{(x+y)-2\sqrt{xy}}{x-y}=\frac{2\sqrt{3}-2\sqrt{1}}{2\sqrt{2}}=\frac{\sqrt{3}-1}{\sqrt{2}}$$
$$=\frac{(\sqrt{3}-1)\times\sqrt{2}}{\sqrt{2}\times\sqrt{2}}$$
$$=\frac{\sqrt{6}-\sqrt{2}}{2}$$

답 $\dfrac{\sqrt{6}-\sqrt{2}}{2}$

299

$x^2-5x+1=0$의 양변을 x로 나누면

$x-5+\dfrac{1}{x}=0$　　$\therefore x+\dfrac{1}{x}=5$ ────────── ❶

$\therefore x^2+x+3+\dfrac{1}{x}+\dfrac{1}{x^2}$

$=\left(x^2+\dfrac{1}{x^2}\right)+\left(x+\dfrac{1}{x}\right)+3$

$=\left(x+\dfrac{1}{x}\right)^2-2+\left(x+\dfrac{1}{x}\right)+3$ ────── ❷

$=5^2-2+5+3$

$=31$ ──────────────────────── ❸

답 31

단계	채점 기준	배점
❶	$x+\dfrac{1}{x}$의 값 구하기	30 %
❷	주어진 식 변형하기	40 %
❸	식의 값 구하기	30 %

300

$x-3=\sqrt{5}-\sqrt{2}$이므로 양변을 제곱하면

$(x-3)^2=(\sqrt{5}-\sqrt{2})^2$

$x^2-6x+9=7-2\sqrt{10}$

$x^2-6x=-2-2\sqrt{10}$

$\therefore x^2-6x+2=-2\sqrt{10}$

답 ①

---

2 인수분해

필수유형 공략하기　　　　　　62~75쪽

301

$ab(x-y)+b(y-x)=ab(x-y)-b(x-y)$
$\qquad\qquad\qquad\quad =b(x-y)(a-1)$

답 $b(x-y)(a-1)$

302

⑤ $3a^2b^2-6ab^2+3b^3=3b^2(a^2-2a+b)$　　답 ⑤

303

$(x-1)(x+2)-3(x+2)=(x+2)(x-1-3)$
$\qquad\qquad\qquad\qquad\quad =(x+2)(x-4)$

따라서 주어진 식의 인수는

$1, x+2, x-4, (x+2)(x-4)$

이다.

답 ③, ⑤

304

$(a-2)(a+8)-7(a+8)=(a+8)(a-9)$

$\therefore (a+8)+(a-9)=2a-1$

답 $2a-1$

305

⑤ $36a^2+36ab+9b^2=9(4a^2+4ab+b^2)$
$\qquad\qquad\qquad\qquad =9(2a+b)^2$

답 ⑤

306

$8x^2-40xy+50y^2=2(4x^2-20xy+25y^2)$
$\qquad\qquad\qquad\quad =2(2x-5y)^2$

답 $5y$

307

$(x-1)^2-(2x-3)=x^2-2x+1-2x+3$
$\qquad\qquad\qquad\quad =x^2-4x+4=(x-2)^2$

답 ②

308

$2x(8x-36)+81=16x^2-72x+81$
$\qquad\qquad\qquad =(4x-9)^2$ ────────── ❶

따라서 $a=4, b=-9$이므로

$a-b=4-(-9)=13$ ──────────── ❷

답 13

단계	채점 기준	배점
❶	좌변을 인수분해하기	60 %
❷	$a-b$의 값 구하기	40 %

309

(i) $x^2+18x+a=x^2+2\times x\times 9+a$이므로

$a=9^2=81$

(ii) $4x^2+bxy+25y^2=2^2x^2+bxy+5^2y^2$이므로

$b=2\times 2\times 5=20(\because b>0)$

$\therefore a+b=81+20=101$ 〔답〕 101

310

$x^2+(6a+2)xy+49y^2=x^2+(6a+2)xy+(7y)^2$에서

$6a+2=\pm 2\times 7=\pm 14$이므로 $6a+2=14(\because a>0)$

$\therefore a=2$ 〔답〕 2

311

주어진 식이 완전제곱식이 되려면 $\left(\dfrac{m}{2}\right)^2=n$이어야 한다.

⑤ $m=-\dfrac{2}{3}$, $n=\dfrac{4}{9}$일 때,

$\left(\dfrac{m}{2}\right)^2=\left(-\dfrac{1}{3}\right)^2=\dfrac{1}{9}\neq n$ 〔답〕 ⑤

312

$-2<a<0$이므로 $a<0$, $a+2>0$

$\sqrt{a^2}+\sqrt{a^2+4a+4}=\sqrt{a^2}+\sqrt{(a+2)^2}$

$=-a+(a+2)=2$ 〔답〕 2

313

$-5<a<2$에서 $a-2<0$, $a+5>0$이므로

$\sqrt{a^2-4a+4}-\sqrt{a^2+10a+25}$

$=\sqrt{(a-2)^2}-\sqrt{(a+5)^2}$

$=-(a-2)-(a+5)$

$=-a+2-a-5=-2a-3$ 〔답〕 $-2a-3$

314

$1<x<4$에서 $x-1>0$, $x-4<0$이므로

$\sqrt{x^2-2x+1}+\sqrt{x^2-8x+16}$

$=\sqrt{(x-1)^2}+\sqrt{(x-4)^2}$

$=(x-1)-(x-4)$

$=x-1-x+4=3$ 〔답〕 ④

315

$2<\sqrt{5}<3$이므로 $2<x<3$

따라서 $x-2>0$, $x-3<0$이므로 ——❶

$\sqrt{x^2-4x+4}+\sqrt{x^2-6x+9}$

$=\sqrt{(x-2)^2}+\sqrt{(x-3)^2}$ ——❷

$=(x-2)-(x-3)$

$=x-2-x+3=1$ ——❸

〔답〕 1

단계	채점 기준	배점
❶	$x-2$, $x-3$의 부호 알기	30 %
❷	근호 안의 식을 완전제곱식으로 나타내기	40 %
❸	식의 값 구하기	30 %

316

① $4a^2-b^2=(2a)^2-b^2=(2a+b)(2a-b)$

② $4x^2-9=(2x)^2-3^2=(2x+3)(2x-3)$

③ $-x^2+y^2=-(x^2-y^2)=-(x+y)(x-y)$

④ $4x^2-36=4(x^2-9)=4(x^2-3^2)=4(x+3)(x-3)$

⑤ $25x^3-x=x(25x^2-1)=x\{(5x)^2-1^2\}=x(5x+1)(5x-1)$

〔답〕 ④

317

$8x^2-18y^2=2(4x^2-9y^2)=2\{(2x)^2-(3y)^2\}$

$=2(2x+3y)(2x-3y)$

따라서 주어진 식의 인수는 ① $2x+3y$, ③ $4x-6y$이다.

〔답〕 ①, ③

318

$a^3-a=a(a^2-1)=a(a+1)(a-1)$

따라서 인수가 아닌 것은 ② a^2+1이다. 〔답〕 ②

319

$(a+b)^2-(a-b)^2$

$=\{(a+b)+(a-b)\}\{(a+b)-(a-b)\}$

$=(a+b+a-b)(a+b-a+b)$

$=2a\times 2b=4ab$ 〔답〕 $4ab$

320

$(x-y)a^2+(y-x)b^2=(x-y)a^2-(x-y)b^2$

$=(x-y)(a^2-b^2)$

$=(x-y)(a+b)(a-b)$

〔답〕 $(x-y)(a+b)(a-b)$

321

$(3x-4)^2-(x+3)^2$

$=\{(3x-4)+(x+3)\}\{(3x-4)-(x+3)\}$ ——❶

$=(3x-4+x+3)(3x-4-x-3)$

$=(4x-1)(2x-7)$ ——❷

따라서 $a=4$, $b=-7$이므로

$a+b=4+(-7)=-3$ ——❸

〔답〕 -3

단계	채점 기준	배점
❶	좌변을 합과 차의 곱으로 나타내기	40 %
❷	식을 간단히 하기	40 %
❸	$a+b$의 값 구하기	20 %

322

$x^4-y^4=(x^2)^2-(y^2)^2$
$\quad\quad=(x^2+y^2)(x^2-y^2)$
$\quad\quad=(x^2+y^2)(x+y)(x-y)$ 답 ⑤

323

$x^2+ax-21=(x+b)(x-3)$
$\quad\quad\quad\quad=x^2+(b-3)x-3b$
즉, $-3b=-21$ ∴ $b=7$
따라서 $a=4$이므로 $a+b=4+7=11$ 답 ②

324

$x^2+x-2=(x+2)(x-1)$
따라서 두 일차식의 합은
$(x+2)+(x-1)=2x+1$ 답 $2x+1$

325

$x^2+x-6=(x+3)(x-2)$
$x^2+7x+10=(x+2)(x+5)$
따라서 나오지 않는 인수는 ① $x-3$이다.   답 ①

326

$x^2+4xy-12y^2=(x-2y)(x+6y)$ 답 ②, ⑤

327

$a^3-2a^2-3a=a(a^2-2a-3)=a(a+1)(a-3)$
따라서 인수가 아닌 것은 ③ a^2 이다.   답 ③

328

$(x+4)(x-2)-7=x^2+2x-8-7$
$\quad\quad\quad\quad\quad\quad=x^2+2x-15$ ━━ ❶
$\quad\quad\quad\quad\quad\quad=(x+5)(x-3)$ ━━ ❷
따라서 두 일차식의 합은
$(x+5)+(x-3)=2x+2$ ━━ ❸
    답 $2x+2$

단계	채점 기준	배점
❶	전개하여 정리하기	30 %
❷	인수분해하기	50 %
❸	두 일차식의 합 구하기	20 %

329

A는 곱이 18인 두 정수의 합이므로 A의 값이 될 수 있는 것은 다음과 같다.

곱이 18인 두 정수	두 정수의 합(A)
18, 1	19
-1, -18	-19
9, 2	11
-2, -9	-11
6, 3	9
-3, -6	-9

따라서 A의 값이 될 수 없는 것은 ④ 6이다.   답 ④

330

ㄱ. $2x^2+x-21=(x-3)(2x+7)$
ㄴ. $2x^2-9x+9=(x-3)(2x-3)$
ㄷ. $3x^2+8x-3=(x+3)(3x-1)$
따라서 $x-3$을 인수로 갖는 것은 ㄱ, ㄴ이다.   답 ㄱ, ㄴ

331

$3x^2-10xy-8y^2=(x-4y)(3x+2y)$ 답 ①

332

$8x^2-10x-12=2(4x^2-5x-6)$
$\quad\quad\quad\quad\quad=2(x-2)(4x+3)$ 답 ②, ⑤

333

$15x^2-7x-2=(3x-2)(5x+1)$
따라서 두 일차식의 합은
$(3x-2)+(5x+1)=8x-1$ 답 $8x-1$

334

$(x+5)(2x-1)-13=2x^2+9x-5-13$
$\quad\quad\quad\quad\quad\quad\quad=2x^2+9x-18$
$\quad\quad\quad\quad\quad\quad\quad=(x+6)(2x-3)$
    답 $(x+6)(2x-3)$

335

$2x^2+(3a-2)x-15=(2x-3)(x+b)$이고
$(2x-3)(x+b)=2x^2+(2b-3)x-3b$이므로
$2b-3=3a-2,\ -3b=-15$ ━━ ❶
∴ $a=3,\ b=5$ ━━ ❷
∴ $ab=3\times5=15$ ━━ ❸
    답 15

단계	채점 기준	배점
❶	a, b에 관한 식 세우기	60 %
❷	a, b의 값 구하기	30 %
❸	ab의 값 구하기	10 %

336

$$9x^3y - 6x^2y^2 - 3xy^3 = 3xy(3x^2 - 2xy - y^2)$$
$$= 3xy(x-y)(3x+y)$$

답 $3xy(x-y)(3x+y)$

337

④ $5x^2 + 7x - 6 = (x+2)(5x-3)$

답 ④

338

① $9x^2 + 6x + 1 = (\boxed{3}x+1)^2$

② $x^2 - \boxed{3}x - 10 = (x+2)(x-5)$

③ $9x^2 - 4 = (3x+2)(\boxed{3}x-2)$

④ $3x^2 - 10x + 8 = (x-2)(\boxed{3}x-4)$

⑤ $4x^2 - 12x + \boxed{9} = (2x-3)^2$

답 ⑤

339

$$16x^2 - 40x + 25 = (4x-5)^2$$
$$4x^2 - 121 = (2x+11)(2x-11)$$
$$x^2 - 5x - 24 = (x-8)(x+3)$$
$$3x^2 - 16x - 12 = (3x+2)(x-6)$$
$$\therefore a = -5, \ b = -11, \ c = -8, \ d = 2 \ \underline{\hspace{2cm}} \ ❶$$
$$\therefore a+b+c+d = -5 + (-11) + (-8) + 2 = -22 \ \underline{\hspace{1cm}} \ ❷$$

답 -22

단계	채점 기준	배점
❶	a, b, c, d의 값 구하기	80 %
❷	$a+b+c+d$의 값 구하기	20 %

340

(1) $x^2 - 5x + 6 = (x-2)(x-3)$,
  $x^2 + x - 12 = (x-3)(x+4)$
  이므로 1이 아닌 공통인수는 $x-3$이다.

(2) $x^2 - 6x - 7 = (x+1)(x-7)$,
  $6x^2 + 11x + 5 = (x+1)(6x+5)$
  이므로 1이 아닌 공통인수는 $x+1$이다.

답 (1) $x-3$ (2) $x+1$

341

$$x^2 + 3x - 10 = (x+5)(x-2),$$
$$2x^2 + 7x - 15 = (x+5)(2x-3)$$
이므로 1이 아닌 공통인수는 $x+5$이다.

답 $x+5$

342

$$5x^2 - 80 = 5(x^2 - 16) = 5(x+4)(x-4),$$
$$3x^2 - 5x - 28 = (x-4)(3x+7)$$
이므로 보기 중 공통인수는 ④ $x-4$이다.

답 ④

343

① $x^2 + 2x = x(\underline{x+2})$

② $x^2 - 4 = (\underline{x+2})(x-2)$

③ $x^2 + x - 2 = (\underline{x+2})(x-1)$

④ $x^2 + 3x + 2 = (x+1)(\underline{x+2})$

⑤ $2x^2 - 5x + 2 = (x-2)(2x-1)$

답 ⑤

344

$x^2 - 9x + a = (x-3)(x+m)$이라 하면
$$-9 = m-3, \ a = -3m$$
$$\therefore m = -6, \ a = 18$$

답 18

▶ 다른 풀이 $x^2 - 9x + a = (x-3)(x+m)$이라 하고 양변에
$x = 3$을 대입하면 $9 - 27 + a = 0$ $\therefore a = 18$

345

$x^2 - ax - 20 = (x-5)(x+m)$이라 하면
$$-a = m-5, \ -20 = -5m$$
$$\therefore m = 4, \ a = 1$$

답 1

▶ 다른 풀이 $x^2 - ax - 20 = (x-5)(x+m)$이라 하고 양변에
$x = 5$를 대입하면 $25 - 5a - 20 = 0$ $\therefore a = 1$

346

$3x^2 + 2xy + ay^2 = (x-y)(3x+my)$라 하면
$$2 = m-3, \ a = -m \quad \therefore m = 5, \ a = -5$$
따라서 주어진 식은
$$3x^2 + 2xy - 5y^2 = (x-y)(3x+5y)$$

답 ⑤

347

$x^2 + ax - 6 = (x-2)(x+m)$이라 하면
$$a = m-2, \ -6 = -2m$$
$$\therefore m = 3, \ a = 1 \ \underline{\hspace{4cm}} \ ❶$$
$3x^2 - 5x + b = (x-2)(3x+n)$이라 하면
$$-5 = n-6, \ b = -2n$$
$$\therefore n = 1, \ b = -2 \ \underline{\hspace{4cm}} \ ❷$$
$$\therefore a+b = 1 + (-2) = -1 \ \underline{\hspace{3cm}} \ ❸$$

답 -1

단계	채점 기준	배점
❶	a의 값 구하기	40 %
❷	b의 값 구하기	40 %
❸	$a+b$의 값 구하기	20 %

348

$x - y = A$라 하면
$$(x-y)(x-y-2) - 24 = A(A-2) - 24$$
$$= A^2 - 2A - 24 = (A+4)(A-6)$$
$$= (x-y+4)(x-y-6)$$

답 ①

349

$2x-1=A$라 하면
$(2x-1)^2+8(2x-1)+12$
$=A^2+8A+12=(A+6)(A+2)$
$=(2x-1+6)(2x-1+2)$
$=(2x+5)(2x+1)$
따라서 두 일차식의 합은
$(2x+5)+(2x+1)=4x+6$
 답 $4x+6$

350

$x-2=A$라 하면
$6(x-2)^2+7(x-2)-3$
$=6A^2+7A-3$
$=(2A+3)(3A-1)$
$=\{2(x-2)+3\}\{3(x-2)-1\}$
$=(2x-4+3)(3x-6-1)$
$=(2x-1)(3x-7)$
 답 $(2x-1)(3x-7)$

351

$x+y=A$라 하면
$(x+y-2)(x+y+5)-30$
$=(A-2)(A+5)-30$
$=A^2+3A-40$
$=(A+8)(A-5)$
$=(x+y+8)(x+y-5)$
 답 ②

352

$x-2y=A$라 하면
$3(x-2y)^2-x+2y-4$
$=3(x-2y)^2-(x-2y)-4$
$=3A^2-A-4$
$=(A+1)(3A-4)$
$=(x-2y+1)\{3(x-2y)-4\}$
$=(x-2y+1)(3x-6y-4)$
 답 ⑤

353

$x-5=A$, $x+5=B$라 하면
$(x-5)^2-(x-5)(x+5)-6(x+5)^2$
$=A^2-AB-6B^2$
$=(A-3B)(A+2B)$
$=\{(x-5)-3(x+5)\}\{(x-5)+2(x+5)\}$
$=(x-5-3x-15)(x-5+2x+10)$
$=(-2x-20)(3x+5)$
$=-2(x+10)(3x+5)$
 답 $-2(x+10)(3x+5)$

354

$x+1=A$, $y-1=B$라 하면
$2(x+1)^2-(x+1)(y-1)-6(y-1)^2$
$=2A^2-AB-6B^2$
$=(2A+3B)(A-2B)$
$=\{2(x+1)+3(y-1)\}\{(x+1)-2(y-1)\}$
$=(2x+2+3y-3)(x+1-2y+2)$
$=(2x+3y-1)(x-2y+3)$
따라서 $a=2$, $b=3$, $c=-2$이므로
$a+b+c=2+3+(-2)=3$
 답 3

355

$(x+1)(x+2)(x+3)(x+4)-24$
$=(x+1)(x+4)(x+2)(x+3)-24$
$=(x^2+5x+4)(x^2+5x+6)-24$ ⌐ $x^2+5x=A$
$=(A+4)(A+6)-24$ ⌐
$=A^2+10A=A(A+10)$
$=(x^2+5x)(x^2+5x+10)$
$=x(x+5)(x^2+5x+10)$
따라서 보기 중 인수가 아닌 것은 ② $x+3$이다.
 답 ②

356

$x^2+3x=A$라 하면
$(x^2+3x-3)(x^2+3x+1)-5$
$=(A-3)(A+1)-5$
$=A^2-2A-8$
$=(A+2)(A-4)$
$=(x^2+3x+2)(x^2+3x-4)$
$=(x+1)(x+2)(x-1)(x+4)$
따라서 보기 중 인수가 아닌 것은 ⑤ $x-3$이다.
 답 ⑤

357

$(x-2)(x+3)(x^2+x-4)-8$
$=(x^2+x-6)(x^2+x-4)-8$ ⌐ $x^2+x=A$
$=(A-6)(A-4)-8$ ⌐
$=A^2-10A+16$
$=(A-2)(A-8)$
$=(x^2+x-2)(x^2+x-8)$
$=(x-1)(x+2)(x^2+x-8)$
따라서 보기 중 인수가 아닌 것은 ③ $x-3$이다.
 답 ③

358

$a^3-a^2-a+1=a^2(a-1)-(a-1)$
$\qquad\qquad\quad=(a-1)(a^2-1)$
$\qquad\qquad\quad=(a-1)(a+1)(a-1)$
$\qquad\qquad\quad=(a+1)(a-1)^2$

따라서 보기 중 인수가 아닌 것은 ② $(a+1)^2$이다. 🔳 ②

359

$$ab-a-2b+2=a(b-1)-2(b-1)$$
$$=(b-1)(a-2)$$ 🔳 $(b-1)(a-2)$

360

$$x^2y+x^2-y-1=x^2(y+1)-(y+1)$$
$$=(y+1)(x^2-1)$$
$$=(y+1)(x+1)(x-1)$$
따라서 보기 중 인수는 ㄱ, ㄴ, ㅁ이다.

🔳 ①

361

$$a^3+3a^2-4a-12=a^2(a+3)-4(a+3)$$
$$=(a+3)(a^2-4)$$
$$=(a+3)(a+2)(a-2)$$
따라서 보기 중 인수가 아닌 것은 ⑤ $(a+2)(a-3)$이다.

🔳 ⑤

362

$$x^2-yz+xy-xz=(x^2-xz)+(xy-yz)$$
$$=x(x-z)+y(x-z)$$
$$=(x-z)(x+y)$$
따라서 두 일차식의 합은
$$(x-z)+(x+y)=2x+y-z$$ 🔳 $2x+y-z$

363

$$x^2+4x+4y-y^2=(x^2-y^2)+(4x+4y)$$
$$=(x+y)(x-y)+4(x+y)$$
$$=(x+y)(x-y+4) \text{————} ❶$$
따라서 $a=1$, $b=-1$, $c=4$이므로
$$a+b+c=1+(-1)+4=4 \text{————} ❷$$
🔳 4

단계	채점 기준	배점
❶	주어진 식을 인수분해하기	70 %
❷	$a+b+c$의 값 구하기	30 %

364

① $xy-x+y-1=x(y-1)+(y-1)$
$$=(y-1)(x+1)$$
② $ab+ac-b-c=a(b+c)-(b+c)$
$$=(b+c)(a-1)$$
③ $a^2-ab-a+b=a(a-b)-(a-b)$
$$=(a-b)(a-1)$$

④ $x^2-x+y-y^2=(x^2-y^2)-(x-y)$
$$=(x+y)(x-y)-(x-y)$$
$$=(x-y)(x+y-1)$$
⑤ $a^2-2ab+4b-2a=a(a-2b)-2(a-2b)$
$$=(a-2b)(a-2)$$ 🔳 ④

365

$$x^2-16-8y-y^2=x^2-(y^2+8y+16)$$
$$=x^2-(y+4)^2$$
$$=(x+y+4)(x-y-4)$$
따라서 보기 중 인수는 ⑤ $x-y-4$이다. 🔳 ⑤

366

$$x^2-y^2+10x+25=(x^2+10x+25)-y^2$$
$$=(x+5)^2-y^2$$
$$=(x+5+y)(x+5-y)$$
$$=(x+y+5)(x-y+5)$$
🔳 $(x+y+5)(x-y+5)$

367

$$9-x^2-y^2+2xy=9-(x^2-2xy+y^2)$$
$$=3^2-(x-y)^2$$
$$=(3+x-y)(3-x+y)$$
따라서 보기 중 인수는 ② $3+x-y$, ③ $3-x+y$이다.
🔳 ②, ③

368

$$9x^2-6xy+y^2-4z^2$$
$$=(9x^2-6xy+y^2)-4z^2$$
$$=(3x-y)^2-(2z)^2$$
$$=(3x-y+2z)(3x-y-2z)$$
🔳 $(3x-y+2z)(3x-y-2z)$

369

$$a^2+2ab+2a-2b-3$$
$$=2b(a-1)+(a^2+2a-3)$$
$$=2b(a-1)+(a-1)(a+3)$$
$$=(a-1)(a+2b+3)$$ 🔳 $(a-1)(a+2b+3)$

370

$$-y^2+xy-2x+3y-2$$
$$=x(y-2)-(y^2-3y+2)$$
$$=x(y-2)-(y-1)(y-2)$$
$$=(y-2)(x-y+1)$$
따라서 보기 중 인수는 ④ $x-y+1$이다. 🔳 ④

371

$x^2+xy-4xz-yz+3z^2$
$=y(x-z)+(x^2-4xz+3z^2)$
$=y(x-z)+(x-z)(x-3z)$
$=(x-z)(x+y-3z)$ 답 ①

372

$x^2-3xy+2y^2-x+3y-2$
$=x^2-(3y+1)x+(2y^2+3y-2)$
$=x^2-(3y+1)x+(y+2)(2y-1)$
$=\{x-(y+2)\}\{x-(2y-1)\}$
$=(x-y-2)(x-2y+1)$ 답 ④

373

$x^2-y^2+3x-y+2$
$=x^2+3x-(y^2+y-2)$
$=x^2+3x-(y-1)(y+2)$
$=\{x-(y-1)\}\{x+(y+2)\}$
$=(x-y+1)(x+y+2)$ ──────────── ❶
따라서 $a=1$, $b=1$, $c=2$이므로
$a+b+c=1+1+2=4$ ──────────── ❷
            답 4

단계	채점 기준	배점
❶	주어진 식을 인수분해하기	70 %
❷	$a+b+c$의 값 구하기	30 %

374

$2x^2+3xy+y^2-5x-4y+3$
$=2x^2+(3y-5)x+(y^2-4y+3)$
$=2x^2+(3y-5)x+(y-1)(y-3)$
$=(x+y-1)(2x+y-3)$ 답 ⑤

375

$7.5^2\times0.12-2.5^2\times0.12$
$=(7.5^2-2.5^2)\times0.12$
$=(7.5+2.5)(7.5-2.5)\times0.12$
$=10\times5\times0.12=6$ 답 6

376

$256^2-255^2=(256+255)(256-255)=256+255$
따라서 인수분해 공식 ③ $a^2-b^2=(a+b)(a-b)$를 이용하였다.
            답 ③

377

$201^2-2\times201+1=(201-1)^2=200^2=40000$ 답 40000

378

$\sqrt{58^2\times\dfrac{1}{16}-42^2\times\dfrac{1}{16}}$
$=\sqrt{(58^2-42^2)\times\dfrac{1}{16}}$
$=\sqrt{(58+42)(58-42)\times\dfrac{1}{16}}$
$=\sqrt{100\times16\times\dfrac{1}{16}}=\sqrt{100}=10$ 답 ④

379

$\dfrac{2015^2-1}{2017^2-1}\times\dfrac{2018^2}{2014^2}$
$=\dfrac{(2015+1)(2015-1)}{(2017+1)(2017-1)}\times\dfrac{2018^2}{2014^2}$
$=\dfrac{2016\times2014}{2018\times2016}\times\dfrac{2018}{2014}\times\dfrac{2018}{2014}=\dfrac{1009}{1007}$ 답 $\dfrac{1009}{1007}$

380

$13^2-11^2+97^2+2\times97\times3+3^2$
$=(13+11)(13-11)+(97+3)^2$
$=24\times2+100^2$
$=48+10000=10048$ 답 ③

381

$A=\dfrac{998\times(996+4)}{(999+1)(999-1)}=\dfrac{998\times1000}{1000\times998}=1$ ──── ❶
$B=12.5^2-2\times12.5\times2.5+2.5^2$
$\quad=(12.5-2.5)^2=10^2=100$ ──────── ❷
$\therefore A+B=1+100=101$ ──────── ❸
            답 101

단계	채점 기준	배점
❶	A의 값 구하기	40 %
❷	B의 값 구하기	40 %
❸	$A+B$의 값 구하기	20 %

382

$x=2-\sqrt{3}$, $y=2+\sqrt{3}$이므로
$x+y=4$, $x-y=-2\sqrt{3}$, $xy=1$
$\therefore x^4y^2-x^2y^4=x^2y^2(x^2-y^2)=(xy)^2(x+y)(x-y)$
$\qquad\qquad\qquad=1^2\times4\times(-2\sqrt{3})=-8\sqrt{3}$ 답 ②

383

$a^2-10a+25=(a-5)^2$ ⇦ $a=105$를 대입
$\qquad\qquad\qquad=(105-5)^2$
$\qquad\qquad\qquad=100^2=10000$ 답 ⑤

384

$a^2-2ab-3b^2=(a+b)(a-3b)$
$$=(1.75+0.25)(1.75-3\times0.25)$$
$$=2\times1=2 \qquad \text{달 } 2$$

385

$x+1=A$라 하면
$(x+1)^2-12(x+1)+36=A^2-12A+36=(A-6)^2$
$$=(x+1-6)^2=(x-5)^2$$
$x=5+\sqrt{3}$을 대입하면
$(x-5)^2=(5+\sqrt{3}-5)^2=(\sqrt{3})^2=3 \qquad \text{달 } 3$

386

$100x^2-400y^2=100(x^2-4y^2)$
$$=100(x+2y)(x-2y)$$
$$=100\times\sqrt{2}\times3\sqrt{2}=600 \qquad \text{달 ⑤}$$

387

$x^2-y^2+3x-3y=(x+y)(x-y)+3(x-y)$
$$=(x-y)(x+y+3)$$
$$=2\sqrt{2}\times(\sqrt{2}-3+3)$$
$$=2\sqrt{2}\times\sqrt{2}=4 \qquad \text{달 ④}$$

388

$a^2b+ab^2+7a+7b=ab(a+b)+7(a+b)$
$$=(a+b)(ab+7)(\because ab=3)$$
$$=(a+b)\times(3+7)$$
$$=10(a+b)$$
즉, $10(a+b)=30$이므로 $a+b=3$
$\therefore a^2+b^2=(a+b)^2-2ab$
$$=3^2-2\times3=3 \qquad \text{달 } 3$$

389

대송: $(x+8)(x-3)=x^2+5x-24$
$\Rightarrow$ 올바른 상수항은 -24
찬우: $(x-4)(x+2)=x^2-2x-8$
$\Rightarrow$ 올바른 x의 계수는 -2
따라서 처음 이차식은 $x^2-2x-24$이므로 바르게 인수분해하면
$x^2-2x-24=(x+4)(x-6) \qquad \text{달 ④}$

390

영수: $(x+3)(x-4)=x^2-x-12$
$\Rightarrow$ 올바른 상수항은 -12
철수: $(x+7)(x-6)=x^2+x-42$
$\Rightarrow$ 올바른 x의 계수는 1
따라서 처음 이차식은 x^2+x-12이므로 바르게 인수분해하면
$x^2+x-12=(x-3)(x+4) \qquad \text{달 ③}$

391

성림: $(x-2)(x-8)=x^2-10x+16$
$\Rightarrow$ 올바른 상수항은 16 ━━━━━ ❶
민지: $(x-2)(x-6)=x^2-8x+12$
$\Rightarrow$ 올바른 x의 계수는 -8 ━━━━━ ❷
따라서 처음 이차식은 $x^2-8x+16$이므로 바르게 인수분해하면
$x^2-8x+16=(x-4)^2$ ━━━━━ ❸
$$\text{달 } (x-4)^2$$

단계	채점 기준	배점
❶	올바른 상수항 구하기	30 %
❷	올바른 x의 계수 구하기	30 %
❸	처음 이차식을 구해 인수분해하기	40 %

392

$8x^2-2x-3=(4x-3)(2x+1)$
따라서 세로의 길이는 $2x+1$이므로 둘레의 길이는
$2\{(4x-3)+(2x+1)\}=12x-4 \qquad \text{달 } 12x-4$

393

$\frac{1}{2}\times\{(3x-1)+(3x+3)\}\times(높이)=12x^2+19x+5$
$(3x+1)\times(높이)=(3x+1)(4x+5)$
$\therefore (높이)=4x+5 \qquad \text{달 ④}$

394

도형 ㉮의 넓이는
$(3x+2)(2x-3)+\sqrt{7}\times\sqrt{7}$
$=(6x^2-5x-6)+7$
$=6x^2-5x+1$
$=(3x-1)(2x-1)$ ━━━━━ ❶
따라서 도형 ㉯의 가로의 길이가 $3x-1$이므로
세로의 길이는 $2x-1$이다. ━━━━━ ❷
$$\text{달 } 2x-1$$

단계	채점 기준	배점
❶	㉮의 넓이를 구해 인수분해하기	70 %
❷	㉯의 세로의 길이 구하기	30 %

395

주어진 모든 직사각형의 넓이의 합은
$x^2+3x+2=(x+1)(x+2)$
따라서 새로운 직사각형의 가로, 세로의 길이는 $x+1$, $x+2$이
므로 구하는 둘레의 길이는
$2\{(x+1)+(x+2)\}=4x+6 \qquad \text{달 ⑤}$

396

주어진 모든 직사각형의 넓이의 합은
$2x^2+5x+3=(x+1)(2x+3)$

따라서 새로운 직사각형의 한 변의 길이가 될 수 있는 것은
① $x+1$, ⑤ $2x+3$이다.   답 ①, ⑤

필수유형 뛰어넘기   76~79쪽

397

$(x^2-4)^2+5(4-x^2)$
$=(x^2-4)^2-5(x^2-4)$
$=(x^2-4)\{(x^2-4)-5\}$
$=(x^2-4)(x^2-9)$
$=(x+2)(x-2)(x+3)(x-3)$ 답 ③

398

① $2(x+2)(x-6)+32$
   $=2(x^2-4x-12)+32=2x^2-8x+8$
   $=2(x^2-4x+4)=2(x-2)^2$
② $9x^2+4y^2-12xy=9x^2-12xy+4y^2=(3x-2y)^2$
③ $4a(a+3)+8=4a^2+12a+8=4(a^2+3a+2)$
                      $=4(a+2)(a+1)$
④ $\dfrac{1}{4}-x+x^2=\left(\dfrac{1}{2}-x\right)^2$
⑤ $3x^2-24x+48=3(x^2-8x+16)=3(x-4)^2$ 답 ③

399

$(2x-1)(2x+3)+k$
$=4x^2+4x-3+k$
$=(2x)^2+2\times2x\times1+(k-3)$
에서 $k-3=1^2$ ∴ $k=4$ 답 4

400

$\sqrt{x}=a-3$의 양변을 제곱하면 $x=a^2-6a+9$
$\sqrt{x-6a+27}-\sqrt{x+2a-5}$
$=\sqrt{(a^2-6a+9)-6a+27}-\sqrt{(a^2-6a+9)+2a-5}$
$=\sqrt{a^2-12a+36}-\sqrt{a^2-4a+4}$
$=\sqrt{(a-6)^2}-\sqrt{(a-2)^2}$
$3<a<6$에서 $a-6<0$, $a-2>0$이므로
$\sqrt{(a-6)^2}-\sqrt{(a-2)^2}=-(a-6)-(a-2)$
                            $=-2a+8$ 답 $-2a+8$

401

$\left(x-\dfrac{1}{x}\right)^2+4=x^2-2+\dfrac{1}{x^2}+4$
               $=x^2+2+\dfrac{1}{x^2}=\left(x+\dfrac{1}{x}\right)^2$

$\left(x+\dfrac{1}{x}\right)^2-4=x^2+2+\dfrac{1}{x^2}-4$
               $=x^2-2+\dfrac{1}{x^2}=\left(x-\dfrac{1}{x}\right)^2$

$0<x<1$일 때, $x+\dfrac{1}{x}>0$, $x-\dfrac{1}{x}<0$이므로
$\sqrt{(-x)^2}-\sqrt{\left(x-\dfrac{1}{x}\right)^2+4}+\sqrt{\left(x+\dfrac{1}{x}\right)^2-4}$
$=\sqrt{x^2}-\sqrt{\left(x+\dfrac{1}{x}\right)^2}+\sqrt{\left(x-\dfrac{1}{x}\right)^2}$
$=x-\left(x+\dfrac{1}{x}\right)-\left(x-\dfrac{1}{x}\right)$
$=x-x-\dfrac{1}{x}-x+\dfrac{1}{x}$
$=-x$ 답 $-x$

402

$《a, 3b》-《3a, -11b》$
$=(2a-3b)^2-(6a+11b)^2$
$=\{(2a-3b)+(6a+11b)\}\{(2a-3b)-(6a+11b)\}$
$=(8a+8b)(-4a-14b)$
$=-16(a+b)(2a+7b)$ 답 $-16(a+b)(2a+7b)$

403

k는 합이 6인 두 자연수의 곱이므로 k의 값이 될 수 있는 것은
다음과 같다.

합이 6인 두 자연수	두 자연수의 곱(k)
1, 5	5
2, 4	8
3, 3	9

따라서 k의 최솟값은 5이다.   답 5

404

$(2x+3)^2-(x-1)(x+6)-21$
$=(4x^2+12x+9)-(x^2+5x-6)-21$
$=3x^2+7x-6$
$=(x+3)(3x-2)$ 답 $(x+3)(3x-2)$

405

① $2x^2-5x-3=(2x+1)(x-3)$
③ $x^2+x+\dfrac{1}{4}=\left(x+\dfrac{1}{2}\right)^2$
④ $x^2-2x-8=(x+2)(x-4)$
⑤ $9x^2-30x+25=(3x-5)^2$ 답 ②

406

$x^3y-x^2y-2xy=xy(x^2-x-2)$
                 $=xy\underline{(x+1)}(x-2)$

$(x+1)x^2-4(x+1)x+4(x+1)=(x+1)(x^2-4x+4)$
$$=(\underline{x+1})(x-2)^2$$
$(x+2)^2-4(x+1)-1=(x^2+4x+4)-(4x+4)-1$
$$=x^2-1=(\underline{x+1})(x-1)$$
따라서 세 다항식의 공통인수는 $x+1$이다. 　답 $x+1$

407

$4x^2-(5a-7)x+3=(2x-1)(2x+m)$이라 하면
$-(5a-7)=2m-2,\ 3=-m$
$\therefore m=-3,\ a=3$ 　답 3

408

$2n^2-5n-12=(2n+3)(n-4)$
따라서 $2n^2-5n-12$가 소수가 되려면
$2n+3=1$ 또는 $n-4=1$
$\therefore n=-1$ 또는 $n=5$
이때 n은 자연수이므로 $n=5$ 　답 5

409

$x^2-3x-10=(x-5)(x+2)$ ─────────── ❶
(ⅰ) 공통인수가 $x-5$일 때
  $3x^2-ax-20=(x-5)(3x+m)$이라 하면
  $-a=m-15,\ -20=-5m$
  $\therefore m=4,\ a=11$ ───────────── ❷
(ⅱ) 공통인수가 $x+2$일 때
  $3x^2-ax-20=(x+2)(3x+n)$이라 하면
  $-a=n+6,\ -20=2n$
  $\therefore n=-10,\ a=4$ ───────────── ❸
따라서 모든 상수 a의 값의 합은 $11+4=15$ ───── ❹
  　답 15

단계	채점 기준	배점
❶	$x^2-3x-10$을 인수분해하기	20 %
❷	공통인수가 $x-5$일 때, a의 값 구하기	30 %
❸	공통인수가 $x+2$일 때, a의 값 구하기	30 %
❹	모든 a의 값의 합 구하기	20 %

410

$3x-2=A,\ y+1=B$라 하면
$4(3x-2)^2-(y+1)^2-2(3x-2)+y+1$
$=4A^2-B^2-2A+B$
$=(2A+B)(2A-B)-(2A-B)$
$=(2A-B)(2A+B-1)$
$=\{2(3x-2)-(y+1)\}\{2(3x-2)+(y+1)-1\}$
$=(6x-y-5)(6x+y-4)$
  　답 $(6x-y-5)(6x+y-4)$

411

$(x+1)(x+3)(x+5)(x+7)+a$
$=(x+1)(x+7)(x+3)(x+5)+a$
$=(x^2+8x+7)(x^2+8x+15)+a$ ⌐ $x^2+8x=A$
$=(A+7)(A+15)+a$
$=A^2+22A+105+a$
위의 식이 완전제곱식이 되려면
$105+a=\left(\dfrac{22}{2}\right)^2=121$
$\therefore a=16$ 　답 16

412

$a(b+1)-5(b+1)=3$에서 $(b+1)(a-5)=3$
$a,\ b$는 정수이므로 그 값은 다음과 같다.

$a-5$	1	3	-1	-3
$b+1$	3	1	-3	-1

⇒

a	6	8	4	2
b	2	0	-4	-2
ab	12	0	-16	-4

따라서 ab의 최댓값은 12이다. 　답 ④

413

(ⅰ) $2x+3=B$라 하면
  $(2x+3)^2-2(2x+3)-24=B^2-2B-24$
  $\qquad\qquad\qquad\qquad =(B-6)(B+4)$
  $\qquad\qquad\qquad\qquad =(2x+3-6)(2x+3+4)$
  $\qquad\qquad\qquad\qquad =(2x-3)(2x+7)$
(ⅱ) $8x^2y-14xy+3y=y(8x^2-14x+3)$
  $\qquad\qquad\qquad\quad =y(2x-3)(4x-1)$
(ⅰ), (ⅱ)에서 공통인수는 $2x-3$이다.
$4x^2+Ax-3$이 $2x-3$을 인수로 가져야 하므로
$4x^2+Ax-3=(2x-3)(2x+m)$이라 하면
$A=2m-6,\ -3=-3m$
$\therefore m=1,\ A=-4$ 　답 -4

414

(ⅰ) $x^2-y^2+4x+4=x^2+4x+4-y^2$
  $\qquad\qquad\qquad\quad =(x+2)^2-y^2$
  $\qquad\qquad\qquad\quad =(x+y+2)(x-y+2)$
(ⅱ) $2(x+2)^2+(x+2)y-y^2$에서 $x+2=A$라 하면
  $2(x+2)^2+(x+2)y-y^2$
  $=2A^2+Ay-y^2$
  $=(2A-y)(A+y)$
  $=\{2(x+2)-y\}(x+2+y)$
  $=(2x-y+4)(x+y+2)$
(ⅰ), (ⅱ)에서 두 다항식의 공통인수는 ③ $x+y+2$이다. 　답 ③

415

$x^2-10xy+25y^2-8x+40y+16$
$=(x-5y)^2-8(x-5y)+16$
에서 $x-5y=A$라 하면
$(x-5y)^2-8(x-5y)+16$
$=A^2-8A+16$
$=(A-4)^2$
$=(x-5y-4)^2$ 　　　　　　　　달 ②

416

$7^4-16=7^4-2^4$
$=(7^2+2^2)(7^2-2^2)$
$=(7^2+2^2)(7+2)(7-2)$
$=53\times3^2\times5$
따라서 7^4-16의 약수의 개수는
$(1+1)\times(2+1)\times(1+1)=2\times3\times2=12(개)$ 　달 12개

417

$\sqrt{\dfrac{8^{10}+4^{10}}{8^4+4^{11}}}=\sqrt{\dfrac{(2^3)^{10}+(2^2)^{10}}{(2^3)^4+(2^2)^{11}}}$
$=\sqrt{\dfrac{2^{30}+2^{20}}{2^{12}+2^{22}}}$
$=\sqrt{\dfrac{2^{20}(2^{10}+1)}{2^{12}(1+2^{10})}}$
$=\sqrt{\dfrac{2^{20}}{2^{12}}}=\sqrt{2^8}=16$ 　　　　달 ④

418

$1^2-2^2+3^2-4^2+\cdots+9^2-10^2$
$=(1+2)(1-2)+(3+4)(3-4)+\cdots+(9+10)(9-10)$
$=-(1+2+3+4+\cdots+9+10)$
$=-55$ 　　　　　　　　　　달 -55

419

$2015=A$라 하면
$2015\times2017+1=A(A+2)+1$
$=A^2+2A+1$
$=(A+1)^2=2016^2$ 　달 2016

420

$2^{40}-1=(2^{20}+1)(2^{20}-1)$
$=(2^{20}+1)(2^{10}+1)(2^{10}-1)$
$=(2^{20}+1)(2^{10}+1)(2^5+1)(2^5-1)$
$=(2^{20}+1)(2^{10}+1)\times33\times31$
따라서 구하는 두 자연수는 33, 31이므로 그 합은
$33+31=64$ 　　　　　　　　달 64

421

$\left(1-\dfrac{1}{2^2}\right)\left(1-\dfrac{1}{3^2}\right)\left(1-\dfrac{1}{4^2}\right)\times\cdots\times\left(1-\dfrac{1}{10^2}\right)$
$=\left(1-\dfrac{1}{2}\right)\left(1+\dfrac{1}{2}\right)\left(1-\dfrac{1}{3}\right)\left(1+\dfrac{1}{3}\right)\left(1-\dfrac{1}{4}\right)\left(1+\dfrac{1}{4}\right)\times\cdots$
$\times\left(1-\dfrac{1}{10}\right)\left(1+\dfrac{1}{10}\right)$ —— ❶
$=\dfrac{1}{2}\times\dfrac{3}{2}\times\dfrac{2}{3}\times\dfrac{4}{3}\times\dfrac{3}{4}\times\dfrac{5}{4}\times\cdots\times\dfrac{9}{10}\times\dfrac{11}{10}$
$=\dfrac{1}{2}\times\dfrac{11}{10}=\dfrac{11}{20}$ —————————————— ❷

달 $\dfrac{11}{20}$

단계	채점 기준	배점
❶	주어진 식을 인수분해하기	50 %
❷	식의 값 구하기	50 %

422

$a^2-2a-b^2+2b=(a^2-b^2)-2(a-b)$
$=(a+b)(a-b)-2(a-b)$
$=(a-b)(a+b-2)$
$=\sqrt{2}(\sqrt{2}+2-2)=2$ 　달 ④

423

$x^2-4xy-4+4y^2=(x^2-4xy+4y^2)-4$
$=(x-2y)^2-4$
$=(-3)^2-4=5$ 　달 ⑤

424

$\dfrac{a^2b-2ab+a^2-2a}{(a-2)(b+2\sqrt{2})}$
$=\dfrac{ab(a-2)+a(a-2)}{(a-2)(b+2\sqrt{2})}$
$=\dfrac{a(a-2)(b+1)}{(a-2)(b+2\sqrt{2})}=\dfrac{a(b+1)}{b+2\sqrt{2}}$
$=\dfrac{(2+3\sqrt{2})(6-2\sqrt{2})}{5}$
$=\dfrac{12+14\sqrt{2}-12}{5}=\dfrac{14\sqrt{2}}{5}$ 　달 $\dfrac{14\sqrt{2}}{5}$

425

$\dfrac{a^3-b^3+a^2b-ab^2}{a-b}=\dfrac{(a^3+a^2b)-(b^3+ab^2)}{a-b}$
$=\dfrac{a^2(a+b)-b^2(b+a)}{a-b}$
$=\dfrac{(a+b)(a^2-b^2)}{a-b}$
$=\dfrac{(a+b)^2(a-b)}{a-b}$
$=(a+b)^2$

$2 < \sqrt{7} < 3$에서 $a = \sqrt{7} - 2$,
$2 < \sqrt{8} < 3$에서 $b = 2$
이므로 $a + b = \sqrt{7}$
따라서 구하는 식의 값은
$(a+b)^2 = (\sqrt{7})^2 = 7$ 답 7

426

$x^2 + 2x = 5$이므로
$$\frac{x^3 + 2x^2 + 15}{x+3} = \frac{x(x^2+2x)+15}{x+3}$$
$$= \frac{5x+15}{x+3}$$
$$= \frac{5(x+3)}{x+3} = 5$$ 답 5

427

$$(\text{A의 넓이}) = \frac{\pi(a+b)^2}{2} - \frac{\pi a^2}{2} + \frac{\pi b^2}{2}$$
$$= \frac{\pi(a^2+2ab+b^2-a^2+b^2)}{2}$$
$$= \frac{\pi(2ab+2b^2)}{2}$$
$$= \pi b(a+b)$$
$$(\text{B의 넓이}) = \frac{\pi(a+b)^2}{2} + \frac{\pi a^2}{2} - \frac{\pi b^2}{2}$$
$$= \frac{\pi(a^2+2ab+b^2+a^2-b^2)}{2}$$
$$= \frac{\pi(2a^2+2ab)}{2}$$
$$= \pi a(a+b)$$
$\therefore (\text{A의 넓이}) : (\text{B의 넓이}) = \pi b(a+b) : \pi a(a+b)$
$$= b : a$$ 답 $b : a$

428

구하는 입체도형의 부피를 V라 하면
$$V = 7.5^2 \times 10 - 2.5^2 \times 10$$
$$= (7.5^2 - 2.5^2) \times 10$$
$$= (7.5+2.5)(7.5-2.5) \times 10$$
$$= 10 \times 5 \times 10 = 500$$
따라서 구하는 입체도형의 부피는 500 cm³이다.
    답 500 cm^3

3 이차방정식

필수유형 공략하기   82~91쪽

429

④ $x^2 + x - 3 = 1 - x^2$
   $\therefore 2x^2 + x - 4 = 0$ 답 ④

430

③ $x^2 - 4x + 4 = x^2$
   $\therefore -4x + 4 = 0$ (일차방정식)   답 ③

431

$x(ax-3) = 2x^2+1$에서 $ax^2 - 3x = 2x^2 + 1$
$\therefore (a-2)x^2 - 3x - 1 = 0$ ————————❶
$a - 2 \neq 0$이어야 하므로 $a \neq 2$ ————————❷
    답 ⑤

단계	채점 기준	배점
❶	x에 대하여 내림차순으로 정리하기	60 %
❷	조건을 만족하지 않는 a의 값 찾기	40 %

432

① $(\sqrt{2})^2 - \sqrt{2} \neq 0$
② $(-1)^2 + 4 \times (-1) \neq 0$
③ $2 \times 3^2 - 3 \times 3 + 3 \neq 0$
④ $5^2 - 4 \times 5 - 5 = 0$
⑤ $(-2+2)(-2-1) = 0$ 답 ④, ⑤

433

① $(-3)^2 - 2 \times (-3) - 3 \neq 0$
② $(-3)^2 - 5 \times (-3) + 6 \neq 0$
③ $2 \times (-3)^2 + 3 \times (-3) \neq 6$
④ $(-3-2)^2 \neq -3$
⑤ $(-3+1)(-3+2) = 2$ 답 ⑤

434

$x = 1$일 때, $1^2 - 5 \times 1 + 4 = 0$
$x = 2$일 때, $2^2 - 5 \times 2 + 4 \neq 0$
$x = 3$일 때, $3^2 - 5 \times 3 + 4 \neq 0$
$x = 4$일 때, $4^2 - 5 \times 4 + 4 = 0$
따라서 주어진 이차방정식의 해는 $x = 1$ 또는 $x = 4$이다.
    답 $x = 1$ 또는 $x = 4$

435

$(-3)^2 + 3(2a+3) + 3a - 9 = 0$이므로
$9a + 9 = 0$ $\therefore a = -1$ 답 ②

436

(1) $2^2-2(a+3)+4=0$이므로

$\quad -2a+2=0 \qquad \therefore a=1$

(2) $2^2+2(5-2a)-a+6=0$이므로

$\quad -5a+20=0 \qquad \therefore a=4$

답 (1) 1 (2) 4

437

$3^2-4\times3+a=0$이므로

$-3+a=0 \qquad \therefore a=3$

$3^2+3b=6$이므로

$3b=-3 \qquad \therefore b=-1$

$\therefore ab=3\times(-1)=-3$

답 ①

438

$(-1)^2-a-4=0$이므로 $a=-3$ —————— ❶

$(-1)^2-3+b=0$이므로 $b=2$ —————— ❷

$\therefore a-b=-3-2=-5$ —————————— ❸

답 -5

단계	채점 기준	배점
❶	a의 값 구하기	40 %
❷	b의 값 구하기	40 %
❸	$a-b$의 값 구하기	20 %

439

$x^2-4x+1=0$에 $x=a$를 대입하면

$a^2-4a+1=0$

① $a^2-4a=-1$

② $4-4a+a^2=4+(a^2-4a)$

$\qquad\qquad\qquad =4+(-1)=3$

③ $1+4a-a^2=1-(a^2-4a)$

$\qquad\qquad\qquad =1-(-1)=2$

④ $3a^2-12a+6=3(a^2-4a)+6$

$\qquad\qquad\qquad\qquad =3\times(-1)+6=3$

⑤ $a^2-4a+1=0$의 양변을 a로 나누면

$\quad a-4+\dfrac{1}{a}=0 \qquad \therefore a+\dfrac{1}{a}=4$

답 ④

440

$3a^2-6a+1=0$이므로 $3a^2-6a=-1$

$-3(2a-a^2)=-1 \qquad \therefore 2a-a^2=\dfrac{1}{3}$

답 $\dfrac{1}{3}$

441

$a^2+2a-1=0$이므로 $a^2+2a=1$

$2b^2-b-4=0$이므로 $2b^2-b=4$

$\therefore a^2-2b^2+2a+b=(a^2+2a)-(2b^2-b)$

$\qquad\qquad\qquad\qquad\quad =1-4=-3$

답 ①

442

$a^2+5a-1=0$이므로 양변을 a로 나누면

$a+5-\dfrac{1}{a}=0 \qquad \therefore a-\dfrac{1}{a}=-5$

답 -5

443

$a^2+a-1=0$이므로

$a^5+a^4-a^3+a^2+a-3=a^3(a^2+a-1)+(a^2+a-1)-2$

$\qquad\qquad\qquad\qquad\qquad =a^3\times0+0-2=-2$

답 ②

444

$a^2-6a+1=0$이므로 양변을 a로 나누면

$a-6+\dfrac{1}{a}=0 \qquad \therefore a+\dfrac{1}{a}=6$ —————— ❶

$\therefore a^2+\dfrac{1}{a^2}=\left(a+\dfrac{1}{a}\right)^2-2$

$\qquad\qquad\quad =6^2-2=34$ ———————————— ❷

답 34

단계	채점 기준	배점
❶	$a+\dfrac{1}{a}$의 값 구하기	50 %
❷	$a^2+\dfrac{1}{a^2}$의 값 구하기	50 %

445

$a^2+a-3=0$이므로 $3-a=a^2$, $a^2-3=-a$

$\therefore \dfrac{a^2}{3-a}+\dfrac{a}{a^2-3}=\dfrac{a^2}{a^2}+\dfrac{a}{-a}=1-1=0$

답 ③

446

(1) $x+1=0$ 또는 $5x-6=0$

$\qquad \therefore x=-1$ 또는 $x=\dfrac{6}{5}$

(2) $7x+4=0$ 또는 $x-2=0$

$\qquad \therefore x=-\dfrac{4}{7}$ 또는 $x=2$

(3) $3x-4=0$ 또는 $2x+1=0$

$\qquad \therefore x=\dfrac{4}{3}$ 또는 $x=-\dfrac{1}{2}$

(4) $8x-5=0$ 또는 $9x+1=0$

$\qquad \therefore x=\dfrac{5}{8}$ 또는 $x=-\dfrac{1}{9}$

답 (1) $x=-1$ 또는 $x=\dfrac{6}{5}$ (2) $x=-\dfrac{4}{7}$ 또는 $x=2$

(3) $x=\dfrac{4}{3}$ 또는 $x=-\dfrac{1}{2}$ (4) $x=\dfrac{5}{8}$ 또는 $x=-\dfrac{1}{9}$

447

① $(x+3)(2x-5)=0$에서 $x+3=0$ 또는 $2x-5=0$

$\qquad \therefore x=-3$ 또는 $x=\dfrac{5}{2}$

② $(x+3)(5x+2)=0$에서 $x+3=0$ 또는 $5x+2=0$

$\therefore x=-3$ 또는 $x=-\dfrac{2}{5}$

③ $(x-3)(2x-5)=0$에서 $x-3=0$ 또는 $2x-5=0$

$\therefore x=3$ 또는 $x=\dfrac{5}{2}$

④ $(x-3)(5x+2)=0$에서 $x-3=0$ 또는 $5x+2=0$

$\therefore x=3$ 또는 $x=-\dfrac{2}{5}$

⑤ $(x-3)(2x+5)=0$에서 $x-3=0$ 또는 $2x+5=0$

$\therefore x=3$ 또는 $x=-\dfrac{5}{2}$ 답 ④

448

①, ②, ③, ④ $x=-\dfrac{1}{9}$ 또는 $x=\dfrac{1}{3}$

⑤ $x=\dfrac{1}{9}$ 또는 $x=-\dfrac{1}{3}$ 답 ⑤

449

(1) $3x^2-11x-4=0$에서 $(3x+1)(x-4)=0$

$\therefore x=-\dfrac{1}{3}$ 또는 $x=4$

(2) $5x^2-2x-3=0$에서 $(5x+3)(x-1)=0$

$\therefore x=-\dfrac{3}{5}$ 또는 $x=1$

(3) $6x^2-5x=6x-3$에서 $6x^2-11x+3=0$

$(3x-1)(2x-3)=0$ $\therefore x=\dfrac{1}{3}$ 또는 $x=\dfrac{3}{2}$

(4) $(x-3)^2=4x$에서 $x^2-10x+9=0$

$(x-1)(x-9)=0$ $\therefore x=1$ 또는 $x=9$

답 (1) $x=-\dfrac{1}{3}$ 또는 $x=4$ (2) $x=-\dfrac{3}{5}$ 또는 $x=1$

(3) $x=\dfrac{1}{3}$ 또는 $x=\dfrac{3}{2}$ (4) $x=1$ 또는 $x=9$

450

$3x^2-10x-8=0$에서 $(3x+2)(x-4)=0$

$\therefore x=-\dfrac{2}{3}$ 또는 $x=4$

$a>b$이므로 $a=4$, $b=-\dfrac{2}{3}$

$\therefore a-3b=4-3\times\left(-\dfrac{2}{3}\right)=6$ 답 6

451

$2x^2-3x-9=0$에서 $(2x+3)(x-3)=0$

$\therefore x=-\dfrac{3}{2}$ 또는 $x=3$ ─────────── ❶

$-\dfrac{3}{2}$과 3 사이에 있는 정수는 -1, 0, 1, 2이므로 ── ❷

이들의 합은 $-1+0+1+2=2$ ─────────── ❸

답 2

단계	채점 기준	배점
❶	이차방정식의 근 구하기	40 %
❷	두 근 사이의 정수 구하기	40 %
❸	모든 정수의 합 구하기	20 %

452

$x(x-2)-(2x+1)(2x-1)=0$에서

$x^2-2x-(4x^2-1)=0$, $3x^2+2x-1=0$

$(x+1)(3x-1)=0$

$\therefore x=-1$ 또는 $x=\dfrac{1}{3}$ 답 ①

453

$2x^2+ax-a-9=0$에 $x=2$를 대입하면

$2\times2^2+2a-a-9=0$

$a-1=0$ $\therefore a=1$

$a=1$을 주어진 이차방정식에 대입하면

$2x^2+x-10=0$, $(2x+5)(x-2)=0$

$\therefore x=-\dfrac{5}{2}$ 또는 $x=2$

따라서 다른 한 근은 $x=-\dfrac{5}{2}$이다.   답 ②

454

$x^2-6x+9=0$에서 $(x-3)^2=0$ $\therefore x=3$ (중근)

$2x^2-ax+3=0$에 $x=3$을 대입하면

$2\times3^2-3a+3=0$

$21-3a=0$ $\therefore a=7$

$a=7$을 주어진 이차방정식에 대입하면

$2x^2-7x+3=0$, $(2x-1)(x-3)=0$

$\therefore x=\dfrac{1}{2}$ 또는 $x=3$

따라서 다른 한 근은 $x=\dfrac{1}{2}$이다.   답 ④

455

$(a-1)x^2-a(a+4)x-10=0$에 $x=-2$를 대입하면

$4(a-1)+2a(a+4)-10=0$

$2a^2+12a-14=0$, $a^2+6a-7=0$

$(a+7)(a-1)=0$ $\therefore a=-7$ 또는 $a=1$

그런데 이차방정식의 x^2의 계수는 0이 아니어야 하므로

$a-1\neq0$, 즉 $a\neq1$ $\therefore a=-7$

$a=-7$을 주어진 이차방정식에 대입하면

$-8x^2-21x-10=0$, $8x^2+21x+10=0$

$(x+2)(8x+5)=0$ $\therefore x=-2$ 또는 $x=-\dfrac{5}{8}$

따라서 $b=-\dfrac{5}{8}$이므로

$a+8b=-7+8\times\left(-\dfrac{5}{8}\right)=-12$ 답 -12

456

$2x^2+9x-5=0$에서 $(x+5)(2x-1)=0$

$\therefore x=-5$ 또는 $x=\dfrac{1}{2}$

따라서 $x=-5$가 $x^2+3x+k=0$의 한 근이므로

$(-5)^2+3\times(-5)+k=0$

$k+10=0$ $\quad\therefore k=-10$ 　　답 -10

457

$3x^2+x-2=0$에서 $(x+1)(3x-2)=0$

$\therefore x=-1$ 또는 $x=\dfrac{2}{3}$

따라서 $x=-1$이 $x^2+kx+2k-5=0$의 한 근이므로

$(-1)^2+k\times(-1)+2k-5=0$

$k-4=0$ $\quad\therefore k=4$ 　　답 4

458

$4x^2-23x-6=0$에서 $(4x+1)(x-6)=0$

$\therefore x=-\dfrac{1}{4}$ 또는 $x=6$

따라서 $x=6$이 $x^2-ax-6=0$의 한 근이므로

$6^2-6a-6=0$

$30-6a=0$ $\quad\therefore a=5$ 　　답 5

459

$x^2-2mx+15=0$에 $x=3$을 대입하면

$3^2-2m\times3+15=0$, $-6m+24=0$

$\therefore m=4$ ──────────── ❶

$m=4$를 $x^2-2mx+15=0$에 대입하면

$x^2-8x+15=0$, $(x-3)(x-5)=0$

$\therefore x=3$ 또는 $x=5$

따라서 $x=5$가 $x^2+(n-6)x-4n=0$의 한 근이므로

$5^2+5(n-6)-4n=0$, $n-5=0$

$\therefore n=5$ ──────────── ❷

$\therefore m-n=4-5=-1$ ──────────── ❸

답 -1

단계	채점 기준	배점
❶	m의 값 구하기	40 %
❷	n의 값 구하기	40 %
❸	$m-n$의 값 구하기	20 %

460

① $x^2=12x-36$에서 $x^2-12x+36=0$

$(x-6)^2=0$ $\quad\therefore x=6$ (중근)

④ $4x^2-4x+1=0$에서 $(2x-1)^2=0$

$\therefore x=\dfrac{1}{2}$ (중근) 　　답 ①, ④

461

⑤ $x^2-8x+12=0$에서 $(x-2)(x-6)=0$

$\therefore x=2$ 또는 $x=6$ 　　답 ⑤

462

ㄱ. $3x^2=6x-3$에서 $3x^2-6x+3=0$

양변을 3으로 나누면 $x^2-2x+1=0$

$(x-1)^2=0$ $\quad\therefore x=1$ (중근)

ㄴ. $(x-4)^2=0$ $\quad\therefore x=4$ (중근)

ㄷ. $x^2-10x+24=0$, $(x-4)(x-6)=0$

$\therefore x=4$ 또는 $x=6$

ㄹ. 양변을 2로 나누면 $x^2+4x+4=0$

$(x+2)^2=0$ $\quad\therefore x=-2$ (중근)

따라서 중근을 갖는 이차방정식은 ㄱ, ㄴ, ㄹ의 3개이다.

답 3개

463

$9a+7=\left(\dfrac{-10}{2}\right)^2=25$이므로 $9a=18$

$\therefore a=2$ 　　답 ②

464

$k=\left(\dfrac{12}{2}\right)^2=36$이므로 주어진 이차방정식은

$x^2+12x+36=0$

즉, $(x+6)^2=0$이므로 $x=-6$ 　　답 ②

465

$16=\left(\dfrac{k}{2}\right)^2$이므로 $16=\dfrac{k^2}{4}$, $k^2=64$

$\therefore k=-8$ 또는 $k=8$

따라서 모든 상수 k의 값의 합은 $-8+8=0$ 　　답 ③

466

$5a-4=\left(\dfrac{-8}{2}\right)^2=16$이므로 $5a=20$

$\therefore a=4$ ──────────── ❶

따라서 주어진 이차방정식은 $x^2-8x+16=0$이므로

$(x-4)^2=0$ $\quad\therefore x=4$(중근)

$\therefore b=4$ ──────────── ❷

$\therefore a+b=4+4=8$ ──────────── ❸

답 8

단계	채점 기준	배점
❶	a의 값 구하기	50 %
❷	b의 값 구하기	30 %
❸	$a+b$의 값 구하기	20 %

467

$-m+3=\left(\dfrac{m}{2}\right)^2$이므로 $-m+3=\dfrac{m^2}{4}$

$m^2+4m-12=0$, $(m+6)(m-2)=0$

$\therefore m=-6$ 또는 $m=2$

따라서 상수 m의 값의 곱은

$-6\times2=-12$ 답 ⑤

468

$x^2+2ax-2a+8=0$에서

$-2a+8=\left(\dfrac{2a}{2}\right)^2$이므로 $-2a+8=a^2$

$a^2+2a-8=0$, $(a+4)(a-2)=0$

$\therefore a=-4$ 또는 $a=2$

$a>0$이므로 $a=2$ 답 2

469

$p=\left(\dfrac{6}{2}\right)^2=9$이므로 이 값을 $x^2-2(p-4)x+q=0$에 대입하면

$x^2-10x+q=0$

이 이차방정식이 중근을 가지므로

$q=\left(\dfrac{-10}{2}\right)^2=25$

답 25

470

$x^2-8x+15=0$에서 $(x-3)(x-5)=0$

$\therefore x=3$ 또는 $x=5$

$2x^2-9x+9=0$에서 $(2x-3)(x-3)=0$

$\therefore x=\dfrac{3}{2}$ 또는 $x=3$

따라서 공통인 근은 $x=3$이다. 답 ④

471

$2x^2-3x+1=0$에서 $(2x-1)(x-1)=0$

$\therefore x=\dfrac{1}{2}$ 또는 $x=1$

$3x^2-x-2=0$에서 $(3x+2)(x-1)=0$

$\therefore x=-\dfrac{2}{3}$ 또는 $x=1$

따라서 공통인 근은 $x=1$이다. $\quad \therefore a=1$ 답 1

472

$3x^2+mx-6=0$에 $x=-3$을 대입하면

$3\times(-3)^2+m\times(-3)-6=0$

$-3m+21=0$ $\quad\therefore m=7$

$x^2-2x-n=0$에 $x=-3$을 대입하면

$(-3)^2-2\times(-3)-n=0$

$-n+15=0$ $\quad\therefore n=15$

$\therefore m-n=7-15=-8$ 답 ①

473

$x^2-ax+b=0$에 $x=-2$를 대입하면

$(-2)^2-a\times(-2)+b=0$ $\quad\therefore 2a+b=-4$ $\quad\cdots\cdots$ ㉠

$x^2+bx+2a=0$에 $x=-2$를 대입하면

$(-2)^2+b\times(-2)+2a=0$에서 $2a-2b=-4$

$\therefore a-b=-2$ $\quad\cdots\cdots$ ㉡

㉠, ㉡을 연립하여 풀면 $a=-2$, $b=0$

$\therefore ab=0$ 답 0

474

$2x^2-5x+a=0$에 $x=2$를 대입하면

$2\times2^2-5\times2+a=0$

$-2+a=0$ $\quad\therefore a=2$

$x^2+bx+2=0$에 $x=2$를 대입하면

$2^2+2b+2=0$

$6+2b=0$ $\quad\therefore b=-3$

$a=2$, $b=-3$을 $x^2+bx+a=0$에 대입하면

$x^2-3x+2=0$, $(x-1)(x-2)=0$

$\therefore x=1$ 또는 $x=2$

답 $x=1$ 또는 $x=2$

475

$x^2-4x-12=0$에서 $(x+2)(x-6)=0$

$\therefore x=-2$ 또는 $x=6$

$x^2+9x+14=0$에서 $(x+7)(x+2)=0$

$\therefore x=-7$ 또는 $x=-2$

따라서 공통인 근은 $x=-2$이다.

$x=-2$를 $x^2+px+6=0$에 대입하면

$(-2)^2+p\times(-2)+6=0$

$-2p+10=0$ $\quad\therefore p=5$ 답 ⑤

476

$x^2+6x+a=0$이 중근을 가지므로

$a=\left(\dfrac{6}{2}\right)^2=9$ ────────── ❶

$a=9$를 $x^2-(a-5)x+3=0$에 대입하면

$x^2-4x+3=0$에서 $(x-1)(x-3)=0$

$\therefore x=1$ 또는 $x=3$

$a=9$를 $2x^2-3x-a=0$에 대입하면

$2x^2-3x-9=0$에서 $(2x+3)(x-3)=0$

$\therefore x=-\dfrac{3}{2}$ 또는 $x=3$

따라서 공통인 근은 $x=3$이다. ────────── ❷

답 $x=3$

단계	채점 기준	배점
❶	a의 값 구하기	40 %
❷	공통인 근 구하기	60 %

477

$3(x-2)^2-21=0$에서 $(x-2)^2=7$

$x-2=\pm\sqrt{7}$ $\quad\therefore x=2\pm\sqrt{7}$

따라서 $a=2,\ b=7$이므로

$a+b=2+7=9$ 답 ⑤

478

① $(x+3)^2=6$에서 $x+3=\pm\sqrt{6}$

$\quad\therefore x=-3\pm\sqrt{6}$

② $(x+6)^2=3$에서 $x+6=\pm\sqrt{3}$

$\quad\therefore x=-6\pm\sqrt{3}$

③ $(x-3)^2=6$에서 $x-3=\pm\sqrt{6}$

$\quad\therefore x=3\pm\sqrt{6}$

④ $(x-6)^2=3$에서 $x-6=\pm\sqrt{3}$

$\quad\therefore x=6\pm\sqrt{3}$

⑤ $(x-6)^2=6$에서 $x-6=\pm\sqrt{6}$

$\quad\therefore x=6\pm\sqrt{6}$ 답 ③

479

$(x+2)^2=18$에서 $x+2=\pm\sqrt{18}=\pm3\sqrt{2}$

$\therefore x=-2\pm3\sqrt{2}$

따라서 두 근의 합은

$(-2+3\sqrt{2})+(-2-3\sqrt{2})=-4$ 답 ②

480

① $x=\pm\sqrt{24}=\pm2\sqrt{6}$

② $x^2=25$이므로 $x=\pm5$

③ $x^2=12$이므로 $x=\pm\sqrt{12}=\pm2\sqrt{3}$

④ $x-3=\pm\sqrt{5}$이므로 $x=3\pm\sqrt{5}$

⑤ $(x+1)^2=9$에서 $x+1=\pm3$

$\quad\therefore x=-4$ 또는 $x=2$ 답 ②, ⑤

481

$(x-m)^2=\dfrac{1}{3}$에서 $x-m=\pm\sqrt{\dfrac{1}{3}}=\pm\dfrac{\sqrt{3}}{3}$

$\therefore x=m\pm\dfrac{\sqrt{3}}{3}=\dfrac{3m\pm\sqrt{3}}{3}$

따라서 $3m=15,\ n=3$이므로 $m=5,\ n=3$

$\therefore m-n=5-3=2$ 답 2

482

$8-(4x-3)^2=0$에서 $(4x-3)^2=8$

$4x-3=\pm\sqrt{8}=\pm2\sqrt{2},\ 4x=3\pm2\sqrt{2}$

$\therefore x=\dfrac{3\pm2\sqrt{2}}{4}$ 답 ②

483

$2(x+a)^2=b$에서 $(x+a)^2=\dfrac{b}{2}$

$x+a=\pm\sqrt{\dfrac{b}{2}}$ $\quad\therefore x=-a\pm\sqrt{\dfrac{b}{2}}$ ─── ❶

따라서 $-a=2,\ \dfrac{b}{2}=5$이므로 $a=-2,\ b=10$ ─── ❷

$\therefore ab=-2\times10=-20$ ─── ❸

답 -20

단계	채점 기준	배점
❶	이차방정식의 해 구하기	40 %
❷	$a,\ b$의 값 구하기	40 %
❸	ab의 값 구하기	20 %

484

$a>0$이면 서로 다른 두 실근을 갖고, $a=0$이면 중근을 가지므로 이차방정식의 근이 존재하려면 $a\geq0$이어야 한다.

따라서 보기 중 상수 a의 값이 될 수 없는 것은 ① $-\dfrac{1}{2}$이다.

답 ①

485

중근을 가지므로 $k-2=0$ $\quad\therefore k=2$

$(x-3)^2=0$에서 $x=3$ (중근) $\quad\therefore a=3$

$\therefore a+k=3+2=5$ 답 ⑤

486

해가 존재하지 않으려면

$\dfrac{a-5}{2}<0,\ a-5<0$ $\quad\therefore a<5$ 답 $a<5$

487

$9x^2-6x-8=0$의 양변을 9로 나누면

$x^2-\dfrac{2}{3}x-\dfrac{8}{9}=0,\ x^2-\dfrac{2}{3}x=\dfrac{8}{9}$

$x^2-\dfrac{2}{3}x+\dfrac{1}{9}=\dfrac{8}{9}+\dfrac{1}{9}$

$\therefore \left(x-\dfrac{1}{3}\right)^2=1$

따라서 $a=-\dfrac{1}{3},\ b=1$이므로

$3a-2b=3\times\left(-\dfrac{1}{3}\right)-2\times1=-3$ 답 ②

488

$3x^2+6x-1=0$의 양변을 3으로 나누면

$x^2+2x-\dfrac{1}{3}=0,\ x^2+2x=\dfrac{1}{3}$

$x^2+2x+1=\dfrac{1}{3}+1$

$$\therefore (x+1)^2 = \frac{4}{3}$$

따라서 $a=1$, $b=\frac{4}{3}$이므로

$$ab = 1 \times \frac{4}{3} = \frac{4}{3}$$ 답 ⑤

489

$(x+3)(x-9)=-10$에서 $x^2-6x-27=-10$

$x^2-6x=17$, $x^2-6x+9=17+9$

$$\therefore (x-3)^2 = 26$$

따라서 $a=3$, $b=26$이므로

$a+b = 3+26 = 29$ 답 29

490

$2x^2-8x+1=0$에서 양변을 2로 나누면

$x^2-4x+\frac{1}{2}=0$, $x^2-4x=-\frac{1}{2}$

$x^2-4x+4=-\frac{1}{2}+4$, $(x-2)^2=\frac{7}{2}$

$x-2=\pm\sqrt{\frac{7}{2}}$ $\quad \therefore x=2\pm\sqrt{\frac{7}{2}}$

따라서 $A=4$, $B=2$, $C=\frac{7}{2}$이므로

$$A+B+C = 4+2+\frac{7}{2} = \frac{19}{2}$$ 답 ⑤

491

$x^2+3x+1=0$에서 $x^2+3x+\left(\boxed{\frac{3}{2}}\right)^2 = -1+\left(\boxed{\frac{3}{2}}\right)^2$

$\left(x+\boxed{\frac{3}{2}}\right)^2 = \boxed{\frac{5}{4}}$, $x+\boxed{\frac{3}{2}} = \pm\frac{\sqrt{\boxed{5}}}{2}$

$$\therefore x = -\boxed{\frac{3}{2}} \pm \frac{\sqrt{\boxed{5}}}{2}$$

$\therefore$ (가) $\frac{3}{2}$, (나) 5 답 ④

492

$x^2-6x-6=0$에서 $x^2-6x+9=6+9$

$(x-3)^2=15$, $x-3=\pm\sqrt{15}$

$$\therefore x=3\pm\sqrt{15}$$

따라서 $A=9$, $B=3$, $C=15$이므로

$A+B+C=9+3+15=27$ 답 27

493

$6x^2+9x-3=0$에서 양변을 6으로 나누면

$x^2+\frac{3}{2}x-\frac{1}{2}=0$, $x^2+\boxed{\frac{3}{2}}x=\boxed{\frac{1}{2}}$,

$x^2+\frac{3}{2}x+\left(\frac{3}{4}\right)^2 = \frac{1}{2}+\left(\frac{3}{4}\right)^2$

$\left(x+\boxed{\frac{3}{4}}\right)^2 = \boxed{\frac{17}{16}}$, $x+\frac{3}{4}=\pm\frac{\sqrt{17}}{4}$

$$\therefore x=-\frac{3}{4}\pm\frac{\sqrt{17}}{4} = \boxed{\frac{-3\pm\sqrt{17}}{4}}$$

$\therefore$ (가) $\frac{3}{2}$, (나) $\frac{1}{2}$, (다) $\frac{3}{4}$, (라) $\frac{17}{16}$, (마) $\frac{-3\pm\sqrt{17}}{4}$ 답 ③

494

① $x=\pm 3$

② $2x^2+8x-8=0$에서 양변을 2로 나누면

$x^2+4x-4=0$, $x^2+4x=4$

$x^2+4x+4=8$, $(x+2)^2=8$

$$\therefore x=-2\pm2\sqrt{2}$$

③ $4x^2+12x-7=0$에서 양변을 4로 나누면

$x^2+3x-\frac{7}{4}=0$, $x^2+3x=\frac{7}{4}$

$x^2+3x+\frac{9}{4}=4$, $\left(x+\frac{3}{2}\right)^2=4$

따라서 $x=-\frac{3}{2}\pm2$이므로 $x=-\frac{7}{2}$ 또는 $x=\frac{1}{2}$

④ $3x^2+6x+3=0$에서

$3(x^2+2x+1)=0$, $3(x+1)^2=0$

$$\therefore x=-1 \text{ (중근)}$$

⑤ $2x^2+8x+8=x^2+4x+5$에서

$x^2+4x+3=0$, $x^2+4x=-3$

$x^2+4x+4=1$, $(x+2)^2=1$

따라서 $x=-2\pm1$이므로 $x=-3$ 또는 $x=-1$ 답 ②

▶ 다른 풀이 ③ $4x^2+12x-7=0$, $(2x+7)(2x-1)=0$

$$\therefore x=-\frac{7}{2} \text{ 또는 } x=\frac{1}{2}$$

⑤ $2x^2+8x+8=x^2+4x+5$

$x^2+4x+3=0$, $(x+3)(x+1)=0$

$$\therefore x=-3 \text{ 또는 } x=-1$$

495

$x^2+2ax+4=0$에서 $x^2+2ax+a^2=-4+a^2$

$(x+a)^2=-4+a^2$, $x+a=\pm\sqrt{-4+a^2}$

$\therefore x=-a\pm\sqrt{-4+a^2}$ ——————————— ❶

따라서 $-a=5$, $-4+a^2=b$이므로

$a=-5$, $b=21$ ——————————————— ❷

$\therefore a+b=-5+21=16$ ———————————— ❸ 답 16

단계	채점 기준	배점
❶	이차방정식의 해 구하기	50 %
❷	a, b의 값 구하기	40 %
❸	$a+b$의 값 구하기	10 %

단계	채점 기준	배점
❶	$\langle x \rangle$의 값 구하기	70 %
❷	자연수 x의 개수 구하기	30 %

496

$(a^2-2a)x^2+x=3x^2+ax-4$에서

$(a^2-2a-3)x^2+(1-a)x+4=0$

이 방정식이 x에 관한 이차방정식이 되려면

$a^2-2a-3 \neq 0,\ (a+1)(a-3) \neq 0$

$\therefore a \neq -1$이고 $a \neq 3$ 답 $a \neq -1$이고 $a \neq 3$

497

$x^2-2x+k=0$에 $x=1+\sqrt{3}$을 대입하면

$(1+\sqrt{3})^2-2(1+\sqrt{3})+k=0$

$1+2\sqrt{3}+3-2-2\sqrt{3}+k=0$

$2+k=0$ $\therefore k=-2$ 답 -2

498

$x^2-3x+1=0$에 $x=a$를 대입하면

$a^2-3a+1=0$ …… ㉠

㉠의 양변을 a로 나누면

$a-3+\dfrac{1}{a}=0$ $\therefore a+\dfrac{1}{a}=3$

$\therefore a^2+2a+\dfrac{2}{a}+\dfrac{1}{a^2}=\left(a^2+\dfrac{1}{a^2}\right)+2\left(a+\dfrac{1}{a}\right)$

$=\left(a+\dfrac{1}{a}\right)^2-2+2\left(a+\dfrac{1}{a}\right)$

$=3^2-2+2\times 3=13$ 답 13

499

$2019^2 x^2-2018\times 2020x-1=0$에서

$2019=a$로 놓으면 $a^2 x^2-(a-1)(a+1)x-1=0$

$a^2 x^2-(a^2-1)x-1=0,\ (a^2 x+1)(x-1)=0$

$(2019^2 x+1)(x-1)=0$

$\therefore x=-\dfrac{1}{2019^2}$ 또는 $x=1$ $\therefore A=1$

$x^2+2018x-2019=0$에서 $(x+2019)(x-1)=0$

$\therefore x=-2019$ 또는 $x=1$ $\therefore B=-2019$

$\therefore A-B=1-(-2019)=2020$ 답 2020

500

$\langle x \rangle^2-\langle x \rangle-2=0$에서

$(\langle x \rangle+1)(\langle x \rangle-2)=0$

$\therefore \langle x \rangle=-1$ 또는 $\langle x \rangle=2$

그런데 $\langle x \rangle$는 자연수 x의 양의 약수의 개수이므로 $\langle x \rangle \neq -1$

$\therefore \langle x \rangle=2$ ❶

약수가 2개인 것은 소수이므로 10 이하의 자연수 중에서 소수는 2, 3, 5, 7의 4개이다.   ❷

답 4개

501

$(x+1)*(x+2)=(x+1)(x+2)+(x+1)+(x+2)$

$=x^2+5x+5$

따라서 주어진 방정식은

$x^2+5x+5=-1,\ x^2+5x+6=0$

$(x+3)(x+2)=0$ $\therefore x=-3$ 또는 $x=-2$

따라서 $x_1{}^2+x_2{}^2$의 값은 $(-3)^2+(-2)^2=13$ 답 13

502

(1) 두 번째 세로줄과 대각선에 있는 세 수의 합이 같으므로

$x^2+5+(x-2)=4+5+2x$

$x^2-x-6=0,\ (x-3)(x+2)=0$

$\therefore x=3\ (\because x$는 자연수$)$

(2) $x=3$을 주어진 표에 대입하면 가로, 세로, 대각선에 있는 각각의 세 수의 합이 모두 15 이어야 하므로 표를 완성하면 오른쪽과 같다.

2	9	4
7	5	3
6	1	8

답 (1) 3   (2) 풀이 참조

503

$x=-6$이 $x^2-5ax+6a=0$의 한 근이므로

$(-6)^2-5a\times(-6)+6a=0,\ 36a+36=0$ $\therefore a=-1$

따라서 처음 이차방정식은 $x^2-6x+5=0$이므로

$(x-1)(x-5)=0$ $\therefore x=1$ 또는 $x=5$

답 $x=1$ 또는 $x=5$

504

$x^2=2x+3$에서 $x^2-2x-3=0$

$(x+1)(x-3)=0$ $\therefore x=-1$ 또는 $x=3$ …… ㉠

$2(x-4)<a$에서 $2x-8<a$

$2x<a+8$ $\therefore x<\dfrac{a+8}{2}$ …… ㉡

공통인 근이 존재하지 않으려면 ㉠이 ㉡의 범위에 속하지 않아야 하므로 오른쪽 그림과 같이 나타낼 수 있다.

$\dfrac{a+8}{2} \leq -1,\ a+8 \leq -2$

$\therefore a \leq -10$ 답 $a \leq -10$

505

$x^2-3x+6=0$에 $x=m$을 대입하면

$m^2-3m+6=0,\ m^2-3m=-6$ $\therefore 2m^2-6m=-12$

$x^2-7x-1=0$에 $x=n$을 대입하면

$n^2-7n-1=0$ $\therefore n^2-7n=1$

$\therefore (2m^2-6m+1)(n^2-7n-3)=(-12+1)(1-3)$

$\qquad\qquad\qquad\qquad\qquad\qquad =22$ 🖪 22

506

$x^2-3x+a-3=0$에 $x=a$를 대입하면

$a^2-3a+a-3=0$, $a^2-2a-3=0$

$(a+1)(a-3)=0$ $\therefore a=-1(\because a<0)$

$a=-1$을 주어진 이차방정식에 대입하면

$x^2-3x-4=0$에서 $(x+1)(x-4)=0$

$\therefore x=-1$ 또는 $x=4$

따라서 다른 한 근은 $x=4$이다.   🖪 $x=4$

507

$x^2+80x-81=0$에서 $(x+81)(x-1)=0$

$\therefore x=-81$ 또는 $x=1$

따라서 두 근 중 큰 근은 $x=1$이다. ──────── ❶

$x=1$을 $(a-1)x^2-(a^2-1)x+2(a-1)=0$에 대입하면

$a-1-(a^2-1)+2(a-1)=0$

$a^2-3a+2=0$, $(a-1)(a-2)=0$

$\therefore a=1$ 또는 $a=2$

그런데 이차방정식의 x^2의 계수는 0이 아니어야 하므로

$a-1\neq0$, 즉 $a\neq1$ $\therefore a=2$ ────── ❷

$a=2$를 $(a-1)x^2-(a^2-1)x+2(a-1)=0$에 대입하면

$x^2-3x+2=0$, $(x-1)(x-2)=0$

$\therefore x=1$ 또는 $x=2$

따라서 다른 한 근은 $x=2$이다. ──────── ❸

🖪 $x=2$

단계	채점 기준	배점
❶	$x^2+80x-81=0$의 두 근 중 큰 근 구하기	30 %
❷	a의 값 구하기	40 %
❸	다른 한 근 구하기	30 %

508

주사위를 두 번 던져 나올 수 있는 모든 경우의 수는 $6\times6=36$
이다.

이차방정식 $x^2+2ax+b=0$이 중근을 가지려면 $b=\left(\dfrac{2a}{2}\right)^2$, 즉

$b=a^2$이어야 하므로 이것을 만족하는 순서쌍 (a, b)는 $(1, 1)$,
$(2, 4)$의 2가지이다.

따라서 구하는 확률은 $\dfrac{2}{36}=\dfrac{1}{18}$ 🖪 $\dfrac{1}{18}$

509

$x^2+2x+a=0$에 $x=3$을 대입하면

$3^2+2\times3+a=0$, $15+a=0$

$\therefore a=-15$

$x^2+bx+c=0$이 중근 $x=3$을 가지므로 $(x-3)^2=0$

$x^2-6x+9=0$ $\therefore b=-6$, $c=9$

$\therefore a-b+c=-15-(-6)+9=0$ 🖪 0

510

① $k=1$이면 $(x-1)^2=-1$이므로 근이 없다.

② $k=2$이면 $(x-1)^2=0$ $\therefore x=1$ (중근)

③ $k=3$이면 $(x-1)^2=1$, $x-1=\pm1$

   $\therefore x=0$ 또는 $x=2$

④ $k=4$이면 $(x-1)^2=2$, $x-1=\pm\sqrt{2}$

   $\therefore x=1\pm\sqrt{2}$ ⇦ 무리수

⑤ $k=5$이면 $(x-1)^2=3$, $x-1=\pm\sqrt{3}$

   $\therefore x=1\pm\sqrt{3}$ 🖪 ④

511

$3x^2+2ax+b=0$에서 양변을 3으로 나누면

$x^2+\dfrac{2a}{3}x+\dfrac{b}{3}=0$

$x^2+\dfrac{2a}{3}x+\left(\dfrac{a}{3}\right)^2=-\dfrac{b}{3}+\left(\dfrac{a}{3}\right)^2$

$\left(x+\dfrac{a}{3}\right)^2=-\dfrac{b}{3}+\left(\dfrac{a}{3}\right)^2$, $x+\dfrac{a}{3}=\pm\sqrt{-\dfrac{b}{3}+\left(\dfrac{a}{3}\right)^2}$

$\therefore x=-\dfrac{a}{3}\pm\sqrt{-\dfrac{b}{3}+\left(\dfrac{a}{3}\right)^2}$ ─────── ❶

이때, 해가 $x=2\pm2\sqrt{3}=2\pm\sqrt{12}$이므로

$-\dfrac{a}{3}=2$, $-\dfrac{b}{3}+\left(\dfrac{a}{3}\right)^2=12$

$\therefore a=-6$, $b=-24$ ───────────── ❷

$\therefore a+b=-6-24=-30$ ──────────── ❸

🖪 -30

단계	채점 기준	배점
❶	이차방정식의 해 구하기	60 %
❷	a, b의 값 구하기	30 %
❸	$a+b$의 값 구하기	10 %

4 이차방정식의 활용

필수유형 공략하기   96~106쪽

512

④ $x=\dfrac{-7\pm\sqrt{7^2-4\times3\times(-2)}}{2\times3}=\dfrac{-7\pm\sqrt{73}}{6}$

⑤ $x=\dfrac{-(-4)\pm\sqrt{(-4)^2-4\times(-3)}}{4}=\dfrac{4\pm\sqrt{28}}{4}$

     $=\dfrac{4\pm2\sqrt{7}}{4}=\dfrac{2\pm\sqrt{7}}{2}$ 답 ④

513

$x^2-5x+1=5x$에서 $x^2-10x+1=0$

$\therefore x=\dfrac{-(-5)\pm\sqrt{(-5)^2-1\times1}}{1}=5\pm\sqrt{24}=5\pm2\sqrt{6}$

따라서 $a=5$, $b=6$이므로 $a-b=5-6=-1$ 답 ④

514

$2x^2-ax-3=0$에서

$x=\dfrac{-(-a)\pm\sqrt{(-a)^2-4\times2\times(-3)}}{2\times2}=\dfrac{a\pm\sqrt{a^2+24}}{4}$

따라서 $a=3$, $a^2+24=b$이므로 $a=3$, $b=33$

$\therefore b-a=33-3=30$ 답 ②

515

양변에 6을 곱하면 $3x^2+8x+1=0$

$\therefore x=\dfrac{-4\pm\sqrt{4^2-3\times1}}{3}=\dfrac{-4\pm\sqrt{13}}{3}$

따라서 $a=3$, $b=13$이므로

$ab=3\times13=39$ 답 ⑤

516

양변에 10을 곱하면 $3x^2-5x+2=0$

$(3x-2)(x-1)=0$ $\therefore x=\dfrac{2}{3}$ 또는 $x=1$

$\alpha>\beta$이므로 $\alpha=1$, $\beta=\dfrac{2}{3}$

$\therefore \alpha+3\beta=1+3\times\dfrac{2}{3}=3$ 답 3

517

양변에 8을 곱하면 $x^2-4x+3=0$

$(x-1)(x-3)=0$ $\therefore x=1$ 또는 $x=3$

따라서 $\alpha=1$, $\beta=3$ 또는 $\alpha=3$, $\beta=1$이므로

$|\alpha-\beta|=2$ 답 ③

518

양변에 30을 곱하면 $20x^2-72(x+1)+108=0$

$20x^2-72x+36=0$, $5x^2-18x+9=0$

$(5x-3)(x-3)=0$ $\therefore x=\dfrac{3}{5}$ 또는 $x=3$

$\alpha>\beta$이므로 $\alpha=3$, $\beta=\dfrac{3}{5}$

$\therefore \alpha-5\beta=3-5\times\dfrac{3}{5}=0$ 답 0

519

양변에 4를 곱하면

$2(x+1)^2=(x+1)(x-3)$

$2x^2+4x+2=x^2-2x-3$

$x^2+6x+5=0$, $(x+5)(x+1)=0$

$\therefore x=-5$ 또는 $x=-1$

$\therefore \alpha+\beta=-5+(-1)=-6$ 답 -6

520

양변에 6을 곱하면

$3(x+1)(x+2)=2x(x+5)-8x$

$3x^2+9x+6=2x^2+10x-8x$

$x^2+7x+6=0$, $(x+6)(x+1)=0$

$\therefore x=-6$ 또는 $x=-1$

$\therefore \alpha^2+\beta^2=(-6)^2+(-1)^2=37$ 답 ③

521

양변에 12를 곱하면

$8(x+1)^2-24x-8=9(x^2-1)$

$8x^2+16x+8-24x-8=9x^2-9$

$x^2+8x-9=0$, $(x+9)(x-1)=0$

$\therefore x=-9$ 또는 $x=1$ ————————————❶

$\alpha>\beta$이므로 $\alpha=1$, $\beta=-9$

$\therefore \alpha-\beta=1-(-9)=10$ ————————————❷

     답 10

단계	채점 기준	배점
❶	이차방정식의 해 구하기	70 %
❷	$\alpha-\beta$의 값 구하기	30 %

522

$x+1=A$라 하면 $3A^2-2A-1=0$

$(3A+1)(A-1)=0$ $\therefore A=-\dfrac{1}{3}$ 또는 $A=1$

$A=x+1$이므로 $x+1=-\dfrac{1}{3}$ 또는 $x+1=1$

$\therefore x=-\dfrac{4}{3}$ 또는 $x=0$

$\alpha>\beta$이므로 $\alpha=0$, $\beta=-\dfrac{4}{3}$

$\therefore \alpha-3\beta=0-3\times\left(-\dfrac{4}{3}\right)=4$ 답 ④

523

양변에 6을 곱하면 $(2x-3)^2-2(2x-3)=24$

$2x-3=A$라 하면 $A^2-2A-24=0$

$(A+4)(A-6)=0$　∴ $A=-4$ 또는 $A=6$

$A=2x-3$이므로 $2x-3=-4$ 또는 $2x-3=6$

∴ $x=-\dfrac{1}{2}$ 또는 $x=\dfrac{9}{2}$ ────────── ❶

∴ $\alpha+\beta=-\dfrac{1}{2}+\dfrac{9}{2}=4$ ────────── ❷

답 4

단계	채점 기준	배점
❶	이차방정식의 해 구하기	80 %
❷	$\alpha+\beta$의 값 구하기	20 %

524

$x-y=A$라 하면 $A(A-3)=10$

$A^2-3A-10=0$, $(A+2)(A-5)=0$

∴ $A=-2$ 또는 $A=5$

그런데 $x>y$에서 $A>0$이므로 $A=5$

∴ $x-y=5$ 답 ⑤

525

$2x-y=A$라 하면 $(A-1)(A-5)+4=0$

$A^2-6A+9=0$, $(A-3)^2=0$　∴ $A=3$ (중근)

따라서 $2x-y=3$이므로

$4x-2y=2(2x-y)=2\times3=6$ 답 ③

526

① $(-3)^2-4\times1\times(-2)=17>0$　∴ 2개

② $4^2-4\times3\times(-2)=40>0$　∴ 2개

③ $(-2)^2-4\times2\times\dfrac{1}{2}=0$　∴ 1개

④ $5^2-4\times3\times4=-23<0$　∴ 0개

⑤ $(-3)^2-4\times2\times\dfrac{9}{8}=0$　∴ 1개 답 ④

527

ㄱ. $(-3)^2-4\times1\times3=-3<0$　∴ 0개

ㄴ. $1^2-4\times3\times(-5)=61>0$　∴ 2개

ㄷ. $(-6)^2-4\times9\times1=0$　∴ 1개

ㄹ. $8^2-4\times4\times3=16>0$　∴ 2개

따라서 서로 다른 두 근을 갖는 것은 ㄴ, ㄹ이다. 답 ④

528

$2x^2+3x+2=0$에서 $3^2-4\times2\times2=-7<0$

∴ $a=0$ ────────── ❶

$x^2+\dfrac{2}{3}x+\dfrac{1}{9}=0$에서 $\left(\dfrac{2}{3}\right)^2-4\times1\times\dfrac{1}{9}=0$

∴ $b=1$ ────────── ❷

$4x^2-3x+\dfrac{1}{2}=0$에서 $(-3)^2-4\times4\times\dfrac{1}{2}=1>0$

∴ $c=2$ ────────── ❸

∴ $a-b-c=0-1-2=-3$ ────────── ❹

답 -3

단계	채점 기준	배점
❶	a의 값 구하기	30 %
❷	b의 값 구하기	30 %
❸	c의 값 구하기	30 %
❹	$a-b-c$의 값 구하기	10 %

529

$x^2-2mx+2m+3=0$이 중근을 가지려면

$(-2m)^2-4\times1\times(2m+3)=0$

$4m^2-8m-12=0$, $m^2-2m-3=0$

$(m+1)(m-3)=0$　∴ $m=-1$ 또는 $m=3$

따라서 모든 상수 m의 값의 합은 $-1+3=2$ 답 ②

530

$3x^2+8x+k=0$이 중근을 가지려면

$8^2-4\times3\times k=0$, $12k=64$　∴ $k=\dfrac{16}{3}$ 답 $\dfrac{16}{3}$

531

$9x^2+(k-2)x+1=0$이 중근을 가지려면

$(k-2)^2-4\times9\times1=0$

$k^2-4k-32=0$, $(k+4)(k-8)=0$

∴ $k=-4$ 또는 $k=8$

(i) $k=-4$일 때, $9x^2-6x+1=0$

　$(3x-1)^2=0$　∴ $x=\dfrac{1}{3}$ (중근)

(ii) $k=8$일 때, $9x^2+6x+1=0$

　$(3x+1)^2=0$　∴ $x=-\dfrac{1}{3}$ (중근)

따라서 이차방정식의 중근이 음수일 때 상수 k의 값은

$k=8$ 답 ⑤

532

$(a+1)x^2-(a+1)x+1=0$이 중근을 가지려면

$(a+1)^2-4(a+1)=0$

$a^2-2a-3=0$, $(a+1)(a-3)=0$

∴ $a=-1$ 또는 $a=3$

그런데 이차방정식의 x^2의 계수는 0이 아니어야 하므로

$a+1\neq0$, 즉 $a\neq-1$　∴ $a=3$ ────────── ❶

$a=3$을 주어진 이차방정식에 대입하면

$4x^2-4x+1=0$, $(2x-1)^2=0$

$$\therefore x=\frac{1}{2}\ (\text{중근}) \qquad \therefore b=\frac{1}{2} \text{————— ❷}$$

따라서 $a=3$, $b=\frac{1}{2}$이므로

$$2ab=2\times3\times\frac{1}{2}=3 \text{———————— ❸}$$

답 3

단계	채점 기준	배점
❶	a의 값 구하기	40 %
❷	b의 값 구하기	40 %
❸	$2ab$의 값 구하기	20 %

533

$2x^2+8x+18-a=0$이 근을 가지려면

$8^2-4\times2\times(18-a)\geq0$, $8a\geq80$ $\quad \therefore a\geq10$

따라서 상수 a의 최솟값은 10이다.

답 ⑤

534

$2x^2-6x+k-1=0$이 서로 다른 두 근을 가지려면

$(-6)^2-4\times2\times(k-1)>0$, $-8k>-44$

$$\therefore k<\frac{11}{2}$$

따라서 자연수 k는 1, 2, 3, 4, 5의 5개이다.

답 ④

535

$2x^2+4x+k=0$의 근이 존재하지 않으므로

$4^2-4\times2\times k<0$

$16-8k<0$ $\quad \therefore k>2$

따라서 자연수 k의 최솟값은 3이다.

답 3

536

$6x^2-2x+2k+1=0$의 근이 존재하지 않으려면

$(-2)^2-4\times6\times(2k+1)<0$, $-48k<20$

$$\therefore k>-\frac{5}{12}$$

답 ⑤

537

$ax^2+4x+2=0$이 서로 다른 두 근을 가지려면

$4^2-4\times a\times2>0$, $-8a>-16$ $\quad \therefore a<2$

그런데 이차방정식의 x^2의 계수는 0이 아니어야 하므로

$a\neq0$

$$\therefore a<0,\ 0<a<2$$

답 ④

538

$2x^2-8x+k=0$이 중근을 가지려면

$(-8)^2-4\times2\times k=0$

$64-8k=0$ $\quad \therefore k=8$

따라서 $x^2-8x+m=0$이 근을 가져야 하므로

$(-8)^2-4\times1\times m\geq0$

$64-4m\geq0$ $\quad \therefore m\leq16$

따라서 상수 m의 최댓값은 16이다.

답 16

539

$x^2-6x+3-2k=0$이 근을 가지려면

$(-6)^2-4\times1\times(3-2k)\geq0$, $8k\geq-24$

$$\therefore k\geq-3 \text{————————————— ❶}$$

$x^2+2x-k+3=0$이 근을 갖지 않으려면

$2^2-4\times1\times(-k+3)<0$, $4k<8$ $\quad \therefore k<2 \text{—— ❷}$

따라서 구하는 k의 값의 범위는 $-3\leq k<2$ ——— ❸

답 $-3\leq k<2$

단계	채점 기준	배점
❶	이차방정식 $x^2-6x+3-2k=0$이 해를 가질 조건 구하기	40 %
❷	이차방정식 $x^2+2x-k+3=0$이 해를 갖지 않을 조건 구하기	40 %
❸	k의 값의 범위 구하기	20 %

540

두 근을 1, -5로 하는 이차방정식은

$(x-1)(x+5)=0$, $x^2+4x-5=0$ $\quad \therefore a=4$, $b=-5$

따라서 구하는 이차방정식은

$\frac{1}{2}(x-4)(x+5)=0$에서 $\frac{1}{2}x^2+\frac{1}{2}x-10=0$

답 ①

541

$x^2-2x-4=0$, $x^2-2x+1=4+1$, $(x-1)^2=5$

$$\therefore a=-1,\ b=5$$

따라서 구하는 이차방정식은

$(x+1)(x-5)=0$에서 $x^2-4x-5=0$ 답 $x^2-4x-5=0$

542

x^2의 계수가 4이고 중근이 $x=-\frac{1}{2}$인 이차방정식은

$4\left(x+\frac{1}{2}\right)^2=0$, $4\left(x^2+x+\frac{1}{4}\right)=0$

$4x^2+4x+1=0$ $\quad \therefore a=4$, $b=1$

따라서 4, 1을 두 근으로 하고 x^2의 계수가 3인 이차방정식은

$3(x-1)(x-4)=0$, $3(x^2-5x+4)=0$

$$\therefore 3x^2-15x+12=0$$

답 ③

543

다른 한 근은 $-3+\sqrt{2}$이므로

$\{x-(-3-\sqrt{2})\}\{x-(-3+\sqrt{2})\}=0$

$\{(x+3)+\sqrt{2}\}\{(x+3)-\sqrt{2}\}=0$, $(x+3)^2-2=0$

따라서 구하는 이차방정식은 $x^2+6x+7=0$

답 $x^2+6x+7=0$

544

이차방정식 $2x^2+4x+m=0$이 중근을 가지려면

$4^2-4\times2\times m=0$, $16-8m=0$ $\therefore m=2$

따라서 1, 2를 두 근으로 하고 이차항의 계수가 1인 이차방정식은

$(x-1)(x-2)=0$ $\therefore x^2-3x+2=0$ 답 ②

545

$x^2-4x+1=0$에서 $x=2\pm\sqrt{3}$이므로 ————— ❶

$\alpha-1=2+\sqrt{3}-1=1+\sqrt{3}$

$\beta-1=2-\sqrt{3}-1=1-\sqrt{3}$ ————— ❷

$2\{x-(1+\sqrt{3})\}\{x-(1-\sqrt{3})\}=0$

$2\{(x-1)-\sqrt{3}\}\{(x-1)+\sqrt{3}\}=0$, $2\{(x-1)^2-3\}=0$

따라서 구하는 이차방정식은 $2x^2-4x-4=0$ ————— ❸

답 $2x^2-4x-4=0$

단계	채점 기준	배점
❶	이차방정식의 해 구하기	30 %
❷	$\alpha-1$, $\beta-1$의 값 구하기	20 %
❸	조건에 맞는 이차방정식 구하기	50 %

546

y절편이 -4이므로 $y=ax-4$에서 점 $(-3, 0)$을 지나므로

$0=-3a-4$, $a=-\dfrac{4}{3}$

따라서 구하는 이차방정식은

$3\left(x+\dfrac{4}{3}\right)(x+4)=0$에서 $3x^2+16x+16=0$

답 $3x^2+16x+16=0$

547

두 근을 각각 α, $\alpha+2$라 하면 주어진 이차방정식은

$(x-\alpha)\{x-(\alpha+2)\}=0$

$x^2-(2\alpha+2)x+\alpha^2+2\alpha=0$

$-(2\alpha+2)=-4$이므로 $\alpha=1$

$3k-9=\alpha^2+2\alpha=3$ $\therefore k=4$ 답 ④

548

두 근을 각각 $2k$, $3k$라 하면 주어진 이차방정식은

$5(x-2k)(x-3k)=0$, $5x^2-25kx+30k^2=0$

$-25k=-50$이므로 $k=2$

$9a+48=30k^2=120$ $\therefore a=8$ 답 8

549

두 근을 각각 α, 2α라 하면 주어진 이차방정식은

$(x-\alpha)(x-2\alpha)=0$, $x^2-3\alpha x+2\alpha^2=0$

$-3\alpha=k$ …… ㉠, $2\alpha^2=k-1$ …… ㉡

㉠을 ㉡에 대입하면 $2\times\left(-\dfrac{k}{3}\right)^2=k-1$

$2k^2=9k-9$, $2k^2-9k+9=0$

$(2k-3)(k-3)=0$

$\therefore k=\dfrac{3}{2}$ 또는 $k=3$

따라서 모든 상수 k의 값의 합은 $\dfrac{3}{2}+3=\dfrac{9}{2}$ 답 ⑤

550

다른 한 근은 $3+2\sqrt{3}$이므로

$\{x-(3-2\sqrt{3})\}\{x-(3+2\sqrt{3})\}=0$

$\{(x-3)+2\sqrt{3}\}\{(x-3)-2\sqrt{3}\}=0$, $(x-3)^2-12=0$

$x^2-6x-3=0$에서 $k=-1$, $m=-4$

$\therefore k+m=-5$ 답 ①

551

다른 한 근은 $3-\sqrt{5}$이므로 ————— ❶

$\{x-(3+\sqrt{5})\}\{x-(3-\sqrt{5})\}=0$

$\{(x-3)-\sqrt{5}\}\{(x-3)+\sqrt{5}\}=0$, $x^2-6x+4=0$ ————— ❷

$-2p=-6$에서 $p=3$, $3q+1=4$에서 $q=1$

$\therefore p+q=4$ ————— ❸

답 4

단계	채점 기준	배점
❶	다른 한 근 구하기	20 %
❷	이차방정식 구하기	50 %
❸	$p+q$의 값 구하기	30 %

552

$\dfrac{1}{3+2\sqrt{2}}=\dfrac{3-2\sqrt{2}}{(3+2\sqrt{2})(3-2\sqrt{2})}=3-2\sqrt{2}$

이므로 다른 한 근은 $3+2\sqrt{2}$이다.

$\{x-(3-2\sqrt{2})\}\{x-(3+2\sqrt{2})\}=0$

$\{(x-3)+2\sqrt{2}\}\{(x-3)-2\sqrt{2}\}=0$, $x^2-6x+1=0$

그런데 x의 계수는 6이어야 하므로 $a=-1$, $b=-1$

$\therefore ab=1$ 답 ④

553

$\dfrac{n(n-3)}{2}=35$에서 $n(n-3)=70$

$n^2-3n-70=0$, $(n+7)(n-10)=0$

$\therefore n=10\,(\because n>3)$

따라서 대각선이 모두 35개인 다각형은 십각형이다. 답 ②

554

$\dfrac{n(n+1)}{2}=36$에서 $n(n+1)=72$

$n^2+n-72=0$, $(n+9)(n-8)=0$

$\therefore n=8\,(\because n>0)$

따라서 1부터 8까지 더하면 합이 36이 된다. 답 8

555

$\dfrac{n(n-1)}{2}=45$에서 $n(n-1)=90$

$n^2-n-90=0$, $(n+9)(n-10)=0$

$\therefore n=10\,(\because n>1)$

따라서 이 모임에 참가한 학생은 모두 10명이다.　　답 10명

556

$<x>^2-<x>-6=0$, $(<x>+2)(<x>-3)=0$

$\therefore <x>=3\,(\because <x>$는 자연수$)$

따라서 자신보다 작은 소수의 개수가 3개인 9 미만의 자연수는
6, 7이므로

$6+7=13$　　답 ③

557

$(x-1)(x+2)+(-2x)\times x=-4$, $x^2-x-2=0$

$(x+1)(x-2)=0$　　$\therefore x=-1$ 또는 $x=2$

따라서 모든 x의 합은 1이다.　　답 ④

558

$(x-1)+(2x+1)-(x-1)(2x+1)=2$, $2x^2-4x+1=0$

$\therefore x=\dfrac{2\pm\sqrt{2}}{2}$

따라서 모든 x의 합은 2이다.　　답 2

559

연속하는 세 자연수를 $x-1$, x, $x+1\,(x>1)$이라 하면

$(x+1)^2=x^2+(x-1)^2-21$

$x^2+2x+1=x^2+x^2-2x+1-21$

$x^2-4x-21=0$, $(x+3)(x-7)=0$

$\therefore x=7\,(\because x$는 자연수$)$

따라서 연속하는 세 자연수는 6, 7, 8이고 그중 가장 큰 수는 8
이다.　　답 ⑤

560

연속하는 두 짝수를 x, $x+2$라 하면

$x^2+(x+2)^2=100$, $2x^2+4x-96=0$

$x^2+2x-48=0$, $(x+8)(x-6)=0$

$\therefore x=6\,(\because x$는 자연수$)$

따라서 두 짝수는 6, 8이므로 구하는 곱은

$6\times 8=48$　　답 ②

561

연속하는 세 홀수를 $x-2$, x, $x+2$라 하면

$(x-2)^2+x^2+(x+2)^2=683$

$x^2-4x+4+x^2+x^2+4x+4=683$

$3x^2+8=683$, $3x^2=675$, $x^2=225$

$\therefore x=15\,(\because x$는 자연수$)$

따라서 세 홀수는 13, 15, 17이므로 가장 큰 수와 가장 작은 수
의 합은 $13+17=30$　　답 ⑤

562

펼쳐진 두 면의 쪽수를 x, $x+1$이라 하면

$x(x+1)=156$, $x^2+x-156=0$

$(x+13)(x-12)=0$　　$\therefore x=12\,(\because x$는 자연수$)$

따라서 두 면의 쪽수는 12, 13이므로 구하는 합은

$12+13=25$　　답 25

563

전체 학생의 수를 x명이라 하면 한 학생이 받는 귤의 개수는
$(x+5)$개이므로

$x(x+5)=24$, $x^2+5x-24=0$

$(x+8)(x-3)=0$　　$\therefore x=3\,(\because x$는 자연수$)$

따라서 전체 학생은 3명이다.　　답 ①

564

어떤 자연수를 x라 하면

$x(x-2)=15$ ────────────── ❶

$x^2-2x-15=0$, $(x+3)(x-5)=0$

$\therefore x=5\,(\because x$는 자연수$)$ ────────────── ❷

따라서 처음 두 자연수는 5, 7이므로 구하는 곱은

$5\times 7=35$ ────────────── ❸

답 35

단계	채점 기준	배점
❶	이차방정식 세우기	40 %
❷	이차방정식 풀기	30 %
❸	처음 두 자연수의 곱 구하기	30 %

565

동생의 나이를 x살이라 하면 누나의 나이는 $(x+4)$살이므로

$(x+4)^2=3x^2-8$, $2x^2-8x-24=0$

$x^2-4x-12=0$, $(x+2)(x-6)=0$

$\therefore x=6\,(\because x$는 자연수$)$

따라서 동생의 나이는 6살이다.　　답 ②

566

$50+50t-5t^2=130$에서 $5t^2-50t+80=0$

$t^2-10t+16=0$, $(t-2)(t-8)=0$

$\therefore t=2$ 또는 $t=8$

따라서 높이가 130 m가 되는 것은 2초 또는 8초 후이다.　　답 ⑤

567

지면에 떨어질 때의 높이는 0 m이므로

$40+35t-5t^2=0$, $t^2-7t-8=0$
$(t+1)(t-8)=0$ $\therefore t=8\,(\because t>0)$
따라서 8초 후에 지면에 떨어진다.   답 ⑤

568

$2500+150t-5t^2=3500$에서
$5t^2-150t+1000=0$ ———————— ❶
$t^2-30t+200=0$, $(t-10)(t-20)=0$
$\therefore t=10$ 또는 $t=20$ ———————— ❷
따라서 분출물의 높이가 3500 m 이상인 것은 10초부터 20초까지이므로 10초 동안이다. ———————— ❸

답 10초

단계	채점 기준	배점
❶	이차방정식 세우기	30 %
❷	이차방정식 풀기	40 %
❸	답 구하기	30 %

569

길의 폭을 x m라 하면 길을 만들고 남은 토지의 넓이는 오른쪽 그림의 어두운 부분의 넓이와 같다.
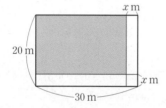
$(30-x)(20-x)=375$
$600-50x+x^2=375$
$x^2-50x+225=0$, $(x-5)(x-45)=0$
$\therefore x=5\,(\because 0<x<20)$
따라서 길의 폭은 5 m로 해야 한다.   답 ④

570

$(x+2)^2=5(5+2x)$, $x^2+4x+4=10x+25$
$x^2-6x-21=0$ $\therefore x=3+\sqrt{30}\,(\because x>0)$ 답 ②

571

$\overline{AP}=x$ cm라 하면 $\overline{PB}=(16-x)$ cm이고
$\overline{BQ}=(12-x)$ cm이므로
$\triangle PBQ=\dfrac{1}{2}(12-x)(16-x)=16$ ———————— ❶
$x^2-28x+160=0$, $(x-8)(x-20)=0$
$\therefore x=8\,(\because 0<x<12)$ ———————— ❷

답 8 cm

단계	채점 기준	배점
❶	이차방정식 세우기	60 %
❷	$\overline{AP}$의 길이 구하기	40 %

572

가장 작은 원의 반지름의 길이를 x cm라 하면
$\dfrac{1}{2}\pi\times 6^2-\dfrac{1}{2}\pi\times x^2-\dfrac{1}{2}\pi\times(6-x)^2=8\pi$

$x^2-6x+8=0$, $(x-2)(x-4)=0$
$\therefore x=2\,(\because 0<x<3)$ 답 ①

573

작은 정사각형의 한 변의 길이를 x cm라 하면 큰 정사각형의 한 변의 길이는 $(9-x)$ cm이므로
$x^2+(9-x)^2=45$, $2x^2-18x+36=0$
$x^2-9x+18=0$, $(x-3)(x-6)=0$
$\therefore x=3\left(\because 0<x<\dfrac{9}{2}\right)$
따라서 작은 정사각형의 한 변의 길이는 3 cm이다.   답 ①

574

직사각형의 가로의 길이를 x cm라고 하면 세로의 길이는 $(11-x)$ cm이므로
$x(11-x)=30$, $x^2-11x+30=0$
$(x-5)(x-6)=0$ $\therefore x=5$ 또는 $x=6$
이때 가로의 길이가 세로의 길이보다 길어야 하므로 가로의 길이는 6 cm이다.   답 6 cm

575

처음 꽃밭의 세로의 길이를 x m라 하면 가로의 길이는 $2x$ m이고, 남은 꽃밭의 넓이는 오른쪽 그림의 어두운 부분의 넓이와 같다.
$x(2x-2)=40$에서 $2x^2-2x=40$
$x^2-x-20=0$, $(x+4)(x-5)=0$
$\therefore x=5\,(\because x>0)$
따라서 처음 꽃밭의 가로의 길이는 $2\times 5=10$ (m)   답 10 m

576

작은 원의 반지름의 길이를 x cm라 하면
$\pi(x+2)^2=\pi x^2\times 3$, $x^2+4x+4=3x^2$
$x^2-2x-2=0$ $\therefore x=1+\sqrt{3}\,(\because x>0)$
따라서 작은 원의 반지름의 길이는 $(1+\sqrt{3})$ cm이다.   답 ③

577

$\overline{BD}=x$ cm라 하면 $\triangle ABC$와 $\triangle EDC$가 직각이등변삼각형이므로 $\overline{DC}=\overline{DE}=(12-x)$ cm
$\square BDEF=\triangle EDC$이므로
$x(12-x)=\dfrac{1}{2}(12-x)^2$, $24x-2x^2=144-24x+x^2$
$3x^2-48x+144=0$, $x^2-16x+48=0$
$(x-4)(x-12)=0$ $\therefore x=4\,(\because 0<x<12)$
따라서 $\overline{BD}$의 길이는 4 cm이다.   답 ③

578

$\overline{AD}=\overline{AH}=x$ cm라 하면 $\overline{BC}=(x+4)$ cm이므로

$\dfrac{1}{2}\times(x+x+4)\times x=63$, $x^2+2x-63=0$ ——————— ❶

$(x+9)(x-7)=0$ $\therefore x=7\,(\because x>0)$ ——————— ❷

$\therefore \overline{BC}=7+4=11\,(\text{cm})$ ——————— ❸

답 11 cm

단계	채점 기준	배점
❶	이차방정식 세우기	40 %
❷	이차방정식 풀기	30 %
❸	$\overline{BC}$의 길이 구하기	30 %

579

처음 삼각형의 높이를 x cm라 하면

$\dfrac{1}{2}(2x+3)(x+1)=2\times\left(\dfrac{1}{2}\times 2x\times x\right)$

$2x^2+5x+3=4x^2$, $2x^2-5x-3=0$

$(x-3)(2x+1)=0$ $\therefore x=3\,(\because x>0)$

따라서 처음 삼각형의 밑변의 길이는 6 cm이다. 답 ②

580

x초 후에 $\overline{AP}$, $\overline{BQ}$의 길이는 각각 $\overline{AP}=x$ cm,

$\overline{BQ}=2x$ cm이므로 $\triangle PBQ=\dfrac{1}{2}\times 2x\times(8-x)=16$

$x(8-x)=16$, $x^2-8x+16=0$

$(x-4)^2=0$ $\therefore x=4\,(\text{중근})$

따라서 4초 후에 $\triangle PBQ$의 넓이가 16 cm²가 된다. 답 ④

581

처음 직사각형의 세로의 길이를 x cm라 하면 가로의 길이는

$(x+4)$ cm이므로 직육면체는 아래 그림과 같다.

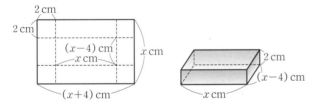

직육면체 모양의 상자의 부피가 42 cm³이므로

$x\times(x-4)\times 2=42$, $x^2-4x-21=0$

$(x+3)(x-7)=0$ $\therefore x=7\,(\because x>4)$

따라서 처음 직사각형의 세로의 길이는 7 cm이다. 답 ③

582

x초 후에 처음 직사각형의 넓이와 같아진다고 하면 x초 후에

가로, 세로의 길이는 각각 $(20-x)$ cm, $(16+2x)$ cm이므로

$(20-x)(16+2x)=20\times 16$, $320+24x-2x^2=320$

$2x^2-24x=0$, $x(x-12)=0$ $\therefore x=12\,(\because 0<x<20)$

따라서 12초 후에 처음 직사각형의 넓이와 같아진다. 답 ⑤

583

① $a=1$이면 이차방정식은 $x^2-x-2=0$이므로

$(x+1)(x-2)=0$ $\therefore x=-1$ 또는 $x=2$

따라서 두 근의 합은 $-1+2=1$이다.

② 한 근이 1이면 $1^2-a-2a=0$ $\therefore a=\dfrac{1}{3}$

③ $a=8$이면 $x^2-8x-16=0$

이때, $(-4)^2-1\times(-16)=32>0$이므로 서로 다른 두 근

을 갖는다.

④ $a=2$이면 $x^2-2x-4=0$ $\therefore x=1\pm\sqrt{5}$

⑤ $a^2+8a<0$이면 근을 갖지 않는다. 답 ④

584

① 양변에 12를 곱하면 $x^2-3x-4=0$

$(x+1)(x-4)=0$ $\therefore x=-1$ 또는 $x=4$

② 양변에 2를 곱하면 $9x^2-4=0$

$x^2=\dfrac{4}{9}$ $\therefore x=\pm\dfrac{2}{3}$

③ 양변에 6을 곱하면 $x^2-6x+9=0$

$(x-3)^2=0$ $\therefore x=3\,(\text{중근})$

④ 양변에 4를 곱하면 $(x-1)^2=4$

$x-1=\pm 2$ $\therefore x=-1$ 또는 $x=3$

⑤ 양변에 10을 곱하면 $10x^2+15x-5=0$

$2x^2+3x-1=0$ $\therefore x=\dfrac{-3\pm\sqrt{17}}{4}$ (무리수) 답 ⑤

585

$3A=2B$에서 $3(x^2+4x-12)=2(x^2+6x-16)$

$3x^2+12x-36=2x^2+12x-32$, $x^2=4$

$\therefore x=\pm 2$

또, $x^2+4x-12=(x+6)(x-2)\neq 0$이므로

$x\neq -6$이고 $x\neq 2$

따라서 구하는 x의 값은 -2이다. 답 ②

586

$(x+1)(x-9)+6=0$에서 $x^2-8x-3=0$

$\therefore x=4\pm\sqrt{19}$ …… ㉠

또, $3x-9>6$에서 $3x>15$

$\therefore x>5$ …… ㉡

구하는 p의 값은 ㉠ 중에서 ㉡의 범위 안의 수이므로

$p=4+\sqrt{19}$ 답 $4+\sqrt{19}$

587

$\dfrac{3}{5}x^2+\dfrac{1}{20}x-1=0$의 양변에 20을 곱하면

$12x^2+x-20=0$, $(3x+4)(4x-5)=0$

$$\therefore x = -\frac{4}{3} \text{ 또는 } x = \frac{5}{4}$$

또, $0.4x^2 - 1.3x + 1 = 0$의 양변에 10을 곱하면

$4x^2 - 13x + 10 = 0$, $(4x-5)(x-2) = 0$

$$\therefore x = \frac{5}{4} \text{ 또는 } x = 2$$

따라서 공통인 근은 $x = \frac{5}{4}$이다. 　　　　　답 $x = \frac{5}{4}$

588

$(x^2 - 5x)^2 + 10x^2 - 50x + 24 = 0$에서

$(x^2 - 5x)^2 + 10(x^2 - 5x) + 24 = 0$

$x^2 - 5x = A$라 하면 $A^2 + 10A + 24 = 0$

$(A+4)(A+6) = 0$　　　$\therefore A = -4$ 또는 $A = -6$

(i) $A = -4$일 때, $x^2 - 5x = -4$

　　$x^2 - 5x + 4 = 0$, $(x-1)(x-4) = 0$

　　$\therefore x = 1$ 또는 $x = 4$

(ii) $A = -6$일 때, $x^2 - 5x = -6$

　　$x^2 - 5x + 6 = 0$, $(x-2)(x-3) = 0$

　　$\therefore x = 2$ 또는 $x = 3$

따라서 모든 근의 합은 $1 + 4 + 2 + 3 = 10$ 　　답 10

589

(i) $x^2 - 7x + (12+a) = 0$이 서로 다른 두 근을 가지려면

　$(-7)^2 - 4 \times 1 \times (12+a) > 0$이므로 $a < \frac{1}{4}$

(ii) $(a^2+1)x^2 + 2(a-3)x + 2 = 0$이 중근을 가지려면

　$(a-3)^2 - (a^2+1) \times 2 = 0$

　$a^2 + 6a - 7 = 0$, $(a+7)(a-1) = 0$

　　$\therefore a = -7$ 또는 $a = 1$

(i), (ii)에서 $a = -7$ 　　　　　답 -7

590

$x^2 - (k+2)x + 1 = 0$이 중근을 가지려면

$(k+2)^2 - 4 = 0$, $k^2 + 4k = 0$, $k(k+4) = 0$

$\therefore k = 0$ 또는 $k = -4$

$x^2 + ax + b = 0$의 두 근이 0, -4이므로 0과 4를 두 근으로 하는 이차방정식은

$x(x+4) = 0$, $x^2 + 4x = 0$　　　$\therefore a = 4$, $b = 0$

$\therefore a + b = 4 + 0 = 4$ 　　　　　답 4

591

두 근의 차가 4이므로 두 근을 α, $\alpha+4$라 하면 큰 근이 작은 근의 3배이므로 $\alpha + 4 = 3\alpha$　　$\therefore \alpha = 2$

즉, 두 근은 각각 2와 6이다. ──────────────── ❶

2와 6을 두 근으로 하는 이차방정식은

$(x-2)(x-6) = 0$, $x^2 - 8x + 12 = 0$이므로

$a = -8$, $b = 12$ ─────────────────────── ❷

$\therefore a + b = 4$ ────────────────────────── ❸

답 4

단계	채점 기준	배점
❶	두 근 구하기	50 %
❷	a, b의 값 구하기	40 %
❸	$a+b$의 값 구하기	10 %

592

한 근인 $\sqrt{5}$의 소수 부분은 $-2+\sqrt{5}$이므로

다른 한 근은 $-2-\sqrt{5}$이다. 즉,

$2\{x-(-2+\sqrt{5})\}\{x-(-2-\sqrt{5})\} = 0$

$2\{(x+2)-\sqrt{5}\}\{(x+2)+\sqrt{5}\} = 0$, $2\{(x+2)^2-5\} = 0$

$2x^2 + 8x - 2 = 0$에서 $m = 8$, $n = -2$

$\therefore m + n = 6$ 　　　　　答 6

593

원래의 이차방정식을 $3x^2 + ax + b = 0$이라 하면

(i) 준수는 상수항을 제대로 보았으므로

　$3\left(x-\frac{2}{3}\right)(x+1) = 0$, $3x^2 + x - 2 = 0$　　$\therefore b = -2$

(ii) 윤수는 일차항의 계수를 제대로 보았으므로

　$3\left(x-\frac{2}{3}\right)(x-1) = 0$, $3x^2 - 5x + 2 = 0$　　$\therefore a = -5$

따라서 원래의 이차방정식은 $3x^2 - 5x - 2 = 0$

$(3x+1)(x-2) = 0$　　$\therefore x = -\frac{1}{3}$ 또는 $x = 2$

답 $x = -\frac{1}{3}$ 또는 $x = 2$

594

$x^2 + px + q = 0$의 두 근을 m, $m+1$이라 하면 제곱의 차가 25이므로

$(m+1)^2 - m^2 = 25$, $m^2 + 2m + 1 - m^2 = 25$

$2m = 24$　　$\therefore m = 12$

따라서 두 근은 12, 13이므로 12와 13을 두 근으로 하는 이차방정식은

$(x-12)(x-13) = 0$, $x^2 - 25x + 156 = 0$

$\therefore p = -25$, $q = 156$

$\therefore p + q = -25 + 156 = 131$ 　　　答 131

595

연속하는 두 홀수를 각각 x, $x+2$라 하면

$x^2 = 3(x+2) + 4$, $x^2 - 3x - 10 = 0$

$(x+2)(x-5) = 0$　　$\therefore x = 5 (\because x$는 홀수$)$

즉, 두 홀수는 5와 7이므로 이 두 수를 근으로 하는 이차방정식은

$(x-5)(x-7) = 0$, $x^2 - 12x + 35 = 0$

$-2m - 2 = -12$에서 $m = 5$, $4n + 3 = 35$에서 $n = 8$

$\therefore mn = 5 \times 8 = 40$ 　　　　答 40

596

트랙을 한 바퀴 도는 데 10초가 걸리므로

트랙의 둘레의 길이는 $5 \times 10 + 10^2 = 150$ (m)

트랙 두 바퀴의 길이는 300 m이므로 $5t + t^2 = 300$

$t^2 + 5t - 300 = 0$, $(t+20)(t-15) = 0$

$\therefore t = 15 (\because t > 0)$ 　　　　　　　　　　**답** 15초

597

네 수를 각각 $x-1$, x, $x+1$, $x+2$라 하면

$(x-1)^2 + (x+2)^2 = x(x+1) + 61$, $x^2 + x - 56 = 0$

$(x+8)(x-7) = 0$ 　　$\therefore x = 7 (\because x$는 자연수$)$

따라서 네 자연수는 6, 7, 8, 9이므로

$6 + 7 + 8 + 9 = 30$ 　　　　　　　　　　　　　**답** 30

598

넷째 주 목요일을 x일이라 하면 둘째 주 화요일은 $(x-16)$일

이므로

$x(x-16) = 192$, $x^2 - 16x - 192 = 0$

$(x+8)(x-24) = 0$ 　　$\therefore x = 24 (\because x > 16)$

따라서 넷째 주 목요일은 24일이다. 　　　　　　**답** 24일

599

$(정가) = 20000\left(1 + \dfrac{x}{100}\right)$이므로

$(할인가) = (정가) \times \left(1 - \dfrac{x}{100}\right)$

　　　　 $= 20000\left(1 + \dfrac{x}{100}\right)\left(1 - \dfrac{x}{100}\right)$

　　　　 $= 2(100 + x)(100 - x)$

할인가는 원가보다 800원이 싸므로

$2(100 + x)(100 - x) = 20000 - 800$

$10000 - x^2 = 9600$, $x^2 = 400$　　$\therefore x = 20 (\because x > 0)$　**답** 20

600

x초 후의 $\triangle PBQ$의 넓이가 144 cm^{2}가 된다고 하면 점 P는 매

초 3 cm의 속력으로 움직이므로

$\overline{AP} = 3x$ cm, $\overline{PB} = (30 - 3x)$ cm

점 Q는 매초 6 cm의 속력으로 움직이므로 $\overline{BQ} = 6x$ cm

따라서 $\triangle PBQ = \dfrac{1}{2} \times (30 - 3x) \times 6x = 144$이므로

$90x - 9x^2 = 144$, $x^2 - 10x + 16 = 0$, $(x-8)(x-2) = 0$

$\therefore x = 2 (\because 0 < x \leq 5)$ 　　　　　　　　　　**답** ②

601

십의 자리의 숫자를 x라 하면 일의 자리의 숫자는 $2x$이므로

$x \times 2x = (10 \times x + 2x) - 16$ 　　　　　　　　　**❶**

$2x^2 - 12x + 16 = 0$, $x^2 - 6x + 8 = 0$

$(x-2)(x-4) = 0$ 　　$\therefore x = 2$ 또는 $x = 4$ 　　　　**❷**

따라서 구하는 두 수는 24, 48이므로

그 합은 $24 + 48 = 72$ 　　　　　　　　　　　　　**❸**

답 72

단계	채점 기준	배점
❶	이차방정식 세우기	50 %
❷	이차방정식 풀기	30 %
❸	두 수의 합 구하기	20 %

602

□ABCD∽□BCFE이므로

$\overline{AB} : \overline{BC} = \overline{BC} : \overline{CF}$

$\overline{BC} = x$라 하면

$\overline{CF} = \overline{CD} - \overline{FD} = 4 - x$이므로

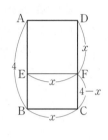

$4 : x = x : (4 - x)$

$x^2 = 4(4 - x)$, $x^2 + 4x - 16 = 0$

$\therefore x = -2 + 2\sqrt{5} (\because 0 < x < 4)$

따라서 $\overline{BC}$의 길이는 $-2 + 2\sqrt{5}$이다. 　　　　**답** ③

603

타일의 짧은 변의 길이를 x cm라 하면 긴 변의 길이는

$\dfrac{1}{2}(4x - 12) = 2x - 6$ (cm)

직사각형의 넓이가 960 cm^{2}이므로

$4x\{(2x - 6) + x\} = 960$

$12x^2 - 24x - 960 = 0$, $x^2 - 2x - 80 = 0$

$(x+8)(x-10) = 0$ 　　$\therefore x = 10 (\because x > 3)$

따라서 타일의 짧은 변의 길이는 10 cm이다. 　　**답** 10 cm

604

직선 AB의 방정식은 $y = -2x + 12$이므로 점 P의 좌표를

$(a, -2a + 12)$라 하면

$\triangle MOP = \dfrac{1}{2}a(-2a + 12) = -a^2 + 6a$

$\triangle BOA = \dfrac{1}{2} \times 6 \times 12 = 36$

$\triangle MOP = \dfrac{1}{4}\triangle BOA$에서 $-a^2 + 6a = \dfrac{1}{4} \times 36$

$a^2 - 6a + 9 = 0$, $(a-3)^2 = 0$ 　　$\therefore a = 3$ (중근)

따라서 점 P의 좌표는 (3, 6)이다. 　　　　　　**답** (3, 6)

605

$60 = 40t - 5t^2$에서 $t^2 - 8t + 12 = 0$, $(t-2)(t-6) = 0$

$\therefore t = 2$ 또는 $t = 6$

따라서 2초부터 6초까지 4초 동안 60 m 이상인 지점을 지난다.

답 4초

606

길의 폭을 x m라 하면

남은 잔디밭의 넓이는 $(15-x)(10-2x)$ m²이므로

$(15-x)(10-2x)=78$에서 $x^2-20x+36=0$

$(x-2)(x-18)=0$ ∴ $x=2(∵ 0<x<5)$ 〔답〕②

607

작은 정삼각형의 한 변의 길이를 x cm라 하면 큰 정삼각형의 한 변의 길이는

$\dfrac{1}{3}\times(12-3x)=4-x$(cm)

두 정삼각형의 닮음비가 $x:(4-x)$이므로 넓이의 비는

$x^2:(4-x)^2=3:4$, $3(4-x)^2=4x^2$, $x^2+24x-48=0$

∴ $x=-12+8\sqrt{3}(∵ x>0)$ 〔답〕$(-12+8\sqrt{3})$ cm

608

$\overline{AH}$의 길이를 x cm라 하면

$\overline{AE}=\overline{BF}=\overline{CG}=\overline{DH}=(16-x)$ cm이므로

$4\times\dfrac{1}{2}\times x\times(16-x)+12^2=16^2$, $x^2-16x+56=0$

∴ $x=8-2\sqrt{2}(∵ 0<x<8)$ 〔답〕⑤

609

20 %의 소금물 100 g에 들어 있는 소금의 양은

$\dfrac{20}{100}\times100=20$(g)

x g 퍼냈을 때 나간 소금의 양은 $\dfrac{20}{100}x=\dfrac{x}{5}$(g)

즉, $\left(20-\dfrac{x}{5}\right)-\dfrac{20-\dfrac{x}{5}}{100}\times x=\dfrac{12.8}{100}\times100$

$x^2-200x+3600=0$, $(x-180)(x-20)=0$

∴ $x=20(∵ 0<x<100)$ 〔답〕②

III. 이차함수

1 이차함수의 그래프(1)

필수유형 공략하기 114~123쪽

610

① $y=x^2+4x-x^2=4x$에서 $4x$는 x에 관한 이차식이 아니므로 이차함수가 아니다.

② $y=(x$에 관한 이차식)의 꼴이므로 이차함수이다.

③ $y=x^3-3x-2$에서 x^3-3x-2는 x에 관한 이차식이 아니므로 이차함수가 아니다.

④ x^2이 분모에 있으므로 이차함수가 아니다.

⑤ $y=x^2+2x-10$에서 $y=(x$에 관한 이차식)의 꼴이므로 이차함수이다. 〔답〕②, ⑤

611

① $y=6x^2$ ⇨ 이차함수이다.

② (거리)=(속력)×(시간)이므로 $y=100x$

⇨ 이차함수가 아니다.

③ $y=\pi x^2\times10=10\pi x^2$ ⇨ 이차함수이다.

④ $y=2(2x+x+3)=6x+6$ ⇨ 이차함수가 아니다.

⑤ $y=\dfrac{1}{2}\times(x+x-2)\times4=4x-4$ ⇨ 이차함수가 아니다.

〔답〕①, ③

612

$y=(a^2-a-2)x^2+3x$가 이차함수이려면

$a^2-a-2\neq0$, $(a+1)(a-2)\neq0$

∴ $a\neq-1$이고 $a\neq2$ 〔답〕②, ⑤

613

$f(-1)=-(-1)^2+5\times(-1)-7=-13$

$f(2)=-2^2+5\times2-7=-1$

∴ $f(-1)+f(2)=-13+(-1)=-14$ 〔답〕④

614

$f(-2)=3\times(-2)^2-2a+5=21$이므로

$2a=-4$ ∴ $a=-2$ 〔답〕①

615

$f(a)=2a^2-3a-1=1$이므로

$2a^2-3a-2=0$, $(2a+1)(a-2)=0$

∴ $a=2(∵ a$는 정수) 〔답〕2

616

$f(-1)=a\times(-1)^2-2\times(-1)-10=-3$이므로

$a=5$ ————————————————————— ❶

즉, $f(x)=5x^2-2x-10$이므로

$b=f(2)=5\times2^2-2\times2-10=6$ ——————— ❷

$\therefore a+b=5+6=11$ —————————————— ❸

답 11

단계	채점 기준	배점
❶	a의 값 구하기	40 %
❷	b의 값 구하기	40 %
❸	$a+b$의 값 구하기	20 %

617

이차함수의 그래프가 점 $(-2, -8)$을 지나므로

$-8=a\times(-2)^2$

$\therefore a=-2$

답 -2

618

$y=ax^2$의 그래프가 점 $(2, -1)$을 지나므로

$-1=a\times2^2$ $\therefore a=-\dfrac{1}{4}$

따라서 $y=-\dfrac{1}{4}x^2$의 그래프가 점 $(-1, b)$를 지나므로

$b=-\dfrac{1}{4}\times(-1)^2=-\dfrac{1}{4}$

$\therefore a+b=-\dfrac{1}{4}+\left(-\dfrac{1}{4}\right)=-\dfrac{1}{2}$

답 $-\dfrac{1}{2}$

619

포물선의 식을 $y=ax^2$으로 놓으면 점 $(-3, 6)$을 지나므로

$6=a\times(-3)^2$ $\therefore a=\dfrac{2}{3}$ ———————————— ❶

따라서 $y=\dfrac{2}{3}x^2$의 그래프가 점 $(k, 2)$를 지나므로

$2=\dfrac{2}{3}k^2,\ k^2=3$

$\therefore k=\sqrt{3}\ (\because k>0)$ ————————————— ❷

답 $\sqrt{3}$

단계	채점 기준	배점
❶	a의 값 구하기	50 %
❷	k의 값 구하기	50 %

620

y가 x의 제곱에 정비례하므로 이차함수의 그래프의 꼭짓점은 원점이다.

$y=ax^2$이라 하면 $x=2$일 때 $y=6$이므로

$6=a\times2^2$ $\therefore a=\dfrac{3}{2}$

따라서 $y=\dfrac{3}{2}x^2$이므로 $x=4$일 때

$y=\dfrac{3}{2}\times4^2=24$

답 ⑤

621

① y축에 대하여 대칭이다.

② 점 $(-2, 12)$를 지난다.

③ $y=-4x^2$의 그래프보다 폭이 넓다.

④ 아래로 볼록한 포물선이다.

답 ⑤

622

위로 볼록하면서 폭이 가장 좁은 것은 이차항의 계수가 음수이면서 절댓값이 가장 큰 것이므로 ④ $y=-2x^2$의 그래프이다.

답 ④

623

③ 폭이 가장 넓은 것은 ㄹ이고, 폭이 가장 좁은 것은 ㄷ이다.

답 ③

624

이차함수의 꼭짓점이 원점이므로 $y=ax^2$

이 그래프가 점 $(1, 4)$를 지나므로

$4=a$

따라서 구하는 이차함수의 식은 $y=4x^2$

답 ⑤

625

이차함수 $y=f(x)$의 꼭짓점이 원점이므로 $f(x)=ax^2$

이 그래프가 점 $(3, 6)$을 지나므로

$6=a\times3^2$ $\therefore a=\dfrac{2}{3}$

따라서 $f(x)=\dfrac{2}{3}x^2$이므로 $f(6)=\dfrac{2}{3}\times6^2=24$

답 24

626

포물선의 식을 $y=ax^2$으로 놓으면 이 그래프가 점 $(-2, 12)$을 지나므로

$12=a\times(-2)^2$ $\therefore a=3$ ———————————— ❶

따라서 $y=3x^2$의 그래프가 점 $(k, 27)$을 지나므로

$27=3k^2,\ k^2=9$

$\therefore k=3\ (\because k>0)$ ——————————————— ❷

답 3

단계	채점 기준	배점
❶	이차함수의 식 구하기	50 %
❷	k의 값 구하기	50 %

627

그래프가 어두운 부분에 있는 이차함수의 식을 $y=ax^2$이라 하면 상수 a의 값의 범위는 $-1<a<0$ 또는 $0<a<3$

답 ①

628

a의 값이 작은 것부터 나열하면 ㉱, ㉰, ㉲, ㉯, ㉮이다. **답** ④

629

㉲의 그래프는 $y=x^2$의 그래프와 x축에 대하여 대칭이므로 $y=-x^2$의 그래프이다.

$y=-\dfrac{1}{2}x^2$의 그래프는 위로 볼록하고, ㉲ $y=-x^2$의 그래프보다 폭이 넓으므로 ㉲이다. **답** ③

630

ㄴ과 ㄹ, ㄷ과 ㅂ은 x^2의 계수의 절댓값이 같고 부호가 서로 다르므로 x축에 대하여 대칭이다. **답** ③, ⑤

631

$y=ax^2$의 그래프가 점 $(-2, 16)$을 지나므로
$16=a\times(-2)^2$
$\therefore a=4$ ──────────────── ❶
$y=4x^2$의 그래프는 $y=-4x^2$의 그래프와 x축에 대하여 대칭이므로
$b=-4$ ──────────────── ❷
$\therefore a-b=4-(-4)=8$ ──────────── ❸
답 8

단계	채점 기준	배점
❶	a의 값 구하기	40 %
❷	b의 값 구하기	40 %
❸	$a-b$의 값 구하기	20 %

632

$y=-\dfrac{1}{2}x^2$의 그래프가 점 $(a-1, a-1)$을 지나므로
$a-1=-\dfrac{1}{2}(a-1)^2$
$-2a+2=a^2-2a+1$
$a^2=1$ $\therefore a=\pm 1$
따라서 모든 a의 값의 곱은 -1이다. **답** -1

633

$y=\dfrac{1}{5}x^2$의 그래프를 x축의 방향으로 $\dfrac{1}{3}$만큼, y축의 방향으로 -3만큼 평행이동하면
$y=\dfrac{1}{5}\left(x-\dfrac{1}{3}\right)^2-3$ **답** ④

634

$y=6(x+3)^2-4$의 그래프는 $y=6x^2$의 그래프를 x축의 방향으로 -3만큼, y축의 방향으로 -4만큼 평행이동한 것이므로

$p=-3$, $q=-4$
$\therefore p+q=-3+(-4)=-7$ **답** ①

635

$y=\dfrac{1}{4}x^2$의 그래프를 x축의 방향으로 2만큼, y축의 방향으로 1만큼 평행이동하면 ③ $y=\dfrac{1}{4}(x-2)^2+1$의 그래프와 포개어진다. **답** ③

▶ 참고 평행이동하여 완전히 포갤 수 있으려면 이차항의 계수가 같아야 한다.

636

$y=-3x^2$의 그래프를 x축의 방향으로 -4만큼 평행이동하면
$y=-3(x+4)^2$
이 그래프가 $(-3, m)$을 지나므로
$m=-3(-3+4)^2=-3$ **답** -3

637

$y=-\dfrac{1}{3}x^2$의 그래프를 y축의 방향으로 q만큼 평행이동하면
$y=-\dfrac{1}{3}x^2+q$
이 그래프가 점 $(-3, 4)$를 지나므로
$4=-\dfrac{1}{3}\times(-3)^2+q$ $\therefore q=7$ **답** 7

638

$y=ax^2$의 그래프를 x축의 방향으로 2만큼, y축의 방향으로 3만큼 평행이동하면
$y=a(x-2)^2+3$
이 그래프가 $(4, -1)$을 지나므로
$-1=a(4-2)^2+3$
$4a+3=-1$
$\therefore a=-1$ **답** -1

639

$y=-2x^2$의 그래프를 x축의 방향으로 1만큼, y축의 방향으로 -3만큼 평행이동하면
$y=-2(x-1)^2-3$ ──────────────── ❶
이 그래프가 점 $(-2, m)$을 지나므로
$m=-2(-2-1)^2-3=-18-3=-21$ ──────── ❷
답 -21

단계	채점 기준	배점
❶	평행이동한 식 구하기	50 %
❷	m의 값 구하기	50 %

640

$y=\dfrac{1}{2}x^2$의 그래프를 x축의 방향으로 -3만큼, y축의 방향으로

-4만큼 평행이동하면 $y=\dfrac{1}{2}(x+3)^2-4$

이 그래프의 꼭짓점의 좌표는 $(-3, -4)$, 축의 방정식은

$x=-3$이므로 $a=-3$, $b=-4$, $c=-3$

$\therefore a+b+c=-3+(-4)+(-3)=-10$ 답 -10

641

꼭짓점의 좌표를 구하면 다음과 같다.

① $(5, 0)$ ⇨ x축

② $(-2, -1)$ ⇨ 제3사분면

③ $(3, 2)$ ⇨ 제1사분면

④ $(4, -3)$ ⇨ 제4사분면

⑤ $(-1, 2)$ ⇨ 제2사분면 답 ⑤

642

$y=-3x^2+q$의 그래프는 점 $(-1, 3)$을 지나므로

$3=-3\times(-1)^2+q$ $\therefore q=6$

따라서 $y=-3x^2+6$의 그래프의 꼭짓점의 좌표는 $(0, 6)$이므

로 $a=0$, $b=6$

$\therefore a+b+q=0+6+6=12$ 답 12

643

$y=a(x+p)^2+4$의 그래프의 축이 직선 $x=-3$이므로

$-p=-3$ $\therefore p=3$

따라서 $y=a(x+3)^2+4$의 그래프가 점 $(-4, 6)$을 지나므로

$6=a(-4+3)^2+4$ $\therefore a=2$

$\therefore a+p=2+3=5$ 답 ③

644

$y=\dfrac{1}{2}(x-2)^2$의 그래프의 축이 직선 $x=2$이므로 $a=2$

$y=-\dfrac{1}{3}x^2$을 x축의 방향으로 -3만큼 평행이동하면

$y=-\dfrac{1}{3}(x+3)^2$

이 그래프의 축이 직선 $x=-3$이므로 $b=-3$

$\therefore a+b=2+(-3)=-1$ 답 -1

645

$y=ax^2$의 그래프를 x축의 방향으로 p만큼 평행이동하면

$y=a(x-p)^2$

이 그래프의 축의 방정식은 $x=p$이므로

$p=-\dfrac{3}{2}$ ————————————————————— ❶

따라서 $y=a\left(x+\dfrac{3}{2}\right)^2$의 그래프가 점 $\left(\dfrac{1}{2}, -2\right)$를 지나므로

$-2=a\left(\dfrac{1}{2}+\dfrac{3}{2}\right)^2$, $-2=4a$ $\therefore a=-\dfrac{1}{2}$ ———— ❷

$\therefore a+p=-\dfrac{1}{2}+\left(-\dfrac{3}{2}\right)=-2$ ———————————— ❸

답 -2

단계	채점 기준	배점
❶	p의 값 구하기	40 %
❷	a의 값 구하기	40 %
❸	$a+p$의 값 구하기	20 %

646

$y=-2x^2$의 그래프를 x축의 방향으로 a만큼, y축의 방향으로

-4만큼 평행이동하면 $y=-2(x-a)^2-4$

이 그래프의 꼭짓점의 좌표는 $(a, -4)$이므로

$a=2$, $b=-4$

따라서 $y=-2(x-2)^2-4$의 그래프가 점 $(3, c)$를 지나므로

$c=-2(3-2)^2-4=-2-4=-6$

$\therefore a+b+c=2+(-4)+(-6)=-8$ 답 -8

647

$y=-\dfrac{2}{3}(x+2)^2-5$의 그래프는 오른쪽 그

림과 같으므로 x의 값이 증가할 때, y의 값

은 감소하는 x의 값의 범위는

$x>-2$ 답 ③

648

$y=\dfrac{1}{4}(x-1)^2+3$의 그래프는 오른쪽 그림

과 같으므로 x의 값이 증가할 때, y의 값도

증가하는 x의 값의 범위는

$x>1$ 답 ④

649

$y=-\dfrac{1}{2}x^2$의 그래프를 x축의 방향으로 -3만큼, y축의 방향으

로 1만큼 평행이동하면 $y=-\dfrac{1}{2}(x+3)^2+1$

이 그래프는 오른쪽 그림과 같으므로 x의

값이 증가할 때, y의 값도 증가하는 x의 값

의 범위는 $x<-3$

답 $x<-3$

650

각각의 이차함수의 그래프의 개형을 그려 보면 다음과 같다.

ㄱ.
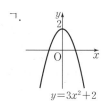

ㄴ.
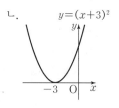

ㄷ. 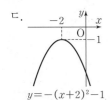 ㄹ.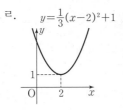

따라서 모든 사분면을 지나는 것은 ㄱ의 1개이다.　답 ②

651

$y=-(x-3)^2$의 그래프는 점 $(3, 0)$을 꼭짓점으로하는 ∩모양의 포물선이므로 ⑩이다.　답 ⑤

652

$y=-\dfrac{1}{4}(x-4)^2-2$의 그래프는 오른쪽 그림과 같이 제4사분면 위에 있는 점 $(4, -2)$를 꼭짓점으로 하는 ∩모양의 포물선이고, y축과 만나는 점의 y좌표가 0보다 작으므로 제1, 2사분면을 지나지 않는다.　답 ①

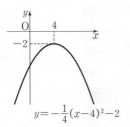

653

③ $y=-\dfrac{1}{2}(x+2)^2+1$에서 꼭짓점의 좌표가 $(-2, 1)$이고 $x=0$일 때 $y=-1$이므로 그래프는 오른쪽 그림과 같이 제1사분면을 지나지 않는다.　답 ③

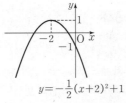

654

⑤ 이차항의 계수의 절댓값이 클수록 그래프의 폭이 좁아지므로 $y=4(x-2)^2+5$의 그래프가 $y=x^2$의 그래프보다 폭이 좁다.　답 ⑤

655

④ 축의 방정식은 $x=0$이다.　답 ④

656

① 위로 볼록한 포물선이다.
③ 꼭짓점의 좌표는 $(-3, 0)$이다.
④ $x>-3$일 때, x의 값이 증가하면 y의 값은 감소한다.
⑤ $y=-2x^2$의 그래프를 x축의 방향으로 -3만큼 평행이동한 것이다.　답 ②

657

① $y=2x^2+1$, $y=-2x^2$은 이차항의 계수의 절댓값이 같으므로 그래프의 폭이 서로 같다.
② $y=2x^2$의 그래프는 아래로 볼록한 포물선이다.
③ $y=(x+1)^2-3$의 꼭짓점의 좌표는 $(-1, -3)$이다.
④ $y=2(x-3)^2-5$의 그래프는 점 $(3, -5)$를 지난다.
⑤ $y=2(x-9)^2$의 그래프의 축의 방정식은 $x=9$이다.
　답 ①

658

$y=-3(x-2)^2+5$의 그래프를 x축의 방향으로 -5만큼, y축의 방향으로 3만큼 평행이동하면
$y=-3(x+5-2)^2+5+3$
$\quad=-3(x+3)^2+8$
$\quad=-3x^2-18x-19$
따라서 $a=-3$, $b=-18$, $c=-19$이므로
$a+b+c=-3+(-18)+(-19)=-40$　답 -40

659

$y=(x+2)^2+4$의 그래프를 y축의 방향으로 k만큼 평행이동하면 $y=(x+2)^2+4+k$
이 그래프가 점 $(-3, 2)$를 지나므로
$2=(-3+2)^2+4+k$
$\therefore k=-3$　답 -3

660

$y=(x-3)^2+2$의 그래프를 x축의 방향으로 p만큼 평행이동하면 $y=(x-p-3)^2+2$
이 그래프의 축의 방정식은 $x=p+3$이므로
$p+3=4$　　$\therefore p=1$　답 ④

661

$y=-(x-2)^2-1$의 그래프를 x축의 방향으로 -4만큼, y축의 방향으로 5만큼 평행이동하면
$y=-(x+4-2)^2-1+5$
$\quad=-(x+2)^2+4$ ━━━━━━━━━━━ ❶
이 그래프의 꼭짓점의 좌표는 $(-2, 4)$, 축의 방정식은
$x=-2$이므로
$p=-2$, $q=4$, $m=-2$ ━━━━━━━━━ ❷
$\therefore p+q+m=-2+4+(-2)=0$ ━━━━ ❸
　답 0

단계	채점 기준	배점
❶	평행이동한 그래프가 나타내는 식 구하기	50 %
❷	p, q, m의 값 구하기	40 %
❸	$p+q+m$의 값 구하기	10 %

662

$y=(x-1)^2+1$의 그래프를 x축의 방향으로 a만큼, y축의 방향으로 b만큼 평행이동하면
$y=(x-a-1)^2+1+b$
이 그래프가 $y=\left(x+\dfrac{1}{2}\right)^2-\dfrac{1}{4}$의 그래프와 일치하므로
$-a-1=\dfrac{1}{2}$, $1+b=-\dfrac{1}{4}$
$\therefore a=-\dfrac{3}{2}$, $b=-\dfrac{5}{4}$
$\therefore a+b=-\dfrac{3}{2}+\left(-\dfrac{5}{4}\right)=-\dfrac{11}{4}$ **답** ②

663

이차함수 $y=-(x+1)^2+4$의 그래프를 x축의 방향으로 k만큼, y축의 방향으로 $3k$만큼 평행이동하면
$y=-(x-k+1)^2+4+3k$
이 그래프가 점 $(-2, 1)$을 지나므로
$1=-(-2-k+1)^2+4+3k$
$-(-1-k)^2+3+3k=0$, $-k^2+k+2=0$
$-(k-2)(k+1)=0$
$\therefore k=2\,(\because k>0)$ **답** 2

664

꼭짓점의 좌표가 $(-2, -2)$이므로 $p=-2$, $q=-2$
$y=a(x+2)^2-2$의 그래프가 점 $(0, 0)$을 지나므로
$0=4a-2$ $\therefore a=\dfrac{1}{2}$
$\therefore apq=\dfrac{1}{2}\times(-2)\times(-2)=2$ **답** 2

665

축의 방정식이 $x=-1$이므로 $p=-1$
$y=a(x+1)^2+q$의 그래프가 두 점 $(0, 3)$, $(1, 0)$을 지나므로
$3=a+q$, $0=4a+q$
두 식을 연립하여 풀면 $a=-1$, $q=4$
$\therefore a+p+q=-1+(-1)+4=2$ **답** 2

666

꼭짓점의 좌표가 $(3, -4)$이므로 이차함수의 식을
$y=a(x-3)^2-4$로 놓으면 이 그래프가 점 $(0, 2)$를 지나므로
$2=9a-4$ $\therefore a=\dfrac{2}{3}$
따라서 $y=\dfrac{2}{3}(x-3)^2-4$의 그래프 위의 점은
⑤ $(6, 2)$이다. **답** ⑤

667

그래프가 ∪모양이므로 $a>0$
꼭짓점 (p, q)가 제2사분면 위에 있으므로 $p<0$, $q>0$ **답** ②

668

그래프가 ∩모양이므로 $a<0$
꼭짓점의 좌표가 $(0, -q)$이므로 $-q>0$ $\therefore q<0$ **답** ②

669

$y=ax+b$의 그래프의 기울기가 음수, y절편이 양수이므로
$a<0$, $b>0$
따라서 $y=ax^2+b$의 그래프로 적당한 것은 ②이다. **답** ②

670

$y=a(x+b)^2$의 그래프가 ∩모양이므로 $a<0$
또 꼭짓점의 좌표가 $(-b, 0)$이므로 $-b>0$ $\therefore b<0$
따라서 $y=ax+b$의 그래프로 적당한 것은 ④이다. **답** ④

필수유형 뛰어넘기 124~125쪽

671

㉠은 $y=\dfrac{1}{3}x^2$의 그래프이므로
$x=2$, $y=a$를 대입하면
$a=\dfrac{1}{3}\times 2^2=\dfrac{4}{3}$ **답** $\dfrac{4}{3}$

672

$A(t, 9t^2)$이라 하면
$B(t, t^2)$, $D(3t, 9t^2)$, $C(3t, t^2)$
$\overline{AB}=\overline{BC}$이므로 $8t^2=2t$, $2t(4t-1)=0$
$\therefore t=\dfrac{1}{4}\,(\because t>0)$
따라서 점 C의 좌표는 $\left(\dfrac{3}{4}, \dfrac{1}{16}\right)$ **답** $\left(\dfrac{3}{4}, \dfrac{1}{16}\right)$

673

$A(-1, 2)$, $B(2, 8)$이고, $C(-3, m)$이라 하면
$(\overline{AB}$의 기울기$)=(\overline{OC}$의 기울기$)$이므로
$\dfrac{8-2}{2-(-1)}=\dfrac{m-0}{-3-0}$, $\dfrac{6}{3}=\dfrac{m}{-3}$
$\therefore m=-6$
따라서 $C(-3, -6)$이므로 $y=ax^2$에 $x=-3$, $y=-6$을 대입하면
$-6=a\times(-3)^2$ $\therefore a=-\dfrac{2}{3}$ **답** $-\dfrac{2}{3}$

674

삼각형 POA의 밑변의 길이는 4, 높이는 y이므로
$\triangle POA=\dfrac{1}{2}\times 4\times y=25$ $\therefore y=\dfrac{25}{2}$

이 값을 $y=\dfrac{1}{2}x^2$에 대입하면

$\dfrac{25}{2}=\dfrac{1}{2}x^2$, $x^2=25$

$\therefore x=5(\because x>0)$

따라서 점 P의 좌표는 $\left(5,\ \dfrac{25}{2}\right)$ 답 $\left(5,\ \dfrac{25}{2}\right)$

675

$y=ax^2+q$의 그래프가 직선 $y=8$에 접하므로 $q=8$

따라서 $y=ax^2+8$이므로 $x=2\sqrt{2}$, $y=0$을 대입하면

$0=8a+8$ $\therefore a=-1$

$\therefore a+q=-1+8=7$ 답 7

676

$y=-4x^2$에 $y=-16$을 대입하면

$-16=-4x^2$, $x^2=4$

$\therefore x=\pm2$

$\therefore \mathrm{B}(-2,\ -16)$, $\mathrm{D}(2,\ -16)$ ——— ❶

$\overline{\mathrm{AB}}=\overline{\mathrm{BC}}=\overline{\mathrm{CD}}=\overline{\mathrm{DE}}=2$이므로

$\mathrm{A}(-4,\ -16)$, $\mathrm{E}(4,\ -16)$ ——— ❷

$y=ax^2$에 $x=4$, $y=-16$을 대입하면

$-16=a\times4^2$

$\therefore a=-1$ ——— ❸

답 -1

단계	채점 기준	배점
❶	점 B, D의 좌표 구하기	40 %
❷	점 A, E의 좌표 구하기	40 %
❸	a의 값 구하기	20 %

677

$y=\dfrac{3}{4}(x-2)^2-3$의 그래프의 꼭짓점의 좌표는 $(2,-3)$이고, ㉯는 ㉮를 x축의 방향으로 -5만큼 평행이동한 것이므로 아래 그림에서 빗금친 부분의 넓이는 같다.

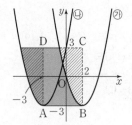

따라서 구하는 넓이는 가로의 길이가 5, 세로의 길이가 6인 □ABCD의 넓이와 같다.

$\therefore$ □ABCD $=5\times6=30$ 답 30

678

$y=(x+1)^2+a-2$의 그래프를 x축의 방향으로 m만큼, y축의 방향으로 3만큼 평행이동하면

$y=(x-m+1)^2+a-2+3$

$\therefore y=(x-m+1)^2+a+1$ ······ ㉠

㉠의 그래프가 점 $(-1,\ 1)$을 지나므로

$1=(-1-m+1)^2+a+1$

$\therefore a=-m^2$ ······ ㉡

㉠의 꼭짓점 $(m-1,\ a+1)$이 직선 $y=-x-2$ 위에 있으므로

$a+1=-(m-1)-2$

$\therefore a=-m-2$ ······ ㉢

㉡을 ㉢에 대입하면

$-m^2=-m-2$

$m^2-m-2=0$, $(m+1)(m-2)=0$

$\therefore m=2(\because m>0)$

따라서 $a=-4$이므로

$a-m=-4-2=-6$ 답 -6

679

$y=-\dfrac{1}{4}(x+3)^2+2$의 그래프를 x축의 방향으로 p만큼, y축의 방향으로 q만큼 평행이동하면

$y=-\dfrac{1}{4}(x-p+3)^2+2+q$

이 그래프의 꼭짓점의 좌표는 $(p-3,\ 2+q)$이므로

$p-3=-1$, $2+q=-1$

$\therefore p=2$, $q=-3$ ——— ❶

따라서 $y=-\dfrac{1}{4}(x+1)^2-1$의 그래프가 점 $(3,\ m)$을 지나므로

$m=-\dfrac{1}{4}(3+1)^2-1=-5$ ——— ❷

$\therefore p+q+m=2+(-3)+(-5)=-6$ ——— ❸

답 -6

단계	채점 기준	배점
❶	$p,\ q$의 값 구하기	50 %
❷	m의 값 구하기	30 %
❸	$p+q+m$의 값 구하기	20 %

680

$y=-4(x+3)^2+5$의 그래프를 x축의 방향으로 2만큼, y축의 방향으로 -2만큼 평행이동하면

$y=-4(x-2+3)^2+5-2$

$\therefore y=-4(x+1)^2+3$

이 식에 $y=0$을 대입하면

$0=-4(x+1)^2+3$, $4(x+1)^2=3$

$(x+1)^2=\dfrac{3}{4}$, $x+1=\pm\dfrac{\sqrt{3}}{2}$

$\therefore x=\dfrac{-2\pm\sqrt{3}}{2}$

따라서 그래프가 x축과 만나는 두 점의 좌표는

$\left(\dfrac{-2-\sqrt{3}}{2},\ 0\right)$, $\left(\dfrac{-2+\sqrt{3}}{2},\ 0\right)$

이므로 두 점 사이의 거리는

$\dfrac{-2+\sqrt{3}}{2}-\dfrac{-2-\sqrt{3}}{2}=\sqrt{3}$ 답 $\sqrt{3}$

681

$a<0$에서 ∩ 모양이고, $p>0$, $q>0$에서 꼭짓점은 제1사분면 위에 있으므로 그 래프는 오른쪽 그림과 같다.

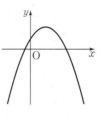

이때, 그래프가 모든 사분면을 지나려면 y축과 원점의 위쪽에서 만나야 하므로 $y=a(x-p)^2+q$에 $x=0$을 대입하면 $ap^2+q>0$

답 ②

2 이차함수의 그래프(2)

필수유형 공략하기 128~138쪽

682

$y=2x^2-8x+9=2(x-2)^2+1$
따라서 $a=2$, $p=2$, $q=1$이므로
$apq=2\times2\times1=4$

답 ②

683

㉠ $y=-\dfrac{1}{3}x^2-2x+5=-\dfrac{1}{3}(x^2+6x)+5$

답 ①

684

$y=-4(x-1)^2+8=-4x^2+8x+4$에서
민채는 x의 계수를 제대로 보았으므로 x의 계수는 8이다.
$y=-4(x+2)^2+6=-4x^2-16x-10$에서
민국이는 상수항을 제대로 보았으므로 상수항은 -10이다.
따라서 처음 이차함수는
$y=-4x^2+8x-10=-4(x-1)^2-6$

답 $y=-4(x-1)^2-6$

685

$y=-x^2-2ax+4a^2-2b=-(x+a)^2+5a^2-2b$
의 그래프의 꼭짓점의 좌표는 $(-a, 5a^2-2b)$이므로
$-a=1$, $5a^2-2b=3$ ∴ $a=-1$, $b=1$
∴ $a+b=-1+1=0$

답 0

686

$y=2x^2+8x+a=2(x+2)^2+a-8$
의 그래프의 꼭짓점의 좌표는 $(-2, a-8)$이므로
$-2=b$, $a-8=3$
따라서 $a=11$, $b=-2$이므로
$a+b=11+(-2)=9$

답 9

687

$y=\dfrac{1}{2}x^2-2x+k-2=\dfrac{1}{2}(x-2)^2+k-4$

의 그래프의 꼭짓점의 좌표는 $(2, k-4)$이고 꼭짓점이 x축 위에 있으므로 꼭짓점의 y좌표가 0이어야 한다.
즉, $k-4=0$이므로 $k=4$

답 4

688

$y=-2x^2+ax-1$의 그래프가 점 $(1, 5)$를 지나므로
$5=-2+a-1$ ∴ $a=8$
따라서 $y=-2x^2+8x-1=-2(x-2)^2+7$이므로 그래프의 축의 방정식은 $x=2$

답 $x=2$

689

$y=-x^2+4ax+4=-(x-2a)^2+4a^2+4$
의 그래프의 축의 방정식은 $x=2a$이므로
$2a=2$ ∴ $a=1$
따라서 $y=-(x-2)^2+8$이므로 꼭짓점의 y좌표는 8이다.

답 ④

690

$y=x^2+4x+a=(x+2)^2+a-4$
의 그래프의 꼭짓점의 좌표는 $(-2, a-4)$ ━━━ ❶
$y=\dfrac{1}{2}x^2-bx+2=\dfrac{1}{2}(x-b)^2+2-\dfrac{1}{2}b^2$

의 그래프의 꼭짓점의 좌표는 $\left(b, 2-\dfrac{1}{2}b^2\right)$ ━━ ❷

두 그래프의 꼭짓점이 서로 일치하므로
$-2=b$, $a-4=2-\dfrac{1}{2}b^2$
∴ $a=4$, $b=-2$ ━━━ ❸
∴ $a+b=4+(-2)=2$ ━━━ ❹

답 2

단계	채점 기준	배점
❶	$y=x^2+4x+a$의 그래프의 꼭짓점의 좌표 구하기	30 %
❷	$y=\dfrac{1}{2}x^2-bx+2$의 그래프의 꼭짓점의 좌표 구하기	30 %
❸	a, b의 값 구하기	30 %
❹	$a+b$의 값 구하기	10 %

691

$y=x^2+4x+2m-1=(x+2)^2+2m-5$
의 그래프의 꼭짓점의 좌표는 $(-2, 2m-5)$
이 점이 직선 $2x+y=7$ 위에 있으므로
$2\times(-2)+2m-5=7$, $2m=16$
∴ $m=8$

답 8

692

$y=3x^2+12x+2=3(x+2)^2-10$의 그래프를 x축의 방향으로 m만큼, y축의 방향으로 n만큼 평행이동하면

$y=3(x-m+2)^2-10+n$

이때 $y=3x^2-18x+10=3(x-3)^2-17$이므로

$-m+2=-3$, $-10+n=-17$

$\therefore m=5$, $n=-7$

$\therefore m+n=5+(-7)=-2$　　　　　답 ②

693

$y=3x^2+6x+5=3(x+1)^2+2$의 그래프는 $y=3x^2$의 그래프를 x축의 방향으로 -1만큼, y축의 방향으로 2만큼 평행이동한 것이므로 $a=3$, $p=-1$, $q=2$

$\therefore a+p+q=3+(-1)+2=4$　　　　　답 ④

694

$y=2x^2-4x+1=2(x-1)^2-1$의 그래프를 x축의 방향으로 2만큼, y축의 방향으로 1만큼 평행이동하면

$y=2(x-2-1)^2-1+1=2(x-3)^2$

이 그래프가 점 $(3, m)$을 지나므로

$m=2(3-3)^2=0$　　　　　답 0

695

$y=-\dfrac{1}{3}x^2+2x+1=-\dfrac{1}{3}(x-3)^2+4$의 그래프를 x축의 방향으로 1만큼, y축의 방향으로 -2만큼 평행이동하면

$y=-\dfrac{1}{3}(x-1-3)^2+4-2$

$\quad=-\dfrac{1}{3}(x-4)^2+2$

$\quad=-\dfrac{1}{3}x^2+\dfrac{8}{3}x-\dfrac{10}{3}$

따라서 $a=-\dfrac{1}{3}$, $b=\dfrac{8}{3}$, $c=-\dfrac{10}{3}$이므로

$a+b+c=-\dfrac{1}{3}+\dfrac{8}{3}+\left(-\dfrac{10}{3}\right)=-\dfrac{3}{3}=-1$　　답 -1

696

$y=-2x^2-4x+5=-2(x+1)^2+7$ ──── ❶

의 그래프를 x축의 방향으로 -3만큼, y축의 방향으로 2만큼 평행이동하면

$y=-2(x+3+1)^2+7+2$

$\quad=-2(x+4)^2+9$ ──── ❷

따라서 평행이동한 그래프의 꼭짓점의 좌표는

$(-4, 9)$ ──── ❸

답 $(-4, 9)$

단계	채점 기준	배점
❶	$y=a(x-p)^2+q$의 꼴로 고치기	40 %
❷	평행이동한 그래프의 식 구하기	40 %
❸	평행이동한 그래프의 꼭짓점의 좌표 구하기	20 %

697

$y=-3x^2+6x-8=-3(x-1)^2-5$

의 그래프의 꼭짓점의 좌표는 $(1, -5)$이다.

이 그래프를 x축의 방향으로 p만큼, y축의 방향으로 q만큼 평행이동하면

$y=-3(x-p-1)^2-5+q$

이 그래프의 꼭짓점의 좌표가 $(2, -2)$이므로

$p+1=2$, $-5+q=-2$

따라서 $p=1$, $q=3$이므로

$p+q=1+3=4$　　　　　답 4

698

$y=-3x^2-6x-1$

$\quad=-3(x+1)^2+2$

의 그래프는 오른쪽 그림과 같으므로 x의 값이 증가할 때, y의 값이 감소하는 x의 값의 범위는 $x>-1$

답 ④

699

$y=\dfrac{1}{2}x^2-2x+7$

$\quad=\dfrac{1}{2}(x-2)^2+5$

의 그래프는 오른쪽 그림과 같으므로 x의 값이 증가할 때, y의 값도 증가하는 x의 값의 범위는 $x>2$

답 $x>2$

700

$y=-2x^2+ax+7$의 그래프가 점 $(1, 1)$을 지나므로

$1=-2+a+7$

$\therefore a=-4$

$y=-2x^2-4x+7$

$\quad=-2(x+1)^2+9$

이므로 오른쪽 그림에서 x의 값이 증가할 때, y의 값도 증가하는 x의 값의 범위는

$x<-1$

답 $x<-1$

701

$y=0$을 대입하면 $0=2x^2-4x-6$

$x^2-2x-3=0$, $(x+1)(x-3)=0$

$\therefore x=-1$ 또는 $x=3$

$x=0$을 대입하면 $y=-6$

$\therefore c=-6$

따라서 $a+b=2$이므로

$a+b+c=2+(-6)=-4$　　　　　답 ②

702

$y=x^2+3x+k$의 그래프와 y축과 만나는 점의 y좌표가 -10이
므로 $k=-10$
$y=x^2+3x-10$에 $y=0$을 대입하면
$0=x^2+3x-10$, $(x+5)(x-2)=0$
$\therefore x=-5$ 또는 $x=2$
따라서 $m+n=-3$이므로
$k+m+n=-10+(-3)=-13$ 　　　　📘 -13

703

$y=-x^2+2x+a$의 그래프가 점 $(4,0)$을 지나므로
$0=-16+8+a$
$\therefore a=8$ ————————————————— ❶
$y=-x^2+2x+8$에 $y=0$을 대입하면
$0=-x^2+2x+8$, $x^2-2x-8=0$
$(x+2)(x-4)=0$
$\therefore x=-2$ 또는 $x=4$ ————————— ❷
따라서 다른 한 점의 좌표는 $(-2,0)$ —————— ❸
　　　　📘 $(-2,0)$

단계	채점 기준	배점
❶	a의 값 구하기	30 %
❷	x축과의 교점의 x좌표 구하기	50 %
❸	다른 한 점의 좌표 구하기	20 %

704

$y=-\dfrac{1}{2}x^2+2x-3=-\dfrac{1}{2}(x^2-4x)-3$

$\qquad =-\dfrac{1}{2}(x-2)^2-1$

에서 y축과의 교점의 좌표가 $(0,-3)$이고, 꼭짓점의 좌표가
$(2,-1)$인 그래프는 ③과 같다. 　　　📘 ③

705

$y=3x^2-12x+2$
$\qquad =3(x-2)^2-10$
에서 y축과의 교점의 좌표는 $(0,2)$
이고, 꼭짓점의 좌표가 $(2,-10)$인
그래프이므로 오른쪽 그림과 같다.
따라서 제3사분면을 지나지 않는다.

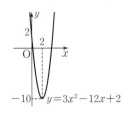

📘 제3사분면

706

① $y=2x^2+12x+19$
$\qquad =2(x+3)^2+1$
에서 y축과의 교점의 좌표는
$(0,19)$이고, 꼭짓점의 좌표가
$(-3,1)$인 그래프이므로 오른
쪽 그림과 같다.

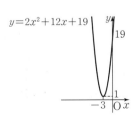

② $y=-2x^2-1$
에서 꼭짓점의 좌표는 $(0,-1)$이
므로 오른쪽 그림과 같다.

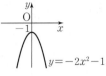

③ $y=x^2+2x-6=(x+1)^2-7$
에서 y축과의 교점의 좌표는
$(0,-6)$이고, 꼭짓점의 좌표
가 $(-1,-7)$인 그래프이므
로 오른쪽 그림과 같다.

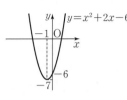

④ $y=-x^2+4x-2$
$\qquad =-(x-2)^2+2$
에서 y축과의 교점의 좌표는
$(0,-2)$이고, 꼭짓점의 좌표
가 $(2,2)$인 그래프이므로 오른쪽 그림과 같다.

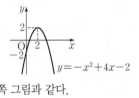

⑤ $y=x^2-4x+4=(x-2)^2$
에서 y축과의 교점의 좌표는 $(0,4)$
이고, 꼭짓점의 좌표가 $(2,0)$인 그
래프이므로 오른쪽 그림과 같다.

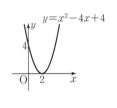

따라서 모든 사분면을 지나는 것은 ③이
다. 　　　　📘 ③

707

① $y=-x^2+6x+6=-(x-3)^2+15$
에서 y축과의 교점의 좌표는 $(0,6)$
이고, 꼭짓점의 좌표는 $(3,15)$인
그래프이므로 오른쪽 그림과 같다.

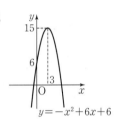

② $y=-2x^2-6x-3$
$\qquad =-2\left(x+\dfrac{3}{2}\right)^2+\dfrac{3}{2}$
에서 y축과의 교점의 좌표는 $(0,-3)$
이고, 꼭짓점의 좌표는 $\left(-\dfrac{3}{2},\dfrac{3}{2}\right)$
인 그래프이므로 오른쪽 그림과 같다.

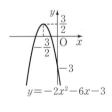

③ $y=3x^2-9x+5=3\left(x-\dfrac{3}{2}\right)^2-\dfrac{7}{4}$
에서 y축과의 교점의 좌표는
$(0,5)$이고, 꼭짓점의 좌표가
$\left(\dfrac{3}{2},-\dfrac{7}{4}\right)$인 그래프이므로 오른
쪽 그림과 같다.

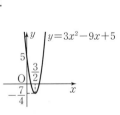

④ $y=\dfrac{1}{2}x^2-2x-4$
$\qquad =\dfrac{1}{2}(x-2)^2-6$
에서 y축과의 교점의 좌표는
$(0,-4)$이고, 꼭짓점의 좌표
가 $(2,-6)$인 그래프이므로 오른쪽 그림과 같다.

⑤ $y=\dfrac{1}{5}x^2+\dfrac{8}{5}x-\dfrac{4}{5}$

$\quad =\dfrac{1}{5}(x+4)^2-4$

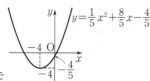

에서 y축과의 교점의 좌표는

$\left(0,\ -\dfrac{4}{5}\right)$이고, 꼭짓점의 좌표가 $(-4,\ -4)$인 그래프이므로 오른쪽 그림과 같다.

따라서 제3사분면을 지나지 않는 그래프는 ③이다. 답 ③

708

ㄱ. $y=x^2+8x+12=(x+4)^2-4$ ⇨ ㉯

ㄴ. $y=-2x^2+4x-1=-2(x-1)^2+1$ ⇨ ㉱

ㄷ. $y=2x^2-16x+30=2(x-4)^2-2$ ⇨ ㉰

ㄹ. $y=-3x^2-12x-5=-3(x+2)^2+7$ ⇨ ㉮　　답 ④

709

$y=-x^2+2x+3$

$\quad =-(x-1)^2+4$

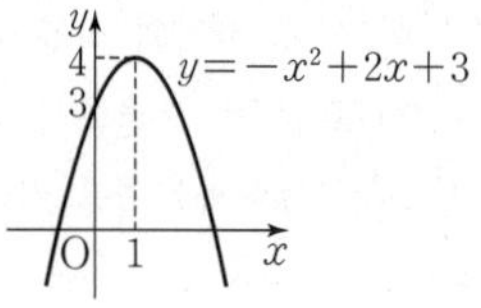

의 그래프는 오른쪽 그림과 같다.

④ $y=-x^2+2x+3$에 $y=0$을
대입하면

$0=-x^2+2x+3,\ x^2-2x-3=0$

$(x+1)(x-3)=0$

$\therefore\ x=-1$ 또는 $x=3$

따라서 x축과의 교점의 좌표는 $(-1,\ 0),\ (3,\ 0)$이다.

⑤ $x>1$일 때, x의 값이 증가하면 y의 값은 감소한다. 답 ⑤

710

$y=2x^2-12x+16$

$\quad =2(x-3)^2-2$

의 그래프는 오른쪽 그림과 같다.

③ 그래프는 제1, 2, 4사분면을
지난다.

답 ③

711

$y=-2x^2+8x-3$

$\quad =-2(x-2)^2+5$

의 그래프는 오른쪽 그림과 같다.

④ 이차항의 계수의 절댓값이 클수
록 폭이 좁으므로 $y=-x^2$의 그
래프보다 폭이 좁다.

답 ④

712

$y=-x^2-3x+18$에 $x=0$을 대입하면 $y=18$이므로

$C(0,\ 18)$

$y=-x^2-3x+18$에 $y=0$을 대입하면

$0=-x^2-3x+18,\ x^2+3x-18=0$

$(x+6)(x-3)=0$

$\therefore\ x=-6$ 또는 $x=3$

$\therefore\ A(-6,\ 0),\ B(3,\ 0)$

따라서 $\overline{AB}=9$이므로

$\triangle ABC=\dfrac{1}{2}\times 9\times 18=81$　　답 81

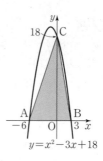

713

$y=x^2+2x-8=(x+1)^2-9$

이므로 $C(-1,\ -9)$

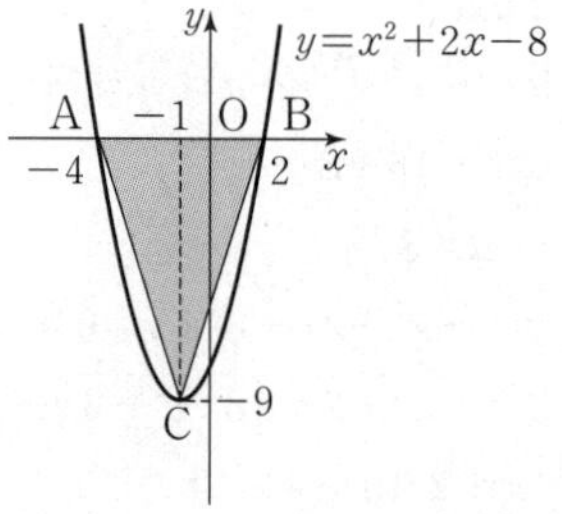

$y=x^2+2x-8$에 $y=0$을 대입
하면

$0=x^2+2x-8$

$(x+4)(x-2)=0$

$\therefore\ x=-4$ 또는 $x=2$

$\therefore\ A(-4,\ 0),\ B(2,\ 0)$

따라서 $\overline{AB}=6$이므로

$\triangle ABC=\dfrac{1}{2}\times 6\times 9=27$　　답 27

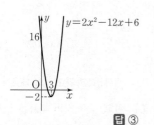

714

$y=-x^2+4x+2=-(x-2)^2+6$이므로

$B(2,\ 6)$

$y=-x^2+4x+2$에 $x=0$을 대입하면 $y=2$이므로

$A(0,\ 2)$

따라서 △AOB의 넓이는

$\dfrac{1}{2}\times 2\times 2=2$　　답 2

715

$y=-x^2+4x+5=-(x-2)^2+9$이므로

$A(2,\ 9)\qquad\therefore\ C(2,\ 0)$

$y=-x^2+4x+5$에 $x=0$을 대입하면 $y=5$이므로

$B(0,\ 5)$

$y=-x^2+4x+5$에 $y=0$을 대입하면

$0=-x^2+4x+5,\ x^2-4x-5=0$

$(x+1)(x-5)=0\qquad\therefore\ x=-1$ 또는 $x=5$

$\therefore\ D(5,\ 0)$

따라서 $\overline{CD}=3$이므로

$\triangle BCD=\dfrac{1}{2}\times 3\times 5=\dfrac{15}{2}$　　답 $\dfrac{15}{2}$

716

$y=-2x^2+12x+32=-2(x-3)^2+50$이므로

$A(3,\ 50)$

$y=-2x^2+12x+32$에 $x=0$을 대입하면 $y=32$이므로

$B(0,\ 32)$

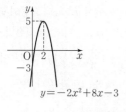

$y=-2x^2+12x+32$에 $y=0$을 대입하면

$0=-2x^2+12x+32$, $x^2-6x-16=0$

$(x+2)(x-8)=0$

$\therefore x=-2$ 또는 $x=8$

$\therefore$ C$(-2, 0)$, D$(8, 0)$

따라서 $\triangle$BCO$=\frac{1}{2}\times2\times32=32$, $\triangle$ABO$=\frac{1}{2}\times32\times3=48$,

$\triangle$AOD$=\frac{1}{2}\times8\times50=200$이므로

$\square$ABCD$=\triangle$BCO$+\triangle$ABO$+\triangle$AOD

$\qquad=32+48+200=280$ <답> 280

717

$y=-x^2-6x+k=-(x+3)^2+k+9$이므로 축의 방정식은
$x=-3$이다. 이때, $\overline{AB}=8$이므로

A$(-3-4, 0)$, B$(-3+4, 0)$

$\therefore$ A$(-7, 0)$, B$(1, 0)$ ——— ❶

$y=-x^2-6x+k$가 B$(1, 0)$을 지나므로

$0=-1-6+k$ $\quad\therefore k=7$ ——— ❷

따라서 $y=-(x+3)^2+16$이므로

C$(-3, 16)$ ——— ❸

$\therefore \triangle$ABC$=\frac{1}{2}\times8\times16=64$ ——— ❹

<답> 64

단계	채점 기준	배점
❶	점 A, B의 좌표 구하기	30 %
❷	k의 값 구하기	20 %
❸	점 C의 좌표 구하기	20 %
❹	$\triangle$ABC의 넓이 구하기	30 %

718

① $\cup$모양이므로 $a>0$

② 축이 y축의 왼쪽에 있으면 a, b의 부호는 같으므로 $b>0$

③ y축과 원점의 위쪽에서 만나므로 $c>0$

④ $x=1$일 때, $y>0$이므로 $a+b+c>0$

⑤ $x=-2$일 때, $y<0$이므로 $4a-2b+c<0$ <답> ②

719

(i) $\cap$모양이므로 $a<0$

(ii) 축이 y축의 오른쪽에 있으면 a, b의 부호는 다르므로 $b>0$

(iii) y축과 원점의 아래쪽에서 만나므로 $c<0$ <답> ③

720

(i) $a<0$이므로 $\cap$모양이다.

(ii) a, b의 부호가 같으므로 축은 y축의 왼쪽에 있다.

(iii) $c<0$이므로 y축과 원점의 아래쪽에서 만난다. <답> ④

721

$a<0$, $b>0$, $c<0$에서 $a<0$, $-b<0$, $-c>0$

(i) $a<0$이므로 $\cap$모양이다.

(ii) a, $-b$의 부호가 같으므로 축은 y축의 왼쪽에 있다.

(iii) $-c>0$이므로 y축과 원점의 위쪽에서 만난다.

따라서 $y=ax^2-bx-c$의 그래프는 오른쪽 그림과 같으므로 꼭짓점은 제2사분면 위에 있다.

<답> 제2사분면

722

(i) $\cap$모양이므로 $a<0$

(ii) 축이 y축의 오른쪽에 있으면 a, b의 부호는 다르므로 $b>0$

(iii) y축과 원점의 위쪽에서 만나므로 $c>0$

① $ac<0$

② $\frac{c}{b}>0$

③ $x=1$일 때, $y>0$이므로 $a+b+c>0$

④ $x=-1$일 때, $y<0$이므로 $a-b+c<0$

⑤ $x=-\frac{1}{2}$일 때, $y=0$이므로 $\frac{1}{4}a-\frac{1}{2}b+c=0$

$\therefore a-2b+4c=0$ <답> ⑤

723

$y=ax+b$의 그래프의 기울기가 양수이고, y절편이 양수이므로
$a>0$, $b>0$

$y=ax^2+bx$의 그래프에서

(i) $a>0$이므로 $\cup$모양이다.

(ii) a, b의 부호가 같으므로 축은 y축의 왼쪽에 있다.

(iii) $x=0$일 때, $y=0$이므로 y축과 원점에서 만난다.

따라서 구하는 그래프는 ③이다. <답> ③

724

$y=ax^2+bx+c$의 그래프에서

(i) $\cup$모양이므로 $a>0$

(ii) 축이 y축의 왼쪽에 있으면 a, b의 부호는 같으므로 $b>0$

(iii) y축과 원점의 아래쪽에서 만나므로 $c<0$

$a>0$, $b>0$, $c<0$이므로 $y=cx^2+bx+a$의 그래프에서

(i) $c<0$이므로 $\cap$모양이다.

(ii) c, b의 부호가 다르므로 축은 y축의 오른쪽에 있다.

(iii) $a>0$이므로 y축과 원점의 위쪽에서 만난다.

따라서 구하는 그래프는 ③이다. <답> ③

725

꼭짓점의 좌표가 $(2, 1)$이므로 이차함수의 식을
$y=a(x-2)^2+1$로 놓을 수 있다. 이 그래프가 점 $(0, 9)$를 지나므로 $9=4a+1$

$\therefore a=2$

따라서 $y=2(x-2)^2+1=2x^2-8x+9$이므로
$b=-8$, $c=9$
$\therefore a+b+c=2+(-8)+9=3$ 답 3

726

꼭짓점의 좌표가 $(-3, 2)$이므로 이차함수의 식을
$y=a(x+3)^2+2$로 놓을 수 있다. 이 그래프가 점 $(-2, 4)$를
지나므로 $4=a+2$
$\therefore a=2$
$y=2(x+3)^2+2=2x^2+12x+20$에 $x=0$을 대입하면
$y=20$ 답 ②

727

꼭짓점의 좌표가 $(-3, 9)$이므로 이차함수의 식을
$y=a(x+3)^2+9$로 놓을 수 있다. 이 그래프가 점 $(0, 0)$을 지나므로 $0=9a+9$
$\therefore a=-1$
따라서 $y=-(x+3)^2+9=-x^2-6x$이므로 $b=-6$, $c=0$
$\therefore a+b+c=-1+(-6)+0=-7$ 답 -7

728

$y=-2x^2-6$의 그래프의 꼭짓점의 좌표는
$(0, -6)$ ————————————————————— ❶
이차함수의 식을 $y=ax^2-6$으로 놓으면 이 그래프가 점 $(2, 6)$
을 지나므로 $6=4a-6$
$\therefore a=3$ ————————————————————— ❷
따라서 구하는 이차함수의 식은
$y=3x^2-6$ ————————————————————— ❸
답 $y=3x^2-6$

단계	채점 기준	배점
❶	$y=-2x^2-6$의 그래프의 꼭짓점의 좌표 구하기	30 %
❷	a의 값 구하기	50 %
❸	이차함수의 식 구하기	20 %

729

꼭짓점의 좌표가 $(2, 0)$이므로 이차함수의 식을 $y=a(x-2)^2$
으로 놓을 수 있다. 이 그래프가 점 $(0, 4)$를 지나므로
$4=4a$ $\therefore a=1$
따라서 $y=(x-2)^2$의 그래프가 점 $(-1, k)$를 지나므로
$k=(-1-2)^2=9$ 답 ⑤

730

꼭짓점의 좌표가 $(-1, 3)$이므로 이차함수의 식을
$y=a(x+1)^2+3$으로 놓을 수 있다. 이 그래프가 점 $(0, 1)$을
지나므로 $1=a+3$
$\therefore a=-2$

$y=-2(x+1)^2+3=-2x^2-4x+1$에 $y=0$을 대입하면
$0=-2x^2-4x+1$, $2x^2+4x-1=0$
$\therefore x=\dfrac{-2\pm\sqrt{2^2-2\times(-1)}}{2}=\dfrac{-2\pm\sqrt{6}}{2}$
따라서 $A\left(\dfrac{-2-\sqrt{6}}{2}, 0\right)$, $B\left(\dfrac{-2+\sqrt{6}}{2}, 0\right)$이므로
$\overline{AB}=\dfrac{-2+\sqrt{6}}{2}-\dfrac{-2-\sqrt{6}}{2}=\sqrt{6}$ 답 $\sqrt{6}$

731

축의 방정식이 $x=-1$이므로 이차함수의 식을
$y=a(x+1)^2+q$로 놓을 수 있다. 이 그래프가 두 점 $(1, -4)$,
$(3, 8)$을 지나므로
$-4=4a+q$, $8=16a+q$
위의 두 식을 연립하여 풀면 $a=1$, $q=-8$
따라서 구하는 이차함수의 식은
$y=(x+1)^2-8=x^2+2x-7$ 답 $y=x^2+2x-7$

732

$y=-2x^2+ax+b$의 그래프의 축의 방정식이 $x=1$이므로 이차함수의 식을 $y=-2(x-1)^2+q$로 놓을 수 있다. 이 그래프가
점 $(0, -1)$을 지나므로
$-1=-2(0-1)^2+q$ $\therefore q=1$
따라서 $y=-2(x-1)^2+1=-2x^2+4x-1$이므로
$a=4$, $b=-1$
$\therefore ab=4\times(-1)=-4$ 답 ②

733

$y=\dfrac{1}{2}x^2+ax+b$의 그래프의 축의 방정식이 $x=-4$이므로 이
차함수의 식을 $y=\dfrac{1}{2}(x+4)^2+q$로 놓을 수 있다. 이 그래프가
점 $(2, 18)$을 지나므로
$18=\dfrac{1}{2}(2+4)^2+q$ $\therefore q=0$
따라서 $y=\dfrac{1}{2}(x+4)^2$이므로 이 그래프의 꼭짓점의 좌표는
$(-4, 0)$이다. 답 ③

734

축의 방정식이 $x=-1$이고 평행이동하면 이차함수 $y=2x^2$의
그래프와 포개어지므로 이차함수의 식을
$y=2(x+1)^2+q$로 놓을 수 있다.
이 그래프가 점 $(0, 1)$을 지나므로
$1=2(0+1)^2+q$ $\therefore q=-1$
따라서 $y=2(x+1)^2-1=2x^2+4x+1$이므로
$a=2$, $b=4$, $c=1$
$\therefore a+b+c=2+4+1=7$ 답 7

735

축의 방정식이 $x=2$이므로 이차함수의 식을
$y=a(x-2)^2+q$로 놓을 수 있다.
이 그래프가 두 점 $(5, 0)$, $(0, 5)$를 지나므로
$0=9a+q$, $5=4a+q$
위의 두 식을 연립하여 풀면 $a=-1$, $q=9$
따라서 $y=-(x-2)^2+9=-x^2+4x+5$이므로
$b=4$, $c=5$
$\therefore a+b-c=-1+4-5=-2$ 　　답 -2

736

축의 방정식이 $x=1$이므로 이차함수의 식을
$y=a(x-1)^2+q$로 놓을 수 있다.
이 그래프가 두 점 $(3, 2)$, $(0, -1)$을 지나므로
$2=4a+q$, $-1=a+q$
위의 두 식을 연립하여 풀면 $a=1$, $q=-2$
$\therefore y=(x-1)^2-2$ ──────────── ❶
따라서 $y=(x-1)^2-2$에 $(-2, k)$를 대입하면
$k=9-2=7$ ──────────── ❷
답 7

단계	채점 기준	배점
❶	이차함수의 식 구하기	60 %
❷	k의 값 구하기	40 %

737

$y=ax^2+bx+c$의 그래프가 x축과 두 점 $(-3, 0)$, $(1, 0)$에서 만나므로 이차함수의 식을 $y=a(x+3)(x-1)$로 놓을 수 있다.
이 그래프가 점 $(0, 4)$를 지나므로
$4=-3a$　$\therefore a=-\dfrac{4}{3}$
따라서 $y=-\dfrac{4}{3}(x+3)(x-1)=-\dfrac{4}{3}x^2-\dfrac{8}{3}x+4$이므로
$b=-\dfrac{8}{3}$, $c=4$
$\therefore \dfrac{b}{a-c}=\dfrac{-\dfrac{8}{3}}{-\dfrac{4}{3}-4}=-\dfrac{8}{3}\div\left(-\dfrac{16}{3}\right)$
$=-\dfrac{8}{3}\times\left(-\dfrac{3}{16}\right)=\dfrac{1}{2}$ 　답 ④

738

$y=2x^2+ax+b$의 그래프가 x축과 두 점 $(-1, 0)$, $(3, 0)$에서 만나므로 이차함수의 식을 $y=2(x+1)(x-3)$으로 놓을 수 있다.
$y=2(x+1)(x-3)=2x^2-4x-6$
이므로 $a=-4$, $b=-6$
$\therefore a+b=-4+(-6)=-10$ 　답 ④

739

이차함수 $y=\dfrac{1}{2}x^2$의 그래프와 모양이 같고 x축과 두 점 $(-2, 0)$, $(4, 0)$에서 만나므로
$y=\dfrac{1}{2}(x+2)(x-4)$로 놓을 수 있다.
$y=\dfrac{1}{2}(x+2)(x-4)=\dfrac{1}{2}x^2-x-4$
$=\dfrac{1}{2}(x-1)^2-\dfrac{9}{2}$
이므로 꼭짓점의 좌표는 $\left(1, -\dfrac{9}{2}\right)$이다. 　답 ③

740

x축과 만나는 두 점의 x좌표가 -2, -5이므로 이차함수의 식을 $y=a(x+2)(x+5)$로 놓을 수 있다.
이 그래프가 점 $(-3, 2)$를 지나므로
$2=-2a$　$\therefore a=-1$
따라서 $y=-(x+2)(x+5)=-x^2-7x-10$이므로 y축과 만나는 점의 y좌표는 -10이다. 　답 ②

741

x축과 두 점 $(-3, 0)$, $(2, 0)$에서 만나므로 이차함수의 식을 $y=a(x+3)(x-2)$로 놓을 수 있다.
이 그래프가 점 $(-1, 6)$을 지나므로
$6=-6a$　$\therefore a=-1$
$\therefore y=-(x+3)(x-2)=-x^2-x+6$
$=-\left(x+\dfrac{1}{2}\right)^2+\dfrac{25}{4}$
꼭짓점의 좌표는 $\left(-\dfrac{1}{2}, \dfrac{25}{4}\right)$이므로 $p=-\dfrac{1}{2}$, $q=\dfrac{25}{4}$
$\therefore p+q=-\dfrac{1}{2}+\dfrac{25}{4}=\dfrac{23}{4}$ 　답 $\dfrac{23}{4}$

742

$y=ax^2+bx+c$의 그래프가 x축과 두 점 $(-4, 0)$, $(2, 0)$에서 만나므로 이차함수의 식을 $y=a(x+4)(x-2)$로 놓을 수 있다.
$y=a(x+4)(x-2)$
$=a(x^2+2x-8)$
$=a(x+1)^2-9a$
꼭짓점의 좌표는 $(-1, -9a)$ ──────────── ❶
이 점이 직선 $y=-2x+7$ 위에 있으므로
$-9a=2+7$　$\therefore a=-1$ ──────────── ❷
따라서 $y=-(x+4)(x-2)=-x^2-2x+8$이므로
$b=-2$, $c=8$ ──────────── ❸
$\therefore \dfrac{c}{ab}=\dfrac{8}{(-1)\times(-2)}=4$ ──────────── ❹
답 4

단계	채점 기준	배점
❶	$y=ax^2+bx+c$의 그래프의 꼭짓점의 좌표 구하기	30 %
❷	a의 값 구하기	20 %
❸	b, c의 값 구하기	30 %
❹	$\dfrac{c}{ab}$의 값 구하기	20 %

743

$y=ax^2+bx+c$에 세 점 $(0, -1)$, $(-2, 3)$, $(1, -6)$의 좌표를 각각 대입하면

$-1=c$, $3=4a-2b+c$, $-6=a+b+c$

위의 세 식을 연립하여 풀면

$a=-1$, $b=-4$, $c=-1$

$\therefore abc=-1\times(-4)\times(-1)=-4$ **답** ⑤

744

$y=ax^2+bx+c$에 세 점 $(0, 5)$, $(2, 3)$, $(4, 5)$의 좌표를 각각 대입하면

$5=c$, $3=4a+2b+c$, $5=16a+4b+c$

위의 세 식을 연립하여 풀면

$a=\dfrac{1}{2}$, $b=-2$, $c=5$

$\therefore y=\dfrac{1}{2}x^2-2x+5=\dfrac{1}{2}(x-2)^2+3$

따라서 꼭짓점의 좌표는 $(2, 3)$이다.   **답** $(2, 3)$

745

$y=ax^2+bx+c$에 세 점 $(0, -3)$, $(1, -4)$, $(-2, 5)$의 좌표를 각각 대입하면

$-3=c$, $-4=a+b+c$, $5=4a-2b+c$

위의 세 식을 연립하여 풀면

$a=1$, $b=-2$, $c=-3$ ──────── ❶

$y=x^2-2x-3$에 $y=0$을 대입하면

$0=x^2-2x-3$, $(x+1)(x-3)=0$

$\therefore x=-1$ 또는 $x=3$ ──────── ❷

따라서 x축과 두 점 $(-1, 0)$, $(3, 0)$에서 만나므로 두 점의 x좌표의 합은

$-1+3=2$ ──────── ❸

     답 2

단계	채점 기준	배점
❶	a, b, c의 값 구하기	40 %
❷	x축과 만나는 두 점의 x좌표 구하기	40 %
❸	x좌표의 합 구하기	20 %

746

$y=x^2-6kx+9k^2+6k+3$
$=(x-3k)^2+6k+3$

의 그래프의 꼭짓점의 좌표는 $(3k, 6k+3)$이다.

이 점이 제2사분면 위에 있으므로

$3k<0$, $6k+3>0$ $\therefore -\dfrac{1}{2}<k<0$ **답** $-\dfrac{1}{2}<k<0$

747

$y=x^2+3x+2k+3=\left(x+\dfrac{3}{2}\right)^2+2k+\dfrac{3}{4}$의 그래프의 꼭짓점의 좌표는 $\left(-\dfrac{3}{2}, 2k+\dfrac{3}{4}\right)$, y축과의 교점의 y좌표는 $2k+3$이다. 이 그래프가 제4사분면 만을 지나지 않으려면 그래프의 개형은 오른쪽 그림과 같아야 한다.

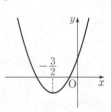

(i) 꼭짓점이 제3사분면 위에 있어야 하므로

$2k+\dfrac{3}{4}<0$, $2k<-\dfrac{3}{4}$

$\therefore k<-\dfrac{3}{8}$ ──────── ❶

(ii) y축과의 교점의 y좌표가 0 이상이어야 하므로

$2k+3\geq0$, $2k\geq-3$

$\therefore k\geq-\dfrac{3}{2}$ ──────── ❷

따라서 구하는 상수 k의 값의 범위는

$-\dfrac{3}{2}\leq k<-\dfrac{3}{8}$ ──────── ❸

     답 $-\dfrac{3}{2}\leq k<-\dfrac{3}{8}$

단계	채점 기준	배점
❶	꼭짓점이 제3사분면 위에 있을 조건 구하기	50 %
❷	y축과의 교점의 y좌표가 0 이상일 조건 구하기	40 %
❸	k의 값의 범위 구하기	10 %

748

ㅁ. $y=-\dfrac{1}{2}x^2-4x-3=-\dfrac{1}{2}(x+4)^2+5$

ㅂ. $y=-3x^2+12x-4=-3(x-2)^2+8$

③ ㅁ의 축의 방정식은 $x=-4$이므로 축이 가장 왼쪽에 있다.

④ ㅂ의 꼭짓점의 좌표는 $(2, 8)$이므로 꼭짓점은 제1사분면 위에 있다.   **답** ④

749

$y=x^2+4x=(x+2)^2-4$의 그래프의 꼭짓점의 좌표는 $A(-2, -4)$이다.

또 $y=x^2+4x$에 $y=12$를 대입하면

$12=x^2+4x$, $x^2+4x-12=0$

$(x+6)(x-2)=0$

$\therefore x=-6$ 또는 $x=2$

따라서 B$(-6, 12)$, C$(2, 12)$이므로

$\triangle$ABC의 넓이는

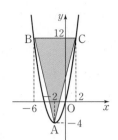

$\dfrac{1}{2}\times 8\times 16=64$　　답 64

750

$y=x^2+2x-3$에 $y=0$을 대입하면

$0=x^2+2x-3$, $(x+3)(x-1)=0$

$\therefore x=-3$ 또는 $x=1$

$\therefore$ A$(-3, 0)$

$y=x^2+2x-3$에 $x=0$을 대입하면

$y=-3$이므로 B$(0, -3)$

$y=x^2+2x-3=(x+1)^2-4$이므로

C$(-1, -4)$

점 C에서 y축에 내린 수선의 발을

D라 하면 D$(0, -4)$

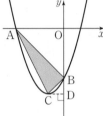

$\therefore \triangle$ABC$=\square$ACDO$-\triangle$ABO$-\triangle$BCD

$=\dfrac{1}{2}\times(3+1)\times 4-\dfrac{1}{2}\times 3\times 3-\dfrac{1}{2}\times 1\times 1$

$=8-\dfrac{9}{2}-\dfrac{1}{2}=3$　　답 3

751

$y=ax^2-bx+c$의 그래프에서

(i) $\cap$ 모양이므로 $a<0$

(ii) 축이 y축의 오른쪽에 있으면 a, $-b$의 부호는 다르므로

　　$-b>0$　　$\therefore b<0$

(iii) y축과 원점의 위쪽에서 만나므로 $c>0$

$a<0$, $b<0$, $c>0$에서 $-c<0$, $b<0$, $-a>0$이므로

$y=-cx^2+bx-a$의 그래프에서

(i) $-c<0$이므로 $\cap$모양이다.

(ii) $-c$, b의 부호가 같으므로 축은 y축의 왼쪽에 있다.

(iii) $-a>0$이므로 y축과 원점의 위쪽에서 만난다.

⑤ $y=-cx^2+bx-a$의 그래프는 오른쪽

　　그림과 같으므로 축의 방정식을 $x=p$

　　라 하면 $p<0$이다.

　　　　　　답 ⑤

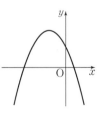

752

꼭짓점의 좌표가 $(-2, 1)$이므로 이차함수의 식을

$y=a(x+2)^2+1$로 놓을 수 있다.

이 그래프가 점 $(0, 2)$를 지나므로

$2=4a+1$　　$\therefore a=\dfrac{1}{4}$

$\therefore y=\dfrac{1}{4}(x+2)^2+1$　　　　······ ㉠

㉠을 x축의 방향으로 4만큼, y축의 방향으로 3만큼 평행이동하면

$y=\dfrac{1}{4}(x-4+2)^2+1+3$

$\therefore y=\dfrac{1}{4}(x-2)^2+4$

따라서 이차함수의 식이 $y=\dfrac{1}{4}x^2-x+5$이므로

$a=\dfrac{1}{4}$, $b=-1$, $c=5$

$\therefore abc=\dfrac{1}{4}\times(-1)\times 5=-\dfrac{5}{4}$　　답 $-\dfrac{5}{4}$

753

$y=-x^2+ax+b$ 그래프의 꼭짓점의 좌표는 $(-2, 9)$이므로

$y=-(x+2)^2+9$

　$=-x^2-4x+5$ ────────── ❶

$x=0$을 대입하면 $y=5$이므로

A$(0, 5)$ ──────────────── ❷

$y=0$을 대입하면 $0=-x^2-4x+5$

$x^2+4x-5=0$, $(x+5)(x-1)=0$

$\therefore x=-5$ 또는 $x=1$

$\therefore$ B$(-5, 0)$, C$(1, 0)$ ──────── ❸

따라서 $\triangle$ABC의 넓이는 $\dfrac{1}{2}\times 6\times 5=15$ ── ❹

답 15

단계	채점 기준	배점
❶	이차함수의 식 세우기	30 %
❷	점 A의 좌표 구하기	10 %
❸	점 B, C의 좌표 구하기	30 %
❹	$\triangle$ABC의 넓이 구하기	30 %

754

꼭짓점의 좌표가 $(3, 50)$이므로 이차함수의 식을

$y=a(x-3)^2+50$으로 놓을 수 있다.

이 그래프가 점 $(0, 32)$를 지나므로

$32=9a+50$　　$\therefore a=-2$

따라서 $y=-2(x-3)^2+50=-2x^2+12x+32$이고 물체가

지면에 떨어질 때 $h=0$이므로

$0=-2x^2+12x+32$, $x^2-6x-16=0$

$(x+2)(x-8)=0$

$\therefore x=8$ ($\because x>0$)

따라서 물체가 지면에 떨어질 때까지 걸린 시간은 8초이다.

답 ③

755

$y=a(x-p)^2+q$의 그래프가 x축과 두 점 $(-4, 0)$, $(0, 0)$에서 만나므로 축의 방정식은 $x=2$이다. 따라서 꼭짓점의 좌표가 $(-2, -3)$이므로 $y=a(x+2)^2-3$으로 놓을 수 있다.

이 그래프가 원점 $(0, 0)$을 지나므로

$0=4a-3$　　$\therefore a=\dfrac{3}{4}$

따라서 $a=\dfrac{3}{4}$, $p=-2$, $q=-3$이므로

$a+p+q=\dfrac{3}{4}+(-2)+(-3)=-\dfrac{17}{4}$　　답 $-\dfrac{17}{4}$

756

오른쪽 그림과 같이 점 M을 원점
으로 하는 좌표평면 위에 포물선
을 놓으면 포물선을 그래프로 하
는 이차함수의 식은

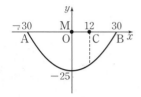

$y=ax^2-25$로 놓을 수 있다.

B 지점의 좌표는 $(30, 0)$이므로

$0=900a-25$　　$\therefore a=\dfrac{1}{36}$

$\therefore y=\dfrac{1}{36}x^2-25$

이 식에 $x=12$를 대입하면

$y=\dfrac{1}{36}\times 12^2-25=-21$

따라서 구하는 수심은 21 m이다.　　답 21 m

757

$y=ax^2+bx+c$의 그래프와 x축이 만나는 점의 x좌표가 각각
0, 4이므로 $y=ax(x-4)$로 놓을 수 있다.

$y=ax(x-4)=a(x^2-4x)=a(x-2)^2-4a$

꼭짓점 A의 좌표는 $(2, -4a)$이므로

$\triangle OAB=\dfrac{1}{2}\times 4\times(-4a)=-8a=10$

$\therefore a=-\dfrac{5}{4}$

$y=-\dfrac{5}{4}x(x-4)=-\dfrac{5}{4}x^2+5x$이므로

$b=5$, $c=0$

$\therefore a+b+c=-\dfrac{5}{4}+5+0=\dfrac{15}{4}$　　답 $\dfrac{15}{4}$

풍쌤비법으로 모든 유형을 대비하는
문제기본서

풍산자 필수유형

── 실전북 ──

파란 바닷가처럼
시원하게 문제를 해결해 준다.

중학수학 3-1

◆ 서술유형 집중연습 ◆

Ⅰ 실수와 그 계산

대표 서술유형   2~3쪽

예제 1

[step 1] $a-3 \leq 0$이므로 $\sqrt{(a-3)^2} = \underline{-(a-3)}$

[step 2] $a-3 < 0$에서 $3-a \underline{>} 0$이므로
$\sqrt{(3-a)^2} = \underline{3-a}$

[step 3] $\sqrt{(a-3)^2} + \sqrt{(3-a)^2} = \underline{-(a-3)+(3-a)}$
$\qquad\qquad = \underline{-a+3+3-a}$
$\qquad\qquad = \underline{-2a+6}$

유제 1-1

[step 1] $-1 < x \leq 1$에서 $x-1 \leq 0$이므로
$\sqrt{(x-1)^2} = \underline{-(x-1)}$

[step 2] $-1 < x \leq 1$에서 $x+1 \underline{>} 0$이므로
$\sqrt{(x+1)^2} = \underline{x+1}$

[step 3] $\sqrt{(x-1)^2} + \sqrt{(x+1)^2} = \underline{-(x-1)+(x+1)}$
$\qquad\qquad = \underline{-x+1+x+1}$
$\qquad\qquad = \underline{2}$

유제 1-2

[step 1] $2a-6 > 3(a-2)$에서
$\underline{2a-6 > 3a-6}$ $\quad \therefore \underline{a < 0}$

[step 2] $a < 0$이므로 $\sqrt{a^2} = \underline{-a}$
$a-3 \underline{<} 0$이므로 $\sqrt{(a-3)^2} = \underline{-(a-3)}$
$2-a \underline{>} 0$이므로 $\sqrt{(2-a)^2} = \underline{2-a}$

[step 3] $\sqrt{a^2} - \sqrt{(a-3)^2} - \sqrt{(2-a)^2}$
$\qquad = \underline{-a+(a-3)-(2-a)}$
$\qquad = \underline{-a+a-3-2+a}$
$\qquad = \underline{a-5}$

예제 2

[step 1] $240 = \underline{2^4 \times 3 \times 5}$

[step 2] n이 자연수가 되려면 $240 \times m = \underline{2^4 \times 3 \times 5 \times m}$에서 소인수의 지수가 모두 <u>짝수</u>이어야 하므로 가장 작은 자연수 m은 $m = \underline{3 \times 5 = 15}$

[step 3] $n = \sqrt{240 \times 15} = \underline{\sqrt{2^4 \times 3^2 \times 5^2}}$
$\qquad = \underline{2^2 \times 3 \times 5 = 60}$

[step 4] $\therefore m+n = \underline{15+60=75}$

유제 2-1

[step 1] $504 = \underline{2^3 \times 3^2 \times 7}$

[step 2] $\sqrt{504x}$가 자연수가 되려면 $504 \times x = 2^3 \times 3^2 \times 7 \times x$에서 소인수의 지수가 모두 <u>짝수</u>이어야 하므로 자연수 x는 $x = \underline{14} \times (자연수)^2$의 꼴이어야 한다.

[step 3] x의 값의 범위가 $10 \leq x < 100$이므로 조건을 만족하는 자연수 x의 값은
$x = \underline{14}$ 또는 $x = \underline{14 \times 2^2 = 56}$

유제 2-2

[step 1] $\sqrt{49-x}$가 정수가 되려면 $49-x$는 0 또는 49보다 작은 제곱수이어야 한다.
즉, $49-x = \underline{0, 1, 4, 9, 16, 25, 36}$

[step 2] 조건을 만족하는 자연수 x는
$x = \underline{49, 48, 45, 40, 33, 24, 13}$이다.

[step 3] 따라서 자연수 x는 <u>7</u>개이다.

서술유형 실전대비   4~5쪽

1 [step 1] $(-6)^2 = 36$의 양의 제곱근은 6이므로 $A = 6$

[step 2] $\sqrt{81} = 9$의 음의 제곱근은 -3이므로 $B = -3$

[step 3] $\therefore A - B = 6 - (-3) = 9$ **답** 9

2 [step 1] $\sqrt{9} = 3$, $2.\dot{7} = \dfrac{25}{9}$, $\sqrt{16} = 4$이므로 각 수의 제곱근을 차례로 구하면
$\pm\sqrt{5}$, $\pm\sqrt{3}$, ± 1.6, $\pm\dfrac{5}{3}$, $\pm\dfrac{11}{5}$, ± 2

[step 2] 따라서 근호를 사용하지 않고 제곱근을 나타낼 수 있는 수는 2.56, $2.\dot{7}$, $\dfrac{121}{25}$, $\sqrt{16}$의 4개이다.   **답** 4개

3 [step 1] 160을 소인수분해하면 $160 = 2^5 \times 5$

[step 2] n이 자연수가 되려면 $\dfrac{160}{m} = \dfrac{2^5 \times 5}{m}$에서 분자의 소인수의 지수가 모두 짝수이어야 하므로 가장 작은 자연수 m은 $m = 2 \times 5 = 10$

[step 3] $m = 10$일 때, $n = \sqrt{\dfrac{160}{10}} = \sqrt{16} = 4$

[step 4] $\therefore m+n = 10+4 = 14$ **답** 14

4 [step 1] $\sqrt{99-2a} < 10$이고 $\sqrt{99-2a}$가 가장 큰 정수가 되어야 하므로
$\sqrt{99-2a} = 9$
즉, $99-2a = 81$이므로 $2a = 18$
$\therefore a = 9$

[step 2] $\sqrt{7+2b}$가 가장 작은 정수가 되어야 하므로
$\sqrt{7+2b} = 3$
즉, $7+2b = 9$이므로 $2b = 2$
$\therefore b = 1$

[step 3] $\therefore a - b = 9 - 1 = 8$ **답** 8

5 양수는 근호 안의 수가 클수록 크고, 음수는 근호 안의 수가 작을수록 크다. ――――――――――――――❶

$\sqrt{(-3)^2}=\sqrt{9}$이므로 양수끼리 비교하면

$\sqrt{\dfrac{9}{2}}<\sqrt{8}<\sqrt{(-3)^2}$

$-3=-\sqrt{9}$이므로 음수끼리 비교하면

$-\sqrt{11}<-3<-\sqrt{7}$

즉, 가장 큰 수는 $\sqrt{(-3)^2}$, 가장 작은 수는 $-\sqrt{11}$이므로

$m=\sqrt{(-3)^2}$, $n=-\sqrt{11}$ ――――――――❷

$\therefore m^2+n^2=9+11=20$ ――――――――――❸

답 20

단계	채점 기준	배점
❶	제곱근의 대소 관계 이해하기	1점
❷	m, n의 값 구하기	각 2점
❸	m^2+n^2의 값 구하기	2점

6 $7<\sqrt{56}<8$이므로 $F(56)=7$ ――――――❶

$\sqrt{25}=5$이므로 $F(25)=5$ ―――――――――❷

$\therefore F(56)-F(25)=7-5=2$ ――――――――❸

답 2

단계	채점 기준	배점
❶	$F(56)$의 값 구하기	3점
❷	$F(25)$의 값 구하기	3점
❸	$F(56)-F(25)$의 값 구하기	1점

7 한 변의 길이가 3 cm인 정사각형의 넓이는

$3\times3=9\,(\text{cm}^2)$ ―――――――――――――❶

정사각형 ABCD의 넓이는 $9\times2=18\,(\text{cm}^2)$ ――❷

정사각형 ABCD의 한 변의 길이는 $\sqrt{18}=3\sqrt{2}\,(\text{cm})$ ――❸

따라서 정사각형 ABCD의 둘레의 길이는

$4\times3\sqrt{2}=12\sqrt{2}\,(\text{cm})$ ――――――――――❹

답 $12\sqrt{2}$ cm

단계	채점 기준	배점
❶	작은 정사각형의 넓이 구하기	1점
❷	정사각형 ABCD의 넓이 구하기	2점
❸	정사각형 ABCD의 한 변의 길이 구하기	3점
❹	정사각형 ABCD의 둘레의 길이 구하기	2점

8 전체 경우의 수는 $6\times6=36$이다. ―――――❶

$\sqrt{36ab}$가 자연수가 되려면 $36ab=2^2\times3^2\times ab$에서 ab의 값이 완전제곱수 꼴이어야 하므로 이러한 두 자연수 a, b의 순서쌍 (a, b)는

$(1, 1)$, $(2, 2)$, $(1, 4)$, $(4, 1)$, $(3, 3)$, $(4, 4)$, $(5, 5)$, $(6, 6)$

의 8개이다. ―――――――――――――――――❷

따라서 구하는 확률은 $\dfrac{8}{36}=\dfrac{2}{9}$이다. ――――――❸

답 $\dfrac{2}{9}$

단계	채점 기준	배점
❶	전체 경우의 수 구하기	2점
❷	$\sqrt{36ab}$가 자연수가 되는 경우 구하기	4점
❸	$\sqrt{36ab}$가 자연수가 될 확률 구하기	1점

대표 서술유형   6~7쪽

예제 1

[step 1] 피타고라스 정리에 의해 직각이등변삼각형의 빗변의 길이는 $\sqrt{2}$이므로

$\overline{AC}=\overline{PC}=\underline{\sqrt{2}}$ $\therefore a=\underline{-1-\sqrt{2}}$

[step 2] $\overline{FD}=\overline{FQ}=\underline{\sqrt{2}}$이므로 $b=\underline{\sqrt{2}}$

[step 3] $\therefore a+b=\underline{(-1-\sqrt{2})}+\underline{\sqrt{2}}=\underline{-1}$

유제 1-1

[step 1] $\overline{PS}=\overline{PA}=\underline{\sqrt{2}}$이므로 점 A에 대응하는 수는 $\underline{1-\sqrt{2}}$이다.

[step 2] $\overline{PQ}=\overline{PB}=\underline{\sqrt{2}}$이므로 점 B에 대응하는 수는 $\underline{1+\sqrt{2}}$이다.

[step 3] 따라서 두 수의 합은

$\underline{(1-\sqrt{2})}+\underline{(1+\sqrt{2})}=\underline{2}$

유제 1-2

[step 1] 피타고라스 정리에 의해 ㈎는 한 변의 길이가 $\sqrt{5}$인 정사각형이고, ㈏는 한 변의 길이가 $\sqrt{2}$인 정사각형이다.

[step 2] 점 A의 좌표는 A$(\underline{2-\sqrt{5}})$

점 B의 좌표는 B$(\underline{4+\sqrt{2}})$

[step 3] 따라서 $\overline{AB}$의 길이는

$(\underline{4+\sqrt{2}})-(\underline{2-\sqrt{5}})=\underline{4+\sqrt{2}-2+\sqrt{5}=2+\sqrt{2}+\sqrt{5}}$

예제 2

[step 1] $A-C=(5\sqrt{6}-2)-11$

$\qquad\quad=5\sqrt{6}-13=\underline{\sqrt{150}-\sqrt{169}}$

이므로 $A-C\leq0$ $\therefore A\underline{<}C$

[step 2] $B-C=(2+6\sqrt{3})-11$

$\qquad\quad=6\sqrt{3}-9=\underline{\sqrt{108}-\sqrt{81}}$

이므로 $B-C\underline{>}0$ $\therefore B\underline{>}C$

[step 3] 따라서 $A\underline{<}C$이고 $B\underline{>}C$이므로 $\underline{A}<\underline{C}<\underline{B}$이다.

유제 2-1

[step 1] $2+\sqrt{10}$, $-1+\sqrt{10}$은 양수 , $\sqrt{10}-4$, $3-\sqrt{10}$은 음수 이다.

[step 2] (ⅰ) $(2+\sqrt{10})-(-1+\sqrt{10})=3$이므로

$\qquad (2+\sqrt{10})-(-1+\sqrt{10})\underline{>}0$

$\qquad \therefore 2+\sqrt{10}\underline{\geq}-1+\sqrt{10}$

(ii) $(\sqrt{10}-4)-(3-\sqrt{10})=2\sqrt{10}-7=\sqrt{40}-\sqrt{49}$이므로
$(\sqrt{10}-4)-(3-\sqrt{10})<0$
$\therefore \sqrt{10}-4\leq 3-\sqrt{10}$

[step 3] 따라서 $2+\sqrt{10}>-1+\sqrt{10}>3-\sqrt{10}>\sqrt{10}-4$이므로
세 번째에 오는 수는 $3-\sqrt{10}$이다.

유제 2-2

[step 1] $(\sqrt{3}+2)-(2+\sqrt{2})=\sqrt{3}-\sqrt{2}$이므로
$(\sqrt{3}+2)-(2+\sqrt{2})\geq 0$
$\therefore \sqrt{3}+2\geq 2+\sqrt{2}$

[step 2] $(\sqrt{2}+\sqrt{3})-(2+\sqrt{2})=\sqrt{3}-2=\sqrt{3}-\sqrt{4}$이므로
$(\sqrt{2}+\sqrt{3})-(2+\sqrt{2})\leq 0$
$\therefore \sqrt{2}+\sqrt{3}\leq 2+\sqrt{2}$

[step 3] 가장 큰 수는 $\sqrt{3}+2$, 가장 작은 수는 $\sqrt{2}+\sqrt{3}$이므로
$M=\sqrt{3}+2$, $m=\sqrt{2}+\sqrt{3}$

[step 4] $\therefore M-m=(\sqrt{3}+2)-(\sqrt{2}+\sqrt{3})=2-\sqrt{2}$

서술유형 실전대비   8~9쪽

1 [step 1] □ 안에 해당하는 수는 유리수가 아닌 실수이므로 무리수이다.

[step 2] $2+\sqrt{9}=2+3=5$이므로 유리수, $-\sqrt{10}-1$, $\frac{\pi}{4}$는 무리수, $\sqrt{(-3.6)^2}=3.6$이므로 유리수, $\sqrt{0.16}=\sqrt{(0.4)^2}=0.4$이므로 유리수, $\sqrt{1.\dot{7}}=\sqrt{\frac{16}{9}}=\frac{4}{3}$이므로 유리수이다.
따라서 무리수는 2개이다.   **답** 2개

2 [step 1] $2=\sqrt{4}$, $3=\sqrt{9}$이므로 $2<\sqrt{6}<3$이다.

[step 2] $2<\sqrt{6}<3$에서 각 변에 -1을 곱하면
$-3<-\sqrt{6}<-2$
각 변에 8을 더하면 $5<8-\sqrt{6}<6$

[step 3] $5<8-\sqrt{6}<6$에서 각 변에 -1을 곱하면
$-6<\sqrt{6}-8<-5$

[step 4] 따라서 $8-\sqrt{6}$과 $\sqrt{6}-8$ 사이에 있는 정수는
-5, -4, -3, $\cdots$, 3, 4, 5의 11개이다.
   답 11개

3 [step 1] 피타고라스 정리에 의해 직각이등변삼각형의 빗변의 길이는 $\sqrt{2}$이다.

[step 2] 점 P의 좌표는 $P(-2+\sqrt{2})$
점 Q의 좌표는 $Q(3-\sqrt{2})$

[step 3] 따라서 두 점 P, Q 사이의 거리는
$(3-\sqrt{2})-(-2+\sqrt{2})$
$=3-\sqrt{2}+2-\sqrt{2}$
$=5-2\sqrt{2}$ **답** $5-2\sqrt{2}$

4 [step 1] $(4+\sqrt{2})-(3+2\sqrt{2})=4+\sqrt{2}-3-2\sqrt{2}$
$=1-\sqrt{2}<0$
이므로 $4+\sqrt{2}<3+2\sqrt{2}$

[step 2] $6-(3+2\sqrt{2})=6-3-2\sqrt{2}$
$=3-2\sqrt{2}>0$
이므로 $6>3+2\sqrt{2}$

[step 3] $\therefore 4+\sqrt{2}<3+2\sqrt{2}<6$
   답 $4+\sqrt{2}<3+2\sqrt{2}<6$

5 $\sqrt{1}<\sqrt{3}<\sqrt{4}$, 즉 $1<\sqrt{3}<2$에서 각 변에 -1을 곱하면
$-2<-\sqrt{3}<-1$이므로 $-\sqrt{3}$은 구간 B에 있다.   **①**
$\sqrt{1}<\sqrt{2}<\sqrt{4}$, 즉 $1<\sqrt{2}<2$에서 각 변에서 1을 빼면
$0<\sqrt{2}-1<1$이므로 $\sqrt{2}-1$은 구간 D에 있다.   **②**
$\sqrt{4}<\sqrt{7}<\sqrt{9}$, 즉 $2<\sqrt{7}<3$이므로 $\sqrt{7}$은 구간 F에 있다.
   ③
   답 B, D, F

단계	채점 기준	배점
①	$-\sqrt{3}$에 대응하는 점이 있는 구간 구하기	2점
②	$\sqrt{2}-1$에 대응하는 점이 있는 구간 구하기	2점
③	$\sqrt{7}$에 대응하는 점이 있는 구간 구하기	2점

6 $\sqrt{9}<\sqrt{13}<\sqrt{16}$, 즉 $3<\sqrt{13}<4$에서
각 변에 -1을 곱하면 $-4<-\sqrt{13}<-3$
각 변에 2를 더하면 $-2<2-\sqrt{13}<-1$ **①**
$\sqrt{4}<\sqrt{5}<\sqrt{9}$, 즉 $2<\sqrt{5}<3$에서
각 변에 3을 더하면 $5<3+\sqrt{5}<6$ **②**
따라서 $2-\sqrt{13}$과 $3+\sqrt{5}$ 사이에 있는 정수는
-1, 0, 1, 2, 3, 4, 5이므로   **③**
그 합은 $-1+0+1+2+3+4+5=14$이다.   **④**
   답 14

단계	채점 기준	배점
①	$2-\sqrt{13}$의 범위 구하기	2점
②	$3+\sqrt{5}$의 범위 구하기	2점
③	두 수 사이에 있는 정수 구하기	2점
④	두 수 사이에 있는 모든 정수의 합 구하기	1점

7 피타고라스 정리에 의해 ㉮는 한 변의 길이가 $\sqrt{5}$인 정사각형이므로
$a=-3-\sqrt{5}$ **①**
마찬가지로 피타고라스 정리에 의해 ㉯는 한 변의 길이가 $\sqrt{10}$인 정사각형이므로
$b=1+\sqrt{10}$ **②**
$\therefore (a+\sqrt{5})^2+(b-1)^2=(-3-\sqrt{5}+\sqrt{5})^2+(1+\sqrt{10}-1)^2$
$=(-3)^2+(\sqrt{10})^2$
$=9+10=19$ **③**
   답 19

단계	채점 기준	배점
❶	a의 값 구하기	3점
❷	b의 값 구하기	3점
❸	$(a+\sqrt{5})^2+(b-1)^2$의 값 구하기	2점

8 (정사각형의 넓이)=(한 변의 길이)^{2}이므로 한 변의 길이가
짧을수록 넓이가 작다. ──────────── ❶
$\sqrt{26}-5=\sqrt{26}-\sqrt{25}>0$이므로 $\sqrt{26}>5$
$\sqrt{26}-(1+\sqrt{28})=\sqrt{26}-\sqrt{28}-1<0$
이므로 $\sqrt{26}<1+\sqrt{28}$
$\therefore 5<\sqrt{26}<1+\sqrt{28}$ ──────────── ❷
따라서 한 변의 길이가 가장 짧은 정사각형은 B이므로 넓이가
가장 작은 정사각형도 B이다. ──────────── ❸

답 B

단계	채점 기준	배점
❶	정사각형의 한 변의 길이와 넓이 사이의 관계 이해하기	1점
❷	정사각형의 한 변의 길이 비교하기	3점
❸	넓이가 가장 작은 정사각형 구하기	2점

대표 서술유형   10~11쪽

예제 1

[step 1] $\sqrt{27}-\sqrt{50}+\sqrt{18}-\sqrt{48}$
    $=3\sqrt{3}-5\sqrt{2}+3\sqrt{2}-4\sqrt{3}$
    $=\underline{-2\sqrt{2}-\sqrt{3}}$
[step 2] $-2\sqrt{2}-\sqrt{3}=a\sqrt{2}+b\sqrt{3}$에서
$a=\underline{-2}$, $b=\underline{-1}$
[step 3] $\therefore \sqrt{2ab}=\underline{\sqrt{2\times(-2)\times(-1)}=\sqrt{4}=2}$

유제 1-1

[step 1] $\sqrt{20}-\sqrt{50}+\sqrt{32}-\sqrt{45}$
    $=2\sqrt{5}-5\sqrt{2}+4\sqrt{2}-3\sqrt{5}$
    $=\underline{-\sqrt{2}-\sqrt{5}}$
[step 2] $-\sqrt{2}-\sqrt{5}=a\sqrt{2}+b\sqrt{5}$에서
$a=\underline{-1}$, $b=\underline{-1}$
[step 3] $\therefore ab=\underline{-1\times(-1)=1}$

유제 1-2

[step 1] $\sqrt{32}-2\sqrt{8}+\sqrt{3}\left(\sqrt{12}+\dfrac{4\sqrt{2}}{\sqrt{3}}\right)$
    $=4\sqrt{2}-2\times2\sqrt{2}+\sqrt{3}\left(2\sqrt{3}+\dfrac{4\sqrt{2}}{\sqrt{3}}\right)$
    $=\underline{4\sqrt{2}-4\sqrt{2}+6+4\sqrt{2}}$
    $=\underline{6+4\sqrt{2}}$

[step 2] $6+4\sqrt{2}=a+b\sqrt{2}$에서
$a=\underline{6}$, $b=\underline{4}$
[step 3] $\therefore a^2+b^2=\underline{6^2+4^2=36+16=52}$

예제 2

[step 1] $5<\sqrt{30}<\underline{6}$이므로 $\sqrt{30}$의 정수 부분은 $\underline{5}$이다.
$\therefore a=\underline{5}$
[step 2] (소수 부분)$=\sqrt{30}-$(정수 부분)이므로 $b=\underline{\sqrt{30}-5}$
[step 3] $\therefore a-b=\underline{5-(\sqrt{30}-5)=10-\sqrt{30}}$

유제 2-1

[step 1] $4<\sqrt{20}<5$에서 $\underline{1}<\sqrt{20}-3<\underline{2}$이므로
$\sqrt{20}-3$의 정수 부분은 $\underline{1}$이다. $\therefore a=\underline{1}$
[step 2] (소수 부분)$=\sqrt{20}-3-$(정수 부분)이므로
$b=\underline{\sqrt{20}-3-1=2\sqrt{5}-4}$
[step 3] $\therefore 4a+b=\underline{4\times1+(2\sqrt{5}-4)=4+2\sqrt{5}-4=2\sqrt{5}}$

유제 2-2

[step 1] $\dfrac{\sqrt{12}-\sqrt{2}}{\sqrt{2}}=\dfrac{(\sqrt{12}-\sqrt{2})\times\sqrt{2}}{\sqrt{2}\times\sqrt{2}}$
    $=\dfrac{\sqrt{24}-2}{2}=\dfrac{2\sqrt{6}-2}{2}$
    $=\underline{\sqrt{6}-1}$
[step 2] $2<\sqrt{6}<3$에서 $\underline{1}<\sqrt{6}-1<\underline{2}$이므로
$\sqrt{6}-1$의 정수 부분은 $\underline{1}$, 소수 부분은 $\underline{\sqrt{6}-2}$이다.
$\therefore a=\underline{1}$, $b=\underline{\sqrt{6}-2}$
[step 3] $\therefore \sqrt{6}a-b=\underline{\sqrt{6}\times1-(\sqrt{6}-2)=2}$

서술유형 실전대비   12~13쪽

1 [step 1] $\sqrt{230}=\sqrt{2.3\times100}=10\sqrt{2.3}$
$\sqrt{0.0023}=\sqrt{\dfrac{23}{10000}}=\dfrac{\sqrt{23}}{100}$
[step 2] $\therefore \sqrt{230}+\sqrt{0.0023}=10\sqrt{2.3}+\dfrac{\sqrt{23}}{100}$
      $=10a+\dfrac{1}{100}b$

답 $10a+\dfrac{1}{100}b$

2 [step 1] $\dfrac{\sqrt{5}-\sqrt{3}}{2\sqrt{3}}=\dfrac{(\sqrt{5}-\sqrt{3})\times\sqrt{3}}{2\sqrt{3}\times\sqrt{3}}=\dfrac{\sqrt{15}-3}{6}$
      $=\dfrac{\sqrt{15}}{6}-\dfrac{1}{2}$
$\dfrac{3\sqrt{6}-\sqrt{10}}{\sqrt{6}}=\dfrac{(3\sqrt{6}-\sqrt{10})\times\sqrt{6}}{\sqrt{6}\times\sqrt{6}}=\dfrac{18-2\sqrt{15}}{6}$
      $=3-\dfrac{\sqrt{15}}{3}$

[step 2] $\therefore \dfrac{\sqrt{5}-\sqrt{3}}{2\sqrt{3}}-\dfrac{3\sqrt{6}-\sqrt{10}}{\sqrt{6}}$

$=\left(\dfrac{\sqrt{15}}{6}-\dfrac{1}{2}\right)-\left(3-\dfrac{\sqrt{15}}{3}\right)$

$=-\dfrac{7}{2}+\dfrac{\sqrt{15}}{2}=\dfrac{-7+\sqrt{15}}{2}$

답 $\dfrac{-7+\sqrt{15}}{2}$

3 [step 1] $9<\sqrt{90}<10$이므로 $f(90)=\sqrt{90}-9$
[step 2] $6<\sqrt{40}<7$이므로 $f(40)=\sqrt{40}-6$
[step 3] $\therefore f(90)-f(40)=\sqrt{90}-9-(\sqrt{40}-6)$
$=3\sqrt{10}-9-2\sqrt{10}+6$
$=\sqrt{10}-3$

답 $\sqrt{10}-3$

4 [step 1] $P=\dfrac{3}{\sqrt{3}}(\sqrt{12}+4)-a(2+\sqrt{3})$

$=6+4\sqrt{3}-2a-\sqrt{3}a$

$=(6-2a)+(4-a)\sqrt{3}$

[step 2] P가 유리수가 되려면 $4-a=0$ $\therefore a=4$
[step 3] $a=4$이므로 $P=6-2\times 4=-2$

답 -2

5 $\sqrt{0.32}=\sqrt{\dfrac{32}{100}}=\dfrac{\sqrt{32}}{10}=\dfrac{4\sqrt{2}}{10}$

$=\dfrac{4\times 1.414}{10}=\dfrac{5.656}{10}=0.5656$ ——————— ❶

$\sqrt{8000}=\sqrt{1600\times 5}=40\sqrt{5}=40\times 2.236=89.44$ ——— ❷
$\therefore \sqrt{0.32}+\sqrt{8000}=0.5656+89.44=90.0056$ ——— ❸

답 90.0056

단계	채점 기준	배점
❶	$\sqrt{0.32}$의 값 구하기	3점
❷	$\sqrt{8000}$의 값 구하기	3점
❸	$\sqrt{0.32}+\sqrt{8000}$의 값 구하기	2점

6 평행사변형의 높이를 x라 하면 평행사변형의 넓이는
$\sqrt{20}\times x=2\sqrt{5}x$ ——————————————————— ❶
삼각형의 넓이는

$\dfrac{1}{2}\times \sqrt{40}\times \sqrt{24}=\dfrac{1}{2}\times 2\sqrt{10}\times 2\sqrt{6}=2\sqrt{60}=4\sqrt{15}$ ——— ❷

두 도형의 넓이가 같으므로 $2\sqrt{5}x=4\sqrt{15}$

$\therefore x=\dfrac{4\sqrt{15}}{2\sqrt{5}}=2\sqrt{3}=\sqrt{12}$ ——————————— ❸

답 $\sqrt{12}$

단계	채점 기준	배점
❶	평행사변형의 넓이 구하기	2점
❷	삼각형의 넓이 구하기	2점
❸	평행사변형의 높이를 $\sqrt{a}$의 꼴로 나타내기	3점

7 정사각형의 각 변의 중점을 연결한 사각형은 정사각형이고 그 넓이는 처음 정사각형의 $\dfrac{1}{2}$이다. 정사각형 ABCD의 넓이가 108이므로 정사각형 PQRS의 넓이는

$108\times \dfrac{1}{2}\times \dfrac{1}{2}=108\times \dfrac{1}{4}=27$ ——————————— ❶

정사각형 PQRS의 한 변의 길이는
$\sqrt{27}=3\sqrt{3}$ ——————————————————— ❷
따라서 정사각형 PQRS의 둘레의 길이는
$4\times 3\sqrt{3}=12\sqrt{3}$ ——————————————————— ❸

답 $12\sqrt{3}$

단계	채점 기준	배점
❶	□PQRS의 넓이 구하기	2점
❷	□PQRS의 한 변의 길이 구하기	3점
❸	□PQRS의 둘레의 길이 구하기	2점

8 $1<\sqrt{2}<2$이므로 $-2<\sqrt{2}-3<-1$
따라서 $\sqrt{2}-3<0$이므로 점 A의 좌표는 A$(3-\sqrt{2})$이다.
——————————————————————————— ❶

$\sqrt{8}=2\sqrt{2}$이고 $2<2\sqrt{2}<3$이므로 $4<\sqrt{8}+2<5$
따라서 $\sqrt{8}+2>0$이므로 점 B의 좌표는 B$(\sqrt{8}+2)$이다.
——————————————————————————— ❷

$3-\sqrt{2}<\sqrt{8}+2$이므로
$\overline{AB}=(\sqrt{8}+2)-(3-\sqrt{2})$
$=2\sqrt{2}+2-3+\sqrt{2}$
$=3\sqrt{2}-1$ ——————————————————— ❸

답 $3\sqrt{2}-1$

단계	채점 기준	배점
❶	점 A의 좌표 구하기	2점
❷	점 B의 좌표 구하기	2점
❸	$\overline{AB}$의 길이 구하기	3점

II 인수분해와 이차방정식

대표 서술유형   14~15쪽

예제 1

[step 1] 사각형 EFCD가 정사각형이므로

$\overline{DC}=\overline{ED}=\underline{x}$

따라서 $\overline{AE}=\underline{y-x}$이므로 $\overline{BF}=\underline{y-x}$

[step 2] 사각형 AGHE가 정사각형이므로

$\overline{AG}=\overline{AE}=\underline{y-x}$

$\therefore \overline{BG}=\overline{AB}-\overline{AG}=x-(y-x)=\underline{2x-y}$

[step 3] (직사각형 GBFH의 넓이)$=\underline{(y-x)(2x-y)}$

$\qquad\qquad\qquad\qquad\quad =\underline{-2x^2+3xy-y^2}$

유제 1-1

[step 1] $\underline{x-2y}=A$라 하면

$(x-2y+1)(x-2y+2)=\underline{(A+1)(A+2)}$

$\qquad\qquad\qquad\qquad\quad =A^2+3A+2$

$\qquad\qquad\qquad\qquad\quad =(x-2y)^2+3(x-2y)+2$

$\qquad\qquad\qquad\qquad\quad =\underline{x^2-4xy+4y^2+3x-6y+2}$

[step 2] y^2의 계수가 $\underline{4}$이므로 $a=\underline{4}$

xy의 계수가 $\underline{-4}$이므로 $b=\underline{-4}$

$\therefore a+b=\underline{0}$

유제 1-2

[step 1] $(x+2)(x+4)(x-1)(x-3)$

$\quad =\underline{(x+2)(x-1)(x+4)(x-3)}$

$\quad =(x^2+x-2)(x^2+x-12)$

[step 2] $\underline{x^2+x}=A$라 하면

$(x^2+x-2)(x^2+x-12)=\underline{(A-2)(A-12)}$

$\qquad\qquad\qquad\qquad\qquad =A^2-14A+24$

$\qquad\qquad\qquad\qquad\qquad =(x^2+x)^2-14(x^2+x)+24$

$\qquad\qquad\qquad\qquad\qquad =\underline{x^4+2x^3-13x^2-14x+24}$

[step 3] 따라서 $a=\underline{2}$, $b=\underline{-13}$, $c=\underline{-14}$이므로

$a-b+c=\underline{1}$

예제 2

[step 1] $x^2-5x-1=0$의 양변을 x로 나누면

$x-5-\dfrac{1}{x}=0 \quad \therefore x-\dfrac{1}{x}=5$

[step 2] $x-\dfrac{1}{x}=5$의 양변을 제곱하면

$\left(x-\dfrac{1}{x}\right)^2=5^2, \ x^2+\dfrac{1}{x^2}-2=25$

$\therefore x^2+\dfrac{1}{x^2}=\underline{25+2=27}$

유제 2-1

[step 1] $x^2-3x+1=0$의 양변을 x로 나누면

$x-3+\dfrac{1}{x}=0 \quad \therefore x+\dfrac{1}{x}=3$

[step 2] $x+\dfrac{1}{x}=3$의 양변을 제곱하면

$\left(x+\dfrac{1}{x}\right)^2=3^2, \ x^2+\dfrac{1}{x^2}+2=9$

$\therefore x^2+\dfrac{1}{x^2}=\underline{9-2=7}$

[step 3] $\therefore x^2-2x-\dfrac{2}{x}+\dfrac{1}{x^2}=x^2+\dfrac{1}{x^2}-2\left(x+\dfrac{1}{x}\right)$

$\qquad\qquad\qquad\qquad\qquad\qquad =7-2\times 3=1$

유제 2-2

[step 1] 곱셈 공식 $(x-y)^2=x^2-2xy+y^2$에

$x-y=2$, $x^2+y^2=6$을 대입하면

$2^2=6-2xy, \ 2xy=2$

$\therefore xy=\underline{1}$

[step 2] $\therefore \dfrac{y}{x}+\dfrac{x}{y}=\dfrac{x^2+y^2}{xy}$

$\qquad\qquad\qquad =\dfrac{6}{1}=6$

서술유형 실전대비   16~17쪽

1 [step 1] $(2x-3)(3x+A)=6x^2+(2A-9)x-3A$에서

x의 계수가 -1이므로

$2A-9=-1$

$2A=8 \quad \therefore A=4$

[step 2] 따라서 상수항은

$-3A=-3\times 4=-12$ **답** -12

2 [step 1] $B=\dfrac{1}{A}=\dfrac{1}{\sqrt{17}+4}$

$\qquad\qquad =\dfrac{17-4}{(\sqrt{17}+4)(\sqrt{17}-4)}$

$\qquad\qquad =\dfrac{\sqrt{17}-4}{17-16}=\sqrt{17}-4$

[step 2] $\therefore A-B=\sqrt{17}+4-(\sqrt{17}-4)=8$ **답** 8

3 [step 1] $(a+b)^2=a^2+2ab+b^2$이므로

$4^2=10+2ab$

$2ab=6$

$\therefore ab=3$

[step 2] $\therefore \dfrac{1}{a}+\dfrac{1}{b}=\dfrac{a+b}{ab}=\dfrac{4}{3}$ **답** $\dfrac{4}{3}$

4 [step 1] $x+y=(\sqrt{5}+\sqrt{3})+(\sqrt{5}-\sqrt{3})=2\sqrt{5}$

$xy=(\sqrt{5}+\sqrt{3})(\sqrt{5}-\sqrt{3})=5-3=2$

[step 2] $\dfrac{y}{x}+\dfrac{x}{y}=\dfrac{x^2+y^2}{xy}=\dfrac{(x+y)^2-2xy}{xy}$

[step 3] 따라서 구하는 식의 값은

$\dfrac{(x+y)^2-2xy}{xy}=\dfrac{(2\sqrt{5})^2-2\times 2}{2}=\dfrac{16}{2}=8$　　**답** 8

5 $1002\times 998-997^2$

$=(1000+2)(1000-2)-(1000-3)^2$ ────── **❶**

$=(1000^2-2^2)-(1000^2-2\times 1000\times 3+3^2)$ ── **❷**

$=1000^2-2^2-1000^2+2\times 1000\times 3-3^2$

$=-4+6000-9$

$=5987$ ──────────────────── **❸**

답 5987

단계	채점 기준	배점
❶	주어진 식 변형하기	2점
❷	곱셈 공식 이용하기	2점
❸	주어진 식의 값 계산하기	2점

6 $a^2-7a+1=0$의 양변을 a로 나누면

$a-7+\dfrac{1}{a}=0$

$\therefore a+\dfrac{1}{a}=7$ ─────────────── **❶**

$\therefore a^2+\dfrac{1}{a^2}=\left(a+\dfrac{1}{a}\right)^2-2$

$=7^2-2$

$=47$ ─────────── **❷**

답 47

단계	채점 기준	배점
❶	$a+\dfrac{1}{a}$의 값 구하기	3점
❷	$a^2+\dfrac{1}{a^2}$의 값 구하기	3점

7 a는 8로 나누었을 때 몫이 x이고 나머지가 6이므로

$a=8x+6$

b는 12로 나누었을 때 몫이 y이고 나머지가 7이므로

$b=12y+7$ ──────────────────── **❶**

$ab=(8x+6)(12y+7)$

$=96xy+56x+72y+42$ ──────────── **❷**

4를 공통인수로 하여 ab를 정리하면

$96xy+56x+72y+42=4(24xy+14x+18y+10)+2$

따라서 ab를 4로 나눈 나머지는 2이다. ───── **❸**

답 2

단계	채점 기준	배점
❶	a, b 구하기	각 2점
❷	ab 구하기	2점
❸	ab를 4로 나눈 나머지 구하기	2점

8 직육면체의 전개도에서 ㄱ과 마주
보면 면은 ㄷ, ㄴ과 마주보는 면은
ㄹ, ㅁ과 마주보는 면은 ㅂ이다. ─ **❶**

$A=(5x+7)(2x-3)$

$=10x^2-x-21$,

$B=(2x-1)(3x+1)=6x^2-x-1$,

$C=(4x-3)(5x+1)=20x^2-11x-3$ ─── **❷**

$\therefore A+B+C$

$=(10x^2-x-21)+(6x^2-x-1)+(20x^2-11x-3)$

$=36x^2-13x-25$ ───────────── **❸**

답 $36x^2-13x-25$

단계	채점 기준	배점
❶	서로 마주보는 면 찾기	3점
❷	A, B, C 구하기	각 1점
❸	$A+B+C$ 구하기	2점

대표 서술유형　　　　　18~19쪽

예제 1

[step 1] $3x^2-6x+3=\underline{3(x^2-2x+1)=3(x-1)^2}$

[step 2] $4x^2y-4y=\underline{4y(x^2-1)=4y(x+1)(x-1)}$

[step 3] 두 다항식의 공통인수가 $\underline{x-1}$이므로

$x^2+4x+a=(\underline{x-1})(x+m)$이라 하면

$4=\underline{-1+m}$, $a=\underline{-m}$

$\therefore m=\underline{5}$, $a=\underline{-1\times 5=-5}$

유제 1-1

[step 1] $4x^2y^2-9y^2=y^2(4x^2-9)=y^2(2x+3)(2x-3)$

[step 2] $4x^2+12x+9=\underline{(2x+3)^2}$

[step 3] 두 다항식 $4x^2y^2-9y^2$, $4x^2+12x+9$의 공통인수는

$\underline{2x+3}$

[step 4] $2x^2+x+a=(\underline{2x+3})(x+m)$이라 하면

$1=\underline{2m+3}$, $a=\underline{3m}$

$\therefore m=\underline{-1}$, $a=\underline{3\times(-1)=-3}$

유제 1-2

[step 1] $2x^2+ax+6=(x+2)(2x+m)$이라 하면

$a=\underline{m+4}$, $6=\underline{2m}$

$\therefore m=\underline{3}$, $a=\underline{7}$

[step 2] $3x^2+7x+b=(x+2)(3x+n)$이라 하면

$7=\underline{n+6}$, $b=\underline{2n}$

$\therefore n=\underline{1}$, $b=\underline{2}$

[step 3] $\therefore a+b=\underline{7+2=9}$

예제 2

[step 1] $(x-4)(x+2)=x^2-2x-8$에서
철수는 x의 계수를 제대로 보았으므로 $a=\underline{-2}$

[step 2] $(x+5)(x-3)=x^2+2x-15$에서
영희는 상수항을 제대로 보았으므로 $b=\underline{-15}$

[step 3] 따라서 처음 이차식은 $\underline{x^2-2x-15}$이므로
바르게 인수분해하면
$x^2-2x-15=(x+3)(x-5)$

유제 2-1

[step 1] $(x+3)(2x-5)=\underline{2x^2+x-15}$
민호는 상수항을 제대로 보았으므로 처음 이차식의 상수항은
$\underline{-15}$이다.

[step 2] $(x-3)(2x-1)=\underline{2x^2-7x+3}$
우빈이는 x의 계수를 제대로 보았으므로 처음 이차식의 x의
계수는 $\underline{-7}$이다.

[step 3] 따라서 처음 이차식은 $\underline{2x^2-7x-15}$이므로
바르게 인수분해하면
$2x^2-7x-15=(x-5)(2x+3)$

유제 2-2

[step 1] $-(2x-1)(6x+1)=\underline{-12x^2+4x+1}$

[step 2] 위에서 전개한 식에서 x^2의 계수와 상수항을 바꾸면
$\underline{x^2+4x-12}$

[step 3] 따라서 처음 이차식을 바르게 인수분해하면
$x^2+4x-12=(x+6)(x-2)$

서술유형 실전대비　　　　　20~21쪽

1 [step 1] $(x+8)(x-4)+11=x^2+4x-32+11$
$\qquad\qquad\qquad\qquad =x^2+4x-21$

[step 2] $x^2+4x-21=(x+7)(x-3)$

[step 3] 따라서 두 일차식은 $x+7$, $x-3$이므로 그 합은
$(x+7)+(x-3)=2x+4$　　　　　답 $2x+4$

2 [step 1] $(x+a)(x+b)=x^2+(a+b)x+ab$에서
$a+b=14$, $ab=k$이므로 k는 합이 14인 두 자연수의 곱이다.

[step 2] 합이 14인 두 자연수 a, b를 순서쌍으로 나타내면
$(1, 13)$, $(2, 12)$, $(3, 11)$, $(4, 10)$, $(5, 9)$, $(6, 8)$, $(7, 7)$
이다.

[step 3] 따라서 두 자연수의 곱을 차례로 구하면
$13, 24, 33, 40, 45, 48, 49$
이므로 상수 k의 최댓값은 49이다.　　　답 49

3 [step 1] $3[x, -1, 1]-[x, -2, 3]$
$\qquad =3(x-1)(x-1)-(x-2)(x-3)$

[step 2] $3(x-1)^2-(x-2)(x-3)$
$\qquad =3(x^2-2x+1)-(x^2-5x+6)$
$\qquad =3x^2-6x+3-x^2+5x-6$
$\qquad =2x^2-x-3$

[step 3] $2x^2-x-3=(x+1)(2x-3)$
　　　　　　　　　　　　답 $(x+1)(2x-3)$

4 [step 1] $3^8-1=(3^4+1)(3^4-1)$
$\qquad\qquad =(3^4+1)(3^2+1)(3^2-1)$
$\qquad\qquad =(3^4+1)(3^2+1)(3+1)(3-1)$

[step 2] $3^4+1=82=2\times41$, $3^2+1=10=2\times5$,
$3+1=4=2\times2$, $3-1=2$이므로
$3^8-1=(2\times41)\times(2\times5)\times(2\times2)\times2$
$\qquad\quad =2^5\times5\times41$

[step 3] 따라서 3^8-1의 약수 중에서 30 이하인 수는
$1, 2, 4, 5, 8, 10, 16, 20$의 8개이다.　　답 8개

5 $x^2-ax+81=x^2-2\times1\times9\times x+9^2$이므로
$a=2\times1\times9=18$ ────────── ❶
$bx^2+12x+4=(\sqrt{b}x)^2+2\times\sqrt{b}\times2\times x+2^2$이므로
$12=2\times\sqrt{b}\times2$, $4\sqrt{b}=12$
$\sqrt{b}=3$　　$\therefore b=9$ ────────── ❷
$\therefore a+b=18+9=27$ ────────── ❸
　　　　　　　　　　　　답 27

단계	채점 기준	배점
❶	a의 값 구하기	3점
❷	b의 값 구하기	4점
❸	$a+b$의 값 구하기	1점

6 $x^2-4x+3=(x-1)(x-3)$ ────── ❶
$2x^2+3x-5=(x-1)(2x+5)$ ────── ❷
따라서 두 다항식의 공통인수는 $x-1$이므로
$k=-1$ ────────────────── ❸
　　　　　　　　　　　　답 -1

단계	채점 기준	배점
❶	x^2-4x+3을 인수분해하기	3점
❷	$2x^2+3x-5$를 인수분해하기	3점
❸	k의 값 구하기	1점

7 $n^2+4n-60=(n-6)(n+10)$ ────── ❶
두 수의 곱이 소수가 되려면 $1\times$(소수)의 꼴이어야 한다.
　　　　　　　　　　　　　　　　────── ❷
$n-6=1$ 또는 $n+10=1$
이때 n은 자연수이므로 $n-6=1$　　$\therefore n=7$
즉, $n^2+4n-60=1\times17=17$이므로
$a=17$ ────────────────── ❸
$\therefore n+a=7+17=24$ ───────── ❹
　　　　　　　　　　　　답 24

단계	채점 기준	배점
❶	$n^2+4n-60$을 인수분해하기	2점
❷	두 수의 곱이 소수가 되는 조건 이해하기	2점
❸	n, a의 값 구하기	각 2점
❹	$n+a$의 값 구하기	1점

8 정사각형 ABCD의 넓이는 $a^2+12a+36$ ────── ❶

$a^2+12a+36=(a+6)^2$이므로 ────── ❷

정사각형 ABCD의 한 변의 길이는 $a+6$이다.

따라서 둘레의 길이는

$4(a+6)=4a+24$ ────── ❸

답 $4a+24$

단계	채점 기준	배점
❶	정사각형의 넓이를 a에 관한 식으로 나타내기	4점
❷	❶에서 구한 식을 인수분해하기	2점
❸	정사각형 ABCD의 둘레의 길이 구하기	2점

대표 서술유형
22~23쪽

예제 1

[step 1] $x^2+2x-a=0$에 $x=\underline{-3}$을 대입하면

$(-3)^2+2\times(-3)-a=0,\ 9-6-a=0$

$\therefore a=\underline{3}$

[step 2] $a=\underline{3}$을 $x^2+2x-a=0$에 대입하면

$x^2+2x-3=0,\ (x+3)(x-1)=0$

$\therefore x=\underline{-3}$ 또는 $x=\underline{1}$

따라서 다른 한 근은 $x=\underline{1}$이다.

유제 1-1

[step 1] $(a+1)x^2-3x+a^2+5=0$에 $x=\underline{2}$를 대입하면

$(a+1)\times 2^2-3\times 2+a^2+5=0,\ a^2+4a+3=0,$

$(a+3)(a+1)=0$

$\therefore a=\underline{-3}$ 또는 $a=\underline{-1}$

그런데 이차방정식의 x^2의 계수는 $\underline{0}$이 아니어야 하므로

$a+1\neq\underline{0}$, 즉 $a\neq\underline{-1}$ $\quad\therefore a=\underline{-3}$

[step 2] $a=\underline{-3}$을 $(a+1)x^2-3x+a^2+5=0$에 대입하면

$-2x^2-3x+14=0,\ 2x^2+3x-14=0,\ (2x+7)(x-2)=0$

$\therefore x=-\dfrac{7}{2}$ 또는 $x=\underline{2}$

따라서 다른 한 근은 $x=-\dfrac{7}{2}$이다.

유제 1-2

[step 1] $x^2+ax+20=0$에 $x=\underline{10}$을 대입하면

$\underline{10^2+10a+20=0},\ 10a=\underline{-120}$ $\quad\therefore a=\underline{-12}$

[step 2] $a=\underline{-12}$를 $x^2+ax+20=0$에 대입하면

$x^2-12x+20=0,\ (x-2)(x-10)=0$

$\therefore x=\underline{2}$ 또는 $x=\underline{10}$

따라서 다른 한 근은 $x=\underline{2}$이므로 $b=\underline{2}$

[step 3] $\therefore a^2-b^2=\underline{(-12)^2-2^2=144-4=140}$

예제 2

[step 1] $3(x-2)^2-9=0$에서

$(x-2)^2=\underline{3},\ x-2=\underline{\pm\sqrt{3}}$

$\therefore x=\underline{2\pm\sqrt{3}}$

[step 2] 두 근을 a, b라 할 때, 두 근의 합 $a+b$는

$a+b=\underline{(2+\sqrt{3})+(2-\sqrt{3})=4}$

유제 2-1

[step 1] $5(x-2)^2=a$에서

$(x-2)^2=\dfrac{a}{5},\ x-2=\pm\sqrt{\dfrac{a}{5}}$ $\quad\therefore x=2\pm\sqrt{\dfrac{a}{5}}$

[step 2] 두 근의 차가 4이므로

$\left(2+\sqrt{\dfrac{a}{5}}\right)-\left(2-\sqrt{\dfrac{a}{5}}\right)=4$에서

$2\sqrt{\dfrac{a}{5}}=4$ $\quad\therefore a=\underline{20}$

유제 2-2

[step 1] $4x^2-12x-6=0$의 양변을 $\underline{4}$로 나누면

$x^2-3x-\dfrac{3}{2}=0$

[step 2] 완전제곱식의 꼴로 고치면

$x^2-3x+\dfrac{9}{4}=\dfrac{3}{2}+\dfrac{9}{4}$ $\quad\therefore \left(x-\dfrac{3}{2}\right)^2=\dfrac{15}{4}$

[step 3] $x-\dfrac{3}{2}=\pm\dfrac{\sqrt{15}}{2}$

$\therefore x=\dfrac{3\pm\sqrt{15}}{2}$

1 [step 1] $(a+2)x^2+a(a-4)x-12=0$에 $x=1$을 대입하면

$(a+2)+a(a-4)-12=0$, $a+2+a^2-4a-12=0$

$a^2-3a-10=0$

[step 2] $a^2-3a-10=0$에서 $(a+2)(a-5)=0$

$\therefore a=-2$ 또는 $a=5$

그런데 이차방정식의 x^2의 계수는 0이 아니어야 하므로

$a+2\neq0$, 즉 $a\neq-2$

$\therefore a=5$ **답** 5

2 [step 1] $x^2-4x+1=0$에 $x=a$를 대입하면

$a^2-4a+1=0$

$a\neq0$이므로 양변을 a로 나누면

$a-4+\dfrac{1}{a}=0$ $\therefore a+\dfrac{1}{a}=4$

[step 2] $a^2+a+\dfrac{1}{a^2}+\dfrac{1}{a}$

$\qquad=a^2+\dfrac{1}{a^2}+a+\dfrac{1}{a}$

$\qquad=a^2+2+\dfrac{1}{a^2}+a+\dfrac{1}{a}-2$

$\qquad=\left(a+\dfrac{1}{a}\right)^2+\left(a+\dfrac{1}{a}\right)-2$

[step 3] $\therefore \left(a+\dfrac{1}{a}\right)^2+\left(a+\dfrac{1}{a}\right)-2=4^2+4-2=18$ **답** 18

3 [step 1] $x^2+10x+25=0$에서

$(x+5)^2=0$ $\therefore x=-5$ (중근)

[step 2] $x=-5$를 $x^2-4kx+k^2=0$에 대입하면

$(-5)^2-4k\times(-5)+k^2=0$, $k^2+20k+25=0$

[step 3] $k^2+20k+25=0$에서 $k^2+20k=-25$

$k^2+20k+100=-25+100$

$(k+10)^2=75$, $k+10=\pm5\sqrt{3}$

$\therefore k=-10\pm5\sqrt{3}$ **답** $-10\pm5\sqrt{3}$

4 [step 1] $x^2-6x+m+3=0$이 중근을 가지므로

$m+3=\left(\dfrac{-6}{2}\right)^2=9$ $\therefore m=6$

[step 2] $m=6$을 $3x^2+mx-24=0$에 대입하면

$3x^2+6x-24=0$, $x^2+2x-8=0$

$(x+4)(x-2)=0$

$\therefore x=-4$ 또는 $x=2$ **답** $x=-4$ 또는 $x=2$

5 $x^2-(k+1)x+k$에서 x의 계수와 상수항을 바꾸면

$x^2+kx-(k+1)=0$ ❶

이 이차방정식의 한 근이 -6이므로 $x=-6$을 대입하면

$(-6)^2-6k-(k+1)=0$

$-7k=-35$ $\therefore k=5$ ❷

따라서 처음 이차방정식은 $x^2-6x+5=0$이므로

$(x-1)(x-5)=0$

$\therefore x=1$ 또는 $x=5$ ❸

답 $x=1$ 또는 $x=5$

단계	채점 기준	배점
❶	x의 계수와 상수항을 바꾼 이차방정식 구하기	1점
❷	k의 값 구하기	3점
❸	처음 이차방정식의 해 구하기	2점

6 $3x^2+5x-2=0$에서

$(x+2)(3x-1)=0$ $\therefore x=-2$ 또는 $x=\dfrac{1}{3}$

$2x^2+5x+2=0$에서

$(x+2)(2x+1)=0$ $\therefore x=-2$ 또는 $x=-\dfrac{1}{2}$ ❶

즉, 두 이차방정식의 공통인 근은 $x=-2$이다.   ❷

$x=-2$를 $ax^2-(4-5a)x+4=0$에 대입하면

$a\times(-2)^2+2(4-5a)+4=0$, $-6a=-12$

$\therefore a=2$ ❸

답 2

단계	채점 기준	배점
❶	두 이차방정식의 해 구하기	3점
❷	두 이차방정식의 공통인 근 찾기	1점
❸	a의 값 구하기	3점

7 $(x-1)^2=0$에서 $x^2-2x+1=0$

x^2의 계수가 2이어야 하므로 양변에 2를 곱하면

$2x^2-4x+2=0$

유진이는 상수항을 제대로 보았으므로 $b=2$ ❶

$\left(x-\dfrac{5}{4}\right)^2=\dfrac{81}{16}$에서 $x^2-\dfrac{5}{2}x+\dfrac{25}{16}=\dfrac{81}{16}$

$16x^2-40x-56=0$

x^2의 계수가 2이어야 하므로 양변을 8로 나누면

$2x^2-5x-7=0$

현정이는 x의 계수를 제대로 보았으므로

$a=-5$ ❷

따라서 처음 이차방정식은 $2x^2-5x+2=0$이므로 양변을 2로 나누면

$x^2-\dfrac{5}{2}x+1=0$, $x^2-\dfrac{5}{2}x=-1$

$x^2-\dfrac{5}{2}x+\left(\dfrac{5}{4}\right)^2=-1+\left(\dfrac{5}{4}\right)^2$

$\therefore \left(x-\dfrac{5}{4}\right)^2=\dfrac{9}{16}$ ❸

답 $\left(x-\dfrac{5}{4}\right)^2=\dfrac{9}{16}$

단계	채점 기준	배점
❶	b의 값 구하기	2점
❷	a의 값 구하기	3점
❸	$(x+p)^2=q$의 꼴로 고치기	2점

8 두 이차방정식의 공통인 근이 $x=2$이므로

$ax^2-9x+10=0$에 $x=2$를 대입하면

$4a-18+10=0$, $4a=8$

$\therefore a=2$ ────────────────────────── ❶

즉, 주어진 이차방정식은 $2x^2-9x+10=0$이므로

$(x-2)(2x-5)=0$ $\qquad \therefore x=2$ 또는 $x=\dfrac{5}{2}$

따라서 $x^2+bx+c=0$의 두 근은 $x=2$ 또는 $x=-3$이다. ── ❷

$x=2$를 $x^2+bx+c=0$에 대입하면

$4+2b+c=0$ ────── ㉠

$x=-3$을 $x^2+bx+c=0$에 대입하면

$9-3b+c=0$ ────── ㉡

㉠, ㉡을 연립하여 풀면

$b=1$, $c=-6$ ────────────────────────── ❸

$\therefore a+b+c=2+1+(-6)=-3$ ───────────── ❹

답 -3

단계	채점 기준	배점
❶	a의 값 구하기	2점
❷	이차방정식 $x^2+bx+c=0$의 해 구하기	2점
❸	b, c의 값 구하기	각 2점
❹	$a+b+c$의 값 구하기	1점

대표 서술유형   26~27쪽

예제 1

[step 1] $ax^2+8x+(a-6)=0$이 중근을 가지려면

$8^2-4\times a\times(a-6)=0$이어야 하므로

$-4a^2+24a+64=0$, $a^2-6a-16=0$, $(a+2)(a-8)=0$

$\therefore a=-2$ 또는 $a=8$

그런데 a는 양수이므로 $a=8$

[step 2] 즉, 주어진 이차방정식은 $8x^2+8x+2=0$이므로

$(2x+1)^2=0$ $\qquad \therefore x=-\dfrac{1}{2}$(중근)

[step 3] 따라서 a의 값과 중근의 곱은

$8\times\left(-\dfrac{1}{2}\right)=-4$

유제 1-1

[step 1] $x^2-4x+a=0$이 중근을 가지려면

$(-4)^2-4\times1\times a=0$이어야 하므로

$16-4a=0$ $\qquad \therefore a=4$

[step 2] $x^2-2(4+1)x+b=0$이므로

$x^2-10x+b=0$

이 이차방정식이 중근을 가지려면

$(-10)^2-4\times1\times b=0$이어야 하므로

$100-4b=0$ $\qquad \therefore b=25$

[step 3] $\therefore ab=4\times25=100$

유제 1-2

[step 1] $(x-4)(x+2)=a$에서

$x^2-2x-8-a=0$

이 이차방정식이 중근을 가지려면

$(-2)^2-4\times1\times(-8-a)=0$이어야 하므로

$4a+36=0$ $\qquad \therefore a=-9$

[step 2] a의 값을 $(x+a)\left(x-\dfrac{1}{3}a\right)=0$에 대입하면

$(x-9)(x+3)=0$ $\qquad \therefore x=9$ 또는 $x=-3$

[step 3] 따라서 두 근의 합은

$9+(-3)=6$

예제 2

[step 1] 두 쪽수 중 작은 쪽수를 x라 하면 큰 쪽수는

$x+1$이다.

[step 2] 두 면의 쪽수의 곱이 342이므로 식으로 나타내면

$x(x+1)=342$

[step 3] $x^2+x-342=0$, $(x+19)(x-18)=0$

$\therefore x=-19$ 또는 $x=18$

[step 4] 쪽수는 자연수이므로 두 면의 쪽수는 18쪽, 19쪽이다.

유제 2-1

[step 1] 지면에 떨어졌을 때의 높이는 0 m이므로 식으로 나타내면

$-5t^2+20t+25=0$

[step 2] $t^2-4t-5=0$, $(t+1)(t-5)=0$

$\therefore t=-1$ 또는 $t=5$

[step 3] 그런데 $t>0$이므로 $t=5$

따라서 5초 후에 지면에 떨어진다.

유제 2-2

[step 1] 반지름의 길이를 x cm만큼 늘였으므로

큰 원의 반지름의 길이는 $(10+x)$ cm이고, 큰 원의 넓이는

$\pi(10+x)^2$ cm²이다.

[step 2] 따라서 늘어난 원의 넓이를 식으로 나타내면

$\pi(10+x)^2-\pi\times10^2=96\pi$

[step 3] $100+20x+x^2-100=96$, $x^2+20x-96=0$,

$(x+24)(x-4)=0$

$\therefore x=-24$ 또는 $x=4$

[step 4] 그런데 $x>0$이므로 $x=4$

1 [step 1] 주어진 이차방정식의 양변에 6을 곱하면

$8x^2+3x=1$, $8x^2+3x-1=0$

$\therefore x=\dfrac{-3\pm\sqrt{3^2-4\times8\times(-1)}}{16}$

$\quad=\dfrac{-3\pm\sqrt{41}}{16}$

[step 2] $\dfrac{-3\pm\sqrt{41}}{16}=\dfrac{-3\pm\sqrt{b}}{a}$ 이므로

$a=16$, $b=41$

[step 3] $\therefore a+b=16+41=57$　　　　답 57

2 [step 1] $x^2-ax+4=0$이 중근을 가지려면

$(-a)^2-4\times1\times4=0$이어야 하므로

$a^2=16$　　$\therefore a=\pm4$

[step 2] $ax^2+4x+a-3=0$이 중근을 가지려면

$4^2-4\times a\times(a-3)=0$이어야 하므로

$-4a^2+12a+16=0$, $a^2-3a-4=0$, $(a-4)(a+1)=0$

$\therefore a=4$ 또는 $a=-1$

[step 3] 따라서 두 이차방정식 $x^2-ax+4=0$,

$ax^2+4x+a-3=0$이 모두 중근을 가지도록 하는 a의 값은

$a=4$이다.　　　　답 4

3 [step 1] $x^2+ax+b=0$의 두 근의 차가 6이므로 두 근을 α,

$\alpha+6$이라 하면 큰 근이 작은 근의 3배이므로

$\alpha+6=3\alpha$, $2\alpha=6$　　$\therefore \alpha=3$

따라서 주어진 이차방정식의 두 근은 3, 9이다.

[step 2] x^2의 계수가 1이고 두 근이 3, 9인 이차방정식은

$(x-3)(x-9)=0$, $x^2-12x+27=0$

즉, $x^2-12x+27=x^2+ax+b$이므로

$a=-12$, $b=27$

[step 3] $\therefore 2a+b=2\times(-12)+27=3$　　　답 3

4 [step 1] 학생 수를 x명이라 하면 학생 한 명이 받는 과자의 개수는 $(x-4)$개이다.

[step 2] 과자 32개를 똑같이 나누어 주어야 하므로 식으로 나타내면

$x(x-4)=32$

[step 3] $x^2-4x-32=0$, $(x+4)(x-8)=0$

$\therefore x=-4$ 또는 $x=8$

[step 4] 그런데 x는 자연수이므로 $x=8$

따라서 전체 학생은 8명이다.　　　답 8명

5 $\overline{\mathrm{BF}}=x$로 놓으면 $\overline{\mathrm{DE}}=\overline{\mathrm{BF}}=x$

$\overline{\mathrm{AB}}:\overline{\mathrm{BC}}=2:1$이고 $\triangle\mathrm{ABC}\backsim\triangle\mathrm{ADE}$이므로

$\overline{\mathrm{AB}}:\overline{\mathrm{BC}}=\overline{\mathrm{AD}}:\overline{\mathrm{DE}}$에서 $20:10=\overline{\mathrm{AD}}:x$

$\therefore \overline{\mathrm{AD}}=2x$, $\overline{\mathrm{DB}}=20-2x$　　　❶

직사각형 DBFE의 넓이가 48이므로

$x(20-2x)=48$, $-2x^2+20x-48=0$　　　❷

$x^2-10x+24=0$, $(x-4)(x-6)=0$

$\therefore x=4$ 또는 $x=6$　　　❸

그런데 $\overline{\mathrm{BF}}<\overline{\mathrm{FC}}$이므로 $\overline{\mathrm{BF}}=4$　　　❹

답 4

단계	채점 기준	배점
❶	직사각형 DBFE의 가로와 세로의 길이를 x에 관한 식으로 나타내기	3점
❷	이차방정식 세우기	2점
❸	이차방정식 풀기	2점
❹	$\overline{\mathrm{BF}}$의 길이 구하기	2점

6 주어진 조건을 식으로 나타내면

$(x+6)^2=2(x+6)$　　　❶

$x^2+12x+36=2x+12$, $x^2+10x+24=0$

$(x+6)(x+4)=0$

$\therefore x=-6$ 또는 $x=-4$　　　❷

따라서 모든 x의 값의 합은 -10이다.　　　❸

답 -10

단계	채점 기준	배점
❶	이차방정식 세우기	3점
❷	이차방정식 풀기	2점
❸	모든 x의 값의 합 구하기	2점

7 $\overline{\mathrm{AC}}=x$ cm로 놓으면 $\overline{\mathrm{CB}}=(24-x)$ cm　　　❶

$\overline{\mathrm{AC}}$, $\overline{\mathrm{CB}}$를 각각 지름으로 하는 원의 반지름은 $\dfrac{x}{2}$ cm,

$\dfrac{24-x}{2}$ cm이고 색칠한 부분의 넓이가 32π cm^{2}이므로

$\dfrac{1}{2}\times\pi\times12^2-\dfrac{1}{2}\times\pi\times\left(\dfrac{x}{2}\right)^2-\dfrac{1}{2}\times\pi\times\left(\dfrac{24-x}{2}\right)^2=32\pi$

❷

$72\pi-\dfrac{x^2}{8}\pi-\dfrac{576-48x+x^2}{8}\pi=32\pi$

$576-x^2-(576-48x+x^2)=256$

$x^2-24x+128=0$, $(x-8)(x-16)=0$

$\therefore x=8$ 또는 $x=16$　　　❸

그런데 $\overline{\mathrm{AC}}>\overline{\mathrm{CB}}$이므로 $\overline{\mathrm{AC}}=16$ cm　　　❹

답 16 cm

단계	채점 기준	배점
❶	$\overline{\mathrm{AC}}$, $\overline{\mathrm{CB}}$의 길이를 x에 관한 식으로 나타내기	각 1점
❷	이차방정식 세우기	2점
❸	이차방정식 풀기	3점
❹	$\overline{\mathrm{AC}}$의 길이 구하기	2점

8 주어진 조건을 식으로 나타내면

$-5t^2+24t=19$　　　❶

$5t^2-24t+19=0$, $(t-1)(5t-19)=0$

$\therefore t=1$ 또는 $t=\dfrac{19}{5}$ ──────── ②

따라서 축구공의 높이가 지면으로부터 처음으로 19 m에 도달하는 데 걸리는 시간은 1초이다. ──────── ③

답 1초

단계	채점 기준	배점
❶	이차방정식 세우기	2점
❷	이차방정식 풀기	3점
❸	높이 19 m에 처음으로 도달하는 데 걸리는 시간 구하기	2점

Ⅲ 이차함수

예제 1

[step 1] 이차함수의 식에 $(-1, 1)$을 대입하면

$\underline{1=a+q}$ ⋯⋯ ㉠

이차함수 식에 $(2, -5)$를 대입하면

$\underline{-5=4a+q}$ ⋯⋯ ㉡

[step 2] ㉠, ㉡을 연립하여 풀면

$3a=-6$　$\therefore a=\underline{-2}$

$a=\underline{-2}$를 ㉠에 대입하면 $1=-2+q$　$\therefore q=\underline{3}$

[step 3] $\therefore 2a+q=\underline{-1}$

유제 1-1

[step 1] 이차함수의 식에 $(1, -4)$를 대입하면

$-4=a(1+2)^2$, $-4=9a$

$\therefore a=\underline{-\dfrac{4}{9}}$

[step 2] 이차함수의 식이 $y=\underline{-\dfrac{4}{9}}(x+2)^2$이므로 $(4, b)$를 대입하면

$b=-\dfrac{4}{9}(4+2)^2=\underline{-16}$

[step 3] $\therefore 9a-b=9\times-\dfrac{4}{9}-\underline{(-16)}=\underline{12}$

유제 1-2

[step 1] 점 D는 점 A와 원점에 대하여 대칭이므로

D$(\underline{-2, 0})$

[step 2] A$(2, 0)$, D$(-2, 0)$이므로 정사각형 ABCD의 한 변의 길이는 $\overline{\text{AD}}=\underline{4}$

따라서 $\overline{\text{AB}}=\underline{4}$이므로 점 B의 좌표는 B$(2, 4)$이다.

[step 3] 점 B의 좌표를 이차함수의 식에 대입하면

$\underline{4}=a\times\underline{2}^2$　$\therefore a=\underline{1}$

예제 2

[step 1] $y=2x^2$의 그래프를 x축의 방향으로 3만큼, y축의 방향으로 -2만큼 평행이동하면 $y=2(x-3)^2-2$

[step 2] 이 그래프가 점 $(m, 6)$을 지나므로 $x=\underline{m}$, $y=\underline{6}$을 대입하면

$6=2(m-3)^2-2$, $(m-3)^2=4$　$\therefore \underline{m^2-6m+5=0}$

[step 3] $(\underline{m-1})(\underline{m-5})=0$이므로 $m=\underline{1}$ 또는 $m=\underline{5}$

유제 2-1

[step 1] $y=-x^2$의 그래프를 x축의 방향으로 p만큼, y축의 방향으로 5만큼 평행이동하면 $y=\underline{-(x-p)^2+5}$

[step 2] 이 그래프가 점 $(3, -20)$을 지나므로

$x=\underline{3}$, $y=\underline{-20}$을 대입하면

$-20=-(3-p)^2+5$, $(3-p)^2=25$

$\therefore \underline{p^2-6p-16=0}$

[step 3] $\underline{(p+2)(p-8)}=0$이므로 $p=\underline{-2}$ 또는 $p=\underline{8}$

유제 2-2

[step 1] 그래프를 x축의 방향으로 m만큼, y축의 방향으로 n만큼 평행이동하면

$y=-2(x-m+4)^2+23+n$

[step 2] 평행이동한 그래프가 $y=-2(x+2)^2+10$의 그래프와 일치하므로 $-m+4=2$, $23+n=10$

$\therefore m=\underline{2}$, $n=\underline{-13}$

[step 3] $\therefore m+n=2+(-13)=\underline{-11}$

서술유형 실전대비

32~33쪽

1 [step 1] $f(1)=1^2-2\times1+a=4$이므로 $a=5$

[step 2] $f(-2)=(-2)^2-2\times(-2)+5=b$이므로 $b=13$

[step 3] $\therefore a+b=5+13=18$ 답 18

2 [step 1] 원점을 꼭짓점으로 하므로 이차함수의 식을 $y=ax^2$으로 놓을 수 있다.

[step 2] 이 그래프가 점 $(-2, 8)$을 지나므로

$8=a\times(-2)^2$, $4a=8$ $\therefore a=2$

따라서 이차함수의 식은 $y=2x^2$

[step 3] $y=2x^2$의 그래프가 점 $(m, 4)$를 지나므로

$4=2m^2$, $m^2=2$ $\therefore m=\pm\sqrt{2}$

따라서 구하는 양수 m의 값은 $\sqrt{2}$이다. 답 $\sqrt{2}$

3 [step 1] 이차함수 $y=\frac{1}{4}x^2+1$의 그래프를 x축의 방향으로 2만큼 평행이동하면

$y=\frac{1}{4}(x-2)^2+1$

[step 2] 이차함수 $y=\frac{1}{4}(x-2)^2+1$의 그래프를 y축의 방향으로 -3만큼 평행이동하면

$y=\frac{1}{4}(x-2)^2+1-3=\frac{1}{4}(x-2)^2-2$

[step 3] 따라서 $a=\frac{1}{4}$, $b=-2$, $x=-2$이므로

$abc=\frac{1}{4}\times(-2)\times(-2)=1$ 답 1

4 [step 1] 이차함수 $y=a(x-2)^2$의 그래프를 y축의 방향으로 1만큼 평행이동하면

$y=a(x-2)^2+1$

[step 2] 이차함수 $y=a(x-2)^2+1$의 그래프가 점 $(3, 2)$를 지나므로

$2=a+1$

$\therefore a=1$

[step 3] 이 그래프의 꼭짓점의 좌표는 $(2, 1)$이므로

$m=2$, $n=1$

$\therefore a+m+n=1+2+1=4$ 답 4

5 꼭짓점의 좌표가 $(1, 2)$이므로 이차함수의 식은

$y=a(x-1)^2+2$로 놓을 수 있다. ————————❶

이 그래프가 점 $(0, 3)$을 지나므로

$3=a(0-1)^2+2$ $\therefore a=1$ ————————❷

$a=1$이므로 $y=(x-1)^2+2$ ————————❸

답 $y=(x-1)^2+2$

단계	채점 기준	배점
❶	그래프를 $y=a(x-p)^2+q$의 꼴로 나타내기	2점
❷	a의 값 구하기	2점
❸	이차함수의 식 구하기	2점

6 이차함수 $y=(x-3)^2$의 그래프가 x축과 만나는 점의 좌표는 $(3, 0)$, y축과 만나는 점의 좌표는 $(0, 9)$이다. ————————❶

이차함수 $y=ax^2+b$의 그래프가 점 $(3, 0)$을 지나므로

$0=9a+b$

또 점 $(0, 9)$를 지나므로 $9=b$

$\therefore a=-1$ ————————❷

$\therefore a+b=8$ ————————❸

답 8

단계	채점 기준	배점
❶	이차함수 $y=(x-3)^2$의 그래프가 지나는 점 구하기	2점
❷	a, b의 값 구하기	2점
❸	$a+b$의 값 구하기	2점

7 사각형 PQRS가 정사각형이고 점 P의 좌표가 $P\left(1, \frac{5}{3}\right)$이므로 점 S의 좌표는 $S\left(0, \frac{5}{3}\right)$ ————————❶

또 정사각형의 한 변의 길이는 $\overline{SP}=1$이므로 $\overline{PQ}=1$

따라서 점 Q의 좌표는 $Q\left(1, \frac{2}{3}\right)$ ————————❷

이차함수 $y=ax^2(x\geq0)$의 그래프가 점 Q를 지나므로

$\frac{2}{3}=a$ $\therefore 3a=2$ ————————❸

답 2

단계	채점 기준	배점
❶	두 점 P, S의 좌표 구하기	각 1점
❷	점 Q의 좌표 구하기	4점
❸	$3a$의 값 구하기	2점

8 일차함수 $y=ax+b$의 그래프의 기울기가 음수이므로 $a<0$
y절편이 양수이므로 $b>0$ ❶

이차함수 $y=a(x-b)^2$의 그래프에서

(i) $a<0$이므로 위로 볼록한 포물선이다.

(ii) 이차함수 $y=a(x-b)^2$의 그래프는 $y=ax^2$의 그래프를 x축의 방향으로 b만큼 평행이동한 것이다.

(iii) $b>0$이므로 꼭짓점이 y축의 오른쪽에 있다.

(i)~(iii)에 의하여 이차함수 $y=a(x-b)^2$의 그래프의 개형은 다음 그림과 같다.

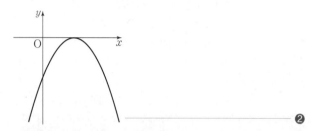

따라서 제1, 2사분면을 지나지 않는다.   ❸

답 제1, 2사분면

단계	채점 기준	배점
❶	a, b의 부호 찾기	각 2점
❷	그래프의 개형 그리기	4점
❸	지나지 않는 사분면 찾기	2점

대표 서술유형   34~35쪽

예제 1

[step 1] $y=-\dfrac{1}{2}x^2-4x-3$

$\qquad =-\dfrac{1}{2}(x^2+8x+16-16)-3$

$\qquad =-\dfrac{1}{2}(x+4)^2+5$

[step 2] 꼭짓점 A의 좌표는 A(-4, 5)

[step 3] $y=-\dfrac{1}{2}x^2-4x-3$에 $x=0$을 대입하면 $y=-3$이므로 y축과의 교점 B의 좌표는 B(0, -3)

[step 4] 따라서 (밑변)$=\overline{BO}=0-(-3)=3$,
(높이)$=0-(-4)=4$이므로

$\triangle ABO=\dfrac{1}{2}\times 3\times 4=6$

유제 1-1

[step 1] $y=x^2-2x-3$에 $y=0$을 대입하면
$0=x^2-2x-3$, $(x+1)(x-3)=0$
$\therefore x=-1$ 또는 $x=3$
즉, x축과의 교점 A, B의 좌표는
A(-1, 0), B(3, 0)

[step 2] $y=x^2-2x-3$에 $x=0$을 대입하면 $y=-3$이므로 y축과의 교점 C의 좌표는 C(0, -3)

[step 3] 따라서 (밑변)$=\overline{AB}=3-(-1)=4$이고
(높이)$=\overline{CO}=0-(-3)=3$이므로

$\triangle ABC=\dfrac{1}{2}\times 4\times 3=6$

유제 1-2

[step 1] $y=x^2-4x-5$
$\qquad =(x^2-4x+4-4)-5=(x-2)^2-9$

[step 2] 이 이차함수의 꼭짓점 A의 좌표는 A(2, -9)

[step 3] $y=x^2-4x-5$에 $y=0$을 대입하면
$0=x^2-4x-5$, $(x+1)(x-5)=0$
$\therefore x=-1$ 또는 $x=5$
즉, x축과의 교점 B, C의 좌표는
B(-1, 0), C(5, 0)

[step 4] 따라서 (밑변)$=\overline{BC}=5-(-1)=6$이고
(높이)$=0-(-9)=9$이므로

$\triangle ABC=\dfrac{1}{2}\times 6\times 9=27$

예제 2

[step 1] 꼭짓점의 좌표가 $(1, 2)$이므로 구하는 이차함수의 식을 $y=a(x-p)^2+q$의 꼴로 나타내면
$y=a(x-1)^2+2$

[step 2] 이 그래프가 $(2, 0)$을 지나므로
$0=a+2$ $\therefore a=-2$

[step 3] 따라서 이차함수의 식은
$y=-2(x-1)^2+2=-2x^2+4x$이므로 y축과 만나는 점의 좌표는 $(0, 0)$이다.

유제 2-1

[step 1] $y=x^2+bx+c$의 그래프의 축의 방정식이 $x=-2$이므로
$y=(x+2)^2+q$로 놓을 수 있다.

[step 2] 이 그래프가 점 $(1, 6)$을 지나므로
$6=(1+2)^2+q$ $\therefore q=-3$
따라서 $y=(x+2)^2-3=x^2+4x+1$이므로
$b=4$, $c=1$

[step 3] $\therefore b+c=4+1=5$

유제 2-2

[step 1] x축과 두 점 $(-1, 0)$, $(2, 0)$에서 만나므로 이차함수의 식을 $y=a(x+1)(x-2)$로 놓을 수 있다.

[step 2] 이 그래프가 점 $(0, -4)$를 지나므로
$-2a=-4$ $\therefore a=2$
따라서 $y=2(x+1)(x-2)=2x^2-2x-4$이므로
$b=-2$, $c=-4$

[step 3] $\therefore a+b-c=2+(-2)-(-4)=4$

서술유형 실전대비   **36~37쪽**

1 [step 1] $y=x^2-4x+7$
$\qquad = (x^2-4x+4-4)+7$
$\qquad = (x-2)^2+3$
의 그래프를 x축의 방향으로 1만큼, y축의 방향으로 2만큼 평행이동하면
$y=(x-1-2)^2+3+2$
$\;\;= (x-3)^2+5$
[step 2] 꼭짓점의 좌표는 $(3, 5)$이므로 $p=3$, $q=5$
[step 3] 축의 방정식은 $x=3$이므로 $m=3$
[step 4] ∴ $p+q+m=3+5+3=11$

답 11

2 [step 1] $y=ax^2+bx+c$로 놓으면
점 $(0, -6)$을 지나므로
$-6=c$ ······ ㉠
점 $(1, -6)$을 지나므로
$-6=a+b+c$ ······ ㉡
점 $(4, 6)$을 지나므로
$6=16a+4b+c$ ······ ㉢
[step 2] ㉠, ㉡, ㉢을 연립하여 풀면 $a=1$, $b=-1$, $c=-6$
[step 3] 따라서 구하는 이차함수의 식은
$y=x^2-x-6=(x+2)(x-3)$이고 x축과 만나는 두 점의 x좌표는 -2, 3이므로 그 곱은
$-2\times3=-6$

답 -6

3 [step 1] $y=\dfrac{1}{2}x^2+4x+6$
$\qquad = \dfrac{1}{2}(x^2+8x+16-16)+6$
$\qquad = \dfrac{1}{2}(x+4)^2-2$
이므로 꼭짓점 A의 좌표는 A$(-4, -2)$
$x=0$일 때, $y=6$이므로 점 B의 좌표는 B$(0, 6)$
$y=0$일 때, $\dfrac{1}{2}x^2+4x+6=0$에서
$x^2+8x+12=0$, $(x+6)(x+2)=0$
∴ $x=-6$ 또는 $x=-2$
따라서 점 C의 좌표는 C$(-6, 0)$
[step 2] 두 점 A$(-4, -2)$, B$(0, 6)$을 지나는 직선의 방정식은 $y=2x+6$
$y=0$을 대입하면 $x=-3$이므로 $\overline{AB}$와 x축이 만나는 점의 좌표는 $(-3, 0)$이다.
[step 3] 따라서 △ABC의 넓이는 밑변이 3이고 높이가 각각 2, 6인 두 삼각형의 넓이의 합과 같으므로
$\dfrac{1}{2}\times3\times2+\dfrac{1}{2}\times3\times6=3+9=12$

답 12

4 [step 1] $y=ax^2+bx+c$에 세 점 $(-1, 8)$, $(0, 1)$, $(2, -1)$의 좌표를 각각 대입하면
$8=a-b+c$ ······ ㉠
$1=c$ ······ ㉡
$-1=4a+2b+c$ ······ ㉢
㉠, ㉡, ㉢을 연립하여 풀면
$a=2$, $b=-5$, $c=1$
[step 2] ∴ $abc=2\times(-5)\times1=-10$

답 -10

5 $y=x^2-2x-8=(x+2)(x-4)$이므로
x축과 만나는 두 점의 좌표는 -2, 4이다.
즉, 두 점 사이의 거리는 $4-(-2)=6$이다. ──── ❶
$y=x^2-2x-8$의 그래프를 y축의 방향으로 a만큼 평행이동하면
$y=x^2-2x-8+a$
이 그래프의 식에 $y=0$을 대입하면
$x^2-2x-8+a=0$
∴ $x=1\pm\sqrt{9-a}$ ──────── ❷
이때, 두 점 사이의 거리가 $6\times\dfrac{2}{3}=4$이므로
$1+\sqrt{9-a}-(1-\sqrt{9-a})=4$
$2\sqrt{9-a}=4$, $\sqrt{9-a}=2$, $9-a=4$
∴ $a=5$ ───────────────── ❸

답 5

단계	채점 기준	배점
❶	$y=x^2-2x-8$의 그래프가 x축과 만나는 두 점 사이의 거리 구하기	3점
❷	$y=x^2-2x-8$의 그래프를 평행이동한 그래프가 x축과 만나는 두 점의 x좌표 구하기	4점
❸	a의 값 구하기	2점

6 이차함수 $y=ax^2+bx+c$의 그래프의 축의 방정식이 $x=2$이므로 $y=a(x-2)^2+q$로 놓을 수 있다. ─── ❶
이 그래프가 두 점 $(0, 5)$, $(3, -4)$를 지나므로
$5=4a+q$ ······ ㉠
$-4=a+q$ ······ ㉡
㉠, ㉡을 연립하여 풀면
$a=3$, $q=-7$
따라서 이차함수의 식은
$y=3(x-2)^2-7=3x^2-12x+5$이므로
$a=3$, $b=-12$, $c=5$ ──────── ❷
∴ $a+b+c=3+(-12)+5=-4$ ───── ❸

답 -4

단계	채점 기준	배점
❶	이차함수의 식을 $y=a(x-p)^2+q$의 꼴로 나타내기	2점
❷	a, b, c의 값 구하기	각 1점
❸	$a+b+c$의 값 구하기	2점

7 공이 포물선 모양으로 움직이므로 공이 움직인 자리는 이차함수 $y=ax^2+bx+c$의 그래프의 일부분과 같은 모양이다.

그런데 이 그래프가 세 점 $(0, 0)$, $(3, 5)$, $(12, 8)$을 지나므로

$x=0$, $y=0$을 대입하면 $0=c$ $\qquad$ …… ㉠

$x=3$, $y=5$를 대입하면 $5=9a+3b$ $\qquad$ …… ㉡

$x=12$, $y=8$을 대입하면 $2=36a+3b$ $\qquad$ …… ㉢ ——— ❶

㉠, ㉡, ㉢을 연립하여 풀면 $a=-\dfrac{1}{9}$, $b=2$, $c=0$이므로 구하는

이차함수의 식은 $y=-\dfrac{1}{9}x^2+2x$ ———————— ❷

그런데 바닥에 떨어진 공의 높이는 0 m이므로

$y=-\dfrac{1}{9}x^2+2x$에 $y=0$을 대입하면

$0=-\dfrac{1}{9}x^2+2x$, $x^2-18x=0$, $x(x-18)=0$

$\therefore x=0$ 또는 $x=18$

따라서 공이 바닥에 떨어졌을 때의 수평거리는 18 m이다. — ❸

답 18 m

단계	채점 기준	배점
❶	a, b, c에 관한 연립방정식 세우기	2점
❷	이차함수의 식 구하기	3점
❸	공이 바닥에 떨어졌을 때의 수평거리 구하기	4점

8 $y=-x^2$과 모양이 같고 꼭짓점의 좌표가 $(a, -2a)$인 이차함수의 식은 $y=-(x-a)^2-2a$

이 그래프가 점 $(0, -3)$을 지나므로

$-a^2-2a=-3$, $a^2+2a-3=0$

$(a+3)(a-1)=0$

$\therefore a=1\,(\because a>0)$ ———————————— ❶

따라서 이차함수의 식은 $y=-(x-1)^2-2$이고

이 그래프가 점 $(1, k)$를 지나므로

$k=0-2=-2$ ———————————————— ❷

$\therefore a+k=1+(-2)=-1$ —————————————— ❸

답 -1

단계	채점 기준	배점
❶	a의 값 구하기	3점
❷	k의 값 구하기	2점
❸	$a+k$의 값 구하기	2점

✦ 최종점검 TEST ✦

실전 TEST 1회   40~43쪽

01 ①, ③	**02** ⑤	**03** ④	**04** ④	**05** ②
06 ④	**07** ④	**08** ①	**09** ④	**10** ⑤
11 ④	**12** ①	**13** ⑤	**14** ①	**15** ①, ③
16 ④	**17** ①	**18** ⑤	**19** ②	**20** ③
21 15	**22** 5	**23** $12x-6$		
24 $(x-y-2)(x-y+1)$		**25** $\sqrt{6}+\sqrt{5}-5$		

01 ① 9의 제곱근은 $\pm\sqrt{9}=\pm 3$이다.

② 제곱근 9는 $\sqrt{9}=3$이다.

③ $2^2=4$이므로 2는 4의 제곱근이다.

④ 4의 제곱근은 $\pm\sqrt{4}=\pm 2$이다.

⑤ 0의 제곱근은 0 하나뿐이고, 음수의 제곱근은 없다.

02 $(-5)^2=25$의 양의 제곱근은 $\sqrt{25}=5$이므로

$A=5$

$\sqrt{16}=4$의 음의 제곱근은 $-\sqrt{4}=-2$이므로 $B=-2$

$\therefore A+B=5+(-2)=3$

03 ① $\sqrt{2}\sqrt{8}=\sqrt{2\times 8}=\sqrt{16}=4$

② $(-\sqrt{3})\times(-\sqrt{7})=\sqrt{3\times 7}=\sqrt{21}$

③ $3\sqrt{2}\times\sqrt{5}=3\sqrt{2\times 5}=3\sqrt{10}$

④ $\sqrt{\dfrac{5}{3}}\times\sqrt{\dfrac{6}{5}}=\sqrt{\dfrac{5}{3}\times\dfrac{6}{5}}=\sqrt{2}$

⑤ $\sqrt{\dfrac{3}{2}}\times 5\sqrt{\dfrac{7}{9}}=5\sqrt{\dfrac{3}{2}\times\dfrac{7}{9}}=5\sqrt{\dfrac{7}{6}}$

04 ① $\sqrt{0.002}=\sqrt{\dfrac{20}{10000}}=\dfrac{\sqrt{20}}{100}$

② $\sqrt{2000}=\sqrt{20\times 100}=10\sqrt{20}$

③ $\sqrt{\dfrac{1}{5}}=\sqrt{\dfrac{20}{100}}=\dfrac{\sqrt{20}}{10}$

④ $\sqrt{0.02}=\sqrt{\dfrac{2}{100}}=\dfrac{\sqrt{2}}{10}$

⑤ $\sqrt{20}$

05 $x^2+y^2=(x+y)^2-2xy$이므로

$13=5^2-2xy$ $\qquad \therefore xy=6$

06 $\sqrt{a^2-16a+64}=\sqrt{(a-8)^2}$

$\qquad\qquad\qquad\qquad =\sqrt{(108-8)^2}$

$\qquad\qquad\qquad\qquad =\sqrt{100^2}$

$\qquad\qquad\qquad\qquad =100$

07 $a>0$, $b<0$에서 $4a>0$, $6a>0$, $3b<0$이므로
$(-\sqrt{4a})^2-\sqrt{(-6a)^2}+\sqrt{9b^2}$
$=(\sqrt{4a})^2-\sqrt{(6a)^2}+\sqrt{(3b)^2}$
$=4a-6a-3b$
$=-2a-3b$

08 피타고라스 정리에 의해 $\overline{AD}=\overline{AB}=\sqrt{2}$이므로
$\overline{AS}=\overline{AD}=\sqrt{2}$, $\overline{AT}=\overline{AB}=\sqrt{2}$
ㄱ. 점 S의 좌표는 $S(-1-\sqrt{2})$
ㄴ. 점 T의 좌표는 $T(-1+\sqrt{2})$
ㄷ. 점 S와 점 T에 대응하는 두 수의 합은
　　$(-1-\sqrt{2})+(-1+\sqrt{2})=-2$
따라서 옳은 것은 ㄱ이다.

09 ① $(3+\sqrt{5})-(\sqrt{5}+\sqrt{10})=3+\sqrt{5}-\sqrt{5}-\sqrt{10}$
　　　　　　　　　　　　　　　$=3-\sqrt{10}$
　　　　　　　　　　　　　　　$=\sqrt{9}-\sqrt{10}<0$
　　이므로 $3+\sqrt{5}<\sqrt{5}+\sqrt{10}$
② $(2\sqrt{3}+1)-(\sqrt{3}-3)=2\sqrt{3}+1-\sqrt{3}+3$
　　　　　　　　　　　　　$=4+\sqrt{3}>0$
　　이므로 $2\sqrt{3}+1>\sqrt{3}-3$
③ $(5-\sqrt{3})-(2+3\sqrt{3})=5-\sqrt{3}-2-3\sqrt{3}$
　　　　　　　　　　　　　$=3-4\sqrt{3}$
　　　　　　　　　　　　　$=\sqrt{9}-\sqrt{48}<0$
　　이므로 $5-\sqrt{3}<2+3\sqrt{3}$
④ $(\sqrt{7}+2)-(2\sqrt{7}-1)=\sqrt{7}+2-2\sqrt{7}+1$
　　　　　　　　　　　　　$=3-\sqrt{7}$
　　　　　　　　　　　　　$=\sqrt{9}-\sqrt{7}>0$
　　이므로 $\sqrt{7}+2>2\sqrt{7}-1$
⑤ $(2\sqrt{2}-1)-(\sqrt{2}+1)=2\sqrt{2}-1-\sqrt{2}-1$
　　　　　　　　　　　　　$=\sqrt{2}-2$
　　　　　　　　　　　　　$=\sqrt{2}-\sqrt{4}<0$
　　이므로 $2\sqrt{2}-1<\sqrt{2}+1$
따라서 옳은 것은 ④이다.

10 $\dfrac{2\sqrt{5}}{\sqrt{3}}=\dfrac{2\sqrt{5}\times\sqrt{3}}{\sqrt{3}\times\sqrt{3}}=\dfrac{2\sqrt{15}}{3}$
$a\sqrt{15}=\dfrac{2}{3}\sqrt{15}$이므로 $a=\dfrac{2}{3}$
$\dfrac{3}{\sqrt{12}}=\dfrac{3}{2\sqrt{3}}=\dfrac{3\times\sqrt{3}}{2\sqrt{3}\times\sqrt{3}}=\dfrac{3\sqrt{3}}{6}=\dfrac{\sqrt{3}}{2}$
$b\sqrt{3}=\dfrac{1}{2}\sqrt{3}$이므로 $b=\dfrac{1}{2}$
$\therefore \sqrt{ab}=\sqrt{\dfrac{2}{3}\times\dfrac{1}{2}}=\sqrt{\dfrac{1}{3}}=\dfrac{1}{\sqrt{3}}=\dfrac{\sqrt{3}}{3}$

11 $3\sqrt{2}(2-\sqrt{2})+\dfrac{4}{\sqrt{2}}-\sqrt{32}+\sqrt{36}$
$=6\sqrt{2}-6+2\sqrt{2}-4\sqrt{2}+6$
$=4\sqrt{2}$

12 $(2\sqrt{3}+a)(4\sqrt{3}-2)=8(\sqrt{3})^2+(-4+4a)\sqrt{3}-2a$
　　　　　　　　　　　　$=(24-2a)+(-4+4a)\sqrt{3}$
유리수가 되려면 $-4+4a=0$
$\therefore a=1$

13 $\dfrac{1}{2}\times(\sqrt{48}+\sqrt{50})\times\sqrt{24}$
　$=\dfrac{1}{2}\times(4\sqrt{3}+5\sqrt{2})\times2\sqrt{6}$
　$=4\sqrt{18}+5\sqrt{12}$
　$=12\sqrt{2}+10\sqrt{3}$

14 xy항만 생각하면
$3x\times5y+ay\times2x=15xy+2axy=(2a+15)xy$
xy의 계수가 11이므로
$2a+15=11$　　$\therefore a=-2$

15 $18x^2-32y^2=2(9x^2-16y^2)$
　　　　　　　$=2\{(3x)^2-(4y)^2\}$
　　　　　　　$=2(3x+4y)(3x-4y)$

16 ④ $3x^2-7x-6=(3x+2)(x-3)$

17 $x-y=A$라 하면
$(x-y)(x-y-3)-18$
$=A(A-3)-18$
$=A^2-3A-18$
$=(A+3)(A-6)$
$=(x-y+3)(x-y-6)$

18 $x^2-49-14y-y^2$
　$=x^2-(y^2+14y+49)$
　$=x^2-(y+7)^2$
　$=(x+y+7)(x-y-7)$

19 $(x+1)(x+3)(x-2)(x-4)$
　$=\{(x+1)(x-2)\}\{(x+3)(x-4)\}$
　$=(x^2-x-2)(x^2-x-12)$
이때 $x^2-x-5=0$에서 $x^2-x=5$이므로 이것을 대입하면
$(x^2-x-2)(x^2-x-12)=(5-2)\times(5-12)$
　　　　　　　　　　　　$=3\times(-7)$
　　　　　　　　　　　　$=-21$

20 윤진: $(x+6)(x-1)=x^2+5x-6$
　　　　　$\Rightarrow$ 올바른 상수항은 -6
현동: $(x-4)(x+3)=x^2-x-12$
　　　　$\Rightarrow$ 올바른 x의 계수는 -1

따라서 처음 이차식은 x^2-x-6이므로 바르게 인수분해하면
$x^2-x-6=(x+2)(x-3)$

21 $60x=2^2\times3\times5\times x$ ———————— ❶
에서 소인수의 지수가 모두 짝수이어야 하므로 ———— ❷
가장 작은 자연수 x의 값은 $x=3\times5=15$ ———— ❸

단계	채점 기준	배점
❶	$60x$를 소인수분해하기	1점
❷	소인수의 지수가 모두 짝수임을 알기	2점
❸	가장 작은 자연수 x의 값 구하기	2점

22 $\sqrt{80}=\sqrt{4^2\times5}=4\sqrt{5}$이므로 $a=4$ ———— ❶
$\sqrt{\dfrac{3}{25}}=\sqrt{\dfrac{3}{5^2}}=\dfrac{\sqrt{3}}{5}$이므로 $b=5$ ———— ❷
$3\sqrt{5}=\sqrt{3^2\times5}=\sqrt{45}$이므로 $c=45$ ———— ❸
$\therefore \dfrac{c}{a+b}=\dfrac{45}{4+5}=5$ ———————————— ❹

단계	채점 기준	배점
❶	a의 값 구하기	1점
❷	b의 값 구하기	1점
❸	c의 값 구하기	1점
❹	$\dfrac{c}{a+b}$의 값 구하기	2점

23 $5x^2-19x-4$를 인수분해하면
$5x^2-19x-4=(5x+1)(x-4)$ ———————— ❶
따라서 세로의 길이는 $5x+1$이므로 ———————— ❷
둘레의 길이는
$2\{(x-4)+(5x+1)\}=12x-6$ ———————— ❸

단계	채점 기준	배점
❶	$5x^2-19x-4$를 인수분해하기	2점
❷	세로의 길이 구하기	1점
❸	둘레의 길이 구하기	2점

24 $x^2-2xy+y^2-x+y-2$
 $=x^2-(2y+1)x+(y^2+y-2)$ ———————— ❶
 $=x^2-(2y+1)x+(y+2)(y-1)$ ———————— ❷
 $=\{x-(y+2)\}\{x-(y-1)\}$
 $=(x-y-2)(x-y+1)$ ———————— ❸

단계	채점 기준	배점
❶	x에 대하여 내림차순으로 정리하기	1점
❷	y^2+y-2를 인수분해하기	2점
❸	주어진 식을 인수분해하기	3점

25 $a^2-b^2-10b-25=\sqrt{5}$에서
$a^2-(b^2+10b+25)=\sqrt{5}$
$a^2-(b+5)^2=\sqrt{5}$
$(a+b+5)(a-b-5)=\sqrt{5}$ ———————— ❶

$a-b=\sqrt{30}$이므로
$(a+b+5)(\sqrt{30}-5)=\sqrt{5}$
$a+b+5=\dfrac{\sqrt{5}}{\sqrt{30}-5}$
 $=\dfrac{\sqrt{5}(\sqrt{30}+5)}{(\sqrt{30}-5)(\sqrt{30}+5)}$
 $=\dfrac{5\sqrt{6}+5\sqrt{5}}{5}$
 $=\sqrt{6}+\sqrt{5}$ ———————— ❷
$\therefore a+b=\sqrt{6}+\sqrt{5}-5$ ———————— ❸

단계	채점 기준	배점
❶	$a^2-b^2-10b-25$를 인수분해하기	3점
❷	$a+b+5$의 값 구하기	3점
❸	$a+b$의 값 구하기	1점

실전 TEST 2회   44~47쪽

01 ③, ④	**02** ③	**03** ④	**04** ⑤	**05** ②
06 ⑤	**07** ④	**08** ②, ④	**09** ④	**10** ①
11 ②	**12** ④	**13** ⑤	**14** ②	**15** ③
16 ②	**17** ⑤	**18** ③	**19** ①, ②	**20** ④
21 $b<a<c$		**22** $\sqrt{10}+1$		
23 $1-2\sqrt{6}$		**24** 99	**25** 85	

01 x가 5의 제곱근이므로 $x^2=5$ 또는 $x=\pm\sqrt{5}$

02 ① $\sqrt{36}+\sqrt{(-2)^2}=\sqrt{6^2}+\sqrt{2^2}=6+2=8$
② $(-\sqrt{5})^2-\sqrt{(-3)^2}=(\sqrt{5})^2-\sqrt{3^2}=5-3=2$
③ $\sqrt{\left(-\dfrac{1}{2}\right)^2}\times(-\sqrt{36})=\sqrt{\left(\dfrac{1}{2}\right)^2}\times(-\sqrt{6^2})$
$\qquad\qquad\qquad =\dfrac{1}{2}\times(-6)=-3$
④ $(-\sqrt{12})^2\div\sqrt{3^2}=(\sqrt{12})^2\div\sqrt{3^2}=12\div3=4$
⑤ $-\sqrt{\dfrac{4}{9}}\div(-\sqrt{3})^2=-\sqrt{\left(\dfrac{2}{3}\right)^2}\div(\sqrt{3})^2=-\dfrac{2}{3}\div3$
$\qquad\qquad =-\dfrac{2}{3}\times\dfrac{1}{3}=-\dfrac{2}{9}$

따라서 옳은 것은 ③이다.

03 $a(a-b)+ab(b-a)=a(a-b)-ab(a-b)$
$\qquad\qquad\qquad\qquad =a(1-b)(a-b)$

04 ⑤ $16a^2+16ab+4b^2=4(4a^2+4ab+b^2)$
$\qquad\qquad\qquad\qquad =4(2a+b)^2$

05 $x^2+x-6=(x+3)(x-2)$
$2x^2+3x-9=(x+3)(x-3)$
따라서 두 다항식의 공통인수는 $x+3$이다.

06 $0<x<3$일 때, $x>0$, $x-3<0$이므로
$\sqrt{(-x)^2}+\sqrt{(x-3)^2}=\sqrt{x^2}+\sqrt{(x-3)^2}$
$\qquad\qquad\qquad\qquad =x-(x-3)$
$\qquad\qquad\qquad\qquad =3$

07 ① $\sqrt{6}>\sqrt{5}$이므로 $-\sqrt{6}<-\sqrt{5}$
② $(\sqrt{7})^2=7$, $3^2=9$이므로 $\sqrt{7}<3$
③ $(\sqrt{24})^2=24$, $5^2=25$이므로
$\quad\sqrt{24}<5$ $\quad\therefore -\sqrt{24}>-5$
④ $(\sqrt{0.9})^2=0.9$, $(0.3)^2=0.09$이므로 $\sqrt{0.9}>0.3$
⑤ $\left(\dfrac{1}{2}\right)^2=\dfrac{1}{4}$, $\left(\sqrt{\dfrac{1}{2}}\right)^2=\dfrac{1}{2}$이므로 $\dfrac{1}{2}<\sqrt{\dfrac{1}{2}}$

08 ② 무한소수 중 순환소수는 유리수이다.
④ 0은 유리수이므로 무리수가 아니다.

09 ① -3과 3 사이에는 -2, -1, 0, 1, 2의 5개의 정수가 있다.
④ $\sqrt{2}-1>0$이므로 $\sqrt{2}-1$은 수직선 위에서 원점의 오른쪽에 위치한다.

10 $\sqrt{180}=\sqrt{2^2\times3^2\times5}$
$\qquad\quad =2\times(\sqrt{3})^2\times\sqrt{5}$
$\qquad\quad =2a^2b$

11 $2\sqrt{32}-\sqrt{27}-3\sqrt{8}+\sqrt{12}=8\sqrt{2}-3\sqrt{3}-6\sqrt{2}+2\sqrt{3}$
$\qquad\qquad\qquad\qquad\qquad =2\sqrt{2}-\sqrt{3}$
따라서 $a=2$, $b=-1$이므로
$a-b=2-(-1)=3$

12 ① $\sqrt{300}=\sqrt{3\times100}=10\sqrt{3}$
$\qquad\qquad =10\times1.732=17.32$
② $\sqrt{3000}=\sqrt{30\times100}=10\sqrt{30}$
$\qquad\qquad\quad =10\times5.477=54.77$
③ $\sqrt{30000}=\sqrt{3\times10000}=100\sqrt{3}$
$\qquad\qquad\qquad =100\times1.732=173.2$
④ $\sqrt{0.3}=\sqrt{\dfrac{30}{100}}=\dfrac{\sqrt{30}}{10}=\dfrac{5.477}{10}=0.5477$
⑤ $\sqrt{0.003}=\sqrt{\dfrac{30}{10000}}=\dfrac{\sqrt{30}}{100}=\dfrac{5.477}{100}=0.05477$

13 (i) $4x^2-12x+\square=(2x)^2-2\times2x\times3+\square$이므로
$\qquad\square=3^2=9$
(ii) $9x^2+\square x+4=(3x)^2+\square x+2^2$이므로
$\qquad\square=\pm2\times3\times2=\pm12$

14 (넓이)$=(a-2)(a-1)=a^2-3a+2$

15 $(2x+1)^2+(x+3)(x-3)-(2x-1)(3x+4)$
$\quad =4x^2+4x+1+x^2-9-(6x^2+5x-4)$
$\quad =5x^2+4x-8-6x^2-5x+4$
$\quad =-x^2-x-4$
따라서 x의 계수는 -1이다.

16 각각의 식을 인수분해하면
ㄱ. $2x^2+x-10=(2x+5)(x-2)$
ㄴ. $2x^2-9x+10=(x-2)(2x-5)$
ㄷ. $3x^2+8x+4=(x+2)(3x+2)$
따라서 $x-2$를 인수로 갖는 것은 ㄱ, ㄴ이다.

17 $x^2-3x+a=(x-6)(x+m)$이라 하면
$-3=m-6$, $a=-6m$
$\therefore m=3$, $a=-18$

18 $6.5^2\times0.4-3.5^2\times0.4=(6.5^2-3.5^2)\times0.4$
$\qquad\qquad\qquad\qquad =(6.5+3.5)(6.5-3.5)\times0.4$
$\qquad\qquad\qquad\qquad =10\times3\times0.4$
$\qquad\qquad\qquad\qquad =12$

19 주어진 모든 직사각형의 넓이의 합은
$$x^2+3x+2=(x+2)(x+1)$$
이므로 새로운 직사각형의 한 변의 길이가 될 수 있는 것은
① $x+1$, ② $x+2$이다.

20 $1<\sqrt{3}<2$에서 $4<3+\sqrt{3}<5$, $1<3-\sqrt{3}<2$이므로
$\langle 3+\sqrt{3}\rangle=4$,
$\langle\!\langle 3-\sqrt{3}\rangle\!\rangle=3-\sqrt{3}-1=2-\sqrt{3}$
$$\therefore \langle 3+\sqrt{3}\rangle+\frac{3}{\langle\!\langle 3-\sqrt{3}\rangle\!\rangle}=4+\frac{3}{2-\sqrt{3}}$$
$$=4+\frac{3(2+\sqrt{3})}{(2-\sqrt{3})(2+\sqrt{3})}$$
$$=4+3(2+\sqrt{3})=4+6+3\sqrt{3}$$
$$=10+3\sqrt{3}$$
따라서 $a=10$, $b=3$이므로
$$ab=10\times 3=30$$

21 $a-b=(\sqrt{12}+\sqrt{14})-(3+\sqrt{14})$
$\qquad\quad =\sqrt{12}-3=\sqrt{12}-\sqrt{9}>0$
$a-b>0$이므로 $a>b$ ──────────── ❶
$a-c=(\sqrt{12}+\sqrt{14})-(\sqrt{12}+4)$
$\qquad\quad =\sqrt{14}-4=\sqrt{14}-\sqrt{16}<0$
$a-c<0$이므로 $a<c$ ──────────── ❷
$\therefore b<a<c$ ──────────── ❸

단계	채점 기준	배점
❶	두 수 a, b의 크기 비교하기	2점
❷	두 수 a, c의 크기 비교하기	2점
❸	세 수 a, b, c의 대소 관계 나타내기	1점

22 (i) $2<\sqrt{6}<3$에서 $4<\sqrt{6}+2<5$이므로
$\qquad a=4$ ──────────── ❶
(ii) $3<\sqrt{10}<4$이므로 $b=\sqrt{10}-3$ ─────── ❷
$\therefore a+b=4+(\sqrt{10}-3)$
$\qquad\qquad =\sqrt{10}+1$ ──────────── ❸

단계	채점 기준	배점
❶	a의 값 구하기	2점
❷	b의 값 구하기	2점
❸	$a+b$의 값 구하기	1점

23 $x^2+6xy+8y^2-2y-1$
$\qquad =x^2+6xy+(4y+1)(2y-1)$
$\qquad =(x+4y+1)(x+2y-1)$ ─────── ❶
이므로 $x=4+2\sqrt{6}$, $y=-1-\sqrt{6}$을 대입하면
$(4+2\sqrt{6}-4-4\sqrt{6}+1)(4+2\sqrt{6}-2-2\sqrt{6}-1)$
$=(1-2\sqrt{6})\times 1=1-2\sqrt{6}$ ─────── ❷

단계	채점 기준	배점
❶	주어진 식을 인수분해하기	3점
❷	식의 값 구하기	2점

> **다른 풀이** $x^2+6xy+8y^2-2y-1$
$\qquad =x^2+6xy+9y^2-y^2-2y-1$
$\qquad =(x+3y)^2-(y+1)^2$
$\qquad =(4+2\sqrt{6}-3-3\sqrt{6})^2-(-1-\sqrt{6}+1)^2$
$\qquad =(1-\sqrt{6})^2-(-\sqrt{6})^2$
$\qquad =1-2\sqrt{6}+6-6$
$\qquad =1-2\sqrt{6}$

24 $16<x\le 25$일 때, $4<\sqrt{x}\le 5$이므로
$A(x)=4$ ──────────── ❶
$25<x\le 36$일 때, $5<\sqrt{x}\le 6$이므로
$A(x)=5$ ──────────── ❷
$36<x\le 49$일 때, $6<\sqrt{x}\le 7$이므로
$A(x)=6$ ──────────── ❸
$\therefore A(21)+A(22)+A(23)+\cdots +A(40)$
$\quad =\underbrace{4+4+4+4+4}_{5개}+\underbrace{5+5+\cdots +5}_{11개}+\underbrace{6+6+6+6}_{4개}$
$\quad =4\times 5+5\times 11+6\times 4$
$\quad =20+55+24=99$ ──────────── ❹

단계	채점 기준	배점
❶	$A(x)=4$가 되는 x의 값의 범위 구하기	1점
❷	$A(x)=5$가 되는 x의 값의 범위 구하기	1점
❸	$A(x)=6$이 되는 x의 값의 범위 구하기	1점
❹	$A(21)+A(22)+\cdots +A(40)$의 값 구하기	3점

25 $(x+1)(x+3)(x-3)(x-5)+36$
$\quad =(x+1)(x-3)(x+3)(x-5)+36$
$\quad =(x^2-2x-3)(x^2-2x-15)+36$ ─── ❶
$x^2-2x=A$라 하면
$(A-3)(A-15)+36=A^2-18A+45+36$
$\qquad\qquad\qquad\qquad\quad =A^2-18A+81$
$\qquad\qquad\qquad\qquad\quad =(A-9)^2$
$\qquad\qquad\qquad\qquad\quad =(x^2-2x-9)^2$ ──── ❷
따라서 $a=-2$, $b=-9$이므로
$a^2+b^2=(-2)^2+(-9)^2=85$ ──────── ❸

단계	채점 기준	배점
❶	x의 계수가 같도록 두 식끼리 묶어서 전개하기	2점
❷	$(x^2+ax+b)^2$의 꼴로 인수분해하기	3점
❸	a^2+b^2의 값 구하기	2점

01 ④	**02** ⑤	**03** ⑤	**04** ⑤	**05** ②
06 ④	**07** ⑤	**08** ②	**09** ④	**10** ③
11 ②	**12** ①	**13** ①	**14** ②	**15** ⑤
16 ②	**17** ⑤	**18** ①	**19** ⑤	**20** ②
21 8	**22** 41	**23** 2	**24** 36	**25** 8

01 (x에 관한 이차식)$=0$의 꼴로 나타내어지는 방정식이 이차방정식이다.

④ $1-x^2=x^2+x-1$

$\therefore 2x^2+x-2=0 \Leftarrow$ 이차방정식

02 ① $x^2-x+\dfrac{1}{4}=\left(x-\dfrac{1}{2}\right)=0$ $\therefore x=\dfrac{1}{2}$(중근)

② $x^2-6x+9=(x-3)^2=0$ $\therefore x=3$(중근)

③ $x=-2$(중근)

④ $x=0$(중근)

⑤ $x^2-4x+3=0$에서 $(x-1)(x-3)=0$

    $\therefore x=1$ 또는 $x=3$

03 ① y축에 대하여 대칭이다.

② 점 $(-2, 16)$을 지난다.

③ y축을 축으로 하는 포물선이다.

④ 아래로 볼록한 포물선이다.

04 $0<a<3$이므로 보기 중 상수 a의 값이 될 수 없는 것은 ⑤ $\dfrac{7}{2}$이다.

05 $y=-x^2+4x-3$

$\quad =-(x^2-4x+4-4)-3$

$\quad =-(x-2)^2+1$

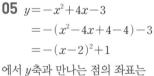

에서 y축과 만나는 점의 좌표는 $(0, -3)$이고, 꼭짓점의 좌표는 $(2, 1)$이므로 이차함수의 그래프는 오른쪽 그림과 같다.

따라서 제2사분면을 지나지 않는다.

06 ① $x^2-3x+1=0$에 $x=a$를 대입하면

      $a^2-3a+1=0$ $\therefore a^2-3a=-1$

② $5-3a+a^2=5+(a^2-3a)=5+(-1)=4$

③ $1+3a-a^2=1-(a^2-3a)=1-(-1)=2$

④ $3a^2-9a+6=3(a^2-3a)+6=3\times(-1)+6=3$

⑤ $a^2-3a+1=0$의 양변을 a로 나누면

      $a-3+\dfrac{1}{a}=0$ $\therefore a+\dfrac{1}{a}=3$

07 $3x^2-7x-6=0$에서 $(3x+2)(x-3)=0$

$\therefore x=-\dfrac{2}{3}$ 또는 $x=3$

$a>b$이므로 $a=3$, $b=-\dfrac{2}{3}$

$\therefore a-3b=3-3\times\left(-\dfrac{2}{3}\right)=3+2=5$

08 해가 존재하려면

$\dfrac{a-3}{4}\geq0$, $a-3\geq0$ $\therefore a\geq3$

09 $x-1=A$라 하면 $3A^2+2A-1=0$

$(A+1)(3A-1)=0$ $\therefore A=-1$ 또는 $A=\dfrac{1}{3}$

즉, $x-1=-1$ 또는 $x-1=\dfrac{1}{3}$이므로

$x=0$ 또는 $x=\dfrac{4}{3}$

이때 $a>\beta$이므로 $a=\dfrac{4}{3}$, $\beta=0$

$\therefore 3a-\beta=3\times\dfrac{4}{3}-0=4$

10 $\dfrac{n(n-3)}{2}=54$에서 $n(n-3)=108$

$n^2-3n-108=0$, $(n+9)(n-12)=0$

$\therefore n=-9$ 또는 $n=12$

그런데 $n>3$이므로 $n=12$

따라서 대각선이 모두 54개인 다각형은 십이각형이다.

11 $20+30t-5t^2=60$에서 $5t^2-30t+40=0$

$t^2-6t+8=0$, $(t-2)(t-4)=0$

$\therefore t=2$ 또는 $t=4$

따라서 물체의 높이가 처음으로 60 m가 되는 것은 물체를 쏘아 올린 지 2초 후이다.

12 이차함수 $y=2x^2$의 그래프를 x축의 방향으로 -2만큼, y축의 방향으로 -3만큼 평행이동하면

$y=2(x+2)^2-3$

이 그래프가 점 $(1, k)$를 지나므로

$k=2(1+2)^2-3=18-3=15$

13 꼭짓점의 좌표가 $(1, 5)$이므로

$p=1$, $q=5$

$y=a(x-1)^2+5$의 그래프가 점 $(0, 4)$를 지나므로

$4=a+5$

$\therefore a=-1$

$\therefore a-p+q=-1+(-1)+5=3$

14 이차함수 $y=3x^2+12x-4=3(x+2)^2-16$의 그래프를 x축의 방향으로 m만큼, y축의 방향으로 n만큼 평행이동하면

$y=3(x-m+2)^2-16+n$

한편,

$y=3x^2-18x+4=3(x^2-6x+9-9)+4$

$\quad=3(x-3)^2-23$

이므로 $-m+2=-3$, $-16+n=-23$에서

$m=5$, $n=-7$

$\therefore m+n=5+(-7)=-2$

15 $y=-2x^2+4x+6$

$\quad=-2(x^2-2x+1-1)+6$

$\quad=-2(x-1)^2+8$

의 그래프는 오른쪽 그림과 같다.

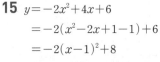

④ $y=-2x^2+4x+6$에 $y=0$을 대입하면

$0=-2x^2+4x+6$, $x^2-2x-3=0$

$(x+1)(x-3)=0$

$\therefore x=-1$ 또는 $x=3$

따라서 x축과의 교점의 좌표는 $(-1,\,0)$, $(3,\,0)$이다.

⑤ $x>1$일 때, x의 값이 증가하면 y의 값은 감소한다.

16 ① $\cap$ 모양이다. $\Rightarrow a<0$

② 축이 y축의 왼쪽에 있으면 a, b의 부호가 같다. $\Rightarrow b<0$

③ y축과 원점의 아래쪽에서 만난다. $\Rightarrow c<0$

④ $x=1$일 때, $y<0$이다. $\Rightarrow a+b+c<0$

⑤ $x=-2$일 때, $y>0$이다. $\Rightarrow 4a-2b+c>0$

17 x축과 만나는 점의 x좌표가 -1, 6이므로 이차함수의 식을 $y=a(x+1)(x-6)$으로 놓을 수 있다.

이 그래프가 점 $(1,\,-20)$을 지나므로

$-20=-10a$ $\quad\therefore a=2$

따라서

$y=2(x+1)(x-6)=2x^2-10x-12$

이므로 y축과 만나는 점의 y좌표는 -12이다.

18 $y=ax^2+bx+c$에 세 점 $(0,\,2)$, $(1,\,5)$, $(4,\,2)$의 좌표를 각각 대입하면

$2=c$, $5=a+b+c$, $2=16a+4b+c$

위의 세 식을 연립하여 풀면 $a=-1$, $b=4$, $c=2$

따라서

$y=-x^2+4x+2$

$\quad=-(x^2-4x+4-4)+2$

$\quad=-(x-2)^2+6$

이므로 꼭짓점의 좌표는 $(2,\,6)$이다.

19 꼭짓점의 좌표가 $(-1,\,3)$이므로 이차함수의 식을 $y=a(x-1)^2-3$으로 놓을 수 있다.

이 그래프가 점 $(3,\,5)$를 지나므로

$5=4a-3$ $\quad\therefore a=2$

따라서

$y=2(x-1)^2-3=2(x^2-2x+1)-3$

$\quad=2x^2-4x-1$

이므로 $b=-4$, $c=-1$

$\therefore a-b+c=2-(-4)+(-1)=5$

20 처음 이차방정식을 $x^2+ax+b=0$으로 놓으면

민수는 상수항을 제대로 보았으므로

$(x+8)(x-1)=0$에서 $x^2+7x-8=0$

$\therefore b=-8$

광민이는 일차항을 제대로 보았으므로

$(x+5)(x-3)=0$에서 $x^2+2x-15=0$

$\therefore a=2$

따라서 처음 이차방정식은 $x^2+2x-8=0$이므로 바르게 풀면

$x^2+2x-8=(x+4)(x-2)=0$

$\therefore x=-4$ 또는 $x=2$

21 $4(x-3)^2-20=0$에서 $(x-3)^2=5$ ——— ❶

$x-3=\pm\sqrt{5}$ $\quad\therefore x=3\pm\sqrt{5}$ ——— ❷

따라서 $a=3$, $b=5$이므로

$a+b=3+5=8$ ——— ❸

단계	채점 기준	배점
❶	$(x+p)^2=q$의 꼴로 나타내기	2점
❷	이차방정식의 해 구하기	1점
❸	$a+b$의 값 구하기	1점

22 펼쳐진 두 면의 쪽수 중 작은 쪽을 x라 하면 다른 쪽은 $x+1$이므로 ——— ❶

$x(x+1)=420$, $x^2+x-420=0$

$(x+21)(x-20)=0$

$\therefore x=-21$ 또는 $x=20$

그런데 x는 자연수이므로 $x=20$ ——— ❷

따라서 펼쳐진 두 면의 쪽수는 20쪽, 21쪽이므로 그 합은

$20+21=41$ ——— ❸

단계	채점 기준	배점
❶	펼쳐진 두 면의 쪽수를 미지수로 놓기	1점
❷	이차방정식 풀기	3점
❸	두 면의 쪽수의 합 구하기	1점

23 $y=-3x^2$의 그래프와 x축에 대하여 대칭인 그래프는

$y=3x^2$

$y=3x^2$의 그래프를 x축의 방향으로 -1만큼, y축의 방향으로 2만큼 평행이동하면

$y=3(x+1)^2+2$ ——— ❶

이 그래프의 꼭짓점의 좌표는 $(-1,\,2)$, 축의 방정식은 $x=-1$이므로

$a=-1$, $b=2$, $c=-1$ ——— ❷

$\therefore abc=-1\times2\times(-1)=2$ ——— ❸

단계	채점 기준	배점
❶	평행이동한 그래프의 식 구하기	2점
❷	a, b, c의 값 구하기	2점
❸	abc의 값 구하기	1점

24 $y=-x^2+8x=-(x-4)^2+16$이므로 꼭짓점의 좌표는
$(4, 16)$ ──────────── ❶
$y=x^2+2ax+b=(x+a)^2-a^2+b$이므로 꼭짓점의 좌표는
$(-a, -a^2+b)$ ──────────── ❷
따라서 $a=-4$, $b=32$이므로 ──────────── ❸
$b-a=32-(-4)=36$ ──────────── ❹

단계	채점 기준	배점
❶	$y=-x^2+8x$의 꼭짓점의 좌표 구하기	1점
❷	$y=x^2+2ax+b$의 꼭짓점의 좌표 구하기	2점
❸	a, b의 값 구하기	1점
❹	$b-a$의 값 구하기	1점

25 $y=-x^2-2x+3$
$\qquad =-(x^2+2x-3)$
$\qquad =-(x+3)(x-1)$
이므로 x축과 만나는 두 점의 좌표는 $(-3, 0)$, $(1, 0)$이다.
$\therefore \mathrm{A}(-3, 0)$, $\mathrm{B}(1, 0)$ ──────────── ❶
한편,
$y=-x^2-2x+3=-(x^2+2x+1-1)+3$
$\quad =-(x+1)^2+4$
이므로 꼭짓점의 좌표는 $(-1, 4)$이다.
$\therefore \mathrm{C}(-1, 4)$ ──────────── ❷
따라서 이차함수 $y=-x^2-2x+3$의 그래프는 다음 그림과 같다.

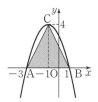

$\triangle \mathrm{ABC}$는 밑변의 길이가 4, 높이가 4이므로
$\triangle \mathrm{ABC}=\dfrac{1}{2}\times 4\times 4=8$ ──────────── ❸

단계	채점 기준	배점
❶	두 점 A, B의 좌표 구하기	3점
❷	점 C의 좌표 구하기	2점
❸	$\triangle \mathrm{ABC}$의 넓이 구하기	1점

실전 TEST 4회   52~55쪽

01 ①	02 ③	03 ④	04 ③	05 ②
06 ③	07 ⑤	08 ①	09 ④	10 ⑤
11 ①	12 ④	13 ①	14 ③	15 ②
16 ④	17 ⑤	18 ①	19 ⑤	20 ③
21 4	22 2	23 6	24 8 cm	25 8

01 $x^2-(2a+5)x+3a-6=0$에 $x=-3$을 대입하면
$(-3)^2+3(2a+5)+3a-6=0$
$9+6a+15+3a-b=0$
$9a+18=0 \qquad \therefore a=-2$

02 중근을 가지려면 이차방정식의 좌변이 완전제곱식이어야 하므로
$10a+31=\left(\dfrac{-18}{2}\right)^2=81$
$10a=50 \qquad \therefore a=5$

03 ① $(-2)^2-4\times 1\times(-4)=20>0$이므로 근이 2개
② $3^2-4\times 2\times(-1)=17>0$이므로 근이 2개
③ $(-2)^2-4\times\dfrac{1}{2}\times 2=0$이므로 근이 1개
④ $4^2-4\times 2\times 5=-24<0$이므로 근이 없다.
⑤ $(-6)^2-4\times 4\times\dfrac{9}{4}=0$이므로 근이 1개

04 ① $y=80x$ ⇨ 이차함수가 아니다.
② $y=40-x$ ⇨ 이차함수가 아니다.
③ $y=5\pi x^2$ ⇨ 이차함수이다.
④ $y=2000x$ ⇨ 이차함수가 아니다.
⑤ $y=x^3$ ⇨ 이차함수가 아니다.

05 $f(-1)=2\times(-1)^2+a\times(-1)+b=11$
$\therefore a-b=-9 \qquad\qquad\qquad \cdots\cdots ㉠$
$f(2)=2\times 2^2+a\times 2+b=2$
$\therefore 2a+b=-6 \qquad\qquad\qquad \cdots\cdots ㉡$
㉠, ㉡을 연립하여 풀면 $a=-5$, $b=4$
$f(x)=2x^2-5x+4$이므로
$f(3)=2\times 3^2-5\times 3+4=7$

06 축의 방정식이 $x=2$이므로 이차함수의 식을
$y=a(x-2)^2+q$로 놓을 수 있다.
이 그래프가 두 점 $(0, 9)$, $(1, 3)$을 지나므로
$9=4a+q$, $3=a+q$
위의 두 식을 연립하여 풀면
$a=2$, $q=1$
따라서 구하는 이차함수의 식은

$$y=2(x-2)^2+1=2(x^2-4x+4)+1$$
$$=2x^2-8x+9$$

07 ① $x=-1$을 대입하면
$$(-1)^2-5\times(-1)+4=10\neq0$$
② $x=-1$을 대입하면
$$2\times(-1)^2+(-1)-3=-2\neq0$$
③ $x=5$를 대입하면
$$(5+5)(5-1)=40\neq0$$
④ $x=2$를 대입하면
$$(2-2)^2-5=-5\neq0$$
⑤ $x=0$을 대입하면
$$0^2-7\times0=0$$

08 $x^2+x-6=0$에서 $(x+3)(x-2)=0$
$\therefore x=-3$ 또는 $x=2$
$2x^2+x-15=0$에서 $(x+3)(2x-5)=0$
$\therefore x=-3$ 또는 $x=\dfrac{5}{2}$
따라서 공통인 근은 $x=-3$이다.

09 이차방정식의 양변에 20을 곱하면
$$x^2-10x+1=0$$
$\therefore x=\dfrac{-(-5)\pm\sqrt{(-5)^2-1\times1}}{1}=5\pm\sqrt{24}=5\pm2\sqrt{6}$
따라서 $a=5$, $b=6$이므로
$$a-b=5-6=-1$$

10 $2x-1=A$라 하면
$A^2-5A-14=0$, $(A+2)(A-7)=0$
$\therefore A=-2$ 또는 $A=7$
즉, $2x-1=-2$ 또는 $2x-1=7$이므로
$$x=-\dfrac{1}{2}$$ 또는 $$x=4$$
이때 $\alpha>\beta$이므로 $\alpha=4$, $\beta=-\dfrac{1}{2}$
$\therefore \alpha-2\beta=4-2\times\left(-\dfrac{1}{2}\right)=5$

11 일차함수 $y=ax+b$의 그래프에서 $a=-\dfrac{2}{3}$, $b=4$
따라서 $-\dfrac{2}{3}$, 4를 두 근으로 하고 x^2의 계수가 3인 이차방정식은
$3\left(x+\dfrac{2}{3}\right)(x-4)=0$, $3\left(x^2-\dfrac{10}{3}x-\dfrac{8}{3}\right)=0$
$\therefore 3x^2-10x-8=0$

12 연속하는 세 자연수를 $x-1$, x, $x+1$이라 하면
$$(x+1)^2=x^2+(x-1)^2-12$$
$$x^2-4x-12=0$$
$$(x+2)(x-6)=0$$
$\therefore x=-2$ 또는 $x=6$
그런데 x는 자연수이므로 $x=6$

따라서 연속하는 세 자연수는 5, 6, 7이고 그중 가장 큰 수는 7이다.

13 길의 폭을 x m라 하면 길을 만들고 남은 토지의 넓이는 오른쪽 그림의 어두운 부분의 넓이와 같다.
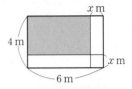
$(6-x)(4-x)=15$에서
$$x^2-10x+9=0$$
$$(x-1)(x-9)=0$$
$\therefore x=1$ 또는 $x=9$
그런데 $0<x<4$이므로
$$x=1$$
따라서 길의 폭은 1 m로 해야 한다.

14 ③ $y=-2(x+1)^2+1$의 그래프에서 꼭짓점의 좌표는 $(-1, 1)$이고 $x=0$일 때, $y=-1$이다.
따라서 이차함수의 그래프는 오른쪽 그림과 같고 제1사분면을 지나지 않는다.
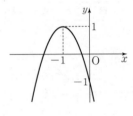

15 이차함수 $y=a(x-p)^2+q$의 그래프를 x축의 방향으로 3만큼, y축의 방향으로 1만큼 평행이동하면
$$y=a(x-3-p)^2+q+1$$
이 그래프의 꼭짓점의 좌표가 $(4, -2)$이므로
$p+3=4$, $q+1=-2$ $\therefore p=1$, $q=-3$
따라서 $y=a(x-1)^2-3$의 그래프가 점 $(3, 1)$을 지나므로
$1=4a-3$ $\therefore a=1$
$\therefore apq=1\times1\times(-3)=-3$

16 $y=-x^2-2x-2$
$$=-(x^2+2x+1-1)-2$$
$$=-(x+1)^2-1$$
의 그래프는 오른쪽 그림과 같으므로 x의 값이 증가할 때, y의 값은 감소하는 x의 값의 범위는 $x>-1$

17 $y=-x^2-2x+15$에 $x=0$을 대입하면 $y=15$이므로
$C(0, 15)$
$y=-x^2-2x+15$에 $y=0$을 대입하면
$0=-x^2-2x+15$, $x^2+2x-15=0$
$(x+5)(x-3)=0$
$\therefore x=-5$ 또는 $x=3$
$\therefore A(-5, 0)$, $B(3, 0)$
따라서 $\overline{AB}=8$이므로
$\triangle ABC=\dfrac{1}{2}\times8\times15=60$

18 꼭짓점의 좌표가 $(-1, 2)$이므로 이차함수의 식을
$y=a(x+1)^2+2$로 놓을 수 있다.
이 그래프가 점 $(0, 1)$을 지나므로
$1=a+2$ $\therefore a=-1$
따라서 이차함수의 식은
$y=-(x+1)^2+2=(x^2+2x+1)+2$
$\quad =-x^2-2x+1$
이므로 $b=-2$, $c=1$
$\therefore a+b+c=-1+(-2)+1=-2$

19 x축과 만나는 점의 x좌표가 -1, 2이므로 이차함수의 식
을 $y=a(x+1)(x-2)$로 놓을 수 있다.
그래프가 $(0, 4)$를 지나므로
$4=-2a$ $\therefore a=-2$
따라서 그래프를 나타내는 이차함수의 식은
$y=-2(x+1)(x-2)=-2(x^2-x-2)$
$\quad =-2x^2+2x+4$
이 그래프가 점 $(1, k)$를 지나므로
$k=-2\times 1^2+2\times 1+4=4$

20 세 점 P, Q, R의 좌표는 각각
$P(m, 0)$, $Q\left(m, \frac{1}{3}m^2\right)$, $R(m, am^2)$
$\therefore \overline{PQ}=\frac{1}{3}m^2$, $\overline{QR}=am^2-\frac{1}{3}m^2$
$\overline{PQ} : \overline{QR}=1 : 4$이므로
$\frac{1}{3}m^2 : \left(am^2-\frac{1}{3}m^2\right)=1 : 4$
$am^2-\frac{1}{3}m^2=\frac{4}{3}m^2$
$am^2=\frac{5}{3}m^2$
$\therefore a=\frac{5}{3}$

21 이차방정식의 두 근이 -1, $\frac{3}{4}$이고 이차항의 계수가 4이므로
$4(x+1)\left(x-\frac{3}{4}\right)=0$, $4\left(x^2+\frac{1}{4}x-\frac{3}{4}\right)=0$
$\therefore 4x^2+x-3=0$ —————————— ❶
따라서 $a=1$, $b=-3$이므로
$a-b=1-(-3)=4$ —————————— ❷

단계	채점 기준	배점
❶	이차방정식 구하기	2점
❷	$a-b$의 값 구하기	2점

22 $y=-x^2+2ax+2a^2-4b$
$\quad =-(x^2-2ax+a^2-a^2)+2a^2-4b$
$\quad =-(x-a)^2+3a^2-4b$ —————————— ❶
이므로 꼭짓점의 좌표는
$(a, 3a^2-4b)$ —————————— ❷

따라서 $a=1$, $3a^2-4b=-1$이므로 $a=1$, $b=1$
$\therefore a+b=1+1=2$ —————————— ❸

단계	채점 기준	배점
❶	$y=a(x-p)^2+q$의 꼴로 나타내기	2점
❷	꼭짓점의 좌표 구하기	1점
❸	$a+b$의 값 구하기	2점

23 처음 정사각형의 넓이는 100 cm^2이고 새로 만들어진 직사
각형의 넓이는 처음보다 12 cm^2 작아야 하므로
$(10+2x)(10-x)=100-12$ —————————— ❶
$100+10x-2x^2=88$
$x^2-5x-6=0$
$(x-6)(x+1)=0$ —————————— ❷
$x>0$이므로 $x=6$ —————————— ❸

단계	채점 기준	배점
❶	직사각형의 넓이 나타내기	2점
❷	이차방정식 인수분해하기	1점
❸	x의 값 구하기	2점

24 $\overline{CB}$를 지름으로 하는 원의 반지름의 길이를 $x \text{ cm}$라 하면
$\overline{AC}$를 지름으로 하는 원의 반지름의 길이는 $(6-x) \text{ cm}$이다.
색칠한 부분의 넓이가 $16\pi \text{ cm}^2$이므로
$\pi \times 6^2-\pi x^2-\pi(6-x)^2=16\pi$ —————————— ❶
$36-x^2-(6-x)^2=16$
$-2x^2+12x-16=0$
$x^2-6x+8=0$
$(x-2)(x-4)=0$
$\therefore x=4 \ (\because 3<x<6)$ —————————— ❷
따라서 $\overline{CB}$의 길이는
$4\times 2=8(\text{cm})$ —————————— ❸

단계	채점 기준	배점
❶	이차방정식 세우기	1점
❷	이차방정식 풀기	3점
❸	$\overline{CB}$의 길이 구하기	1점

▶ 참고 $\overline{AC}<\overline{CB}$이므로
$6-x<x$ $\therefore x>3$
원의 반지름의 길이는 양수이므로
$6-x>0$ $\therefore x<6$
$\therefore 3<x<6$

25 $y=x^2-4x-5=(x+1)(x-5)$ ⋯⋯⋯ ㉠
에서 x축과 만나는 점의 x좌표가 -1, 5이므로 두 점 사이의
거리는 $5-(-1)=6$이다. —————————— ❶
㉠의 그래프를 y축의 방향으로 a만큼 평행이동하면
$y=x^2-4x-5+a$ ⋯⋯⋯ ㉡
㉡에 $y=0$을 대입하면
$x^2-4x-5+a=0$

$\therefore x=2\pm\sqrt{9-a}$

두 점 사이의 거리가 처음의 $\dfrac{1}{3}$이므로 ㉡의 그래프와 x축과 만

나는 두 점 사이의 거리는 $6\times\dfrac{1}{3}=2$이다.

────────────────────────────────── ❷

즉, x축과 만나는 두 점의 x좌표가 $2+\sqrt{9-a}$, $2-\sqrt{9-a}$이고, 두 점 사이의 거리가 2이므로

$(2+\sqrt{9-a})-(2-\sqrt{9-a})=2$

$2\sqrt{9-a}=2$

$\sqrt{9-a}=1$

$9-a=1$

$\therefore a=8$ ────────────────────────── ❸

단계	채점 기준	배점
❶	$y=x^2-4x-5$의 그래프가 x축과 만나는 두 점 사이의 거리 구하기	2점
❷	평행이동한 그래프가 x축과 만나는 두 점 사이의 거리 구하기	3점
❸	a의 값 구하기	1점